中国海洋生态文化

Chinese Marine Eco-Culture

【下卷】

江泽慧　王　宏 ◎ 主编

人民出版社

目 录

下 卷

第三编 当代中国海洋生态文化发展现状

第一章 中国海洋生态环境的现状及问题 …………………………………… 437

第一节 中国海洋生态环境的现状 …………………………………… 437

第二节 中国海洋生态环境恶化的危害 …………………………………… 449

第三节 中国海洋生态环境治理存在的问题 …………………………………… 457

第二章 中国海洋资源的现状及问题 …………………………………… 466

第一节 中国海洋生态资源现状 …………………………………… 466

第二节 中国海洋生态资源日益濒危的危害 …………………………………… 480

第三节 中国海洋生态资源危机的生态文化反省 …………………………………… 487

第四节 中国海洋生态资源保护存在的问题 …………………………………… 491

第三章 中国海洋产品生态安全的现状与问题 …………………………………… 496

第一节 中国海洋产品安全问题的现状 …………………………………… 496

第二节 中国海洋产品生态安全问题的危害 …………………………………… 505

第三节 中国海洋产品生态安全的文化反省 …………………………………… 512

第四节 中国海洋产品生态安全治理存在的问题 …………………………………… 519

第四章 中国海洋社群生活的现状及问题 …………………………………… 527

第一节 中国海洋社群生活出现的问题 …………………………………… 528

第二节 中国海洋社群生活境况的生态文化反省 …………………………………… 538

第三节 中国海洋社群生活方式转型存在的问题 …………………………………… 545

第五章 中国海洋权益安全形势现状及问题 …………………………………… 552

第一节 中国海洋权益安全局势 …………………………………… 552

第二节 中国加强海洋权益安全维护 ………………………… 564

第六章 中国海洋生态文化建设取得的成就 …………………… 568

第一节 海洋生态安全的意识觉醒 …………………………… 571

第二节 海洋生态价值的社会重视 …………………………… 575

第三节 海洋生态经济发展方式转变 ………………………… 579

第四节 海洋生态文化的制度建设 …………………………… 582

第五节 海洋生态文化的公民行为自觉 ……………………… 589

第四编 中国海洋生态文化发展战略

第一章 确立中国海洋生态文化发展目标 …………………… 597

第一节 21世纪国际海洋生态文化的发展趋势 ……………… 597

第二节 西方海洋国家的海洋生态文化特征与发展模式 ……… 606

第三节 中国海洋生态文化发展目标和主要标志 …………… 621

第二章 中国海洋环保意识的普及 …………………………… 634

第一节 普及中国海洋生态文化发展意识的内涵 …………… 634

第二节 中国海洋生态文化发展意识普及的主要标志 ……… 640

第三节 中国海洋生态文化发展意识普及的政府责任 ……… 646

第四节 中国海洋生态文化发展意识普及教育渠道 ………… 651

第五节 中国海洋生态文化发展意识普及的传媒与艺术载体 …… 656

第三章 中国海洋生态文化道德与法制双重建设 …………… 661

第一节 中国海洋生态文化道德与法制双重建设的必要性
       分析 …………………………………………………… 661

第二节 中国海洋生态文化道德与法制双重建设的主要内涵 …… 665

第三节 中国海洋生态文化道德与法制双重建设的主体力量 …… 670

第四节 中国海洋生态文化道德与法制双重建设的体制保障 …… 675

第五节 中国海洋生态文化道德与法制双重建设的社会体现 …… 680

第四章 中国海洋生态文化遗产的保护与传承 ……………… 686

第一节 中国海洋生态文化遗产保护与传承的意义 ………… 687

第二节 中国海洋生态文化遗产保护传承与创新发展 ……… 693

第三节 中国海洋生态文化遗产保护与传承的现有基础 …… 701

第四节　中国海洋生态文化遗产保护与传承的主要措施 ………… 706

第五章　中国海洋生态文化产业创新发展 ……………………… 713

第一节　中国海洋生态文化产业发展态势 ………………… 714

第二节　中国海洋生态文化产业发展模式 ………………… 726

第三节　打造海洋生态文化特色产业和创意产品 ………… 732

第四节　中国海洋生态文化产业的应有发展政策 ………… 738

第五节　科技创新与海洋生态文化建设双向驱动 ………… 745

第六章　中国海洋生态文化走向世界 …………………………… 750

第一节　中国海洋生态文化发展的国际合作 ……………… 750

第二节　中国海洋生态文化国际合作的战略目标与对策 ………… 766

第三节　延展 21 世纪海上丝路生态文化 ………………… 774

第四节　建成"美丽海洋中国"和"美丽海洋世界" ……… 783

第 三 编

当代中国海洋生态文化发展现状

第一章

中国海洋生态环境的现状及问题

中国近岸海洋生态系统具有显著的区域性特征,海洋生物地方种和特有种较多,物种结构的特殊性使得系统运行对原始生境条件有较高依赖性,也导致海洋生物多样性和系统的脆弱性十分明显。改革开放以来的近 40 年,中国沿海区域经济与海洋经济沿袭了以增长为核心的粗放式扩张模式,大规模对海洋生境进行开发和利用,使得海洋生态系统,尤其是近岸海洋生态系统的健康、清洁运行遭受到了严重威胁。虽然各级政府已经开始重视海洋生态环境保护与治理工作,各项防治措施也取得了一定成效,但与陆域生态环境维护工作相比,海洋环保尚有较长道路要走。自 20 世纪 70 年代起,中国近岸海洋生态环境质量持续恶化,海水污染不断加重,海洋生物数量、质量和多样性严重受损,部分海域沉积环境质量也显著下降,已然威胁到中国海洋事业的可持续推进。伴随国家新一轮海洋开发战略的实施,海洋生态环境正在面临更为沉重的压力。

第一节 中国海洋生态环境的现状

一、触目惊心的《中国海洋环境质量公报》年度数据

海洋生态系统由海洋物理环境和海洋生物种群两大部分构成[1],其中海洋物理环境主要包括海水环境和海底沉积环境,可以为人类社会提供海洋环境支撑、海洋资源供给、海水净化、污染物容纳、海洋灾害缓冲等服务。

---

[1] 王其翔:《黄海海洋生态系统服务评估》,中国海洋大学 2009 年博士学位论文,第22 页。

但是,排入海洋数量巨大的污水、废弃物等在短时间内即可改变海洋原有理化条件,引发海洋生物新陈代谢困难,打破系统内物质、能量、信息的正常流动,干扰系统的平衡运行,引发一系列负面反应,使海洋物种结构、环境条件不断恶化。与 20 世纪 80 年代相比,当前中国海洋生态环境问题在结构、类型、规模、性质等方面均发生了深刻变化,表现出显著的复合性、系统性的特点。从国家海洋局近十几年来每年发布的《中国海洋环境质量公报》年度数据来看,可谓触目惊心。

(一)海水质量数据

在海水质量方面,尽管近年局部污染态势有所放缓,但中国近岸海域严重污染面积仍居高不下,如表 1-1 所示,2016 年中国海域被严重污染的海域面积为 42430 平方公里,虽然比上年减少 17.99%,但仍比 2001 年扩大了30.19%,严重污染海域主要集中在莱州湾、渤海湾、辽东湾、黄海北部、长江口、江苏北部、珠江口、杭州湾,特别是烟台近海、汕头、湛江港、钦州湾、珠江口近年来污染程度有所加剧。大多数海域的超标污染物主要为活性磷酸盐、无机氮与石油类,其中活性磷酸盐污染最为严重的海域为珠江口和长江口,无机氮污染最为严重的海域为环渤海、珠江口与长江口,而石油类主要聚集在珠江口、莱州湾、辽东湾与渤海湾等海域。除磷、氮等主要元素外,学术界也对 pH 值、溶解氧(DO)、化学需氧量等海水水质参数进行了较多衡量,表现出了 2001—2016 年的恶化趋势。通常来说海域中无机氮等污染物含量越高,化学需氧量越高,pH 值也越高,尤其在污染相对严重的港湾、河口等海域,主要参数变化可清楚地反映海洋生态环境的变迁。

表 1-1　2001—2016 年中国海域海水污染状况　　　　单位:平方千米

年度	较清洁海域	轻度污染	中度污染	严重污染	主要污染物
2001	99440	25710	15650	32590	无机氮、活性磷酸盐和铅
2002	111020	19870	17780	25720	无机氮、活性磷酸盐和铅
2003	80480	22010	14910	24680	无机氮、活性磷酸盐和铅
2004	65630	40500	30810	32060	无机氮和活性磷酸盐
2005	57800	34060	18150	29270	无机氮、活性磷酸盐和石油类
2006	51020	52140	17440	28370	无机氮、活性磷酸盐和石油类
2007	51290	47510	16760	29720	无机氮、活性磷酸盐和石油类
2008	65480	28840	17420	25260	无机氮、活性磷酸盐和石油类
2009	70920	25500	20840	29720	无机氮、活性磷酸盐和石油类
2010	70430	36190	23070	48030	无机氮、活性磷酸盐和石油类

续表

年度	较清洁海域	轻度污染	中度污染	严重污染	主要污染物
2011	47840	34310	18340	43800	无机氮、活性磷酸盐和石油类
2012	46910	30030	24700	67880	无机氮、活性磷酸盐和石油类
2013	47160	36490	15630	44340	无机氮、活性磷酸盐和石油类
2014	54120	36900	23570	40020	无机氮、活性磷酸盐和石油类
2015	43280	42740	21550	41140	无机氮、活性磷酸盐和石油类
2016	45260	42420	17830	42430	无机氮、活性磷酸盐和石油类

数据来源:2001—2016 年《中国海洋环境质量公报》。

(二)海洋沉积环境数据

在沉积环境方面,中国海域尚未出现重金属、石油烃等较难降解物质的严重污染,除金属铜含量外,截至 2016 年各海域 94%以上的监测站各项沉积环境参数均符合《海洋沉积物质量》(GB186682002)一类标准要求。但从数据演变趋势来看,各项参数均有递增趋势,表明中国海洋沉积环境也在恶化,尤其是黄海与南海沉积环境监测站良好比重仅分别为 92%与 88%,而渤海海域如大连湾、辽东湾、锦州湾的沉积环境近年来恶化较为严重,主要污染物为汞、镉,部分海域硫化物、石油类含量已超标。重点潮滩湿地、河口的监测数据表明海洋沉积环境中的重金属等不易降解物质含量呈现出近海高、远海低的分布趋势,这与各海域容纳的陆源污染物搬运、扩散、累积效应有关系,显示出中国海洋沉积环境的变化受陆源影响较大,是沿海社会人为干预的直接生态结果。[1]

(三)海洋生物种群数据

在海洋生物种群方面,学者们大多从潮间带生物、浮游植物、浮游动物、游泳动物、底栖生物 5 大海洋生物物种的种类和生物量及多样性指数等参数的变化进行分析。研究发现自 20 世纪 90 年代开始,中国大部分近岸海域浮游植物群落结构和数量逐渐失衡,部分海域受污染影响富营养化问题严重[2];同时,大多数优势海洋浮游动物物种丰度明显下降[3];而在底栖生物方面,经过多年的跟踪调查,与 20 世纪 90 年代相比,多样性指数下降显

---

[1] 暨卫东:《中国近海海洋环境质量现状与背景值研究》,海洋出版社 2011 年版。

[2] 王妍、张永、王玉珏等:《胶州湾浮游植物的时空变化特征及其与环境因子的关系》,《安全与环境学报》2013 年第 1 期。

[3] 徐兆礼:《中国海洋浮游动物研究的新进展》,《厦门大学学报(自然科学版)》2006 年第 2 期。

著,大型底栖生物量大幅减少,优势物种变化较大,整个生物群落已有不健康发展趋势。如表1-2所示,从时间纵向变化来看,除浮游植物有所增加外,中国各海域海洋生物群落生物量均有明显下降,优势物种日渐单一,多样性指数下滑,这与近岸海洋生态系统环境恶化、原始生境遭到严重破坏有显著关系。近年来,中国沿海多数海洋生态重点监测区的浮游植物多样性有先下降后上升的趋势,表明大量污染水体给浮游植物提供了更加有利的营养环境,但多数监测区如珠江口、长江口、苏北浅滩、黄河口等浮游动物和底栖生物多样性指数均大幅下降,证实了海洋生存环境变化造成海洋生物种群结构与数量变化的生态恶果。

表1-2 2000—2016年中国海洋生物种群主要参数

海洋生物种群参数	2000	2001	2002	2003	2004	2005	2006	2007	2008	2009	2010	2011	2012	2013	2014	2015	2016
叶绿素a (mg/L)	4.54	4.49	4.70	4.12	3.37	3.48	2.85	3.65	3.24	2.83	3.21	3.17	3.28	3.28	3.27	3.24	3.34
浮游植物物种数(个)	68	66	64	61	56	57	56	61	63	61	59	53	58	63	85	53	87
浮游植物生物数量($\times 10^4$ cell/m³)	814	1400	1111	859	1777	2721	3932	3884	6253	2828	1733	11135	8138	2938	3020	7044	3103
浮游植物多样性指数	2.56	2.51	2.41	2.11	2.18	2.04	1.98	1.71	1.73	1.75	2.10	1.99	1.96	1.93	3.40	2.06	2.28
浮游动物物种数(个)	77	74	67	62	56	55	49	49	44	41	39	35	39	52	48	30	49
浮游动物生物数量(个/m³)	24860	21452	21519	17273	7627	8184	15228	18160	21552	6338	2091	1576	1675	1289	161	144	268
浮游动物多样性指数	3.35	3.19	2.78	2.65	2.40	2.21	2.20	1.91	2.01	1.90	2.21	1.84	1.89	1.98	1.86	2.38	2.57
底栖生物物种数(个)	89	82	79	76	74	70	69	64	62	59	57	67	63	58	32	40	40
底栖生物数量(个/m²)	659	620	574	528	440	442	404	342	308	279	242	200	181	141	66	55	60.6
底栖生物多样性指数	2.38	2.17	2.04	1.88	1.63	1.66	1.86	1.83	1.65	1.60	1.82	1.87	1.66	1.46	1.67	1.56	1.60

数据来源:2000—2016年《中国海洋环境质量公报》、2001—2016年《中国海洋统计年鉴》。

二、陆源污染导致海洋环境污染

陆地上人类活动产出的污染气体、水体和固体通过直接排放、大气沉降、河流携带等途径进入海洋,严重降低了海洋生态环境的质量,是中国海洋生态环境不断恶化的主要原因。① 根据常年监测的结果,海洋中 80% 以上的污染物来源于陆地,可见控制陆源污染是保护海洋生态环境、实现海洋生态系统可持续运行的关键。1995 年,联合国环境规划署倡导实施了"保护海洋环境免受陆地活动影响全球行动计划"(GPA),160 余个沿海国家或地区共同参与到这项行动中,中国也在控制陆源污染、保护近海生态环境方面付出了巨大努力,但从对陆源污染物入海总量,单位确权海域面积承受的工业废水排放量、疏浚物倾倒量,以及海洋生态环境质量的演变趋势来看,海洋环境政策措施的实施效果并不理想,尚未从根本上实现对陆源污染的彻底控制。

在陆源污染物入海排放方面,以工业废水、生活污水为主要构成的污水排放量始终居高不下,尽管自 2010 年起直排入海的废水量有所减少,但规模总量仍属较高水平。其中,悬浮物和化学需氧量两种污染物之和占污水排放量总量的 90% 以上,是中国入海污水排放的主要污染物,其次还有磷酸盐、氨氮、重金属、石油类、BOD_5 等。从 2000—2013 年 14 年间的数据看,江苏省工业废水排放量一直居于沿海 11 省市首位,2013 年仍然多达 22.06 亿吨,占 11 省市总量的 18.55%,其次为山东省、浙江省、广东省等经济相对发达的省份,而河北省作为工业转移重地,工业废水排放量也较高。而从单位面积海域承受的污染压力来看,最大的仍然是上海这一中国沿海重要增长极,但已有所降低。

表 1-3　2000—2013 年沿海 11 省区市单位面积海域工业废水排放量

单位:万吨/平方千米

单位海域面积工业废水排放量	2000	2001	2002	2003	2004	2005	2006	2007	2008	2009	2010	2011	2012	2013
辽宁	0.74	0.67	0.62	0.60	0.62	0.71	0.64	0.64	0.56	0.51	0.48	0.61	0.59	0.53
河北	0.48	0.55	0.57	0.58	0.68	0.66	0.69	0.66	0.65	0.59	0.61	0.63	0.65	0.59
天津	1.50	1.81	1.87	1.84	1.92	2.56	1.95	1.82	1.74	1.65	1.67	1.68	1.63	1.59
山东	0.70	0.73	0.68	0.74	0.82	0.89	0.92	1.06	1.13	1.16	1.33	1.19	1.17	1.15
江苏	1.97	2.64	2.56	2.41	2.57	2.89	2.80	2.62	2.53	2.50	2.57	2.40	2.30	2.15
上海	11.43	10.73	10.23	9.64	8.89	8.06	7.62	7.50	6.60	6.50	5.79	7.04	7.31	7.16
浙江	1.34	1.55	1.65	1.65	1.62	1.89	1.96	1.98	1.97	2.00	2.14	1.79	1.72	1.61
福建	0.47	0.57	0.65	0.81	0.95	1.08	1.05	1.12	1.15	1.18	1.02	1.46	0.88	0.86

① 国家海洋发展战略研究所课题组:《中国海洋发展报告》,海洋出版社 2010 年版,第 24 页。

单位海域面积工业废水排放量	2000	2001	2002	2003	2004	2005	2006	2007	2008	2009	2010	2011	2012	2013
广东	0.63	0.63	0.81	0.83	0.92	1.29	1.31	1.37	1.19	1.05	1.04	0.99	1.04	0.95
广西	0.34	0.38	0.41	0.50	0.52	0.62	0.54	0.78	0.87	0.68	0.70	0.43	0.47	0.38
海南	0.20	0.20	0.20	0.20	0.19	0.21	0.21	0.17	0.17	0.20	0.16	0.19	0.21	0.19
合计	0.77	0.87	0.89	0.92	0.98	1.13	1.11	1.16	1.14	1.08	1.10	1.05	0.99	0.92

数据来源:2000—2013 年《海域使用管理公报》、2001—2014 年《中国海洋统计年鉴》。

　　在河流携带方面,根据 2000—2013 年《中国海洋环境质量公报》公布的主要河流污染物数据,入海污染物总量整体也呈波动上升态势,这与当年河流水温情况、流域污染控制等因素相关。2016 年,68 条重点监测河流入海主要污染物总量分别为重铬酸钾($CODC_r$)1372 万吨、硝酸盐氮 227 万吨、氨氮 19 万吨,磷酸盐 18 万吨、重金属 1.4 万吨、石油类 4.6 万吨,较之10 年前有显著上升。各条河流排放至海洋的污染物数量与流域经济规模、常年平均流量相一致,尤其是长江和珠江污染物排放量一直居于全国先列,黄河、闽江等污染物入海量也有显著增加。

表 1-4　2000—2013 年沿海 11 省区市单位面积海域疏浚物倾倒量

单位:万立方米/平方千米

单位面积海域疏浚物倾倒量	2000	2001	2002	2003	2004	2005	2006	2007	2008	2009	2010	2011	2012	2013
辽宁	0.06	0.08	0.04	0.08	0.08	0.38	0.41	0.30	0.18	0.20	0.22	0.23	0.24	0.25
河北	1.26	2.12	3.27	3.42	5.18	6.28	5.10	3.74	2.25	2.55	2.70	2.90	2.80	3.00
天津	1.30	2.63	2.25	1.97	0.63	0.65	0.55	0.40	0.24	0.27	0.30	0.32	0.31	0.33
山东	0.16	0.20	0.43	0.72	0.48	0.59	0.39	0.29	0.17	0.20	0.22	0.24	0.25	0.26
江苏	0.22	0.09	0.09	0.18	0	0.25	0.14	0.11	0	0.09	0.11	0.12	0.13
上海	23.09	18.49	15.77	18.40	30.82	23.91	26.03	42.64	29.82	24.99	25.21	26.34	26.72	27.11
浙江	0.36	0.59	0.45	0.50	0.66	1.91	1.61	2.63	1.84	1.54	1.62	1.78	1.79	1.83
福建	0.11	0.03	0.21	0.56	0.02	0.36	0.26	0.43	0.30	0.25	0.28	0.31	0.33	0.35
广东	2.34	1.67	2.45	2.10	2.44	3.50	3.34	4.35	2.20	2.47	2.52	2.71	2.82	2.89
广西	0.19	0.36	0.35	0.00	0.54	1.12	0.76	0.99	0.50	0.56	0.63	0.69	0.72	0.74
海南	0.48	1.24	0.60	0.19	1.04	1.18	0.56	0.73	0.37	0.41	0.43	0.45	0.46	0.47
全国	0.56	0.53	0.63	0.75	0.87	1.14	1.01	1.18	0.73	0.72	0.76	0.79	0.81	0.83

数据来源:2000—2013 年《中国海洋环境质量公报》、2000—2013 年《海域使用管理公报》。

　　在大气沉降等非点源污染①方面,由于此种污染途径具有随机性、间歇性、潜伏性的特点,发生机制较为复杂,控制难度相对较大,故近年来径流入海的污染物中非点源污染比重有所增大,可分为农业源、工业源、生活源三种来源。根据不完全统计,中国农业源污染物排放量是工业源的 2.3 倍,尤其是种植业、畜牧业、水产养殖业抗生素等药品的施用和生物结构的变更更是直接影响到海域水质和海洋环境,已成为中国海洋环境污染控制的突出问题。当前,中国的降水与气溶胶常规监测已在部分城市得到应用,但针对海洋大气沉降等非点源污染仍处在研究初级阶段,需要深入、持续跟踪研究。

表 1-5　2016 年部分河流携带入海的污染物量　　　　　　　　　单位:吨

河流名称	化学需氧量 （COD）	氨氮 （以氮计）	硝酸盐氮 （以氮计）	亚硝酸盐氮 （以氮计）	总磷 （以磷计）	石油类	重金属	砷
长江	7535122	73314	1559511	13161	115824	25700	7469	2044
珠江	1521058	28220	412012	27430	23959	11570	2738	649
闽江	835298	10072	37790	1630	8915	886	614	41
鸭绿江	558500	3080	50940	962	3720	341	235	73
钱塘江	297810	12216	57813	7224	3938	975	360	108
大辽河	217012	1968	461	1050	425	216	85	12
黄浦江	205725	11436	39455	2003	2892	1354	663	54
射洋河	187237	3912	7794	708	1004	138	10	16
南流江	174049	2884	6101	883	2801	511	144	10
黄河	149903	5115	10253	1246	1758	619	2523	12
临洪河	145512	2311	5390	152	357	165	149	6
霍童溪	138171	490	2799	43	98	94	48	8
灌河	135819	4159	3229	236	1287	216	195	12
新洋港口	130630	3276	6764	375	1971	63	4	11
小洋口外闸	115209	773	618	135	1226	255	2	9
榕江	110993	4346	3552	610	484	159	43	5
交溪	105439	241	2261	112	311	205	132	1
滦河	105056	110	627	98	150	4	17	3
南渡江	98700	1148	4571	90	537	109	57	7
甬江	89842	4462	6056	157	1189	111	47	3

　　如此大量污染物的排海,势必造成我国海洋尤其是近海的海洋环境破

---

　　①　非点源污染指的是在降雨径流的淋融、冲刷作用下,大气、土壤和地面中的溶解性或固体污染物质微量的、分散的形式进入海洋的污染方式。

坏。参见 2016 年《中国海洋环境质量公报》披露的全国主要入海河流污染物排海相关数据的截图（表1-5）①,2016 年《中国海洋环境质量公报》披露的"典型海洋生态系统"主要状况相关数据的截图（表1-6）②。

表1-6　2016 年典型海洋生态系统基本情况

生态系统类型	生态监控区名称	所属经济发展规划区	生态监控区面积（平方公里）	健康状况
河口	双台子河口	辽宁沿海经济带	3000	亚健康
	滦河口—北戴河	北戴河新区	900	亚健康
	黄河口	黄河三角洲高效生态经济区	2600	亚健康
	长江口	长江三角洲经济区	13668	亚健康
	珠江口	珠江三角洲经济区	3980	亚健康
海湾	锦州湾	辽宁沿海经济带	650	不健康
	渤海湾	天津滨海新区	3000	亚健康
	莱州湾	黄河三角洲高效生态经济区	3770	亚健康
	杭州湾	长江三角洲经济区 浙江海洋经济发展示范区	5000	不健康
	乐清湾	浙江海洋经济发展示范区	464	亚健康
	闽东沿岸	海峡西岸经济区	5063	亚健康
	大亚湾	珠江三角洲经济区	1200	亚健康
滩涂湿地	苏北浅滩	江苏沿海经济区	15400	亚健康
珊瑚礁	雷州半岛西南沿岸	广东海洋经济综合试验区	1150	健康
	广西北海	广西北部湾经济区	120	健康
	海南东海岸	海南国际旅游岛	3750	亚健康
	西沙珊瑚礁	海南国际旅游岛	400	亚健康
红树林	广西北海	广西北部湾经济区	120	健康
	北仑河口	广西北部湾经济区	150	健康
海草床	广西北海	广西北部湾经济区	120	亚健康
	海南东海岸	海南国际旅游岛	3750	健康

①　中国海洋信息网《2016 年中国海洋环境质量公报》,http://www.coi.gov.cn/gongbao/nrhuanjing/nr2016/201704/t20170413_35530.html。

②　中国海洋信息网《2016 年中国海洋环境质量公报》,http://www.coi.gov.cn/gongbao/nrhuanjing/nr2016/201704/t20170413_35531.html。

三、海水、海岸、海岛、湿地环境恶化

（一）海水环境恶化的表现

近岸海域是人类开发利用海洋最重要和宝贵的空间资源,也是开发利用活动最为密集的区域。当前,中国近岸海域海水环境总体变化趋势主要表现为污染范围持续扩大、海水水质逐年下降、营养盐及有机污染迅速上升、突发性污染事件频率增大、原始生境破坏加剧,尤其是工业废水、生活污水、非点源污染物流入造成海湾、河口以及海水交换缓慢的内湾、海港营养盐含量严重超标,水体富营养化水平较高,引发的赤潮频率逐年增多,严重破坏了部分海域的生态平衡状况,致使大批海洋生物死亡,给海洋渔业、海洋旅游业、海水利用业以及人类健康都造成了巨大损失。除日常陆源污染外,溢油、风暴潮等突发事件也是导致海水环境恶化的原因。如 2011 年 6 月 4—21 日,美国康菲石油和中海油合作开发的中国最大海上油气田蓬莱 19—3B、C 平台相继发生溢油事故,累积污染海域 5500 平方公里,不仅造成大量鱼虾、浮游生物、鸟类死亡,浮油被海浪冲到海水养殖区对海岸造成了巨大经济损失,同时石油芳香烃化合物长期在海洋生物体内累积,最终通过食物链进入人体,严重威胁到周边居民的健康,而且海上油膜的存在也大大降低了大气与海域水体的氧气交换速度,严重影响了海洋初级生产力。随后经深入调查发现,渤海近海海域水体环境服务功能已严重减退,几乎成为"死海"①。

（二）海岸环境恶化的表现

海岸带作为海洋生态系统与陆域生态系统的交接带,地质构造较为复杂,自然环境相对脆弱,而中国约有 70% 的大中城市和 55% 的 GDP 是在海岸带地区创造的,作为中国经济最发达区域,高度的人口密度利用着有限的海岸环境空间,引发了包括陆源污染在内的一系列生态环境问题,如生境退化、天然渔业资源消失、水产品污染物含量超标、航道淤积、海水入侵等,其中环境污染、自然资源衰竭、生态系统受损是最为严重的三类生态问题。例如,通过遥感影像对比研究,发现渤海湾近 40 年来海岸线生态环境发生了

---

① 白林:《渤海环境恶化几成"死海"出现海底沙漠》,《经济参考报》2015 年 8 月 10 日。

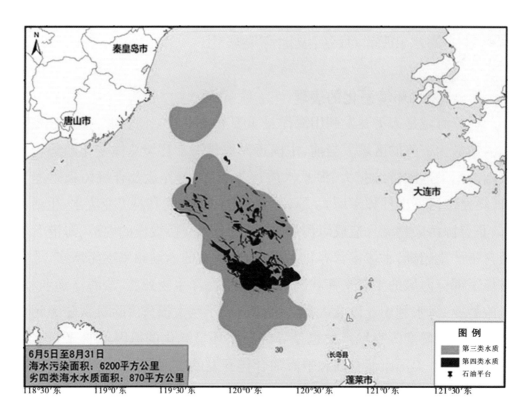

蓬莱 19—3 油田溢油事故造成的海水污染范围

显著变化,海岸线向海洋推进多达 20 公里,除部分河口岸线外,其他海域岸线基本全部由人工岸线替代,海湾面积持续缩小,纳潮量也呈逐年递减态势,且随着水动力条件的变迁,部分岸段发生了严重的海水侵蚀、潮滩淤涨,对海湾沉积环境、自净能力、海洋生物栖息及海水水质产生了显著影响。①

(三)海岛环境恶化的表现

中国沿海以大陆岛居多,主要分布在浙江、福建、广东和广西等省(区),海岛生态系统远离大陆、地理环境单一、生物多样性水平低、稳定性较差,极易受到外界干扰而变得脆弱甚至失衡,而且之前很长一段时间中国对海岛环境的开发利用也处于无序、盲目状态,缺乏科学管理和合理规划建设,给海洋岛生态环境造成了极大威胁,部分海岛承载能力有所减弱、水土流失加剧、珍稀动植物包括水产物种有的处于灭绝危险。② 其产生原因是多方面的,但受经济利益驱动的人类行为显然正在破坏海岛的可持续发展

---

①　张立奎:《渤海湾海岸带环境演变及控制因素研究》,中国海洋大学 2012 年博士学位论文,第 33 页。

②　顾世显:《试论海岛的持续性生态系统建设》,《海洋环境科学》1997 年第 4 期。

能力。首先,在水产生产方面,海岛周边如山东长岛县普遍存在破坏式过度捕捞现象,导致海洋生物群落结构发生改变,也损害了生物栖息环境,而高密度海水养殖产生的废物、残饵也使附近海域营养盐含量上升,提高了水体富营养化水平;其次,在旅游开发方面,各类接待设施建设容易破坏海岛的植被与山体,引发水土流失,游客产生的垃圾、污水等不断增多也加重了海岛及周边海域的环境压力,像海南省的蜈支洲岛因其美丽的珊瑚礁吸引了

洋山港

大批游客来此潜水,使得珊瑚礁不堪重负,已有明显退化迹象;再次,在港口建设方面,在海岛周围筑堤围海利用天然港址,会导致海域纳潮量减少、港湾淤积、水质恶化,海洋生态服务功能衰退,如嵊泗县小洋山岛洋山深水港在建设时期的水下炸礁造成了严重的渔业资源损害,运营时期其航道疏浚物的排泄也极大地改变了海域原有生境;最后,在森林、矿产等资源开发方面,更容易对海岛生态环境造成严重的污染和破坏,自20世纪90年代,由于经济价值的驱使,海南、广西沿海岛民开始大面积砍伐红树林,使得这种阻挡海潮冲击、抵抗台风的天然屏障所剩无几,大大削弱了海岛的抵御灾害能力,海岸线也受到海水侵蚀而不断后退。又如,广西涠洲岛上的南海油田基地油气分离厂与炭黑厂产出的含油污水未经处理就直接排入海域,导致大批珊瑚虫窒息死亡,给当地珊瑚礁生态系统造成致命危害。

(四)湿地环境恶化的表现

湿地作为海洋空间资源的一种珍贵形态,生态价值极高,不仅是诸多海洋生物、鸟类的栖息地,也是地球淡水存储、物质循环和碳汇的重要场所,在海水净化、气候调节、防岸护堤等方面发挥着关键作用,包括潮间带湿地、河口湾地、沿海潟湖、红树林、珊瑚礁等多种类型。根据《中国海洋统计年鉴》,到2013年,我国的海岸带湿地面积是5795.9千公顷,与20世纪50年

代相比,已经减少了57%,红树林和珊瑚礁湿地则分别减少了73%、80%。①
湿地生境退化是一个复杂过程,受到海岸侵蚀、风暴潮灾、海面上升、河水断
流、围垦填海、过度开发、工程建设、环境污染等多种自然或人为因素的综合
影响,研究表明,人类活动的日渐加剧,使得湿地退化呈现出明显加快趋势。
尤其是中国围填海工程大多选址在河口和浅滩等敏感、脆弱的湿地区域,给
湿地生态环境造成了严重干扰与破坏,在改变湿地自然生态属性和景观格
局的同时,也使生物多样性维持、物质循环、初级生产受到阻碍。人类种种
损害活动对湿地生态环境的影响,一是导致了海洋生物栖息、繁衍的场所受
到干扰,造成湿地植被和许多经济物种赖以生存的生境消失,也威胁到一些
珍稀保护物种的生存;二是使其自然景观形态受损,湿地面积缩减,景观整
体性受到破坏,景观格局日益破碎化、人工化,阻碍了物种迁移、物质循环的
通道,大大降低了湿地的生物多样性维持力、抗干扰力以及恢复力②;三是
改变了湿地在自然演替过程中的特有生态服务功能,如对纳潮防潮、海水净
化等功能造成了不可逆转的损害。

四、对海洋生态环境的科学认知与科学手段缺失

根据"十三五"规划,中国GDP到2020年会比2000年翻两番,预计生
态环境压力更大,且由于经济规模基数大,沿海省市污水排放量将明显高于
全国平均水平,给海洋生态环境造成的压力更会急剧攀升。③ 然而,当前人
类社会对海洋生态环境观测与认知仍十分有限,科技尚未达到能够充分探
究海洋生态系统运行规律及容纳能力的水平,当前众多对海洋环境状况进
行的科学评估尚存在不确定性,且与追踪陆域生态环境状况相比,科研人员
很难判断延伸万里的海洋生态环境的真实状况,当前科研人员已观察到的
某些海洋生态环境具体参数变化,也很难依据其断定海洋生态环境的整体
发展趋势④,这更是加大了对陆源污染物排放数量以及人类干扰活动的控

---

①　中国海洋可持续发展的生态环境问题与政策研究课题组:《中国海洋可持续发展
的生态环境问题与政策研究》,中国环境出版社2011年版,第19页。

②　郭伟、朱大奎:《深圳围海造地对海洋环境影响的分析》,《南京大学学报(自然科
学版)》2005年第3期。

③　曹东、於方、高树婷等:《经济与环境:中国2020》,中国环境科学出版社2005年
版,第121页。

④　参考消息网:《科学家警告称人类对海洋生态破坏规模空前》,2015年1月17日,
http://tech.sina.com.cn/d/a/2015-01-17/doc-ichmifpx4463077.shtml。

制难度,没有科学认知支撑,也增加了海洋生态环境修复的困难。

目前,国外海洋生态科学研究越来越依赖于长期的连续观测和试验资料的累积与分析,全球性、区域性、国家性的长期海洋生态监测与信息网络正在形成,综合性研究计划与手段成为海洋生态科学研究的主流,如WCRP、IGBP 等新型综合研究项目不断被实施。早在 20 世纪 80 年代,美国就建立了永久性全国海洋立体观测系统及由多源卫星构成的海洋动力环境监测网,由过去针对海洋环境要素、海洋环流为主的观测发展到海洋地球化学循环、海洋环流与海洋生态系统观测并重的阶段。[①] 而中国过去及如今的海洋生态观测都是各部门根据自身职能需要设定的短期、局部观测计划及系统,缺乏国家层面和部门间合作的顶层设计,不仅观测覆盖面小、连续性差,而且数据利用率低,科学价值不显著,使得中国在海洋生态环境领域的研究水平与国际差距不断增大,甚至至今尚未有成熟的海洋生态观测仪器大规模上市,除锚系浮标、台站外,核心观测仪器全部依赖进口。

除科技手段缺失外,中国目前仍占主导的人类中心意识和自然控制论也阻碍了科学探知海洋生态环境的步伐。在人与海洋的关系中,中国沿海社会主体,包括政府、渔民、涉海企业、社会组织等往往无视海洋生态环境的存在及其价值,放大了人的主体性,驱使人逐步走向海洋征服者、独裁者的地位,使得社会发展、经济扩张逐渐走向了海洋生态系统自然运行规则的对立面,同时又使人在恶化的海洋生态环境面前变得麻木、无所作为,逐步陷入自身不可持续发展的陷阱中。正是在这种错误的认识论指导下,不仅引发了海洋生态环境危机,更使人们盲目自大而缺乏对海洋生态环境的深入认知,尚不能完全挽救自己于水火。

第二节　中国海洋生态环境恶化的危害

陆源及其他源头的污染物进入海洋生态系统,直接导致海域水体、沉积环境、生物种群等质量不断下降,与污染物流入总量呈同步变化,据不完全

---

① 李颖虹、王凡、任小波:《海洋观测能力建设的现状、趋势与对策思考》,《地球科学进展》2010 年第 7 期。

统计,陆源营养盐排入对中国近岸生态系统恶化的作用超过 70%[①],亦是导致绿潮、赤潮等生态灾害发生的原因。海洋生态环境污染也会对海洋渔业、海洋旅游业以及社会人群健康带来重大损失,其引发的海洋生物多样性下降、生境衰退、生态服务功能削弱等损害更是难以估量。

一、赤潮、浒苔:海洋"富贵病"灾害

人类生活、生产活动产生的大量无机营养盐流入海洋后,会直接影响藻类、大型植物等生长繁殖,改变其物种构成、生物量和生产力,进而通过复杂的生态过程,对浮游动物、底栖生物、游泳生物的多样性造成影响,并使海水溶解氧(DO)含量、沉积物有机质含量和透明度发生变化,改变了海域水体和沉积环境的质量。海水富营养化最为显著的生态效应便是有害藻华和水体缺氧等绿潮、赤潮灾害的出现与加剧,赤潮灾害会进一步影响到生物资源的生长和海水产品的安全,引发一系列社会经济问题。海水富营养化出现的主要原因是氮、磷营养盐的过量输入,据统计从 1860 年至今的 100 多年中,进入地球化学循环过程的活性氮增加了 20 倍左右,每年经由河流流入

赤潮

①　Chen N.W.,Hong G.H. & Zhang L.P.,"Nitrogen sources and exports in an agricultural watershed in southeast China",*Biogeochemistry*,Vol. 87,No. 2,2008,pp. 169-179.

浒苔

海洋的溶解态磷约为 400 万—600 万吨,是自然状态下的 2 倍①。如表 1-7 所示,进入 21 世纪,大量工业废水、生活污水、增养殖废水无节制地流入海洋,导致中国近海海域富营养化问题不断加重,致使赤潮灾害更为频繁地发生,同时河口低氧、水母旺发等后续现象也持续加剧。2016 年,中国海域共出现赤潮 68 次,爆发规模达 7484 平方公里,其中东海依然是赤潮发生频率最高的海域,有 37 次之多,占全国一半以上,渤海仍是赤潮面积最大的海域,占全国总面积的 76% 以上。从长期来看,中国海域赤潮发生频率较高的海湾主要为渤海湾、辽东湾、秦皇岛近岸、莱州湾、黄河口、长江口、浙江近岸、厦门近海、三沙湾、珠江口、柘林湾等沿海经济相对发达的区域。

表 1-7　20 世纪 50 年代以来中国各海域赤潮发生次数　　　单位:次

海域	50 年代	60 年代	70 年代	80 年代	90 年代	2001	2002	2003	2004	2005	2006
渤海	1	0	3	2	24	20	13	12	12	9	11
黄海	0	0	5	7	24	8	4	5	13	13	2
东海	1	1	2	28	89	34	51	86	53	51	63
南海	0	0	10	28	113	15	11	16	18	9	17
合计	2	1	20	65	250	77	79	119	96	82	93

---

① G. M. Filippelli, "The global phosphorus cycle: past, present and future", *Elements*, No. 4, 2008, pp. 89-95.

续表

海域	50 年代	60 年代	70 年代	80 年代	90 年代	2001	2002	2003	2004	2005	2006
海域	2007	2008	2009	2010	2011	2012	2013	2014	2015	2016	
渤海	7	1	4	7	13	8	13	15	7	10	
黄海	5	12	13	9	8	11	2	3	1	4	
东海	60	47	43	39	23	38	25	25	15	37	
南海	10	8	8	14	11	16	6	13	12	17	
合计	82	68	68	69	55	73	46	56	35	68	

数据来源:邹景忠:《海洋环境科学》,山东教育出版社 2004 年版;2000—2016 年《中国海洋灾害公报》。

　　赤潮的频繁发生给沿海区域带来了严重的生态和经济损失,物种结构改变造成海水缺氧,直接引起野生海洋生物和养殖物种大量死亡,危及海洋渔业的发展,如 2008 年黄海浒苔绿潮引起了高达 13 亿人民币的直接经济损失,尤其以江苏省和山东省损失最为严重,仅山东青岛地区养殖业损失即达 3.2 亿元。同时,赤潮发生过程中藻类生物的堆积和腐败过程还会产生大量泡沫、异味,影响滨海旅游业的开展,如 2014 年广东大亚湾出现了近 10 年来最大赤潮,大亚湾黄金海岸海水全部变黑,海面和沙滩上有黄绿色泡沫,覆盖近岸海域面积达 80 平方公里,不得不暂停游客在沙滩及水上的一切活动。此外,赤潮中的部分微藻还会产生藻毒素,如麻痹性贝毒、腹泻性贝毒已在渤海、黄海等近海海域发现,进入食物链后直接污染水产品进而威胁人类健康,沿海居民中毒事件时有发生。

二、海平面升高:濒临灭顶的小岛、低地城市与海岸带

　　全球气候变暖导致的海水热膨胀和陆源冰融化是海平面升高的主要原因。联合国气候变化专门委员会发布报告表明在过去 100 年的时间里,全球气温上升了 0.72—0.76℃,引发海平面升高了 10—20 厘米。[①] 在过去的 20 世纪,地球海平面以缓慢持续的速度每年上升 1—2 毫米,可以预见在 21 世纪末,许多地势较低的岛屿、沿海城市与海岸带区域的可持续发展会面临不同程度的威胁,且由于世界主要经济发达和社会热点地区都分布在沿海,海平面升高将会对整个地球的文明进程带来无法估量的影响。近 40 年来,中国海域海平面也有逐年升高态势,1980 年到 2013 年的 24 年间,中国海

[①] Intergovernmental Panel on Climate Change, *Climate Change* 2007: *the physical science basis*, Cambridge University Press, 2007.

平面每年上升速度平均为 2.9 毫米,明显高于全球水平,与常年①相比,
2013 年渤海和南海海平面上升幅度已超过 100 毫米,黄海和东海分别升高
了 88 毫米、77 毫米,据预测未来 30 年,中国海域海平面仍将上升 70—150
毫米,②天津沿岸、黄河三角洲、长江三角洲、珠江三角洲等重要沿海经济带
将是受影响最为显著的区域。除全球气候变暖是导致海平面上升的原因
外,中国沿海区域迅速发展,城市大型建筑物建造密集、地下水被过度开采,
导致地面有所沉降,也是造成海平面升高的原因。

　　海平面升高对中国沿海区域造成的最直接影响便是海水高水位时淹没
的海岸带面积不断扩大,而中国沿海区域海拔普遍偏低,海平面升高会致使
沿海陆地、部分岛屿大面积被淹,也会加重土壤盐渍化、海水入侵、风暴潮、
地下水污染等灾害后果。如当前河北省东部部分海岸线已属于严重侵蚀岸
段,侵蚀速率每年高达 5 米。又如由于海平面升高与大潮相互叠加,使珠江
口咸潮入侵不断加重,2009 年 10 月,珠江口遭受了 4 次大规模咸潮灾害,
中山、珠海等城市地下淡水资源被海水入侵后受到污染,淡水供应一度中
断。同时,海平面的改变也会影响海洋生物栖息地环境,改变营养盐循环通
量并威胁海洋生物多样性。海平面升高引发的海岸侵蚀与海水入侵,也会
进一步影响海岸带生态系统,导致土壤理化性能恶化,肥力下降,原有土地
资源不断减少,造成沿岸生境与植被逆向退化。

表 1-8　2000—2016 年中国沿海 11 省区市海平面升高水平　　　　单位:毫米

比常年平均海平面高	2000	2001	2002	2003	2004	2005	2006	2007	2008	2009	2010	2011	2012	2013	2014	2015	2016
辽宁	17	27	38	45	64	25	53	47	50	48	61	67	110	102	116	88	63
河北	12	8	15	16	20	1	22	34	45	43	50	64	96	93	110	87	70
天津	1	16	7	4	24	37	48	54	47	48	71	88	128	118	118	90	95
山东	41	58	60	67	94	55	78	80	69	70	82	75	130	110	125	105	70
江苏	69	47	62	73	82	44	79	82	76	84	82	70	112	89	124	107	78
上海	69	51	43	75	44	31	67	66	47	55	66	35	112	72	120	105	102
浙江	40	35	67	71	76	30	76	69	39	56	67	50	128	84	134	115	125
福建	75	48	62	57	67	32	68	48	54	65	55	65	111	68	86	60	100
广东	80	63	59	68	55	44	76	48	75	91	64	93	153	115	105	75	92

　　① 根据全球海平面监测系统(GLOSS)规定,以 1975—1993 年海平面的平均数认定
为常年海平面高度。
　　② 国家海洋局:《2013 年中国海平面公报》,2013 年。

续表

比常年平均海平面高	2000	2001	2002	2003	2004	2005	2006	2007	2008	2009	2010	2011	2012	2013	2014	2015	2016
广西	57	38	42	54	27	11	48	27	60	74	56	48	108	78	59	52	34
海南	110	74	85	89	63	48	107	92	86	107	84	100	154	143	133	109	75
全国	51	55	48	60	64	35	71	62	60	68	67	69	122	95	111	90	82

数据来源:2000—2016年《中国海洋灾害公报》。

三、厄尔尼诺来袭:异常的旱涝、台风、风暴潮

厄尔尼诺现象是太平洋赤道海域和大气相互作用后失去平衡产生的一种异常气候现象①,表现为在太平洋海面形成一股巨大的热带暖流,促使海水温度升高3—6℃,造成大量海洋生物迁徙或死亡,且海水与大气共同作用产生的湿热空气形成风雨潮,干扰正常大气环流,导致全球出现干旱、洪涝、暴风雪等气候异常现象,在海上则容易引发风暴潮、海啸、海流、海冰、赤潮等强灾害。作为一种长期自然现象,厄尔尼诺形成原因至今尚无定论,可能与地球自转速度、大气环流、洋流、地磁移极、火山爆发、地震等自然现象有关②,也有学者认为与人类活动导致的温室效应有关,至少温室效应引发的全球变暖、海平面上升助长了厄尔尼诺的频繁发生和灾害后果③。

中国东邻西太平洋,是大洋中形成热带气旋最多的海域,来自高纬度的冷空气与来自海洋的热带气旋交互作用,再加上厄尔尼诺现象的推波助澜,导致中国沿海尤其是东南地区巨浪与大风频繁出现,容易形成灾害性风暴潮。2016年,中国沿海共发生风暴潮18次,其中大型台风风暴潮10次,致灾8次,造成直接经济损失45.94亿元,其中以福建省、河北省和广东省受灾最为严重。除风暴潮外,厄尔尼诺还容易引起波高4米以上的灾害性海浪,冬季则容易导致灾害性海冰。2016年,中国近海共出现36次波高4米以上海浪,其中台风浪13次,致死60人,造成直接经济损失0.37亿元。而在2013年1—2月,渤海和黄海北部海域遭受严重的海冰影响,海上工程设施遭到严重破坏,海上交通运输受阻,海洋渔业也受到重创,造成直接

① 莫杰:《海洋灾害:厄尔尼诺正在形成》,《海洋信息》1997年第12期。
② 沈四林:《厄尔尼诺现象与中国的海洋灾害》,《航海技术》2001年第4期。
③ 韦兴平、石峰、樊景凤、杨青:《气候变化对海洋生物及生态系统的影响》,《海洋科学进展》2011年第2期。

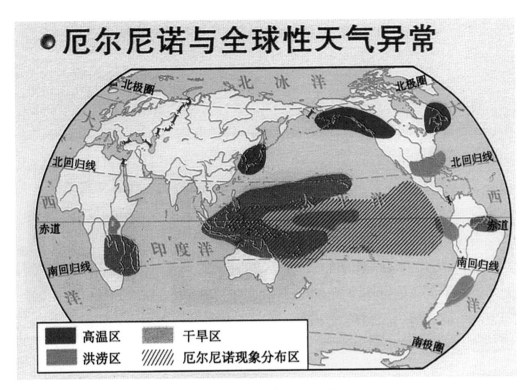

厄尔尼诺与全球性天气异常

经济损失 3.22 亿元,是往年的 2 倍左右。此外,厄尔尼诺导致的气候和海洋环境变化也容易使海水中富有动植物、细菌等产生突发性聚集增殖,引发赤潮、绿潮等海洋生物灾害。近几十年,通过数据统计可以发现,风暴潮、灾害性海浪、海冰、赤潮等严重年份都是厄尔尼诺现象多发年与太阳黑子活动年,所以,能够基本判定厄尔尼诺是能够同时引起气候异常与海洋异常且气候异常又引起海洋异常的综合灾害机制,亟待继续深入追踪研究。

表1-9　2000—2016 年中国海域与厄尔尼诺现象相关海洋灾害次数　　单位:次

厄尔尼诺相关海洋灾害	2000	2001	2002	2003	2004	2005	2006	2007	2008	2009	2010	2011	2012	2013	2014	2015	2016
风暴潮灾害	8	6	8	14	19	20	28	30	25	32	28	22	24	26	9	10	18
海浪灾害	—	—	33	34	35	66	55	50	33	32	35	37	41	43	35	33	36
海冰灾害	1	1	1	1	1	1	1	1	1	1	1	1	1	1	1	1	1
赤潮灾害	28	77	79	119	96	82	93	82	68	68	69	55	73	46	56	35	68

数据来源:2000—2016 年《中国海洋灾害公报》。

四、难以留住的海洋风景之美："何日君再来"？

保持完好的自然海洋景观不仅具有极高的美学价值与休闲功能，而且也是市民尤其是中小学生了解、认知海洋的绝佳窗口。海岸线以及海底生态系统的自然平衡状态，加上周边海洋风景和历史遗迹的存留，是十分值得观摩、研究的珍贵旅游资源。同时，海洋景观还可以为人类社会提供两类非商业性人文精神服务：一是人们通过对海洋景观的欣赏、感悟、认知，能够形成受海洋磅礴气魄影响的心态、观念、思想、意识，为宗教精神、文化艺术提供灵感，从而体现海洋景观的美学以及精神价值；二是邻近海洋生存的人们通常具有不同于内陆的生活方式，其衣食住行、风俗习惯、语言文学、文化艺术皆有不同程度的"海洋"意向，能够丰富文化多样性，增多生态文化体验机会。

亚龙湾

然而,近50年来,受人类活动的严重干扰,中国沿海发生了显著的景观变化,因城市建设、景区开放以及各类近岸、海上建筑工程铺设,不仅造成海洋环境污染加重、生物多样性降低、净化能力等生态服务衰退,清澈的海域被污染、洁白的沙滩愈加拥挤,破坏了海洋生境的自然美感,而且导致滩涂湿地、砂石礁岩大幅度减少,海岸线愈加人工化、平直化、规则化,改变了海洋景观的整体性,加剧了景观破碎化、异质性程度,使其审美、体验、娱教功能受到损害,经济与社会价值大打折扣。从众多学者的遥感地图对比研究可以发现,中国大多数近岸特别是滨海风景区景观格局整体松散化趋势十分明显,边界曲折复杂的大型天然生境已难以寻觅。被誉为"天下第一湾"的海南亚龙湾因其优美的海景吸引着海内外游客蜂拥而至,但近年亚龙湾也开始步入超常规发展时期,房地产开发现象火热,7公里的海岸线上已有12家大型酒店和广场、博物馆等多处人造景观。同时海南琼海市的滨海旅游度假别墅帝国花园,因其建设超过了最高潮位线,遭海水冲刷、侵蚀后,大部分地基崩塌,墙体断裂,给海洋生态景观造成了严重视觉污染,政府部门不得不对其拆除。

第三节　中国海洋生态环境治理存在的问题

一、海洋生态环境治理宣传导向问题

关于生态文明的宣传工作至关重要,是环保、海洋等部门依法履行职责、树立形象、确立海洋生态问题整治主导地位的重要一环,也可为群众共同参与还子孙后代一片清洁的蓝色国土鸣锣开道。充分发挥舆论宣传的导向作用,能在从源头解决海洋生态环境问题上起到事半功倍的效果,注重舆论的引导、坚持正确的导向,也可使人们充分认识到保护海洋生态环境的紧迫性与可行性。然而,当前海洋生态环境的宣传导向仍然存在诸多突出问题,着重体现在宣传内容、宣传方式以及宣传对象、保障力度等方面。

在宣传内容方面,当前有关海洋生态环境问题的宣传内容过于笼统,绝大多数宣传资料并未涉及问题的客观状态、严重程度、产生根源,更是缺乏针对性的、可供大众共同参与的解决方式与方法,甚至绝大多数公众并不了解海洋生态系统的自然运行规律及其正在面临的严峻压力,对其问题与自身的健康发展有何关系也缺乏认知,以至于即使官方宣传频率很高、范围极

大,其效果也仍微不足道;在宣传方式方面,多年来中国海洋生态环境治理宣传的方式始终较为单调,以张贴海报、开座谈会和电视报纸等传统宣传途径为主,带来的仅是被动式记忆,且自上而下、单向、点对面的信息传播方式在新媒体崛起背景下早已不能满足公众需求,亟须向去中心化、弥散状、以真实和互动为主要特征的宣传方式转变;而在宣传对象方面,本应该传播给大众的海洋生态环境信息,在很多时候、大部分部门却仅限于针对领导层面的内部知会,甚至宣传栏也更多设在相关政府机构的办公驻地、视察或检查工作的必经道路等场所,广大群众能够接触的机会十分有限,共同、切实参与到海洋环保工作中道路尚远;此外,在宣传力度方面,由于重视不够,人、财、物投入不足,诸多应该做的宣传工作无法开展,宣传内容和方法简单、陈旧,亟待改变,以引导公众科学解读海洋生态环境问题成因与危害,形成保护海洋生态环境的文化自觉。

二、海洋生态环境治理的政府管理问题

中国在海洋生态环境治理问题上,十分倚重政府管制作用,但已经建立的统一监督管理与分级、分部门监督管理相结合的海洋生态环境管理体制,由于对相关机构职责权限界定不够明确、具体,横向分散、多头管理,致使管理工作"条块"分割严重,行政权异化,难以形成管理合力,致使治理动力因分散到各个结构层面而消耗殆尽①,管理成效难以如人所愿。具体问题表现为:

一是管理机构重复设置。由于缺乏统一的海洋生态环境管理组织办法,导致中国海洋生态环境管理自上而下的权力配置碎片化,在中央层面未有科学性、体系化安排,在地方层面,也没有专门关于海洋生态环境管理机构设置的规章制度,不仅导致各相关机构之间缺乏权力协调机制,也使各机构承担的责任、义务经常处于变化之中,极大地影响了各机构管理效力的连贯性、稳定性。根据《环境保护法》规定,环保部门对全国环境保护工作进行统一监督管理,由此,海洋生态环境治理事务的"统管"机构定位为环保部门,而具体"分管"机构是依法承担某一类污染源防治或海洋资源养护等具体事务的监督管理部门,通常涉及海洋局、海事局和各级国土、渔业、矿

---

① 李侃如:《中国的政府管理体制及其对环境政策执行的影响》,《经济社会体制比较》2011 年第 2 期。

产、交通、水利等行政机构,但同时,统管部门与分管部门之间无行政隶属关系,执法地位平等,无监督与被监督、无领导与被领导地位之分。这样的行政管理模式安排,由于部门间权限界定模糊,对各部门如何协作规定不详,导致了海洋生态环境管理事务政出多门,各种行政安排经常出现交叉、重复甚至矛盾,且各部门处于自身利益考虑,往往对有利事务积极主张管辖权,而对不利事务及责任,则彼此推诿,互踢皮球。

二是管理职能转化缓慢。政府职能转化的核心是重新界定权力的正确使用,着重提高公共服务能力、维护社会公平能力以及宏观调控能力,尽量减少权力对微观经济活动的干预,但现实中,政府仍摆脱不了片面追求经济增长的"政绩需求",GDP 仍然是地方政府最看重的绩效指标。这种全国政治效益衡量标准给各个政府部门带来了巨大激励,为促使经济增长最大化寻求一切机会,当经济发展与生态健康产生矛盾时,必然舍弃生态。尤其在政府职能转变不到位情况下,中央和各级地方政府面对海洋生态环境问题,有着截然不同的利益考量与行为选择。中央政府一再强调要保持海洋经济发展、沿海社会进步与海洋生态环境状况相协调,但由于保护海洋生态环境势必会失去部分眼前经济利益且海洋环境治理成本高昂,因此地方政府往往缺乏投资海洋生态治理、投身海洋环保事业的积极性。在当前财税体制下,地方政府作为谋利型政权经营者,更注重对地方经济短期快速发展的把控,而由于监督约束机制的乏力,地方政府有足够的空间和权力掩盖海洋生态环境恶化的事实,甚至宣扬在海洋环境治理上的政绩,特别是当条块管理出现经济利益冲突时,地方保护主义更会抬头,"块块压过条条",导致环保执法力量相当薄弱。

三是管理手段陈旧单一。市场机制在海洋生态环境问题上的失灵,决定了政府管理在解决此问题上承担的重任,也为政府干预微观经济活动提供了机会。基于公共权力与行政权威,政府拥有超过其他社会组织的行政管理资源和强制力,可以通过立法、执法、监察、财税、市场调节等多种手段实施海洋生态环境治理,纠正市场失灵,促使外部性问题内部化。目前中国政府多是采取基于立法、执法的强加干预来解决海洋生态环境问题,即主要通过禁止、限制、制裁等方式对经济主体行为直接进行规制,侧重于入海污染物排放达标等治理方面,总体上属于"先污染,后治理"的末端管理方式,虽然在一定程度上打击了海洋生态环境污染行为,但也损害了企业经营积极性,甚至增加造成企业退出市场的风险,不利于鼓励企业开发环保技术、减少废物排放数量、提高资源利用效率,从源头解决问题。基于市场机制的海洋生态环境管理是当今世界各国的主要管理方式及发展趋势,既能发挥政府在治理和保护环节的关键作用,又允许社会多元化力量的参与,且能使治理成本有更为合理的承担方。近年来,中国在海洋生态环境治理工作中不断引入市场经济类政策和管理工具,如环保财政支出、排污费和生态补偿费的征收,但仍存在突出问题,一是经济政策未能充分体现海洋生态价值规律,海洋生态环境价格与其实际贡献价值差距过大,海洋环保财政支出过少,且排污等收费范围较窄、收费标准定得过低,不足以刺激企业主动减少对海洋的污染和破坏,也不足以弥补人类行为造成的海洋生态环境损失和治理成本;二是经济政策尚未形成体系,中国目前还不存在法律意义上的环境税,针对海洋资源和产品开发使用造成的实际海洋生态损害而征收的资源税、污染产品消费税以及排污权交易等政策尚未出台,且针对已经实施的环保财政支出、排污费等使用去向也缺乏监督和追踪机制,有一定滥用、错用问题,如财政支出有的用于海洋资源使用和水产养殖补贴,排污费可用于污染防治项目的贷款贴息或补助①,实际上是对污染企业的变相扶持,并未起到海洋生态环境治理成本内在化的作用;三是当前中国政府采取的命令——直控型管理模式已不适应市场化管理手段实施的新趋势,由于此种管理模式缺乏灵活性、信息公开机制和成本核算机制,海洋生态环境治理行为仍然以消耗较多财政资源为代价,不能带动更广泛社会资源和力量的参与,新政策实施也不计成本,对企业的经济激励十分有限,在实施过程中遇到一些阻力,产生的效果尚不明朗。

三、环保法规政策尚不健全

20世纪70年代以来,中国相继加入了《联合国海洋法公约》等20余个与海洋生态环境治理相关的国际公约,同时也出台了多部相关法律、法规、规章,如《海洋调查规范》(1977年、1993年、2007年三次制定)、《海洋环境保护法》(1983年颁布、1999年、2013年两次修订)、《海洋倾废管理条例》(1985)、《海洋监测规范》(1991)、《专属经济区和大陆架法》(1998)、《海水水质标准》(1998)、《防治陆源污染物污染损害海洋环境管理条例》(1990)、《海域使用管理法》(2001)、《海洋沉积物质量标准》(2000)、《海岛

---

① 庞健琦:《我国现行环境经济政策存在的问题》,《合作经济与科技》2010年第24期。

保护法》(2009)、《全国海洋功能区划(2011—2020 年)》(2012)等,形成了以《海洋环境保护法》为主体,各项规范、管理条例、行业标准和规划为补充的海洋生态环境治理法规政策体系,显示出中国在法律层面对海洋生态环境的重视程度,但也表现出分散立法、条块分割执法的特点。这种立法司法模式不仅容易导致法律内容交叉、重复、缺失,而且由于上位法和实施操作细节的缺失,许多法规形同虚设,执行效果较差。总的来说,海洋生态环境立法司法工作仅是在数量等形式上满足了严峻的现实需要,但其内涵、地位及执行情况尚跟不上需求。

一是立法理念滞后。现行海洋生态环境法规制度仍然以人类中心主义为价值判断基础,始终将海洋生态系统作为被治理、被保护的客体,其生态价值评价尺度始终掌握在人手中且被严重低估,涉及的价格、罚款等惩罚措施也是相对于人的承受能力而言,不仅忽视了海洋生态系统运行的客观规律和实际承载能力,甚至未能将海洋生态环境治理与经济社会发展的综合需要放在一起加以考虑,基本的"可持续发展"理念、"不损害子孙后代权利"的理念均未能体现,即便是被誉为综合立法的《海洋环境保护法》也仅关注了海洋生态系统的经济与社会价值①。同时,现有海洋生态环境立法也未充分考虑海洋生态系统的整体性特征,大多是从海洋生态环境问题的某个方面如倾废、陆源污染、海水、沉积物等加以管制,但海洋生态环境危害通常具有连锁效应,以系统论的理念予以治理方有成效,否则只是"隔靴搔痒"。尤其是人类也是生物圈的一部分,不遵循海洋生态环境自然演化规律,破坏生态平衡,对于人类自己的生存与发展需求的满足也将失去支撑,无异于自掘坟墓。

二是立法内容缺失。中国已颁布的海洋生态环境法规政策多是针对海洋生态环境治理问题分门别类制定的,单项立法的部门性、行业性特征十分明显,仅是强调某种海洋生态环境的特殊性与重要性,关注的是本领域、本部门的需要和利益,而对海洋生态环境问题的扩散及其他领域的利益未予以综合对待,造成立法数量虽多,但立法之间缺乏有机内在联系及统筹执法,司法空位、定性不准、惩罚无力等现象严重,尤其在具体实施过程中仍存在诸多立法漏洞。例如,2013 年修订后的《海洋环境保护法》依据中国海域实际状况制定了相应的海洋生态监测定期评价与公开制度、船舶油污保险

---

① 《海洋环境保护法》第 20 条规定:"对具有重要经济、社会价值的已遭到破坏的海洋生态应当进行整治和恢复。"

制度、排污总量控制制度等,但一些关键的海洋生态环境标准如海洋生物多样性标准、海洋生态环境健康标准等未能一起出台,以致在污染损害事故发生时缺乏统一"度量衡",惩罚尺度仍有较大主观性和随机性。此外,海洋工程的环境影响评估办法、海域使用费征收办法等也尚不统一完善,直接影响到相关责任承担及损害赔偿工作的进行。目前,中国尚未出台全面、具体的海洋生态环境损害赔偿机制,案件发生时通常是依据《民法通则》《刑法》《环境保护法》《海洋环境保护法》等法规的原则性规定予以裁判,往往导致损害行为判决不及时、赔偿不充分、获赔主体不明确,难以进行充分的司法救济。如发生海上溢油等突发事故后,责任方主要对受损的水产养殖户予以赔偿,对其造成的野生海洋生物死亡、海水污染、滨海旅游停滞等间接损害则较少追责。

三是法律地位不高。中国曾经在 1954 年发布的《中国人民政治协商会议共同纲领》中提出"保护沿海渔场,发展水产业",也在 1978 年的《宪法》中规定"海陆资源属全民所有",但自 1982 年新《宪法》出台后虽历经四次修改,却未出现任何关于"海""海洋"的规定。中国现已出台与海洋有关的法律 17 部、行政法规 27 部、部门规章制度 80 余项[①],但由于"海洋"未能"入宪",导致海洋生态环境法规政策体系缺少最高层次法律条文的支撑,加之中国尚未出台综合规定并协调各项海洋事务的《海洋基本法》和《海岸带管理法》,使得现行的《海洋环境保护法》等仅是属于第三四等级的法律规章制度,不仅凸显出海洋立法在国家法律体系中的地位尚不明确,导致中国缺乏贯穿始终的海洋立法基本原则和导向,同时也导致执法主体混乱,形成难以理顺的条块矛盾。与此同时,海洋生态环境现有法律政策与其他并行领域的相关政策如《水污染防治法》《矿产资源法》《水土保持法》《环境影响评价法》《森林法》等大多由全国人大常委会审议通过,就立法位阶来看,《海洋环境保护法》并不占据领先地位,出现冲突时相关部门难以协调甚至需要让步,影响了各项单行法相契合的程度,激化了矛盾,更不利于海洋生态环境问题的解决。

四是执法力度不严。海洋生态环境立法文件缺乏配套性实施细则,可操作性较差,对执法环节造成了严重影响。《海域使用管理法》中提出,中国海域开发利用的监督管理权属于国家海洋局,但《海洋环境保护法》第 5

---

① 张媛:《我国宪法对海洋并未提及 应立法海洋以弥补缺失》,《法制日报》2015 年 6 月 10 日。

条规定,海洋生态环境监督管理部门包括国家海洋部门、国家环境保护部门、国家渔业部门、国家海事部门和军队环境保护部门,长期以来这种条块结合的分散式海洋生态环境执法体制,不仅限制了国家海洋局作为海洋事务统领部门的权利和义务,而且导致各部门执法各为其政、相互掣肘,难以保证执法的公正、公开、公平、独立、自主,造成执法效率低下、效果较差甚至重复执法、执法腐败时有发生。由于缺乏高效沟通、统筹与协调,"五龙治海"现象使海洋生态环境治理领域的执法力量愈加分散。2013 年,借鉴美国海岸警备队、日本海上保安厅等实践经验,中国成立了海警局,将公安部边防海警、中国渔政、海关总署海上缉私警察、中国海监进行组编整合,与海洋局合署办公,以开展海上综合维权执法。

四、海洋生态环境治理发展模式问题

海洋生态环境治理指的是与海洋环境质量及其问题相关的决策与实施过程,不仅仅局限于海洋生态环境保护领域,而是涉及所有可能影响海洋生态环境质量的经济社会活动。从治理主体上来看,中国对海洋生态环境问题采取的是政府强制性治理模式,即在治理工作中,政府机构被视为主导的管制主体,通过其法制、行政、经济等管理手段,限制社会各界尤其是企业对海洋生态环境造成损害的行为,并强制其承担相应责任。该模式强调政府发挥职能部门的引领和监督作用,通过采取自上而下的方式直接制定并执行各项海洋生态环境法规政策,治理过程中基本依靠政府行政力量。而从治理方法上来看,中国对海洋生态环境问题采取的主要是末端治理模式,即基于"先污染后治理"的经济发展模式,依据"谁污染、谁治理"的原则,对生产末端产生的污染物及其生态环境影响进行化解、消除,主要是对污染物排放达标率进行控制。然而,无论就治理主体还是治理方法而言,中国海洋生态环境治理模式都存在突出问题。

在政府强制性治理模式方面,由于海洋生态环境治理涉及社会、经济、政治、文化等各层次,是综合性、全局性、协调性较强的工作,在中国只有政府有足够的能力、权威来组织配置各类资源,且遇到突发性、紧急性的海洋生态环境事故,只有依托政府机构的高压态势、快速应对、强制执行才能扭转或尽快消除其负面损害,应当说政府强制性治理模式尤其突出优势。但是中国当前此种治理模式仍存在显著不足,主要表现在:一是主观行政干预明显。尽管政府可以采取的治理手段有多种,包括法制性手段、经济性手段、行政性手段等,但中国政府在治理海洋生态环境时一般以能够直接操控的行政性手段为主,缺乏稳定性且主观操控明显,即使相关法律、政策的制定和执行也都有行政痕迹,造成治理政策及实施往往具有较大随意性,容易被利益集团左右,加之政府能力也会受到自身知识水平、社会环境等限制,导致治理效果不尽如人意;二是信息不对称严重。主要表现在相关决策信息获取困难及成本高等问题上。在自上而下的强制性治理模式中,由于税收来源、以GDP为上的绩效考核和晋升体系,使得地方政府通常难以把海洋生态环境治理的真实信息上报给上级,以规避上级的惩罚或查处,导致诸多措施、政策、法规在信息不对称情况下做出,鲜有考虑大众广泛的意愿和需求,以致效果不佳,执行起来也困难重重;三是财政负担沉重。政府强制性治理模式的成功运行必须以大规模财政投入为前提,无形中给政府带来了较大的资金压力,加之经济迅速增长不仅导致海洋生态环境急剧恶化,也引发了材料、药品、人才等价格的上涨,使得治理成本不断攀升,而过多的征税、罚款又会降低企业经营激励,破坏经济运行规律,使政府陷入两难;四是阻碍社会相关者参与。在政治体制改革落后、权威中心场域封闭、传统文化惯性等综合作用下,中国现有政府强制性治理模式对社会其他相关群体广泛参与的吸引能力明显不足,治理决策和结果只对上而不对下负责,强势的姿态使得社会资源难以介入海洋生态环境的日常治理与保护,既制约了社会组织、企业和普通公众等相关群体能量的发挥,也限制了非政府治理力量的壮大,在浪费社会资源的同时也造成了强制治理效率的低下。即使有政务公开和听证制度的要求,公众参与的层次也较低且主题内容单一,关键性海洋生态治理政策囿于政府自利性和实施程序不完善而导致普通公众参与的可能性极低,且对政府日常工作的反馈渠道尚不畅通,难以真正实现政府与社会公众的有效沟通乃至良性互动。

在污染末端治理模式方面,由于GDP为上、晋升比赛、任期短暂等政策设计缺陷,政府决策者往往偏好使用能够立竿见影的"末端治理"模式。所谓末端治理模式,指的是在生产过程结束后,对已然产生的污染物如工业废水入海等实施有效的治理,以减轻其污染程度。在海洋生态环境治理历史进程中,"末端治理"显然是十分重要的里程碑,也在一定程度上减缓了陆源工农业生产给海洋生态环境带来的污染与破坏。但其通常不涉及海洋资源的充分利用问题,只是对污染物的转移或暂缓排放,且治理成本高昂。与其对应的治理模式则是日渐受到重视的"源头控制",指的是在全部生产过程中预防、控制入海污染物的产生,并进行全方位综合治理,将污染扼制在源头。着眼于控制排污口末端,排放的污染物虽然是经过处理达标后才入海的,但未能彻底解决海洋生态环境污染的问题,主要在于:一是成本代价高昂。随着经济发展,海洋产业包括陆地三大产业排放的污染物种类不断增多,控制污染物排放的环境标准也越来越严格,为了达标企业不得不增加治理费用的投入,如处理工业废水需要引进设备投入 2 万—6 万元,引进后每处理 1 吨废水需要再花费 1—4 元,大部分企业在生产时物料(如药品、化学材料等)本就流失严重,流失的物料还需要花费高昂的代价去处理,且回收利用率低,在成本上不堪重负,致使许多企业只能投机取巧;二是治理效果有限。污染物在处理过程中对海洋生态环境可能造成二次污染,如工业废水处理后可能成为活性污泥或重金属污泥,很难达到彻底清除,即使污染物被达标排放,数量一旦超过海域承载阈值,也会引发恶性反应。

　　研究表明,尽管"末端治理"模式在不断增加治理投入的情况下可以实现经济短期增长,但治理费用占 GDP 比重超出一定范围,随着治理投入对环境改善的边际贡献不断缩减,环境质量仍会继续恶化,经济增长也难以为继[1]。"末端治理"只是暂时缓解问题的办法。相反,"源头控制"模式依赖企业清洁生产、公众节制消费、政府严格管理,尽管需要各方的共同努力,但经过人力资本和新技术的持续投入,能够显著减少资源损耗和污染物排放数量,只要未将环境破坏到难以恢复的承载阈值以下,就能够实现可持续发展目标。当然,"源头控制"模式实施的前提是改变政绩评估的短期限定,设立政府官员决策长期甚至终生责任制评估制度,并增强对其在民生福利、公众满意度、海洋生态环境质量等方面贡献的考评力度,确保政府部门把维护海洋生态环境工作摆在至关重要的位置。

---

① 刘伟明:《环境污染的治理路径与可持续增长:"末端治理"还是"源头控制"?》,《经济评论》2014 年第 6 期。

第 二 章

中国海洋资源的现状及问题

第一节　中国海洋生态资源现状

一、年复一年:《中国海洋统计年鉴》令人担忧的数据

中国海域面积 300 多万平方千米,跨越温带、亚热带、热带 3 种气候,各海域差异显著的自然条件孕育了丰富的海洋资源,按照学界公认的方式可划分为 5 种,即海洋生物资源,包括海洋植物、海洋动物和海洋微生物;海洋矿产资源,包括海底石油、天然气、煤炭、滨海砂矿、多金属结核、可燃冰等;海洋化学资源,包括海水、海水化学元素、地下卤水;海洋空间资源,包括海岸带、海岛、海洋水体空间、海底空间和海洋旅游资源;海洋能源,包括海流能、潮汐能、海风能、波浪能、温差能、盐差能等。

(一)海洋生物资源数据

在海洋生物资源方面,作为开发最早、利用水平最高的海洋资源,中国近海海域生物资源的种类与数量十分丰富。现已记录藻类植物有 790 种、鱼类 3032 种、虾蟹类 1280 种、贝螺类 1923 种,很多为中国特有,已发现有经济价值的海洋物种 200 余种[1],且在环中国海众多渔场中蕴藏规模较大,据估算,海洋头足类和鱼类资源占全球数量 14%左右,海洋昆虫类和蔓足类占全球 20%左右,红树林资源占全球 43%左右。但是,可捕捞的海洋渔业资源却不到全球总量的 2%[2],可持续渔业资源获取量仅为 470 万吨/

---

[1]　傅秀梅、王长云、王亚楠等:《海洋生物资源与可持续利用对策研究》,《中国海洋生物工程》2006 年第 7 期。

[2]　王芳:《中国海洋资源态势与问题分析》,《国土资源》2003 年第 8 期。

年①,其至近年还在下降。这主要归因于 1949 年以来几十年的过度捕捞和环境污染,使中国海洋生物资源总量及其生产力显著下降。迫于资源紧缺压力,中国政府于 1995 年实施了伏季休渔制度,但渔获量依然持续上升并于 1999 年达到最高峰值,当年渔获量超出可持续获取量 2 倍之多。2000 年,由于捕捞业零增长发展计划的强制推行,捕捞渔获量有所减少,至 2013 年已下降至 1376.38 万吨。随着捕捞业的不断衰退,沿海地区普遍将海洋渔业转移到人工养殖领域,海水养殖产量持续高涨,到 2013 年已增至 1739.25 万吨,占据了海洋生物资源供给的半壁江山。然而,由于人工养殖技术水平不高,尚未达到集约化发展阶段,给海洋生态造成的面源污染也较严重,进一步加剧了天然海洋生物资源的生存危机。

表 2-1　1995—2013 年部分年份沿海省市海洋捕捞产量　　　　单位:吨

省份	1995 年	1999 年	2000 年	2003 年	2005 年	2007 年	2009 年	2011 年	2013 年
辽宁	911465	1576911	1501887	1479639	1520371	1166194	1132120	1222774	1283693
河北	160118	328323	327371	311128	310753	253195	253317	251761	230539
天津	24067	34055	35098	42091	38038	30185	25388	25037	66464
山东	1618119	3325182	3078395	2680831	2680834	2445466	2449591	2512437	2428240
江苏	567078	683172	659967	572315	582813	573519	570009	578432	573336
上海	161790	122011	120174	130773	149567	155586	156351	121586	124825
浙江	2470182	3312393	3395749	3141511	3142573	2514920	2773510	3264905	3560186
福建	1619996	2066455	2078009	2212006	2221438	1920960	2027864	2100130	2167826
广东	1614186	1945157	1914781	1819063	1720459	1501581	1525341	1526511	1554002
广西	498192	888557	888417	851042	843286	669591	667684	669421	653388
海南	340580	511008	598853	895610	1079799	907114	961122	1050300	1121263
全国	9985773	14793224	14598701	14136009	14289931	12138311	12542297	13323294	13763762

数据来源:1995—2013 年《中国农业统计年鉴》。

十分吊诡的是,我们现在已经不是追求海洋渔业高产,而是进入了一个不断追求其减产的时代。根据农业部发布 2017 年正式实施的《海洋渔业资源总量管理制度方案》,要求实行负增长政策,到 2020 年全国海洋捕捞总产量减幅不少于 20%。②

(二)海洋矿产资源数据

在海洋矿产资源方面,中国开发以海洋石油、海洋天然气和滨海砂矿为主,一些新兴资源开发尚处在论证阶段,但因海底资源勘探经验不足,据估

---

① 陈清潮:《中国海洋生物多样性的现状和展望》,《生物多样性》1997 年第 2 期。

② 国家农业部:《海洋渔业资源总量管理制度方案》,http://www.ce.cn/cysc/sp/info/201701/20/t20170120_19755803.shtml。

算海洋石油发现率还不到 20%,海洋天然气发现率仅为 9.2%①,海洋油气资源真实储备也需进一步查明。在已探明储量的 36 个海洋沉积盆地中,蕴藏了约 275 亿吨海洋石油、10 万亿立方米海洋天然气②。进入 21 世纪,河北、天津、山东、广东等 6 省市加快了海洋油气的采掘速度,至 2013 年海洋石油产量规模已达 5162 万吨,天然气产量规模达 129 亿立方米。③尽管资源储备尚足,海洋油气业的快速发展也引发了船舶溢油、平台泄漏、输油管道破裂等海洋生态事故的频发,带来了较大的生态风险。

同时,中国大陆海岸线 50% 以上为沙砾质海岸,在浅滩、河口、浅水海域蕴藏了储量约为 31 亿吨的砂矿资源,分布有上百处大型矿床,且以经济价值较大的石英砂、钛铁矿、锆石等居多。④ 至 2013 年以山东、浙江等省份为主的海洋砂矿产量合计为 4434.32 万吨,但由于选矿技术较差且机械化水平不高,造成矿区资源利用率低下,产生浪费较多且同样给近岸海洋生态系统带来了严重威胁,一些海岸线已出现严重海水入侵问题。

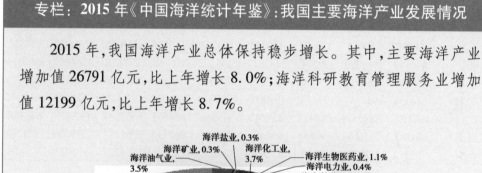

专栏: 2015 年《中国海洋统计年鉴》:我国主要海洋产业发展情况

　　2015 年,我国海洋产业总体保持稳步增长。其中,主要海洋产业增加值 26791 亿元,比上年增长 8.0%;海洋科研教育管理服务业增加值 12199 亿元,比上年增长 8.7%。

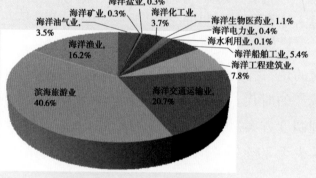

中国主要海洋产业发展情况(2015 年)

---

①　中国海洋石油总公司网站公布数据,2005 年 8 月 9 日。
②　沈文周:《中国近海空间地理》,海洋出版社 2006 年版,第 488 页。
③　数据来源:历年《中国海洋统计年鉴》。
④　高乐华:《我国海洋生态经济系统协调发展测度与优化机制研究》,中国海洋大学 2012 年博士学位论文,第 61 页。

主要海洋产业发展情况如下：

——海洋渔业　海洋渔业保持平稳发展态势,海水养殖和远洋渔业产量稳步增长。全年实现增加值 4352 亿元,比上年增长 2.8%。

——海洋油气业　海洋油气产量保持增长,其中海洋原油产量5416 万吨,比上年增长 17.4%,海洋天然气产量 136 亿立方米,比上年增长 3.9%。受国际原油价格持续走低影响,全年实现增加值 939 亿元,比上年下降 2.0%。

——海洋矿业　海洋矿业快速增长,全年实现增加值 67 亿元,比上年增长 15.6%。

——海洋盐业　海洋盐业平稳发展,全年实现增加值 69 亿元,比上年增长 3.1%。

——海洋化工业　海洋化工业较快增长,全年实现增加值 985 亿元,比上年增长 14.8%。

——海洋生物医药业　海洋生物医药业持续快速增长,全年实现增加值 302 亿元,比上年增长 16.3%。

——海洋电力业　海洋电力业发展平稳,海上风电场建设稳步推进。全年实现增加值 116 亿元,比上年增长 9.1%。

——海水利用业　海水利用业保持平稳的增长态势,发展环境持续向好,全年实现增加值 14 亿元,比上年增长 7.8%。

——海洋船舶工业　海洋船舶工业加速淘汰落后产能,转型升级成效明显,但仍面临较为严峻的形势。全年实现增加值 1441 亿元,比上年增长 3.4%。

——海洋工程建筑业　海洋工程建筑业快速发展,重大海洋工程稳步推进。全年实现增加值 2092 亿元,比上年增长 15.4%。

——海洋交通运输业　沿海港口生产总体放缓,航运市场持续低迷。全年实现增加值 5541 亿元,比上年增长 5.6%。

——滨海旅游业　滨海旅游继续保持较快增长,邮轮游艇等新兴海洋旅游业态蓬勃发展。全年实现增加值 10874 亿元,比上年增长11.4%。

2016 年《中国海洋统计年鉴》:我国主要海洋产业发展情况:

　　2016 年,我国海洋产业继续保持稳步增长。其中,主要海洋产业增加值 28646 亿元,比上年增长 6.9%;海洋科研教育管理服务业增加值 14637 亿元,比上年增长 12.8%。

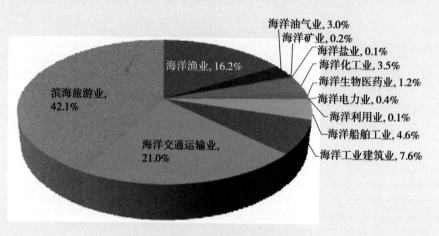

海洋油气业,3.0%
海洋矿业,0.2%
海洋盐业,0.1%
海洋化工业,3.5%
海洋生物医药业,1.2%
海洋电力业,0.4%
海洋利用业,0.1%
海洋船舶工业,4.6%
海洋工业建筑业,7.6%
海洋渔业,16.2%
滨海旅游业,42.1%
海洋交通运输业,21.0%

2016 年主要海洋产业增加值构成图

　　主要海洋产业发展情况如下:

　　——海洋渔业　海洋渔业总体保持平稳增长,近海捕捞和海水养殖产量保持稳定,2015 年 1—11 月,全国海洋捕捞产量 1333 万吨,同比增长 1.4%。全年实现增加值 4641 亿元,比上年增长 3.8%。

　　——海洋油气业　海洋油气产量同比减少,其中海洋原油产量 5162 万吨,比上年下降 4.7%,海洋天然气产量 129 亿立方米,比上年下降 12.5%。全年实现增加值 869 亿元,比上年减少 7.3%。

　　——海洋矿业　海洋矿业平稳发展,全年实现增加值 69 亿元,比上年增长 7.7%。

　　——海洋盐业　海洋盐业稳定增长,全年实现增加值 39 亿元,比上年增长 0.4%。

　　——海洋化工业　海洋化工业稳步发展,全年实现增加值 1017 亿元,比上年增长 8.5%。

　　——海洋生物医药业　海洋生物医药业较快增长,全年实现增加值 336 亿元,比上年增长 13.2%。

　　——海洋电力业　海洋电力业保持良好的发展势头,海上风电项目稳步推进。全年实现增加值 126 亿元,比上年增长 10.7%。

续表

> ——海水利用业　海水利用业稳步发展,海水利用项目有序推进,全年实现增加值 15 亿元,比上年增长 6.8%。
>
> ——海洋船舶工业　海洋船舶工业产品结构持续优化,产业集中度进一步提高,但面临形势较为严峻。全年实现增加值 1312 亿元,比上年下降 1.9%。
>
> ——海洋工程建筑业　海洋工程建筑业稳步发展,多项重大海洋工程顺利完工。全年实现增加值 2172 亿元,比上年增长 5.8%。
>
> ——海洋交通运输业　沿海港口生产呈现平稳增长态势,航运市场逐步复苏,海洋交通运输业总体稳定。全年实现增加值 6004 亿元,比上年增长 7.8%。
>
> ——滨海旅游业　滨海旅游发展规模稳步扩大,新业态旅游成长步伐加快。全年实现增加值 12047 亿元,比上年增长 9.9%。
>
> (资料来源:国家海洋局网站　更新时间:2016 年 3 月 8 日)

(三)海洋化学资源数据

在海洋化学资源方面,作为地球最大体积的资源蕴藏体——海域供给着源源不断的海水、化学元素和地下卤水。随着海水淡化技术不断提高,中国海水淡化规模显著扩大,2014 年年底 16 万吨级以上淡化工程建设成功,中国海水淡化数量超过 5000 吨的工厂已达 27 家,分布在广东、浙江、山东、天津、河北、辽宁等地区,尽管成本仍偏高,尚未广泛普及,但海水将逐渐成为陆域淡水资源的重要补充。海水中溶解有丰富的化学元素如硫、钙、钾、镁、氧、氢、氯、钠等,提纯后可加工成各类化工产品,应用最为广泛的当属海盐。近年来,由于围填海侵占及产业转型需要,各省市盐田面积不断萎缩,海盐产量也有所下降,到 2013 年共产出 2681.13 万吨,比 2009 年最高峰减少了 23.40%,其中山东仍是产盐大省,但海盐产品的地位也开始被其他海洋化工产品所取代。50 年前中国只有溴素、氯化钾 2 种海洋化工产品,如今可生产出无水硫酸钠、氯化钾、氯化镁、工业溴等多种产品,且提纯钾、镁、溴的能力已破万吨级,海化工产业迅速崛起,至 2013 年产业产量已开始突破 2000 万吨,且保持年均增长率在 50% 以上,较之 21 世纪初增加了近 40 倍,但在生产过程中也无可避免地加剧了海洋的污染程度,且承受着较高海洋化学品污染事故发生的风险。

围海盐田

此外,山东等地区的地下卤水资源也可提取溴素、纯碱、氯碱等化工产品,且含量大,远高于海水的利用率和提取效率。据统计,渤海湾南侧 10 余个市、县共储藏有 1794 平方公里的卤水资源,平均浓度高约 13 波美度,溶解有 80 余种化学元素,净储量高达 82 亿立方米①。但由于过度开采、资源利用率低等原因,给当地带来了近岸生态环境退化、污染扩大、海水入侵以及地面塌陷的生态问题,超采区甚至已形成 2 个地下水降落漏斗。②

(四)海洋空间资源数据

在海洋空间资源方面,在近岸围海盐田、养殖池等基础上,随着港口、旅

---

① 刘佳:《山东半岛蓝色经济区海洋资源可持续供给保障研究》,中国海洋大学 2014 年博士学位论文,第 38 页。

② 具体数据,可参见历年《中国海洋统计年鉴》。

游等近现代海洋产业的凸起带来了更多不同于传统海洋空间的利用方式。至2013年,被认定使用权的11省市海域使用面积已达26933.31平方公里,尚不足中国治下海权面积的1%,仍有巨大资源潜力可供挖掘。滩涂、海岛、浅海、近海、海湾、海面、海底等数种海洋空间不仅蕴藏了其他海洋资源,其本身也是陆地土地资源的重要延伸和补充,经济与社会价值正不断升高。如中国18000公里曲折海岸线上点缀着众多优良港湾,面积总和约为2.6万平方公里,能够建设万吨级以上港口的海湾40多处。经过近年港口经济的快速推进,截至2013年,沿海地区已建设港口岸线670公里,较之21世纪初延长了3倍左右,尤其以浙江、广东省建设最长,同时对海湾港口的资源利用程度也不断上升,2013年沿海11省市涉海港口共完成货物吞吐量75.61亿吨,较之21世纪初增长了4倍左右,且以浙江省、广东省和山东省为最多。但港口资源利用,不仅在建设期会有大量疏浚物、船舶油污水、抛泥等流入海中,给海洋生物带来不同程度的生存威胁,使原有滩涂湿地硬化,潮间带生态系统丧失殆尽,而且在运营期也会有大量生活、生产污水、垃圾等排入海中,导致海域初级生产力下降、底栖生物量减少、食物链改变,围堤以内近岸生物几乎绝迹。

专栏：中国海洋数据库上线公告

　　"中国海洋数据库"已于2014年7月18日正式上线。中国海洋数据库,数据来源于国家海洋局,反映中国海洋经济发展和海洋管理服务情况。此数据库提供了10多个沿海地区、50个沿海城市、50多个沿海港口和四大海区的海洋统计数据。主要内容包括海洋经济核算、主要海洋产业活动、主要海洋产业生产能力、涉海就业、海洋科学技术、海洋教育、海洋环境保护、海洋行政管理及公益服务等方面的年度数据。对于研究开发、管理、利用海洋资源和空间,探索海洋经济发展规律,加快海洋经济结构调整,促进海洋经济发展方式转变,实现海洋经济平稳发展具有重要意义。数据起始于1978年,每年更新。指标包括:海洋自然状况、海洋经济核算、主要海洋产业活动、主要海洋产业生产能力、涉海就业、海洋科学技术、海洋教育、海洋环境保护、海洋行政管理及公益服务等;地区包括:11个沿海地区、50个沿海城市、53个沿海港口和四大海区;类别包括:海洋基础科学研究、海洋工程技术研究、海洋信息服务业、海洋技术服务业、博硕士海洋类专业、高等教育海洋类本科专业、高等教育海洋类专科专业、中等职业教育海洋类专业。

同时作为沿海地区经济新增长点的滨海旅游产业,近年来发展火爆,形成了以四大沿海经济圈为支撑的"一带多级"滨海旅游空间格局,在辽宁省、天津市、江苏省、上海市、海南省等成为支柱产业发挥着巨大聚集能力。然而,沿海11省市虽然节庆活动、度假休闲、历史访古等更深层次旅游产品逐渐增多,但滨海旅游核心吸引物仍以近岸自然静态景观为依托。滨海景区拔地而起,道路、停车场、宾馆、酒店等接待设施随之而来,进一步增大了入海污染物排放规模,人工建设尤其海上休闲活动也对海洋生态系统形成了干扰,严重危害着海岸线脆弱的环境。此外,伴随海底设施建设与围填海工程逐渐增多,跨海大桥的开通、海上城市的修建、输油管道的铺设、近岸公路的修筑虽然不断增多着海洋空间资源的利用方式、挖掘着供给潜能,但也带来了严重的生态问题,使得湿地、浅海、河口、海湾等大面积原生性海洋空间资源被替代,尽管经济与社会价值有所提高,生态价值却遭到难以弥补的损害。

(五)海洋能源资源数据

在海洋能源方面,作为中国海洋新兴产业结构的重要构成,伴随科技发展,其资源开发、利用形式不断更新。目前,以海藻制柴油、海藻制氢等为核心的海洋生物质能源的开发技术已接近成熟,成为海洋能源产业化的重要方向,同时海上风能也达到可为海岛生产、生活以及海洋油气田提供电力的利用水平,显示出较好的市场推广潜力。据估计,除海上风能蕴藏量达7.5亿千瓦外,中国近岸其他海洋能源可开发理论值在6.3亿千瓦当量[①],主要海洋能源开发量构成如表2-2所示。开发海洋可再生能源,是解决陆地及海岛能源可持续供应的重要措施,同时在陆地能源告急、化石能源导致温室效应加剧的背景下,积极探索可再生海洋能源的清洁使用也是化解地球能源危机的必然出路。在当前技术支持下,中国目前有能力开发的海洋可再生能源规模在4.4亿千瓦左右,以生物质能源利用和海上风能、潮汐发电为主要方向,现已运行8处大型潮汐发电场,18处海上风能发电场,总发电能力约45万千瓦[②]。虽然海洋能源开发已付诸实践,部分海洋能源利用在试验区和示范工程方面取得较大进展,但由于尚处在理论和技术探索阶段,加

---

① 海洋发展战略研究所课题组:《中国海洋发展报告2011》,海洋出版社2011年版,第52页。

② 海洋发展战略研究所课题组:《中国海洋发展报告2010》,海洋出版社2010年版,第228页。

海上风电

之技术要求严、设备造价高、对海洋生态系统影响尚不确定,绝大多数海洋可再生能源的开发利用价值,仍有待进一步深入探讨。

表 2-2　中国近岸海洋能源可开发理论值①

名称	计算范围	理论值(千瓦)	可发电量/年(千瓦)
潮流能	沿岸 130 处水道/海岸潮流能	1395 万	1395 万
波浪能	海域波浪能	5.74 亿	5.74 亿
	沿岸波浪能(55 个代表站)	1285 万	1285 万
温差能	近海及毗邻海域	366.2 亿	366.2 亿
盐差能	沿岸河口盐差能(23 条主要入海河口)	1.14 亿	1.14 亿
潮汐能	沿岸港湾内潮汐能(426 个海湾/河口坝区)	2179 万	2179 万

二、海洋生态资源濒危的表象

一方面,中国海域不可再生海洋资源十分有限,可再生资源更新又必须给足相应时间,除海洋化工、海洋能源外,人类社会所能得到的海洋矿产、海

---

① 国家海洋科技中心:《中国海洋可再生能源发展年度报告(2012 年)》,2012 年,第146 页。

洋生物、海洋空间资源供给都有上限约束,另一方面伴随沿海经济的规模化扩张,对各类海洋资源的需求不断上涨,甚至永无止境,由此给海洋资源孕育及供应带来了巨大压力。当前在以 GDP 为核心目标的小康社会建设要求下,为保证经济活动的正常开展,在"谁占用、谁支配、谁受益"的运行规则下,大量自然海洋生物资源被捕杀、养殖药品被施用、滩涂湿地被围填、滨海砂矿被开采、近岸设施被建设,且由于技术不精、管理无序出现了诸多粗放式开发、低效率利用海洋资源的问题,不仅致使许多沿海地区数种海洋资源供给日渐趋于短缺,如天津的港口岸线已使用过半、山东的可养殖海域严重超载、上海的海洋生物资源近乎绝迹,几乎没有剩余可挖掘潜力,而且导致了严峻的原生环境破坏和海水污染问题,直接损害了可再生海洋资源持续孕育的环境和健康生态机制,许多生物资源甚至再无繁殖可能,反过来也给经济增长带来制约和阻碍。

当前,中国沿海地区海洋资源可持续供给存在的最大威胁是日渐濒危的海洋生物资源。海洋生物种群的生息繁衍遵循着固定的生命周期,只有在不超出种群承载阈值,确定恰当的渔获数量和时间,形成生物繁殖与利用的良性循环情况下,才可实现海洋生物源源不断地供应。但在长期海洋生物资源开发利用的进程中,沿海渔民不顾长远利益,在早期使用了大量破坏性渔具如底拖网、多重刺网等进行捕捞作业,导致大面积海洋游泳动物的产卵场、索饵场及洄游通道被破坏,在捕捞时对鱼类的质量、种类、大小也不进行筛选,许多尚未成熟的鱼苗被一网打尽,造成种群数量和生长能力大幅降低,大部分海洋生物资源进入衰退状态,一些珍贵的物种如大小黄鱼、鲐鱼,梭鱼已接近绝迹。如在过去 50 年时间中,作为青岛母亲湾的胶州湾海洋生物种类已由 54 种迅速下降至 17 种[①]。现在中国沿海近岸海域所剩海洋生物大多是处在食物链下游、生命周期较短的种类,低质化、小型化严重。同时,尽管天然海洋生物资源正在被人工资源供给所替代,但由于受到养殖人员技术、素质、经济条件等制约,加之缺乏政府科学规制与恰当管理,适宜进行海洋生物养殖的海域大多超载严重,养殖密度过大且施用药品多重,不仅没有提高生产效率,反而引发了更为严重的面源污染和海洋生境损害,更是加剧了海洋生物资源的持续、健康、高质量供给的困境。此外,也有一些沿海省市已出现海洋空间资源供给紧张问题,如天津市、山东省、福建省、广东

---

① 姜丹丹:《胶州湾破坏严重:面积缩小 1/3　海洋生物迅速减少》,青岛新闻网,2015 年 9 月 22 日,http://qd.ifeng.com/fengguanqingdao/detail_2015_09/22/4374201_0.shtml。

省等。由于围填海造地、港口建设、旅游造景等人工化改造,天然岸线正在迅速减少,许多原本面积较大的海湾湾体显著缩小,珍贵的滩涂湿地、红树林湿地等渐渐消失,使得海洋空间资源供给潜力持续下降。

总之,在长期"资源无价、开发无度、管理无序、损害无偿"的海洋资源开发过程中,累积问题不断增多甚至引发连锁反应,体现为三个方面:一是"公地悲剧"效应导致的海洋资源过度开发正在造成海洋生物、海洋空间等资源在供给数量及质量上不断下降,且多类海洋资源有产出效率低下的问题,严重阻碍了沿海地区经济与社会的健康、稳定推进;二是多数海洋公共资源如砂矿资源、湿地资源等被低价甚至无价占用继而无度开发,致使收益流散,被破坏的海洋生态无法得到应有补偿,加剧了社会福利的不平等分配,生态修复工作遥遥无期;三是一些新兴的、可进行清洁生产的海洋资源,如海水资源、化学资源、海洋能源等尚未进行市场配置优化,甚至未进入市场机制,导致以海洋渔业、海洋油气业为主的海洋产业结构不合理,升级换代缓慢,给海洋生态造成的压力迟迟得不到缓解,有显著的海洋资源浪费与闲置并存的现象。

三、陆源开发:海洋生态资源濒危的元凶

自新中国成立尤其是改革开放以来,中国为加快超越西方发达国家,经由城市化建设、工业化推进,通过各类途径扩大资本投入以及资源利用来促进经济飞快增长。在发展初期陆域资源包括生物、矿产、空间、水资源等尚充足的情况下,由于缺乏系统规划,各层级参与经济建设的主体未将陆域资源供给上限作为关键问题加以考虑,大量资源及其他生产要素投入驱动的粗放式增长模式确实促进了中国经济的飞跃发展,公众生产效率有所改进,生活水平也实现了大幅度提高,各类生产工具、消费物品供应日渐充足。然而当经济规模持续增长到一定程度,原本看似充足的陆域资源供给渐渐不能满足需求,自 20 世纪 90 年代开始,人们把更多眼光投向海洋,海洋生物、矿产、空间、水体等资源开始作为陆域资源的重要补充被大规模地投入生产领域,但看似提高效率的发展理念、生产模式、管理体制却早已不能适应经济集约化、智能化、高级化演进的趋势,"三高"产业不仅未加以遏制反而更加抬头,许多产业产能极大过剩,导致资源消耗过度且浪费严重。部分海洋资源利用数量接近底线、大部分海洋资源供给缺乏后劲,成为阻碍经济继续飞跃发展的桎梏。赶超型经济发展理念左右了中国经济 60 多年的现代化建设历程,倘若在此前超常规发展中出现的种种矛盾和问题能够通过高速度、高投入加以弥补

和掩盖的话,到海洋资源供给有限与社会需求无限矛盾日渐尖锐的今天,即便有经济飞速发展也难以掩盖由于无限制开发长期累积的种种海洋资源危机。

当前,中国沿海 11 省市承载的人口数量已接近全国半数,据预测,未来仍将有大规模流动人口涌向沿海。但在狭窄的沿海地带,生态承载力十分有限,伴随工业化进程、城市化建设的持续加快,大量人口富集不断冲击着本就濒危的海洋资源。多项研究表明,中国沿海地区的经济发展和人口迁入早就超出了自然资源供应所能承担的数量,且超负荷运行仍有逐渐加重的趋向。人口消费和生产需求无限制地增加,一方面导致陆域产生的种种废弃物包括生产废水、生活污水、石油、垃圾等被倾倒至海洋,造成海洋生态环境富营养化、毒化,另一方面使得对海洋生物、空间、矿产等基本物质资料的需求持续增多,人均拥有的海洋资源量不断减少,加之缺乏高效的海洋资源养护与修复对策,出现了城市化、工业化推进—经济增长—沿海人口增多—需求持续扩大—海洋资源过度开发—海洋资源养护失当—人均拥有海洋资源量减少—海洋资源濒危的恶性发展路径。而同时,中国海洋科技水平不高,且沿海人口海洋资源节约意识不强,更是加剧了海洋资源掠夺式开发、过度利用的程度。据统计和推算,我国海洋污染的 80% 来自路源污染。主要来自于沿海的一些工农业。因此,治理海洋污染关键要从源头上做起,也就是说陆地的污染应该得到控制,特别是控制有毒有害废弃物的处理。但这只是"应该",而事实上人们在"效益"、利益"最大化"追求面前,已经让"应该"分文不值。"海洋牧场成海洋墓地,近海捕鱼似大海捞针"①的"新闻"不断见诸报端,但人们对此已经司空见惯,已经没有了多少"新闻价值"。总之,在沿海经济与社会快速腾飞的同时,不但生产活动包括沿海人口消费活动、政策制定与实施活动也对海洋资源供给产生着胁迫作用。

联合国官方关注的视野始于 20 世纪 50 年代中期,1958 年,在海洋法第一次会议上提到海洋污染问题。然而,只有很少的文件中涉及污染防治,而且这些文件也仅聚焦于油污的倾倒和处置。进一步说,这些文件并没有为国家设定防止海洋污染的责任和义务。1972 年的《伦敦公约》及其《1996年议定书》,巴塞尔危险废物公约以及 1982 年联合国海洋法公约 UNCLOS,都在海洋垃圾方面为其成员方设定了各种义务,包括"保护和保存海洋环

---

① 如香港《文汇报》,《浙重污染频发 东海近海污染超 80%》,http://news.wenweipo.com,2013 年 6 月 11 日。

境"的一般性义务,和采取"必要措施防止、减少和控制各种来源的海洋污染",似乎预示着国际海洋污染立法的一个新时代的到来,但事实上收效甚微。1995 年保护海洋环境免受陆源活动污染的《华盛顿宣言》被拟定。宣言认识到海洋垃圾陆源污染的重要性,将其作为"国际关注"事项优先考虑,并聚焦由此带来的海洋环境退化。宣言还特别详述了内陆和海岸环境间的相互依存关系。虽然华盛顿宣言已经将海洋政策的注意力转移到了陆地活动上,但它没能彻底解决问题。由于加入协议是自愿的,那么协议在解决海洋垃圾问题的有效性上就存在着天生的局限。

而且更为严重的问题是,尽管存在上述国际安排,但执行被证明是困难的。要么包括了宽泛的规定,以至于需要耗费哪怕是最富有国家的资源和政治意愿,却并没有过多关注海洋垃圾的 80% 主要来源;即使高度关注了陆上来源,也没有约束力,是非强制性的协议,因而就排除了执行的可能。如果要以一种持久的、有意义的方式与海洋垃圾作斗争,那么海洋污染控制措施必须与综合的约束政策成为一体。国际海事立法方法朝着一个整体的、生态系统的、优先考虑陆源固体废弃物减缓和管理行动的方向迈进是非常必要且紧迫的。

四、竭泽而渔:不可持续的发展方式

"可持续"一词最早在《生存的蓝图》(1972)提出,在世界环境与发展委员会(WCED)1987 年发布的《我们共同的未来》,首次给出了"可持续"的正式界定:"既满足当代人需求,又不对后代人满足其需求的能力构成损害。""可持续"概念的提出是针对不可持续发展模式及其结果而产生的。在人类社会漫长的演变进程中,最初农耕渔猎等单纯依靠自然条件生存的历史时期,尽管也对原生性海洋生态系统带来了影响,但并不剧烈,自 18 世纪尤其进入 20 世纪,一次次科技革命在提高人类生产、生活水平的同时,引发的海洋生态后果也日趋深重。"可持续"概念的提出颠覆了工业革命以来经济可无限满足人类需要的神话,使长期支配经济增长的不可持续模式遭受到质疑与批判。"不可持续"发展方式的成因,归根结底是人类经济活动过程中所形成的人与人之间的经济利益主导关系,没有确保所有人都享有海洋资源、健康安定生活的权利。当前中国海洋资源面临的不可持续开发方式主要体现在以下两个方面:

（一）"掠夺式"开发方式打破了代际平等

当前,海洋生物资源、海洋空间资源的日渐紧缺,在阻碍当代人满足经济、社会发展需要的同时,更是对后代人的生存发展提前埋下了隐患。如统计显示,地球上49%的海洋动物种群已经消失;数个省如辽宁、河北、山东、江苏、广西等省(区)的适宜养殖海域面积利用率均已超过100%;上海市、天津市的港口岸线利用率已达40%以上;优美的滨海旅游资源也被开发殆尽,留给后代子孙可资利用的、高质量的海洋资源接近于无。当代经济社会的快速发展完全是建立在损害后代人利益的基础上实现的,没有肩负起满足后代人生存需要的责任,更谈不上给当代人和后代人予以同等的选择机会和发展空间,实际上属于人类自杀式发展模式。

（二）"无偿式"开发方式损害了代内公平

价值作为市场的调节机制,是海洋资源被有序、有节开发的关键。但由于海洋资源种类较多、用途多样,且受生态灾害、自然规律的影响其数量和质量时刻会变化,加剧了海洋资源价值认定的困难,目前国内外对海洋资源价值的来源、构成及计算方法认知尚不统一,导致由于缺乏善待、节约海洋资源的约束机制,诸多海洋资源像公共物品一样,被无偿占用、掠夺性开发、耗竭式利用,以致海洋资源的损毁、浪费、破坏、枯竭,不仅不能获得对海洋资源损害的合理补偿,而且产生了严重的经济外部性和公地悲剧效应。部分人牺牲其他人的公共利益获得了经济收益,拉大了人与人乃至地区与地区之间的贫富差距,严重损害了代内公平,导致经济与社会发展结构的不平衡,引发不稳定因素的存在。

第二节　中国海洋生态资源日益濒危的危害

一、"死海"之虞:海洋生物资源持续濒危

中国是海洋生物资源十分丰富的国家,也是海洋生物资源下降减少的国家,随着人类社会开发利用海洋强度的持续加强,进入21世纪海洋生物资源种类、数量、质量、结构、多样性皆受到严重威胁,濒危物种愈加增多。1989年起,中国开始公布《中国濒危动物红皮书》《国家重点保护野生动物名录》等,在中国海域已知的2000多种海洋软体动物中,有23种濒危,12

种已经灭绝;1000多种甲壳类海洋动物中,已有58种濒危;254种造礁珊瑚中,已有26种濒危;3000多种鱼类中,已有270种濒危,多种海参、龟、鲨鱼、鲸、鲟等都已被列为濒危物种。[1] 在中国四大海域中,由于受到严峻的陆域污染,渤海生态环境恶化最为严重,几成"死海"。由于辽宁、河北、天津、山东等沿岸的项目建设不断上马,渤海沿岸现已有近60处排河口,每年承受着70万吨固体污染物以及28亿吨废水的排放,入海污染物数量几乎占了全国半数,导致海域大型鱼类资源消失殆尽,小型鱼类资源也严重衰退,捕捞产业产量还不到历史最高值的1/10。[2] 除陆源污染严重外,海洋石油钻井平台、运输船舶、围填海工程等其他人为影响也是海洋生物资源濒危风险快速增大的原因。

(一)过度捕捞

尽管经过了数次转产转业,中国依靠捕捞渔业生存的渔民仍不在少数,海洋捕捞船只尚留有30万艘之多,依然是世界上渔船数量最多的国家,且其中,近岸渔船多,远洋渔船少,旧渔船多,新渔船少,基本渔业装备十分落后,捕捞加工方式破坏性严重。如炸鱼、毒鱼、电鱼、底层拖网、深海刺钓等不仅损伤生物幼苗,而且也极大破坏了海洋生物繁衍栖息的物质环境,经过几十年的过度、破坏式捕捞,导致中国近海海洋生物资源急剧衰退,多数经济和营养价值较高的鱼类已无法形成大规模渔汛,曾经盛产的野生大小黄花鱼、带鱼、墨鱼等近乎绝迹。同时,由于捕捞技术低下,浪费性捕捞行为以及大量渔获副产物也使得诸多已然濒危海洋物种因被误捕而更加稀少。

(二)生境丧失

不断加剧的近岸围填海工程、海岸带交通等建设工程、港口航道疏浚活动、陆源污染物排放、海上石油泄漏事件等,轻则使近岸海洋生物的栖息规律受到干扰,重则使海洋生物栖息生境完全丧失。例如一些重要海洋生态系统如红树林、珊瑚礁等自20世纪70年代以来锐减,一直到今天其退化趋势仍未得到有效遏制。在红树林海洋生态系统中,给至少96种海洋浮游植物、55种大型藻类、26种浮游动物、300多种底栖生物、几十种哺乳动物、上

---

① 王以斌、缪锦来、臧家业:《中国濒危海洋生物现状及其保护》,《自然杂志》2011年第3期。

② 白林:《渤海年承受28亿吨污水　环境严重恶化几成"死海"》,《经济参考》2015年8月10日,http://www.jjckb.cn/2015-08/10/c_134497627.htm。

百种昆虫提供着生存环境以及包括物质循环、初级生产、生物多样性维持等在内的生态服务,在近65%的红树林系统衰退后,大量生物失去家园,导致数种海洋生物的消失甚至灭绝,也给海岸线带来了海水入侵、土地盐渍化等生态危害。

(三)物种入侵

伴随海洋运输业、海洋旅游业等对外交流活动的迅速发展,海水养殖物种的引入与传播也愈加频繁,越来越多外来物种开始在中国海域养殖、繁育。通常而言,具有强生命力、高繁殖率、高传播力、高竞争力且生态位较宽的海洋生物容易形成入侵。而如果原有海洋生态系统自然控制机制缺乏、生态位空缺、物种多样性较低、生境相对简单,气候温暖,特别是人为干扰严重,就更容易遭受外来物种入侵。[①] 事实上,任何海洋物种入侵事件的发生,都是外来海洋生物与当地海洋生态系统共同作用的结果。外来海洋物种通过竞争或占据原有物种生态位,排挤当地物种;或与当地物种竞争食物;或分泌化学物质,抑制其他物种生长;或直接扼杀当地物种。由此使当地物种的类型和数量大批减少,甚至导致物种濒危、灭绝。由于当地物种结构发生变化,外来海洋物种可形成单优群落,海洋生物群落的改变会相应地引起海洋生态过程的改变,包括物质、能量循环周期被更改,某些资源被加速消耗,海域贫瘠化过程加快等。最后,导致海洋生态系统的简化或退化,破坏原有的自然景观和资源形态。外来海洋物种一旦形成入侵,所引发的生态乃至经济损害是多方面的,如地区及国家收入的减少,控制费用的上升,以及由于海洋生态系统被破坏人类经济活动受到妨碍而导致的资源(如矿产资源、旅游资源)经济价值降低等。例如,中国沿海省市引进的互花米草等海洋生物,引发了大面积蔓延,导致当地渔业遭受了严重损失。

二、海岸、海岛、湿地资源持续恶化

海岸带、海岛、湿地作为海洋生物、矿产等资源的重要孕育载体,也是海洋资源开发利用活动最为密集的空间。在经济与供给、社会与环境矛盾日益尖锐的当下,尤其是陆域土地资源供给匮乏,各类海洋空间资源的价值不断凸显,近年来充分发挥其经济、社会效益,在国民经济中的作用和地位显

---

① 解焱:《生物入侵与中国生态安全》,河北科学技术出版社 2008 年版,第 121 页。

著上升,但是剧烈的开发利用活动也是其自然状态不断被改变,环境严重恶化甚至资源已有明显退化趋势。

(一)海岸带人工化问题

海岸带是海岸线向陆地方向延伸10公里,同时向海域方向延伸15米等深处的"黄金地带",作为沿海人口承载区、第一海洋经济区,海陆双向辐射,是经济发展、海洋资源开发以及文化交流、对外贸易的重要地带,但同时也是生态交错的脆弱区和环境极易变迁的敏感区。改革开放以来,海岸带区域的经济开发利用活动无论在范围还是强度上都有所增大。人类社会对海岸带的无序、粗放利用也导致了严重的生态问题,如大规模围海养殖造成海岸线生态环境严重恶化、无限制填海造地和工程建设致使自然岸线不断减少等。由于缺乏统一规划,加上开发利用无度,给海岸线资源的持续供给带来了巨大压力。据统计,距离海岸线1公里范围内的空间被开发利用比例已达80%以上,大陆海岸线被重度开发长度为20%左右,可供未来开发的优良岸线及近岸海域资源严重不足。20世纪90年代以来,中国大陆岸线表现为总长度增长但自然岸线持续减少的趋势。在2013年遥感测量出的18983.34千米大陆海岸线中,人工岸线所占比重超过了56%[1],天津和上海市则全部演变为人工岸线,多数省份海岸线人工化水平在50%以上。较为典型的环渤海区域,由于围填海、建筑工程等加快推进,众多盐田、近海、滩涂等高生态脆弱性海岸带被改造为建筑用地,污染物排放显著增加,局部生境被永久改变,造成海岸带生态系统抗人工干扰能力急剧下降,海岸线受海水入侵、风暴潮等灾害损害的威胁更大,稳定性及再开发潜力变得极小。

(二)海岛生态恶化问题

中国大陆海岸线沿途大小海岛星罗棋布,除蕴藏有丰富的生物、矿产、土地、森林等资源外,也是海洋旅游、海洋渔业、海洋采矿业、海洋运输业等产业的建设要地,以及海上军事、通讯中转等重要设施的布设地。作为具有维护国防安全、海洋权益、海洋生态平衡及经济可持续发展等战略意义的海洋空间资源,在大规模经济开发行为影响下,其资源稀缺性和生态脆弱性进

---

[1]　刘百桥、孟伟庆、赵建华等:《中国大陆1990—2013年海岸线资源开发利用特征变化》,《自然资源学报》2015年第12期。

一步加剧。就海岛规模而言,中国大部分海岛面积较小,恶劣的环境条件、贫瘠的土壤尤其是淡水资源的缺乏,导致很难发育出完整的生物链条,生物物种种类不多,使得其生态环境稳定性、抗干扰性以及生态承载能力远差于陆地或大洋。生态系统的脆弱性和易损性,致使海岛在开发利用过程中,不可避免地遭受了严重的毁坏,如炸岛挖岛、乱垦乱伐、滥捕滥采、围海填海等活动改变了部分海岛的地形地貌和自然景观,也导致生物多样性进一步降低,生态环境难以逆转地恶化。如福建湄洲岛因采砂船在滨海地带抽砂作业频繁,众多防护林被砍伐,砂质海岸遭海水侵蚀严重后退,尽管成立专项整治队伍,偷采活动仍十分猖獗。目前,中国众多海岛的开发利用方向仍然以水产养殖为主,岛屿土地及海域利用方式十分粗放,养殖池、简易码头、看护房、道路等随意建设,缺乏高级产业的发展及海陆统筹的长远规划,综合利用水平低下。特别是无人海岛由于权属性质不清,被部分单位或个人随意占用、出让、开发,海岛空间资源被肆意破坏,资产大量流失。然而,由于海岛分布零散、自然环境的差异化及基础设施的不健全使得进行海岛科学

采砂船

管理十分困难,日常生态监测等尚不能全面铺开,海监执法船只作业的安全性、靠泊、续航能力仍较弱,难以满足严格控制海岛资源有序、合理、适度开发的需要。

(三)湿地大量减少问题

滨海湿地作为海洋生态系统与陆地生态系统的过渡地带,其复杂的运行机制造就了多样的生态环境及服务功能,能够滞留营养物,降解污染,蓄水调洪,改善当地气候,减轻海水侵蚀,是海洋生物尤其是鱼类重要的产卵孵化、栖息生长、迁徙停歇生境,被称为全球温室气体的"源"和"汇",具有不可替代的生命支持作用。按照形成基质,可将滨海湿地划分为淤泥质湿地、离岛湿地、基岩质湿地、滩涂湿地、藻床湿地、生物礁湿地、河口沙洲湿地、潮上带淡水湿地等 10 种类型。近几十年来人类开发活动叠加在高脆弱的湿地生态系统,加剧了湿地环境恶化演变的进程,使其渐渐偏离自然轨迹。据调查,过去 50 年间,我国已经损失了 73% 的红树林湿地、80% 的珊瑚礁湿地、53% 的温带滨海湿地,平均每年有 400 平方公里湿地被围垦或填海,且根据沿海开发战略规划,到 2020 年仍有 5780 平方公里的围填海计划,按当前开发水平,至 2018 年中国确定的 50 万平方公里湿地保护红线即将被突破。[①]

研究表明,围填海是造成滨海湿地大规模减少的最主要原因,湿地空间资源利用方式的转变尽管在短时间内能带给沿海地区一定的经济社会收益,如水产养殖业的兴旺、城市用地的增多,但也给沿海地区未来发展埋下了隐患。除围填海外,污染也是湿地面积急剧下降的主要原因,滨海湿地是陆域点源入海污染物的主要承泄区,陆地化肥农药的施用加之油田等非点源污染物经由雨水携带也大量进入湿地。近岸水域、滩涂、红树林等湿地面积的减少、环境污染的加重,一方面加剧了陆域点源与非点源污染排放、降解的困难,造成严重的水体污染,富营养化程度不断上升,影响了海洋生物及鸟类等的繁殖栖息,减弱了对生物多样性维护能力,导致生产能力急剧下降,水质净化、水文调节等服务也相继减弱,影响了人类社会可持续发展潜力;另一方面极大降低了海岸带蓄水与抗旱防涝的生态功能,使河道更容易发生淤积,对风暴潮等自然灾害的抵御能力会大幅下降,致使承受灾害损失

---

① 于秀波:《8 亿亩湿地保护红线将于 2018 年前被突破》,网易新闻 2016 年 2 月 2 日,http://news.163.com/16/0202/12/BEQN4QVJ00014AED.html。

广西北海冯家江入海口滩涂上的红树林被绿色海藻侵袭

会更多。如,由于湿地减少,莱州湾自 20 世纪 80 年代开始便承受海水入侵灾害的威胁,造成地下水质不断恶化,潮上带土壤盐碱化加重,海草等植被群落基本消失殆尽,甚至沿岸农作物也大量枯死。

三、海洋社群生境受到影响

生境指的是生物群落包括人类的栖息地环境,可提供给生物必需的各类生存条件,包括食物、空间、能量及其他生态要素。于沿海居民而言,海洋生境是在特定的历史条件和近岸生态环境的综合作用下形成并不断演进的。一方面在大规模开发海洋资源的背景下,人类社会的过度捕捞、海上溢油、矿产滥采、围填海工程、工业化推进、城市化拓展等使得原始海洋生境不断被人工化,破坏愈加严重,另一方面,恶化的海洋生境反过来对沿海社会生存、生活、生产的阻碍也逐渐显现,但持续性的关注和长期研究尚较少。

总的来说,原始生境的破坏与退化可对沿海社会产生三种影响。首先在生存方面,当外部干扰过大,会造成海洋生态系统一个甚至多个组分缺损,引起营养关系的改变,初级生产者消失,消费者也会因生境变化及食物短缺而消失,导致沿海社会水产品供给数量大幅下降,甚至一些污染物经由食物链进入人们的餐桌,损害居民的健康。此外,矿产、空间等必备的资源也会因其减少,使人类面临持续生存危机。其次在生产方面,随着部分海洋资源供给接近底线,沿海区域经济的增长将更多受到能获得资源种类及数量的限制,一些传统行业如捕捞业、盐业、砂矿业等可能会停滞乃至消失,同时,千万吨污染物进入海洋,造成海水变色发臭,不但导致大量动植物死亡及赤潮的发生,也直接妨碍海洋生物制药、海水化工、海洋旅游、海能发电等领域的生产,在规模及结构方面阻碍经济发展。最后在生活方面,海洋资源匮乏及生境恶化,会迫使一些无法获得生产要素的企业关闭、职工下岗,靠海生存居民面临失业的同时也会驱使相对富裕的群体转移,去郊区或国外寻求更为适宜的生活环境,并使资金和技术随之流失,社会环境进一步恶化。如由于自然生物资源的急剧下降,山东、浙江等地区的渔民大量失业,但受年龄、教育水平、技能所限,很难找到其他工作,收入来源没有保证,容易导致群体心理失衡,甚至成为社会不安定因素。

第三节 中国海洋生态资源危机的生态文化反省

一、海洋生态文化意识的缺失

海洋生态文化意识的觉醒和生态价值观的树立,是解决中国当前一系列海洋生态资源、环境问题的关键路径。海洋生态文化是从人统治海洋过渡到人与海洋和谐相处的文化。但由于受到传统人类中心主义、物质主义、功利主义等多种错误观念的影响,导致中国在海洋资源开发、管理和保护等多个层面始终存在海洋生态文化意识和伦理的缺失,非法捕杀造成珍稀海洋生动物锐减、放肆捕捞导致海洋生物资源枯竭、大规模圈海造地致使海岸带严重硬化、超标排放污染物引发海洋生态灾害等,皆是由于人类中心主义的错误价值观引导下的决策偏离、行为失当。由于人类中心意识放大了人在生态系统中的主体性,驱使人一步步走向征服者的位置,在人与海洋的关系上,渔民、企业、政府及各类社会组织通常无视海洋生态系统的存在及其价值,促使经济增长、社会发展逐步走向了海洋自然运行规则的对立面,致使人类在看似进步的同时也为自己的未来设下了障碍和陷阱。当前海洋生物资源被猎杀、海洋空间资源被压榨、海洋矿产资源被滥挖等状况正严重威胁着人类经济与社会的可持续发展,人类生存的需要正在迫切呼唤人与海洋生态伦理关系的重构。

在海洋资源开发的实践中,人类一方面将自己看作海洋的主人,拥有绝对的占有权、掌控权、使用权,否认了人同样是生态系统中的一员,完全站在自身利益最大化的角度毫无限制地索取海洋资源供应,很少考虑海洋运行的生态承载范围;另一方面在"物种不平等主义""人类沙文主义"的秉持下,否认海洋生物等资源的生态价值和生存权利,更谈不上给予足够的"道德关怀""修复补偿",背离了海洋生态系统演替、更新的自然规律。按照生态伦理的要求,必须以协调人与海洋关系为根本,确保人与海洋和谐共生,一是承认包括海洋生物在内的一切生命及自然产物的价值与权力,二是全面探知海洋生态运行的客观规律并加以遵循,三是重新考虑谋求后代人满足其需要的长远发展能力,四是采取行之有效的措施帮助全民养成海洋生态文化意识,确保将其彻底贯彻到海洋教育、海洋管理、海洋法制以及海洋经济的各个层面。

二、海洋生态文化传统的断裂

回顾历史,华夏儿女在开发海洋资源的漫长进程中,在敬畏海洋的基础上利用海洋,创造出灿烂的海洋文化。西晋陆机的《齐讴行》曾表述:"营丘负海曲,沃野爽且平……海物错万类,陆产尚千名。"[1]海洋中蕴含的丰富资源尤其是生物资源早就为古人所赞叹,而且在利用过程中涉海民众也对海洋充满着感激之情,沿海各地祭祀海龙王、妈祖等海神的活动均较普遍,尤其以渔民为重。[2] 在"辅万物之自然""天人合一"等观念的引领下,自然崇拜、图腾崇拜、周易思想、诸子百家、儒释道及各地乡规民约等涉海文化元素所蕴藏的生态文化智慧,皆为古人持续开发、管理海洋资源提供着重要的智力和精神支持,使得古往今来中国在海洋生物等资源保护方面有着丰富的经验和广泛的群众基础,乃至历史上多个时期的渔业养护均得以有序推行。例如,在夏朝初期中国就颁布了世界上最早的生态养护法令,其中重点推行了水域生态养护措施,在周朝中国还设立了中国最早的禁渔期制度,颁布了严禁过度捕捞、严禁在不适当季节打鱼、严禁破坏水域实体等规定。[3] 从中国沿海民众的海洋生态信仰禁忌、风俗习惯、传统海洋资源开发利用方式,

---

① （晋）陆机:《齐讴行》,萧统《昭明文选》卷28,西苑出版社2006年版,第156页。
② 朱建君:《从海神信仰看中国古代的海洋观念》,《齐鲁学刊》2007年第3期。
③ 李茂林:《渔业相关传统生态智慧与水域生态养护研究》,中国科学院研究生院2011年博士学位论文,第73页。

以及诗词歌赋、音乐绘画等艺术表现，可以看出中国传统海洋文化对待海洋的基本态度是"顺应"，并不是居高临下地操控、征服。古人对海洋生态资源及其景观的亲和、敬畏，以及万物有灵与人相通的感悟，对今人的思维和行为方式有着重要的启示乃至警示作用。遗憾的是在西方文明的干扰下，如今这种传承了数千年的优秀传统断裂了，亟需重新认识、重视、修补、传承再续、扬弃发展。

三、竞争机制下无节制的财富追求

生态资源危机是现代文明危机的一种表现，要想解决必须突破现代文明的藩篱[①]。现代经济体系赖以发展的竞争机制、现代经济人的利己性、工业主义的社会秩序、人类中心化的思维格局凝聚在一起形成了强大的反自然规律的文化力量。尤其是以人与自然和谐共存为内核的中国优秀传统文化的缺位，加重了西方人重利轻义思维方式的侵袭，追求物质财富成为现代社会唯一的目标。在无节制的财富追求冲动下，人们借助"高消耗""高排放"的经济发展模式带来了以数字为标志的繁荣，同时也带来了日益严重的海洋生态危机，正在自食海洋生态日益恶化、资源逐渐匮乏的苦果。事实上，并不是因为整个社会的经济繁荣导致了商品的绝对过剩、资源浪费，而是整个社会的无序竞争、攀比风气导致了经济泡沫、生态恶化的恶果。这种经济无序状态来自于整个社会观念的非理性，上至政府以 GDP 数值为内容的考核制度，下至百姓过度追求物质消费的生活方式，致使近现代世界为经济飞速发展付出了过于高昂的生态环境代价，也成为造成现代海洋生态危机和资源衰竭的根本原因。

马克思始终从人与人关系的异化考察人与自然关系的异化。所谓人与人关系的异化指的是完全不合理的社会制度、社会关系、管理体制破坏了社会的和谐，集中表现为现代生活和生产方式的改变。[②] 在西方资本主义和工业发展模式的影响下，现代社会奉行的是以物为中心、见物不见人的价值观，发展出高投入、高产出、高消费的生产、生活方式，将社会制度优越性寄托于经济的快速赶超，挥霍性消费和物质享受亦成为人获得地位、实现理想

---

① ［美］查伦斯·普瑞特奈克：《真实之复兴：极度现代的世界中的身体、自然和地方》，张妮妮译，中央编译出版社 2001 年版，第 23 页。

② 刘建涛、贾凤姿：《环境与心灵的双重救赎——环境危机的人性之维》，《理论导刊》2012 年第 3 期。

的标志。人渐渐失去了批判的理性思维,导致出现了经济增长与精神空虚的"二律背反"现象。① 这种异化的社会关系造成的最直接结果就是对包括海洋资源在内的生态透支,人与海洋之间价值转为对立,呈现出结构性分裂,在疯狂掠夺海洋资源并将其财富化的过程中,彻底断送了人与海洋之间自然的依存关系。

四、海洋生态资源利用行为误区

文化价值观念通过生态观、道德观、发展观影响着人包括思维方式、生产方式、消费方式在内的行为方式,乃至人类社会的制度安排、管理设置,从而对海洋生态资源开发、利用和保护产生直接而又深远的作用。思想的片面必然造成观念、认知的错误,而文化上的缺失必然导致行为上的短视和误区。

首先,在企业的生产行为上。以追求最大经济利益为目的的企业,为工业化的经济增长模式提供了内在支撑,是对海洋资源进行掠夺式开发和过度利用的始作俑者。缺乏生态文化意识的企业在资本逻辑驱动下,不可能将海洋生态成本纳入经济核算中,也忽视了对海洋社群应当履行的生境维护义务,其行为的唯一目的就是利益的无限获取,以致于一方面无节制地向海洋索取可用资源,超过了海洋生态系统恢复、再生的能力范围;另一方面大肆地向海洋排放着生产废水、废物,污染了海洋资源恢复、再生的环境条件。尤其是在海洋科学技术仍然落后的情况下,生产企业对科技的滥用及其产生的副作用也是造成海洋资源损害和浪费的重要原因。

其次,在民众的生活行为上。一方面,现代社会的"经济人"民众对物质财富的占有欲望不断膨胀,拜金主义、物质主义、享乐主义成为生活理念的轴心,过度消费、奢侈消费成为彼此效仿、攀比的噱头,作为需求驱动在很大程度上直接推动了海洋资源加速开发的进程;另一方面,海洋生态文化意识的薄弱也使民众很少主动参与到企业生产监督、政府海洋保护等行动中,大多数人对违反海洋生态规律的现象熟视无睹,对海洋资源匮乏问题毫不关心,未能形成强大的舆论和社会公德维护力量。这在一定程度上助长了企业或个人过度开发利用海洋资源行为的蔓延,也使受损的海洋生态系统

---

① 王凤珍:《人类理性的重建——环境危机的哲学反思》,高等教育出版社 2004 年版,第 95 页。

得不到充分的修复和休养,每个人的海洋权益无法得到保障,最终也就难以真实获得国家赋予的享有优良生活品质和生态环境的权利。

最后,在政府的管理行为上。虽然总体而言,人为因素尤其是错误价值观念的作用是导致海洋资源濒危的根本原因,但无视海洋生态系统的自然运行规律,没有完善的法律保障以及政府管理机制不健全也是造成海洋资源至今没有得到合理开发、高效利用、充分补偿的重要原因,尤其是政府以经济发展为核心的政策导向使民众饱尝了海洋生态恶化的后果。没有生态文化理念的支撑,政府诸多管理决策只看眼前利益,只考虑当代人生存,片面强调并夸大经济增长的好处,忽视人的精神需求和道德建树。而民众文化价值观念的转变受政府的影响较大,且政府在政策法律下约束着民众生产活动的开展,因此,政府在建立人与海洋和谐关系上起着决定性作用,亟需将功利性思维和行为模式抛诸脑后,在正确生态伦理观的指导下,推动实现最广大当代人和后代人的整体利益。

第四节 中国海洋生态资源保护存在的问题

一、海洋生态资源保护宣传导向问题

海洋生态资源的粗放开发、浪费使用及其价值的扭曲亟需海洋资源保护价值观的广泛宣传与公民海洋资源保护意识的普遍提高加以修正。但总体而言,现阶段海洋资源保护宣传工作十分滞后,宣传手段单一、工作领域不开阔,尤其是有关部门对宣传海洋资源保护的内容缺乏足够重视,宣传方式不够深入、宣传力度较小、宣传渠道窄,且与各类媒体的社会协作不通畅,对宣传工作也没有明确、细致的计划,难以进行中长期宣传策划,更难以让企业和公众形成充分的认知度和参与度。

在众多问题当中,相关部门和媒体的宣传内容导向问题尤为突出,鲜有机构努力宣传去人类中心主义观念,站在所有生态要素是平等的高度代表海洋说话,有限的宣传内容大多是简单介绍人类开发海洋资源的历史、当前的开发进展、存在的污染、浪费等表象问题。关于人类仅是生态系统的一部分,必须以平等的态度与海洋建立起和谐共存的关系,尤其是人类不能成为海洋的主宰者,更不能凌驾于海洋之上肆意挥霍海洋资源,海洋本应享有遵循生态规律延续运行的权利等这些基本的海洋生态伦理观念,尚未进行宣

传。而同时,发掘中国传统海洋生态文化的丰富内涵,倡导敬畏海洋、感恩海洋的人文精神,总结海洋资源养护的经验和智慧,也是有关部门和媒体应有的价值导向。此外,提倡企业和公众以不损害海洋生态资源、保护海洋生物多样性为道德使命,引导公众践行有益于海洋资源保护的生活、生产方式,把人类与海洋的关系融入舆论道德评价体系中,也是相关部门和媒体应尽的职责。

二、海洋生态资源保护政府管理问题

中国在海洋资源开发与保护方面基本形成了中央统管与地方分管、海洋局综合管理与各部门分行业管理相结合的管理体制。尽管沿海各省(自治区、直辖市)、市、县都建立了专门的海洋职能部门,负责海洋相关制度的执行,但气象、农业、环保、水利、水产、交通等 10 多个部门也负责各自专业内的职能管理,管理工作存在严重的统一性不足、综合性不强、执行力分散的弊病,远不能满足治理海洋资源"无度、无序、无偿"开发利用现状的需求。且由于海洋资源多用途、多功能性,参与海洋管理的部门往往基于自身利益争夺资源管辖权。如,海岸带既是各类海洋资源的生成载体,也是珍贵的空间资源,可被多途径开发利用,汇聚着渔业组织、滨海港口、旅游企业、工矿企业、工程建设等各类组织,其管辖部门都会在利益驱动下争占岸线资源,而一个海湾内渔民要捕捞养殖、港务要开建港口航道、石油公司要采油炼油,导致空间占用率不断上升,不仅管理事务矛盾重重,在明争暗斗中也妨碍了资源实现最优化配置。由于多部门管理格局的体制弊端,加之海洋资源产权归属的不明确、不清晰,使得没有任何一个权威机构可全权代表国家行使海洋资源产权权利,造成海洋资源过度开发与利用效率低下、利用浪费与利用不当的问题始终不能根治,更无法从全社会帕累托最优角度,对海洋资源开发、利用、保护的方式加以科学论证、评判与选择。①

当前,政府部门在海洋资源开发、保护领域管理的严重滞后,已经妨碍了海洋经济现代化、生态化建设,更不利于海洋生态及沿海社会的可持续发展,着重体现在以下方面:一是海洋资源管理体制的分散化已使海洋资源开发、利用、养护、补偿等政策法规呈现出显著的行业化特征,且地方政府为了管辖各自海域资源出台了大量低层次的地方规章,使得各项政策法规管辖

①　陈屹松:《中国产权制度对资源利用影响的研究》,《资源科学》1999 年第 1 期。

幅度较窄,适用面十分有限,影响力及实施效果均较差,迫切呼唤更高层次、更具权威性的海洋资源管理部门成立,及更具综合性的海洋资源管理政策法规出台;二是海洋资源管理权的条块分割也使得尽管各类政策法规不断出台,但相互掣肘,每条规定都得不到严格执行,且无上级部门予以监督、控制,使得海洋功能区划、海域使用行政审批、海域使用金、海洋生态影响评价、围填海计划管理等诸多控制手段形同虚设;三是滞后的管理体制和理念,阻碍了公民广泛参与海洋资源合理开发、高效利用、有序保护的实现,且阻隔了社会监督和舆论力量的发挥。

三、海洋生态资源保护法规政策问题

中国当前施行的海洋资源法律法规大多延续于计划经济时期,尽管有所修订,但仍然存在强烈的部门特征和行政干预色彩。从立法角度来看,中国海洋资源相关法律法规有着明显的重海洋污染控制与预防、轻资源合理开发和保护的倾向,甚至尚未出台一部专门的《海洋资源保护基本法》,有关海洋资源的开发、利用、养护、补偿规定散见于海洋环境保护、海域使用管理、矿产资源、渔业、土地管理等单行法中。占主导地位的《海洋环境保护法》仅对海洋资源保护作了极简的原则规定,而过多、过于笼统的部门法律法规又造成了一些海洋资源如生物资源(《渔业法》《野生动物保护法》)、石油资源(《矿产资源法》《专属经济区和大陆架法》)管理的过度重叠,但对新兴海洋资源如空间资源、能源的开发与保护规定却明显欠缺。尽管已经出台《海岛保护法》,但除《海洋资源保护基本法》外,《海岸带管理法》《海洋自然保护区管理条例》等综合性较强、层次较高的法律法规亟待出台。

在所有海洋资源开发与保护政策法规中,产权制度始终是亟待解决的核心法律问题。有关海洋资源的产权关系主要包括所有权、占有权、使用权、收益权、支配权等。产权归属明确是实现海洋资源的最优化配置和合理化保护的先决条件,亦是海洋资源开发、利用、养护、补偿的有效激励与约束机制。但由于海洋资源在中国自《宪法》以下始终没有人格化代表,大量基于海洋资源创造的利益悉数落入相关部门、企业或个人手中,但获益者却无需承担海洋资源及其存在环境的养护、补偿或修复责任。同时,由于产权界定不清晰,许多海洋资源占有方不规范地转让、出租甚至抵押海洋资源,也使原本为公民公有的资产遭受巨大损失,甚至在海洋资源作为物品销售时,其价值成本往往不予计算在总成本内,资源最终获益者获得的经济利益不与资源消耗量相挂钩,导致海洋资源变为部分人享用的"公地",走向了被枯竭式开发的不归路。总之,由于产权等法律制度的不完善以及海洋资源实质所有权和管辖权的条块分割,一方面使得海洋资源市场化流动受阻,严重削弱了其经济、社会与生态价值的充分体现和实现;另一方面也导致政府、企业与公众在海洋资源开发与保护领域的权责不清,降低了海洋资源宏观、中观及微观管理水平,限制了海洋资源适度开发、高效利用和合理养护进程的推进,致使资源落入不可持续陷阱。

四、海洋生态资源保护发展模式问题

在推动海洋资源可持续开发与保护进程上,中国依然是以政府自上而下的强制模式为主进行监管和操控,通过法制性、行政性、经济性等手段,规范社会各界在开发、利用、养护海洋资源时的行为,但同样在制定、实施相关法规、制度以及维护海洋资源权利过程中存在着不当的思想和作为,产生了信息不透明、成本高昂、效率低下、效果极差等突出问题,尤其是海洋资源开发监督机制、海洋资源养护机制、海洋资源补偿机制等至今不健全。且受法律法规和治理模式不完善的限制,当前海洋资源保护仍然以污染防治、违规处罚等末端措施为主,尽管出台了专属的《海洋自然保护区管理办法》等,但由于规定仅在部门层面,管辖力度弱、范围较窄,实施效果不尽理想。可见,摆脱静态保护、消极保护的思维,实现"发展中保护""保护中发展",让海洋资源彻底转变为绿色生产力,是亟须探索的路径。

可根据党的十八届三中全会首次提出的"划定生态保护红线,完善自然资源产权制度及用途管制制度",结合施行资源补偿和有偿使用办法,倡导绿色生产和低碳消费,来改变传统被动的海洋资源保护模式。当前,中国海洋资源保护依然按照资源种类划分,由不同部门负责,无法实现海洋资源开发、利用、养护、补偿等工作的整体性、连贯性、落地性,不能适应海洋生态文明建设的迫切要求。需要在共建法制化海洋资源产权制度的前提下,基于现有的《海域使用权登记办法》,尽快启动各类海洋资源产权登记工作,科学划分海洋生物资源、海洋矿产资源尤其是海水化学资源海洋空间资源、海洋能源的产权边界和监管主体,明确监管主体的切实责任,制定符合可持续开发、利用、保护要求的激励、考核、奖惩等具体制度。并构建由政府、企业、社区、公众齐抓共管、共防共治的海洋资源监管格局,通过开展海洋资源保护宣传教育、重塑海洋生态文化价值体系、设立海洋生态产业发展专项基金与海洋资源保护基金等途径加强对全社会海洋资源保护意识的引导,从源头转变粗放的对待方式,最终形成"谁使用、谁补偿、谁破坏、谁赔偿、谁保护、谁获益"的海洋生态资源保护发展模式。

由于历史条件的局限,当前海洋资源保护的工作内容较为单一,仅集中在海洋生态监测、海上事故应急管理、海洋保护区建设等方面,对海洋资源的科学开发、高效利用、合理养护等系列工作缺乏综合统筹和多部门责任联动,有必要整合体制改革、制度创新、模式更新三大要素,建立海洋资源保护长效监管机制:一方面,中央层面应通过综合运用法律、经济、行政等必要手段,推动各地方、各部门行政目的从满足"单纯经济考核"向"生态经济综合绩效考核"转变;另一方面,通过建立健全海洋资源补偿机制,积极探索市场化补偿、技术补偿、政策补偿等多种补偿方式,并将地方政府机构、企业和公众自觉抵制生态污染、开发损害、利用浪费等行为以及开展海洋资源养护、生态治理等行动纳入奖励范畴,充分调动各方积极性,以资金为杠杆,完善违规查处与参与激励有机结合的管理手段,建成"政府主导、权责明晰、各方自觉、及时奖励、公众参与、共防共治"的海洋生态资源保护监管新格局。

第 三 章

中国海洋产品生态安全的现状与问题

第一节 中国海洋产品安全问题的现状

海洋环境与资源的生态危机,让海洋产品的生态安全进入公众的视野。海洋产品的生态安全关乎海洋产品消费者的切身利益及海洋生态系统持续运行,大众对此问题尤为关注。海洋产品安全问题不断被曝光,海洋产品引起的食物中毒、环境污染、生态危害和安全隐患等生态安全问题不断向人类发出警报。总的来看,中国海洋产品安全现状是"喜忧参半":海洋产品的产量位居世界前列,但不断被曝光的海洋产品安全事件让大众对中国海洋产品的安全问题产生了些许怀疑,在一定程度上影响到了国内海洋产品市场的稳定运行和繁荣发展。这就要求我们要从生态意识、道德行为、法治机制和可持续发展方式等方面进行深刻的生态文化反省,深入剖析在宣传导向、政府管理、法规政策和发展模式等方面存在缺失的原因。

一、年复一年:来自媒体不断曝光的数据

中国海洋产品安全问题频发,各地区数种媒体通过不同渠道不断进行曝光,一组组数据也让公众对海洋产品的安全多了一份担忧和顾虑。

(一)关于海洋食用产品安全的报道

在生产环节,曝光的海洋食用品安全问题以违规使用各种化学药剂居多,如 2005 年 6 月,《河南商报》《华商晨报》等媒体曝光:在海鲜产品养殖

过程中,很多渔民用孔雀石绿来预防鱼的水霉病、鳃霉病、小瓜虫病等[1];在运输过程中,为了使鳞受损的鱼延长生命,鱼贩也常使用孔雀石绿。2005年11月,香港食物环境卫生署公布"鹰金钱"牌金奖豆豉鲮鱼和"甘竹"牌豆豉鲮鱼等三个食物样本被查出含有致癌物"孔雀石绿"[2];2006年10月底,上海市食品药品监督管理局采集30份多宝鱼样品发现其含有硝基呋喃类代谢物,部分样品还检测出孔雀石绿、恩诺沙星、环丙沙星、氯霉素、红霉素等多种禁用药残留。[3] 由于孔雀石绿大有市场,目前大多数鱼药商店仍然进行着孔雀石绿的买卖。由于生产环节的问题,在消费环节,近年来也频发海洋产品食物中毒的事件,如2004年深圳发生了四宗深海鱼类引发的中毒事件;2004年香港、广东等地发生多起因食用进口石斑鱼而引起的西加毒素中毒事件;2006年广东中山市和汕头市发生因进食"老虎斑"等海鱼而引发的中毒事件等。如此严重的问题并没有得到遏制。2014年9月9日,央视新闻报道曝光了"渤海湾附近大面积海域被圈为海参养殖圈,所有养殖户都大量使用抗生素等药物养海参"。[4] 由于养殖户的这些违规行为,导致近海的乌鱼、对虾等其他物种几乎灭绝。2015年,台海网则报道了厦门某海鲜市场从业人员从养殖到销售环环"用药",养殖环节使用抗生素,运输环节使用麻醉剂,保存环节使用甲醛,导致海产品环环有问题,处处不安全。[5] 2016年,中国食品报网对"大连渔大叔海洋食品有限公司的即食黄花鱼抽查不合格"进行了相关报道。[6]

(二)关于海洋消费产品安全的报道

部分海洋消费产品也存在安全问题和安全隐患,主要表现在其各领域的生产环节,尤其以海洋化妆品和海洋旅游服务产品出现的问题最为突出。

[1] 腾讯大粤网:《十年食品安全大事件回顾(上)》,2015年3月12日,见 http://mygd.qq.com/t-609211-1.htm。
[2] 腾讯大粤网:《十年食品安全大事件回顾(上)》,2015年3月12日,见 http://mygd.qq.com/t-609211-1.htm。
[3] 青岛半岛网:《2006年多宝鱼药物残留事件后 阴影还未消除》,2013年3月7日,见 http://news.bandao.cn/news_html/201303/20130307/news_20130307_2091215_2.shtml。
[4] 中国新闻网:《海参上市企业纷纷撇清关系 今年海参价格走低》,2014年09月11日,见 http://www.chinanews.com/cj/2014/09-11/6582520.shtml。
[5] 台海网(厦门):《厦门业者曝光水产品各环节猫腻:从养殖到销售环环"用药"(图)》,2015年9月16日,见 http://news.163.com/15/0916/10/B3KISH3P00014AEE.html。
[6] 中国食品报网:《食品安全新播报 大连渔大叔海洋食品公司产品抽查不合格》,2016年2月25日,见 http://www.cnfood.cn/n/2016/0225/79721.html。

作为海洋生物开发产业链延伸的典型代表,附加值较高的海洋化妆品,也频频出现问题。像珍珠粉之类的海洋化妆护肤品在生产过程中如果掺入工业用氢氧化钠,具有强碱性,会刺激眼和呼吸道,腐蚀鼻中隔,误服还会造成消化道灼伤、出血和休克等危害,但许多不良商家为了经济利益选择了铤而走险。而近几年大火的海藻面膜,同样出现了以"冰粉籽"等材料以次充好的"海藻籽"等问题。

随着海洋旅游的发展,海上观光、海滨浴场等相继火爆,但与之伴随而来的是海洋旅游活动安全问题愈加凸显。如2015年,大连海滨浴场发生多起海蜇伤人事件,其中有两位女孩不幸身亡。① 海滨浴场没有在"蜇盛期"为游客做相关防范的工作,没有树立相关警示牌,再加上游客的"不小心"酿成了诸多此类悲剧。海洋旅游配套设施的不完善,显著增加了海洋消费品的安全隐患。2014年,外滩连接发生游艇碰撞事故②;2014年的"7·29"三亚游艇发生起火事件,名为"合金号"的豪华游艇在三亚湾东岛北侧水域机舱失火③,均暴露了海洋旅游产业运行的不安全性。

(三)关于海洋工程安全的报道

随着海洋强国战略的实施,近年中国海洋工程建设大幅度推进,但多次出现的海洋工程安全事故,不仅给人员、财产带来巨大损失,还严重威胁了海洋生态安全。如2011年6月初,位于渤海由中国海洋石油总公司和美国康菲石油公司全资的康菲石油中国有限公司合作开发的蓬莱19—3油田发生重大溢油事故,6月10日渤海蓬莱油田B、C平台再次出现漏油,是中国内地第一起大规模海底油井溢油事件。④

据康菲石油中国有限公司统计,此次事件共有约700桶原油渗漏至渤海海面,另约有2500桶矿物油油基泥浆渗漏并沉积到海床。国家海洋局表示,这次事故共造成5500平方公里海水受污染,相当于渤海面积的7%,油田附近840平方公里的海水由一类水质恶化为四类水质。而对这一事故的

① 中国城市文化传播网:《大连海滨浴场发生多起海蜇伤人事件,两位女孩不幸身亡(图文)》,2015年8月7日,见http://www.zgcswhcbw.com/zs/shu/2015-08-07/6279.html。
② 网易新闻:《上海外滩连发游艇碰撞事故,海事法院:需检视航道设计合理性》,2015年10月29日,见http://news.163.com/15/1029/15/B73RU2F700014AED.html。
③ 刘丽萍:《三亚"合金号"游艇海上突然失火 23名人员安全转移》,2014年7月29日,见http://www.hinews.cn/news/system/2014/07/29/016830107.shtml。
④ 搜狐新闻:《中海油渤海湾油田漏油事故》,2011年,见http://news.sohu.com/s2011/louyou/。

处理,却不无轻描淡写、不痛不痒、息事宁人之嫌。①

再如 2011 年 12 月 19 日,中海油珠海海底天然气管线发生泄漏事故②,该管道全长 365 米,管径 660 毫米,输送压力 6.0 兆帕,年输量 16 亿立方米。出现本次事故时由于施工单位没有按照原海底管道路由施工图设计施工,管线偏离设计路由 500 米,且未及时按照程序办理变更并上报海洋部门将路由变更标识在海图上,而埋下事故隐患。施工监理监管不到位,对施工出现的变更未履行好相关职责,错失了解决事故隐患的机会。除此之外,运营单位海底管道巡检管理也存在种种问题,在日常管理中,与该海域影响管道安全的采矿企业缺乏沟通、海底管道保护宣传不到位等也是导致事故的原因。

据 2014 年 10 月 24 日凤凰网的相关报道,黄渤海围填海几近"疯狂",重化工园区、机场建设、海参圈养殖等一系列项目正在蚕食重要的候鸟栖息地——潮间带泥质滩涂,围填海所造成的海洋和海岸带生态服务功能损失巨大,对海洋生态安全运行造成了重大损害③;再如,被称为"神州第一堤"的连云港拦海大坝在为地方经济作出贡献的同时,也彻底改变了港口的水文地质环境,港池淤积严重加剧,对海洋生态安全和海洋生产安全造成了严重威胁。

二、海洋食用产品安全问题频发的种种表现

海洋食品,是对包括海洋中生长的动植物以及其他生物经过人类加工处理后得到的产品的统称。伴随科学技术的不断进步,海洋食品的种类和生产加工技术也得到了发展。目前海洋食品大致上可以分为海藻类、鱼类、虾类、蟹类、贝类和软体类等几大类,品种繁多,按状态可以分为鲜活、冻品、即食和干货等。④ 近年来,随着人们对海洋食用产品消费点的增长,在一定程度上刺激了产品的生产,但随之而来关于产品的各类安全问题也逐渐增多,主要表现在:

---

① 《中国经营报》:《渤海湾再现油污,康菲漏油污染事件尾案丛生》,2013 年 4 月 20 日。

② 国际在线网:《中海油珠海海底天然气管线发生泄漏(高清组图)》,2011 年 12 月 21 日,见 http://gb.cri.cn/27824/2011/12/21/782s3487848.htm。

③ 章轲:《中国因围填海每年损失 1888 亿:3 个区域造价低几近疯狂》,2014 年 10 月 24 日,见 http://finance.ifeng.com/a/20141022/13206411_0.shtml。

④ 林爽:《物联网体系架构下的海产品质量安全预警方法研究》,渤海大学 2015 年硕士学位论文,第 9 页。

（一）海洋环境受到污染引发的海洋食品安全问题

一方面，人类不重视自然规律的活动对海洋环境造成了最直接的污染，工业废料、生活污水排入海洋以及生活垃圾大量倾倒填海，海域受到严重污染，会导致海带腐烂、动物味蕾糜烂，而由于污染为细菌提供了丰富的养料或细菌增强了对海洋环境的适应，使致病微生物大量繁殖。同时由于环境污染的应激作用，又使海洋生物降低了对病菌的抵抗力，导致海洋生物因感染细菌或病毒而患病。受污染的海洋生物体内通常铅、汞等重金属会严重超标，继而以海产品的形式通过食物链进入到人们的餐桌上，引发了海洋产品的安全问题。

另一方面，则是一些间接原因给海洋环境造成"二次污染"带来的安全问题。如由于养殖场的不当操作，造成生产混乱，养殖过程中的污水经过多次物化、生化反应，其中所含的各种污染物类型极其复杂，而这些生产污水直接排入海中对海洋环境造成了原生性破坏，这样的"海洋生产环境二次破坏"进一步导致海洋食品的严重污染。消费者食用了受污染的海洋食用品，轻则出现腹泻、呕吐等症状，重则中毒或死亡，如2013年，浙江绍兴十多名消费者在食用了当地一家海鲜自助餐厅中被副溶血性弧菌污染的海鲜后出现了严重的食物中毒。

（二）生产、加工、供应等环节暴露出的安全问题

在生产环节，海洋食用产品的安全隐患广泛存在。生产者要么由于技术原因而缺乏安全意识，要么因为不重视而忽略安全检查，尤其是一些不良商家在经济利益至上的观念影响下，不顾公众安危，在海洋食品生产过程中肆意掺假制假，让一些加了色素、药物、化学原料等以次充好的"问题"海洋食品从生产链条流向了供应链。与此同时，海洋食品在加工过程中也出现了不科学、不规范，管理不到位等问题。一些商家为了经济效益在食品中投入过量的抗生素、添加剂和保鲜剂，甚至是有毒物质。和所有食品一样，海洋食用产品也有相应的保质期，但在实际的销售过程中，市场上出现了很多没有标注生产日期和保质期的海产品，不少供应商、零售商将保质期内未卖完的产品用换个新标签或注水等方法继续销售。在从生产链到供应链的过程中，海洋食用品的安全问题频发，时常可以看到"无良商贩在海米等干海产品中添加致癌色素""海产品生产者、零售商为了产品保鲜违规使用孔雀石绿、氯霉素等化学药剂""流动商贩销售无生产日期等信息的海产品"等事件被曝光出来。

（三）消费者"误食"海洋食品的中毒问题

消费者对海洋食品的认知不全,容易造成海洋食品中毒。对海洋食品了解不全,许多消费者在食用海产品时会出现认错、分不清产品的问题,从而导致误食中毒事件,例如 2015 年湛江渔船船员发生食物中毒事件,导致船上 6 位船员 1 名死亡 5 名受伤,据专家鉴定,该事件系误食一种有毒海螺——金丝织纹螺所导致[1]。

在 2012 年,深圳也发生过游客集体海鲜中毒的事件:18 名佛山访客在深圳福田区新梅园海鲜城吃海鲜大餐之后出现呕吐、腹泻症状[2],出现这种情况是因为这批游客空腹食用海鲜,这同样暴露了消费者对食用海洋产品相关知识储备不够。再如,北京、浙江、福建等省市相继发生了食用织纹螺中毒事件,是由于消费者对其烹

金丝织纹螺

饪处理方法不熟悉造成的[3]。消费者对海洋食品的认知误差还体现在没有区分地"生吃海鲜"上。由于海洋中的微生物无处不在,而生的动物性食品是微生物致病菌最喜欢生存的地方。水生贝壳类动物如牡蛎、蛤蚌、淡菜、扇贝可以过滤并积蓄水体中的微生物,其中不乏可导致食物中毒的致病菌。2012 年台湾曾报道了生吃海鲜导致创伤弧菌感染而丧命的例子[4]。

三、海洋消费产品安全问题频发的种种表现

海洋消费产品可分为海洋食用消费品和海洋非食用消费品,这里主要

---

① 网易新闻:《湛江渔船船员中毒事件原因查明食用金丝织纹螺所致》,2015 年 1 月 15 日,见 http://news.163.com/15/0115/10/AG0CSUU000014Q4P.html。

② 新浪新闻:《佛山 18 人海鲜中毒后不愿意透露身份》,2015 年 10 月 25 日,见 http://news.sina.com.cn/o/2012-10-25/063925433953.shtml。

③ 环球医网:《省局发布织纹螺消费安全提示》,2014 年 7 月 28 日,见 http://www.54md.com/news/n15/409991.html。

④ 加西周末网:《BC 省生蚝遭污染　警惕生吃海产品食物中毒》,2015 年 9 月 4 日,见 http://www.wcweekly.com/archives/16949。

指海洋非食用消费品。由于海洋矿产、海洋化工等产品大多为工业生产的中间产品，故这里以海洋装饰品、化妆品、药品、海洋交通服务、海洋旅游产品等第二、三产业提供的消费商品或服务中出现的安全问题为主进行描述。

（一）监管不善导致的安全问题

随着科学技术及经济社会的快速发展，人们对海洋消费品的选择经历了从满足基本生活需求如消费海洋食品，发展到海洋化妆品、旅游产品等更加凸显生活品质的海洋消费品过程。但与此同时，由于在监管方面，监管机构设置不合理，对海洋消费品的监管工作常常是临时性和突击性的，各监管部门在工作执行中基本处于各自为战的状况，彼此间没有很好地协调与沟通，严重影响了监管工作的效率与质量，且与监管工作配套的应该是一套完整的有关产品安全的法律法规体系，但专门针对海洋消费品安全的法律法规几乎没有，在执行相关监管、惩罚工作时仅仅只能参考诸如《产品质量法》这样的"大框架法律"，使得海洋消费品频繁出现游艇撞击、失火案件，给消费者造成人身伤害的海洋化妆品和药品流入市场也得不到及时、有效地预防和解决。当然监管不善问题不仅仅表现在监管部门的问题方面，也表现在媒体、公众在监管过程中参与度不够。从目前的监管体制来看，中国施行的是由上而下的垂直管制，在很大程度上制约了公众等社会力量的参与程度，消费者协会、新闻媒体等在内的社会监督力量也不能充分发挥作用。

（二）生产技术引致的安全问题

生产技术问题既包括技术落后引发的安全问题也包括有一些企业违规利用技术所导致的问题。一方面，落后的技术让国内生产的海洋消费品与国外在数量与质量上存在着较大差距，导致了企业在产品里掺假、用其他产品替代等不良行为，对海洋消费品的安全构成威胁，如假珍珠粉、海藻籽、海洋药品等。另一方面，技术的违规、过度使用也容易造成海洋生态安全及人类健康安全事故。如海洋生物不仅可以为水产捕捞和水产养殖提供丰富品种来源，而且能为海洋旅游业、海洋生物制药、海洋化妆品等提供多样的物种资源。但由于生产技术操作不规范、不受约束的固有弊端，部分从事海洋矿物、海洋旅游产品等生产企业存在盲目扩大生产、不顾生态承载力的现象，甚至培育、提供对海洋生态和人类健康有重大危害的海洋产品或服务，如石油化工产品、珊瑚礁潜水服务等。

同时,大部分海洋消费品生产技术薄弱,生产意识不强,仍停留在"舟楫之便,渔盐之利"的传统海洋产业概念上,产品数量少,不受重视,也是制约海洋消费品安全未得到严格监管的内在因素。

(三)对消费者教育引导不足问题

消费者参与消费既是一种个人行为,也是一种社会活动。由于海洋消费品市场信息存在不对称的问题,再加上消费者对产品安全问题认知不全,时常出现消费者在使用海洋消费品的过程中危害自身安全的事件,如在海滨浴场游玩时被一些带毒的海洋生物蜇伤,买到有问题的海洋化妆品、药品等毁坏了皮肤和身体等。出现诸如此类的安全事件,既有企业安全生产意识的缺乏,也有监管部门的监管不力,同样还有消费者对产品安全问题的警惕性和认知度不够,同时也暴露了对消费者进行教育引导工作的不到位。对消费者购买海洋消费品的引导,主要是根据消费领域的经济规律和可持续发展的要求,对整个海洋产品消费活动以及消费者个人消费意识,进行有步骤、有计划的调节,使其纳入健康、有度的方向,合理地满足人们日益增长的物质需要。消费引导工作的不全面,消费者对海洋消费品无法清楚认知,在消费过程中对海洋生态和自身的安全几乎处于"无意识"状态,是酿成海洋生态危机和人类健康威胁的关键原因。

四、海洋工程安全问题频发的种种表现

根据国务院 2006 年颁布的《防治海洋工程建设项目污染损害海洋环境管理条例》,海洋工程具体包括:围填海、海上堤坝工程;人工岛、海上和海底物资储藏设施、跨海桥梁、海底隧道工程;海底管道、海底电(光)缆工程;海洋矿产资源勘探开发及其附属工程;海上潮汐电站、波浪电站、温差电站等海洋能源开发利用工程;大型海水养殖场、人工鱼礁工程;盐田、海水淡化等海水综合利用工程;海上娱乐及运动、景观开发工程;国家海洋主管部门会同国务院环境保护主管部门规定的其他海洋工程。海洋工程造福于人类的同时,其频发的安全问题也开始逐渐显现出来,主要集中在矿产石油工程和围填海两方面。

(一)石油工程漏油、溢油问题

石油工程出现的安全问题主要由企业本身和监管部门两个主体相关工

作的不到位造成的。首先,中国海洋石油工程企业在海上石油工程项目管理中存在着用工规模过大的问题,其大规模甚至超过了国际一流石油公司用工人数,出现了"一线缺、二线多、三线臃的人员结构"问题。在"铁饭碗"机制下,存在于庞大的从业人员群中个别员工出现了不思进取、缺乏安全责任感等问题,令海上石油工程的生产安全隐患存在于无形之中。其次,企业对海上石油工程核心技术、关键设备(产品)、检测仪器、处理软件及工具等研发制造上投入偏少,匮乏的技术保障增加了安全隐患。再次,在对海上石油工程的监理制度上,政府宏观管理力度不够,虽然有《质量管理条例》等约束监理行为,但在实际实施过程中相关法律法规并未真正落实到位,且监理人员职业能力与素质不高,无法切实履行监督工作职能。监管力度的不彻底,让海上石油工程安全漏洞得不到实时发现和处理,便导致海上石油工程包括输油管道的漏油、溢油问题开始出现。前文所述的几个案例,都是触目惊心的。随着渤海等漏油事故频发,一组组来自海上石油工程的惊人数据被展示在公众的视野中。

(二)围填海工程问题

　　围海造田、造地等开发活动是人类向海洋寻求生产生活空间的一种有效手段,是人类进行海岸带开发、利用工作的重要方式。围海造田、造地包括海上、海底交通、管道设施建设对海洋环境、资源等多方面都存在不同程度的影响。尽管带来了许多好处,如增加了土地面积,解决了港口码头、临港工业区和物流园区等用地需求,带来了显著的经济效益。但在开发活动中海洋资源也遭受了巨大损失,如渔业资源衰退、水动力环境改变、鱼、虾、贝的资源量减少、海岸与海底的自然平衡被打破、一些海岸自然景观受到损害等。特别是引入的造船、冶金、化工等大型项目,产生了大量的生产污水、垃圾和油渍,大量不可降解的物质涌入大海,海洋污染程度不断加剧,海洋环境进一步恶化。如渤海湾区域的曹妃甸围填海活动和天津滨海新区围海造地开发活动造成了港口航道的严重淤积,对近海生态产生了不可逆转的破坏。海洋工业产品的生产是人类在海洋资源开发方面的进步,为人类带来了巨大的经济效益,但由此引发的安全问题暴露了预防工作不到位、监管力度不彻底、相关单位和个人安全责任感缺失等问题,也加重了海洋生态及人类健康威胁。

第二节　中国海洋产品生态安全问题的危害

年复一年,不断被曝光的海洋产品安全问题事件,引发了社会关注,对其带来的危害更应该做深层次的分析,认识其危害,采取有针对性的防范、解决措施才能在根本上消灭这些给生态、经济和社会带去无尽危害的问题。

一、海洋产品食物中毒

人们的生活水平越来越高,消费也逐渐趋于多元化,人们对于健康的追求也渐渐成为一大消费热点。随着科学研究的推进,人们发现海洋生物中含有多种生物活性物质,具有独特的营养价值,也是不可多得的美味来源,因而受到越来越多的消费者追捧。然而,海洋食品安全是一个不容忽视的问题,海洋环境污染、养殖不规范以及加工不科学等都成为海洋食品安全隐患的诱因。

海洋食品本应是无公害、安全性的绿色食品,但近年来,在初级加工走向精细化的过程中,围绕着海洋产品出现的食物安全问题从未间断,如食物中毒、食物过敏、食物污染等频繁出现,尤以食物中毒引发社会高度关注。"国以民为本,民以食为天,食以安为先",对于消费者而言,海洋食品安全与日常生活、身体和生命安全密切相关。海洋食品安全问题造成的深刻影响也是多方面的。

就消费者而言,海洋食品的安全问题危害国民其身体健康,甚至有可能危及其性命。海洋食品虽然含有丰富的营养物质,但是受海洋污染等影响,海洋食品内往往富集毒素、病毒、病菌等有害物质,过量食用易导致脾胃受损,引发胃肠道疾病。若食用方法不当,如生吃一些海鲜产品则会引发食物中毒。消费者的误食行为或者海洋食品提供者处理方法的不当,都会导致食客在食用海洋食品后出现呕吐、腹泻等中毒症状,严重的时候甚至丧命。

对整个海洋食品行业来说,海洋食品的安全问题将制约这一行业的健康、持续发展。海洋食品的安全牵动着整个行业的命脉,出现问题将打乱行业的正常市场秩序,产生严重的负面口碑效应,造成重大的经济损失,在很长时间内难以恢复,从而阻碍其顺利演进。如2006年的"多宝鱼"事件,一个地区的多宝鱼出现安全问题直接影响到全国多宝鱼市场的销量,相当长时间内消费者拒绝购买多宝鱼,给水产养殖业造成了深重打击。

海洋食品存在问题,让生产者、供应者等主体遭受信任危机,也影响着国外市场对中国海洋食品的进口需求,对外向型相关企业发展产生的影响尤为明显。海洋食品存在安全问题是产品出口国际市场的"硬伤",2014年3月,美国FDA发布了包括中国在内五个亚洲国家的虾产品出现兽药残留问题而被拒入境美国。海洋食品无法保障其安全就不能取得消费者的信任,更无法顺利进入国际市场。

二、海洋产品环境污染

自人类诞生以来,海洋就是人类赖以生存的自然生境之一,因此,逐水而居、依海生存是早期人类必然的选择。在生产力极度低下的时代,人类的海洋生产价值观仅限于"舟楫之便,渔盐之利"。在科学技术突飞猛进的现代社会,人类对海洋资源开发利用的广度和深度正在发生日新月异的变化。自20世纪50年代以来,随着各国社会生产力的迅猛发展,海洋经济获得空前崛起的同时,人类生产活动对海洋环境造成的污染和对海洋生态的破坏也日益严重,海洋的受损反过来也制约了人类生产活动的进一步推进。除了直接的经济损失之外,海洋环境污染还会给海洋生态系统运行带来不良后果,而海洋生态系统整体恶化又制约和阻碍了海洋经济的持续发展。海洋产品生产引发的环境污染是一个长期积累、逐渐由量变到质变的复杂过程。

海洋产品生产活动造成的海洋环境污染途径是多样的,除了船舶正常航行产生的油污滴漏和海洋产业生产污染物外,重大突发性溢油事故也会对海洋生态环境造成严重损害,例如大型船舶碰撞沉没、钻井平台和沿海炼油厂发生生产事故等。2010年7月16日,大连新港输油管道发生爆炸事故①,受污染海域约430平方千米,其中重度污染海域约为12平方千米,一般污染海域约为52平方千米。

2013年11月22日,中石化东黄输油管道发生爆炸事故,导致原油入海,监测结果表明,海面油膜分布较多区集中在青岛团岛至黄岛一线胶州湾

---

① 一财网:《聚焦7.16大连输油管道爆炸事件》,2010年7月16日,见 http://www.yicai.com/show_topic/377138/。

内侧海域,局部海域石油类浓度超第二类海水水质标准,黄岛大石头以西岸滩有油污分布。通常来说,溢油事故会使海域石油平均浓度迅速升高,在海水正常稀释和自净能力作用下,水质可以得到一定恢复,但这两次溢油事故都在渤海,作为半封闭海,其海水交换能力较低,恢复时间显著拉长,对渤海生态系统造成的影响也将在中长期内一直存在,特别是海底油污难被稀释和自净,对海洋生物体系造成的危害更加严重,进而影响整个海洋生物链,以及相关海洋产品的安全生产。

中国海域辽阔、水产资源丰富,渔业生产与人民生活密切相关,是国民经济不可缺少的重要组成部分,近海环境污染会首先使海洋生物资源受到不同程度的影响和损害,而且污染物通过食物链迁移、转化、富集进入人体,会直接危害人体健康。此外,海洋产品造成的环境污染对海洋旅游业和交通业造成的影响也不可小觑,海面漂浮的大量油膜或油块,随海流飘至海岸区域,黏附在潮间带各种物体上,渗透于砂砾之间,从而污染了海水滩面、礁石、海岸堤坝和海上游乐设施、船舶等,破坏了海滨景观,严重损害了滨海旅游资源和港口设施,干扰生产,引发了巨大经济损失。

三、海洋产品生态危害

从古到今,人类的生活与海洋一直紧密联系,海洋为人类生存提供了丰富的资源,为人类社会经济可持续发展创造了优越的生态条件,然而,由于人们在进行海洋产品生产时对海洋资源的无偿、无序、无度开发利用导致了海洋资源短缺的日益严重化,海洋生态的日趋恶化,人类活动与海洋生态平衡的矛盾不断扩大。

海洋产品的生态危害,首先体现在海洋生产对海洋生物的损害。美国"海洋保护"组织的主席斯普鲁伊尔曾声明说:"我们的海洋生病了,是人类的行为造成的。"每年有成千上万的动物,包括海洋哺乳动物、海龟、海鸟等,因为吃进垃圾致死或中毒,或是被袋子、绳索和旧渔具缠绕溺死,或是直接被生产工具捕捞上岸而死。在沿海大部分地区,原来大量存在的鲸鱼、海牛、海象、海豹、鳄鱼、鳕鱼、海鲈、旗鱼、鲨鱼、鳐鱼等海洋动物,或已灭绝,或已非常稀少。且由于居住在滨海地区的人类捕杀的大量海洋动物往往是海洋生态食物链的最高层——鲨鱼、鲸鱼、海龟及其他大型鱼类,从而引起整个生态系统物种结构严重失衡,生物链条遭到破坏,损害范围迅速扩大。

其次,海洋生产对海洋物理生境造成了破坏。围填海工程在为人类争取更多生存空间的同时,也给海洋生态带来了不可磨灭的破坏。围填海使曲折的岸线变直,海湾变成了陆地。海岸线变化导致海岸水动力系统变化剧烈,大大减弱了海洋的生态承载力。由于海洋自身涌动能力降低,海冰、海岸侵蚀等灾害不断加剧。海滩和沙坝消失,海浪对沿海地区的冲击进一步增大,海水倒灌现象也有所增加。围填海工程往往采取取土、吹填、掩埋等方式,造成海域环境彻底改变,底栖生物数量减少,群落结构变更,生物多样性降低。鱼类的产卵场和索饵场遭到破坏,渔业资源难以延续。同时,跨海大桥、沿海大坝、公路等设施的修建,也会对海洋生物的洄游产卵等造成影响,被大坝拦截住的海水变成死水,从而导致整个海洋生态系统的紊乱。

最后,在海洋产品消费过程也出现了愈来愈多破坏海洋生态的现实案例。如滨海旅游业的发展,海上观光游艇、近海海水浴场等设施的开放,使得旅游者对海洋生态系统的干扰不断加剧,一些旅游者的不当行为严重伤害了海洋生物、破坏了海洋原有的生态平衡,且其接待场所产生的污水和垃圾也给海洋生态造成了巨大压力。人类的海上观光活动还会对海洋生物栖息产生影响,旅游接待设施的建设也会改变海岸线的物理环境和生态条件。可见,海洋旅游等消费品也正在一步步侵蚀海洋生态,对其安全构成严重威胁。

近年来,人类进行的海洋产品生产活动对海洋生态造成危害的事例逐渐增多,产生这些问题的最主要原因在于各类海洋资源开发过程中只重视经济利益的追逐,导致海洋经济价值与海洋生态价值的错位认知,而忽视了海洋的生态功能以及对海洋产业发展的科学规划和规制。

四、海洋产品安全隐患

产品的安全隐患主要是随着产品的生产过程产生的,正如其他产品一样,海洋产品也存在一定的安全隐患,可以从以下两个方面进行分析。

(一)海洋产品自身存在的安全隐患

从自然的角度来看,海洋产品的本身可能存在着毒素,像河豚鱼的卵、肝脏,黑鱼卵,鮐鲅以及一些藻类等。它们自身携带某种致病的微生物或者病毒,人体在食用或者不小心接触到后会感染发作。如海蛇、河豚这类含有剧毒的海洋生物,误食了它们的鱼卵、肝脏等,微量就可置人于死地,毒性甚至高于氰化钾近千倍。有媒体曾报道珠海某位市民不慎被濑尿虾扎破手指险些丧命的事件。濑尿虾能致命的是一种叫"创伤弧菌"的细菌,延误治疗会导致病情在短时间内恶化。二是从生物的角度来看,地球上的所有生物处于一个生物圈之中,食物中的毒素会随着最低端的食物链生物不断累积增多。藻类是海洋生物初级生产者的食物来源,草食性鱼类及滤食性贝类(牡蛎、文蛤、海瓜子等)都以藻类为主食,藻类中部分是含有毒性的,滤食性贝类摄食有毒藻类后,毒素不会很快排出体外,而是持续富集体内。人类一旦误食了含有毒素的贝类就会产生一系列的中毒现象,有损身体健康。这种通过食物链进行的毒藻—贝毒—人的生物链传递过程,通常较难及时检测和预防。

(二)海洋工程等存在的安全隐患

除海洋食用产品存在的安全隐患,其他海洋产品如海底石油、天然气、跨海大桥、海底隧道、海底管道、核电站、滨海旅游区、港口运输等工程建设都可能暗含安全隐患。2015 年的天津港"8.12"瑞海危险品仓库特别重大火灾爆炸事故[1],涉及的化学危险品种类较多,成分复杂。此次事故爆炸所产生的化学物质,如刺激性气体、现场检出的化学物质、出事公司储存的化学物质等三类有毒化学物质,其中任何一类通过水源、空气或者食物进入体内,后果都不堪设想。而滨海核电站尽管不会发生爆炸,但核反应堆放射性物质的泄漏是极其严重的安全隐患,也是人们对核电站的最大担心。三里岛、福岛等滨海核泄漏事故,都向海洋中排放了大量放射性污水,给周边国家带来了无法弥补且深远的核灾难。此外,在陆上油气管道尚且存在严重安全问题的时候,海底油气管道则面临着更为复杂的管道铺设环境。石油和天然气行业的油气资源主要借助管道进行输送,而地基变化、介质腐蚀、地质灾害、海流冲淘及意外事故等都会损伤管道,海底油气管道一旦发生破损,就很可能成为海洋严重污染事故的"元凶"。如 2014 年的青岛油管爆燃事故[2],对人员生命安全、海岸生态环境造成了严重危害。

而目前中国部分海底管道投产年限已经临近甚至超过原设计寿命,运行状况不佳,存在较大的安全隐患。海洋产品生产藏"安全隐患"于无形之中,一旦出现安全事故,将严重影响到相关人员的生命安全,并造成难以修复的生态威胁和社会隐患。

---

① 新华网:《天津港"8·12"瑞海公司危险品仓库特别重大火灾爆炸事故调查报告》,2016 年 2 月 5 日,见 http://www.tj.xinhuanet.com/2016-02/05/c_1118005221.htm? from=singlemessage&isappinstalled=0。

② 腾讯新闻:《青岛输油管爆燃事故已致 48 人遇难 136 人受伤》,2013 年 11 月 23 日,见 http://news.qq.com/a/20131123/000437.htm。

五、外来海洋物种入侵危害

当一种海洋生物传入到新的海洋生态系统后,在适宜的温度、盐分及繁衍条件下,由于缺乏天敌的抑制,极易大肆蔓延,形成大规模单优群落,破坏原有物种结构,更为严重的是许多外来物种不仅会对原有海洋物种构成生存威胁,危及生态系统平衡,而且将对海洋经济系统产生冲击,妨碍区域海洋生产活动的正常进行。诸多实践证明,物种引进得当,将产生良好的生态经济效益,但盲目引进外来物种,则会造成灾难性后果,给生态经济效益带来巨大损失。外来海洋物种入侵所造成的危害可概括为生态危害、经济危害和对人类健康危害等三个方面。

(一)生态危害

外来物种一旦成功入侵一个海洋生态系统,首先,将引起海洋生态系统组成和结构的变化,同时对海洋生态系统的资源获取或利用产生影响,并使系统的干扰频度和强度发生改变,系统的营养结构也将产生变化,甚至能彻底改变原有海洋生态系统的功能及性质;其次,可导致当地海洋生物群落多样性降低,致使一些当地物种灭绝,而群落多样性低的海洋生态系统又更容易招致新的外来物种入侵,这种反馈和循环的结果将最终引发区域或全球范围的生物结构趋同;最后,还将引起诸多生态灾害的加剧,尤其是赤潮、环境污染、流行病害等。如中国北方从日本引进的虾夷马粪海胆能够从养殖笼中逃逸,咬断海底大型海藻根部,破坏海藻床,还与光棘球海胆争夺营养物质和生存空间,对当地物种构成严重威胁。再如,20世纪90年代后,中国海水养殖流行病害逐渐频发,1993年起对虾开始大规模感染病毒,2000年北方滩涂养殖的菲律宾蛤仔爆发大批死亡,也均与外来病毒、病原生物入侵有关①。中国海域目前有害赤潮生物种类发现有16种,包括塔马拉原膝沟藻、微型原甲藻、血红裸甲藻、利马原甲藻、长崎裸甲藻、圆形鳍藻、短裸甲藻、尖锐鳍藻、具尾鳍藻、倒卵形鳍藻、渐尖鳍藻、克式前沟藻、强壮前沟藻、塔玛亚历山大藻、股状亚历山大藻、链状亚历山大藻。这些有毒藻类绝大部分是国际性物种,主要通过海船压舱水等途径传播,对世界各海域生态系统的适应性极强。有毒藻类的无意引进不仅对中国沿岸造成了严重的环境污染,而且加剧了赤潮

---

① 解焱:《生物入侵与中国生态安全》,河北科学技术出版社2008年版。

灾害的发生,近几年,中国平均每年爆发赤潮80余次,尤其集中在7—9月份。

(二)经济危害

人类将外来物种引入时,大多是想获取经济效益,但外来入侵物种对人类的经济活动也可能产生巨大不利影响。海洋外来入侵物种对沿岸水产、旅游、建筑、运输等产业领域都可能带来直接经济损害,还可能通过影响海洋生态系统间接给海洋经济系统造成损失。

海洋外来物种一旦形成入侵,所引发的经济损害将是多方面的,如地区及国家收入的减少,控制费用的上升,以及由于海洋生态系统被破坏,人类经济活动受到妨碍而导致的资源(如矿产资源、旅游资源)经济价值降低等。例如,中国沿海省市引进的互花米草等海洋生物,引发了大面积蔓延,导致当地渔业遭受了严重损失,据统计,福建6市县的水产养殖业每年经受的损失多达上亿元。

海洋外来物种在对生态系统造成巨大危害的同时,也将间接导致经济收益的流失。近年来,广泛传播的世界性病原生物帕金虫已经对中国北方沿海菲律宾蛤仔养殖造成严重威胁,打破了菲律宾蛤仔原有养殖生态环境,使产量大大降低,也减少了渔民的经济来源。在国外,死海区域曾引入的一种食肉类栉水母(也被称为淡海栉水母),在短短的几年时间里,导致当地26种主要水产品种消失,同时还引发了死海缺氧"死亡"区域范围的迅速扩大。该物种后来还在阿勒尔海、加斯比安等地区造成类似的经济损失。

(三)人类健康危害

传染性疾病就是外来物种入侵负面影响的典型例证。通常新型传染病的流行,一部分是通过旅行者的无意传播,还有一部分则是间接从人类有意或无意引进的动植物体上携带而来。历史上许多国家遭受过各种疾病的浩劫,例如欧洲殖民地的建立,使麻疹和天花从欧洲大陆传遍了整个西半球,直接促使了阿芝特克和印加帝国的衰亡。

一些水生外来物种也会影响人畜健康,携带病原体传染人类。如2006年,北京市首次发生群体性广州管圆线虫病病例,共有70人发病,发病的罪魁祸首就是"福寿螺",此外,克氏原螯虾等也可能传播这种疾病。在各种海洋外来物种入侵的潜在威胁中,最严重的就是现代人类与病原微生物间日益增长的不平衡。现有充足的证据表明,人口的急剧增长、科学技术的发展、人类行为模式的变迁、全球一体化进程的加快以及各国各地区日益紧密的相互依赖,正在使人类更容易受到新的、复活的、变异的疾病攻击。比如1991年美洲暴发霍乱,100多万人受感染,造成1万多人死亡,病发的原因很可能就是海洋船只内灌有受污染的压舱水排放到秘鲁海港所致①。

为了发展海洋水族馆业,中国引进了多种观赏性海洋生物。而随着海洋运输业的发展,船体附着以及压舱水排放等,也已带入近百种海洋外来生物。可以想见,海洋生态系统所面临的外来物种入侵威胁将比陆地生态系统更为严重。

第三节　中国海洋产品生态安全的文化反省

中国拥有较为广阔的海域面积,海洋产品品种丰富。但是随着媒体的不断曝光,海洋产品生态安全问题也成为政府、企业、消费者等关注的焦点。海洋食用品、消费品和海洋工程等安全问题频发,让利益相关者对其产生的危害多了一份认识和文化反省。通过对海洋产品生态安全问题的不断反思,总结海洋产品生态安全发展模式存在的问题,能够启迪对海洋产品生态安全可持续发展的进一步思考和设想。在对海洋产品生态安全进行文化反省的过程中,发现了中国海洋社群的"弱势化",海洋产品的生产者、销售者在经济竞争中无序、违规操作对生态造成的损害,这些问题的暴露使对中国海洋社群生活的现状及问题的研究显得更为迫切和必要。

一、海洋产品安全意识的缺失

海洋产品安全意识的缺失体现在各主体上,伴随在他们从事海洋产品生产、消费、监管的各个环节中。

(一)海洋产品的生产者

安全意识,就是人们在生产活动过程中,逐步在头脑中建立起来的生产必须安全的观念,安全意识不会与生俱来。人的安全意识支配着人的安全操作行为,无论是管理者还是一线操作者,只有意识安全,才会行为安全。作为企业,要通过强化每一位员工的安全意识,促进其行为习惯的养成,提

① 林婉玲:《海洋外来物种入侵法律问题研究》,厦门大学2008年硕士学位论文。

高安全行为的自觉性。但企业决策者为了追求企业的经济利益在安全生产方面不舍得投入,使得海洋产品的生产设备落后或是老化,基于强制管理下的海洋产品操作者默认了企业的决策继续进行不安全的生产,逐渐也失去了安全生产的意识,开始养成了"不认真执行岗位安全职责,不按安全操作规程作业"的生产态度,如在进行海洋产品现场生产时不按规定戴安全帽、违章进入一些受限空间等。部分生产者不按照生产规程进行生产,"我行我素"地自行减少或增添生产环节,海洋产品的安全无法得到保障。企业对操作者的管理态度不积极,没有及时规范生产者的安全生产行为,对其违规操作要么直接命令、默许、无视,要么以罚款这种简单粗暴的方式处理,产品安全难以保证。大多数海洋产品生产操作者在上岗前没有经过相关的安全生产培训,缺乏安全生产的意识,在生产过程中自然也无法约束自身的生产行为,时常出现一些违规生产,从而大大影响了海洋产品的安全供给。

> **专栏：海水鱼养殖业频频曝光的事件**
>
> 例如 2015 年的"多宝鱼事件"。据新华网报道:"2006 年 11 月 19 日,北京市食品安全办公室对多宝鱼下达了全市范围的紧急停售令,原因是在北京市场全面抽检中发现多宝鱼含有违禁药物。
>
> 同年,广州市农业部门全市抽检 13 个多宝鱼样本,全部不同程度地被检验出含有硝基呋喃类代谢物、环丙沙星、孔雀石绿以及土霉素等。随即工商部门对广州市水产品批发市场肉菜(农贸)市场销售的多宝鱼采取下架、停止销售措施。同时,广州市卫生部门也向全市宾馆、酒楼、食肆发布了"禁售令",要求暂停出售多宝鱼。
>
> 山东的渔药经销商曾透露,因为海鲜养殖本身就投入大,而鱼虾的病害一死就是一大片,损失将非常惨重,所以大部分养殖散户都会多多少少用些抗生素,一般养多宝鱼的都在用呋喃西林。
>
> 呋喃西林属于硝基呋喃类抗生素,而硝基呋喃类原型药在生物体内代谢非常迅速,一般很难检测,但其代谢产物因和蛋白质结合而相当稳定,只有利用代谢物的检测才能反映硝基呋喃类药物的残留状况,因此很多养殖户都存有侥幸心理。"[1]

---

[1] 济南时报:《济南破获山东首起致癌多宝鱼案　孕妇食用可致畸胎》,2015 年 7 月 14 日,网址:http://www.sd.xinhuanet.com/news/2015-07/14/c_1115913609_2.htm。

（二）海洋产品的消费者

消费者缺乏海洋产品安全意识体现在两方面：一方面，消费者在选择、食用一些海洋产品缺乏相关安全防范意识；另一方面，消费者在对一些海洋产品安全的认知上存在一定偏差。如在一海洋产品中毒事件中，主要是由于消费者食用了受细菌污染、变质不新鲜的海洋产品而引起，这是消费者的食品安全意识淡薄、食品安全知识欠缺的表现；被海蜇刺伤而死亡的案例则暴露了消费者对海洋产品安全认知不全的问题。此外，消费者无节制、不健康的过度消费理念和行为，更是刺激企业扩大生产规模，无视生产技术和海洋生态承载力限制的直接动因。

（三）海洋产品安全管理机构和从业人员

消费者关于海洋产品安全的态度和行为是海洋产品生产商、零售商、监管者和健康教育机构非常关注的问题。以国家质检总局、国家海洋局等为代表的主管海洋产品安全的机构则在消费者教育方面扮演重要角色，其安全意识的缺失主要体现在没有通过多种渠道为消费者提供关于海洋产品的教育资料，也没有将海洋产品生态和健康安全方面的知识编入青少年教育纲要，为他们提供相关的安全知识普及。另外，对有关教师进行相关培训的工作做得还不够，由于教育者能够传授给孩子们海洋产品卫生学、生态学知识，并通过孩子来影响父母，因此对教育者的海洋产品安全知识培训工作就显得更为重要。只有具备了安全意识的消费者才能成为海洋产品安全维护工作的积极参与者。意识影响行为，只有广大群众普遍具备相应的海洋产品安全意识，才能在生活中积极监督、防范、杜绝危险的和不规范的商家操作，才能安心、合理、有度地消费海洋产品。

二、海洋产品的安全道德缺失

安全道德的缺失问题，反映了各主体社会责任感的匮乏，其长期的缺失将严重影响到经济社会的长远发展。海洋产品安全事故的发生暴露了政府部门、企业和相关利益者安全道德素质的严重匮乏问题。

（一）政府：发展战略中对生命关怀的伦理意识淡漠

一段时间以来，在海洋产品的生产活动中，政府片面强调安全管理的经济功能，将经济增长的财富价值获得优先于海洋产品的安全价值获得。一些地方政府,为追求利润、地方 GDP 和政绩;一些官员为了个人利益的争取,对"问题"产品流入市场不管不顾。政府在制定海洋产品安全发展战略时忽略了对人的生命关怀和对海洋生态的责任,造成了海洋产品安全道德素质缺失状况总体严重恶化。

政府作为海洋产品安全管理的战略制定者,在海洋产品的安全管理过程中处于引导地位,其正确的引导将对企业安全生产发挥充分的规制作用。政府在海洋产品安全监督管理过程中,缺乏生态和生命伦理知识,其制定的法规政策、实行的管理措施也不能引导和保障企业减少、排除各种海洋产品安全重大事故隐患。

(二)企业:缺少尊重生命价值的安全道德责任感

在海洋产品实际的生产活动中,部分企业无视法律、道德规范等海洋产品安全行为准则,甚至公然做出违反法律、道德规范的行为。一方面,海洋产品市场的竞争较为激烈,企业为了能在竞争中占据有利地位、维持企业的正常运作,会加大逐利行为,因而开始采取一些"非常手段"去降低生产成本、制假售假、以次充好地坑害消费者的合法权益。

2010 年 9 月央视揭露,在诸暨和北海,珍珠取出后剩下的大量贝壳原用于加工纽扣或饲料,每吨售价不过几百元,但近年却被加工厂大量高价回收,磨成贝壳粉后充当珍珠粉卖,并称之为"珍珠层粉"。更要命的是,相当多的厂家还使用腐蚀性极强的工业用氢氧化钠配制清洗贝壳药水的原料,在知道"贝壳粉很难做到无害化处理"的前提下,用贝壳粉代替珍珠粉。[1]

企业的安全道德责任缺失让各类海洋产业内部形成了恶劣的竞争风气,酿成了不良的行业氛围。"行业不良氛围一旦形成,又会对行业内企业的行为产生潜移默化的影响,这种影响不仅体现在增强企业的逐利行为上,而且体现在强化企业的从众行为。"[2]另一方面,在海洋产品的生产过程中,企业凭借手头上占有的强劲"资本优势",把海洋产品生产员工的生命按"劳动力"计价,不严格执行相关的安全生产法规,甚至一些海洋产品生产员在海洋产品加工中因为长期接触某些有毒有害的化学添加剂而得了"职业病"。海洋产品安全道德的缺失,让消费者对市场上的一些海洋产品失

① 南方报业网—南方都市报:《央视曝光贝壳粉假冒珍珠粉 穗多数药店产品未下架》,2010 年 9 月 28 日,网址:http://finance.qq.com/a/20100928/001014.htm。
② 王仙雅、毛文娟:《群体性食品安全责任缺失的形成机制研究》,《大连理工大学学报(社会科学版)》2016 年第 1 期。

去了信任,部分企业生产的海洋产品销售不出去大大影响了自身的经济利益,长此以往,海洋产品的发展将会陷入死循环,对海洋产业的健康发展极其不利。

三、海洋产品安全机制的缺失

海洋产品安全机制就是通过建立海洋产品从生产、销售、流通、消费全过程的产品安全追溯、问责、监管体系,实现对海洋产品安全的全程有效管制。海洋产品的安全机制是一个监督、保障海洋产品安全的综合系统。海洋产品安全机制的缺失,不仅会影响海洋产品的质量和形象,还将对人的健康、海洋生态环境等负面衍生效应形成推波助澜的作用。

(一)追溯机制

海洋产品可追溯体系能够记录并储存海产品生产供应链过程中产品的各种相关信息,当出现海洋产品安全问题时,能够快速有效地查询到相关责任主体,必要时对其实施相应惩罚措施,如召回产品、商品下架、销毁产品、企业退市等,以此来控制海洋产品生产和消费的安全问题。通常,海洋产品可追溯体系包括海产品追溯体系系统、追溯信息平台、终端监管查询三部分。[1]

不断被曝光的海洋产品生产生态危害事件、海洋产品公共安全卫生事件、海产品质量国际贸易争端事件等,让海洋产品的安全问题成为各国政府、企业、消费者共同关注的焦点。由于海洋产品安全的追溯机制尚未完全建立,加大了维护公众等主体合法权益的难度。缺乏追溯机制,海洋产品安全在根源上无法得到保障,与之而来的是越来越多的海洋产品以身涉险。早在 2002 年,欧盟内部就颁布了"食品基本法"(178/2002),要求出口欧盟的食品(包括海产品)必须可追溯,能够明确各环节原材料的来源及生产过程,把海产品可追溯性纳入强制实施的范畴。

2005 年,中国水产品进出口检疫检验开始执行《出境水产品追溯规程(试行)》,对出口海产品实施可追溯的实践,海洋产品安全的追溯工作在广东、福建、山东等地试点。但中国海洋产品安全的追溯机制至今还远未到

---

① 周海霞、韩立民:《我国海产品质量安全可追溯体系建设问题研究》,《中国渔业经济》2013 年第 1 期。

位,远未普及,且存在着突出问题:(1)溯源产品品种较少,采用区域覆盖面太小,且追溯方式较为单一,仅包括短信平台、电话查询、网站查询三种追溯方式,完全不能保障海洋产品全面追溯的可得性;(2)各地方的追溯平台缺乏统一标准,海洋产品的信息代码不一致;(3)追溯技术开发不够,拥有知识产权的海洋产品追溯技术较少;(4)多部门管理海洋产品,当消费者遇到"问题"产品时不清楚向哪个部门进行反映。

(二)问责机制

问责制是一种监督与责任追究相结合的制度,包括问责标准的确立、问责程序及问责方法的构建、完备的制度保障措施等一系列内容,其不局限于产品安全问题的责任追究机制或纯粹的惩戒措施,而是与国家相关政策、法律法规等有机衔接、互为补充的一项独立制度。[①] 在海洋产品安全的问责机制上,出现问题时相关部门虽然采取了问责措施,但在整个过程中仍存在关键矛盾和问题亟待解决,包括:一是问责主体不明晰,负责海洋产品安全监管工作的行政部门较多,主要有渔业部门、商务部门、工商行政部门、环保部门、质量技术监督部门、检验检疫部门等,各问责主体经常出现相互推卸责任现象,使问责无法彻底贯彻和高效解决;二是当前问责程序较为混乱,且仅出现重大问题时才去采取问责措施,这种"随意性""主观性"破坏了问责常规工作流程和效果;三是问责力度远远不够,对违规"客体"的惩罚力度仅局限在罢免职务等单一形式上,甚至还会出现某些官员、企业管理者被免职后又"官复原职"的现象。

(三)监管机制

2001 年的氯霉素虾事件、2006 年多宝鱼事件、2008 年的甲醛银鱼事件、从未间断的孔雀石绿事件等海洋产品市场中出现的海洋产品安全事故,折射出中国海洋产品安全在监督管理过程中存在着各种问题,反映出中国在海洋产品安全监管机制的极度不完善。当一些涉及海洋产品安全事故被曝光后,产品负责人时常以"临时工出错"等借口为幌子掩盖事故真相;监管部门的监督不彻底,相关法规细则的不全面,也在很大程度上"鼓励"了类似事故的频繁发生;海洋产品安全监管部门固有的权责不清、部门间不协调等问题,严重影响了海洋产品安全的监管进程和效果。安全监管机制的

---

① 聂爽、薛立莹:《食品安全如何实行问责制》,《中国质量技术监督》2007 年第 1 期。

不健全,让海洋产品、产业的安全、可持续发展失去了依据和保障,海洋产品安全事故也始终得不到根除。监管权威的丧失,也使消费者、供货商、零售商等利益相关者既缺乏安全意识也有了逃避责任的寻租激励,整个海洋产品市场有序、健康发展明显动力不足。

四、海洋产品安全可持续发展方式的缺失

海洋产品的安全管理是一个系统的工程,从生产、加工、流通到消费,任何一个环节出现问题,都可能引起海洋产品安全事故。海洋产品的安全、可持续发展离不开企业、政府、消费者、协会等的共同建设。但企业在可持续发展上存在偏见,政府宣传导向有偏颇,相关部门执法不严等都造成了海洋产品安全可持续发展方式的缺失。

(一)企业在可持续发展认识上存在偏见

海洋产品的生产方,长期以追求数量为第一目标,以满足市场需求量为首位生产动力,在海洋产品的生产过程中只注重生产数量不注重生产质量与安全,让一些"问题"产品进入了海洋产品市场,严重扰乱了海洋产品市场的正常秩序,损害了公众的切身利益。可持续发展意识的缺失,其伴随的经济行为忽视了对海洋生态的保护,企业也无法实现发展的科学化、集约化、合理化。对大多数生产销售海洋产品的企业而言,在追逐最大经济利润的动机驱使下,其本能意识是赚钱为上、唯利是图,不顾"问题"产品给海洋生态系统、零售商、消费者等带来的危害和困扰,海洋产品安全生产、销售在源头上得不到贯彻实行。在很长一段时间以来,这种"带血GDP"的海洋产品制造意识始终是亟待根除的对象。

(二)政府政策导向的偏颇

中国目前海洋经济发展主要面临着结构层次较低,主导产业不明确的问题,海洋经济尚处于粗放型、资源消耗型阶段。这样的发展结构和方式让各地区海洋产品生产企业为占取更多海洋资源、获取更大经济利润,拉开了无序而又危险的生产序幕。在各类海洋产业占比中,传统资源依赖型产业仍占较大比重,各地区海洋产业结构雷同,产业集聚度不高,科技化、集约化水平低下。尤其在政府层面上,关于海洋主导产业界定导向的不明确,海洋产业结构优化、升级得不到有效政策引导,海洋产品生产企业照旧生产,大

肆破坏,且无需补偿、修复,如此恶性态势,使得海洋产品的安全、可持续发展无法取得根本性突破。在海洋经济发展过程中,沿海地区的政府机构过分追求海洋 GDP,政策制定时出现了严重的片面追求"海洋 GDP"的问题,甚至在面对本地生产的问题海洋产品时采取姑息纵容的态度,各地区之间海洋产品的竞争无序化、产业盲目扩张化,都大大影响了海洋产品生产的安全推进。

(三)相关部门监管制度标准缺失

有关部门虽然会定期或不定期开展海洋产品的质量抽查、安全生产宣传等活动,但缺乏完整的对海洋产品产地环境、中间投入品、运输条件等的监管制度保障体系。监管制度不健全也导致了追溯制度与问责制度配合不足等问题。特别是在定期开展专项检查和整治活动的基础上,缺少全国性海洋产品安全定点执法部门作为支撑,来配合制度的全面执行和落实。除此之外,海洋产品的安全生产体系缺少"标准化"规定,失去"标准"对海洋产品从生产到销售全程的控制更显得无力。国内生产标准的不统一、与国际规范的"脱轨",更让海洋产品很难实现安全生产方式的普及和可持续。

第四节　中国海洋产品生态安全治理存在的问题

当政府等相关主体意识到海洋产品安全问题带来的人类健康和生态危害后采取了一定的治理措施,取得了一定成效,但在措施的制定、实施过程中仍然存在诸多问题,包括宣传层面的导向问题、政府管理的协调问题、法规政策的不健全问题、可持续等发展模式缺失问题等,只有不断改进完善才能促进中国海洋产品的长久、健康、安全地被生产和消费。

一、海洋产品生态安全宣传导向问题

互联网时代,让"宣传"更加无时、无处不在,其导向功能也影响着大众的选择和判断。目前,国内海洋产品生态安全的宣传工作主要以宣传单、海报、主题活动等形式出现,涉及的内容有"防范有毒海产品""海洋产品安全生产"等,如 2015 年 6 月,福建湄洲海洋与渔业局在当地发放海洋产品安全食用宣传册,山东荣成海洋与渔业局开展了"加强安全法治、保障安全生

产"主题咨询日宣传活动等。海洋产品生态安全的宣传工作虽在稳步推进中,但也存在着严重问题与不足。

(一)宣传内容与力度

政府和媒体的宣传导向和内容会影响消费者的行为选择及其对海洋产品存在的生态和健康风险认知。政府、企业等在海洋产品的生态安全宣传上不能较主动地去审视不同媒介的宣传作用,选择进行产品安全的宣传形式较为单一,大多局限在海报、传单、横幅标语、宣传册等上。尤其在宣传内容的深度导向上,也不能较好地在原先传统媒体的支撑下,将海洋产品生态安全的内容融入到具体的宣传中,目前仍以食品安全消费等内容为主,严重缺乏针对消费者和生产企业造成的海洋生态危害问题的宣传、指正和引导。

微博、微信等新媒体产物诞生以后,政府、企业也没有充分利用好这些新平台,加以深度宣传。一方面,有意识的相关单位、企业搭建好了个别关于海洋产品生态安全等信息宣传的新媒体平台,在后期却忽视了平台的持续运营和推进,使新媒体平台成为了"死"平台,失去了原有的人气与关注度,未能充分发挥有效作用;另一方面,大多数相关政府部门、企业缺乏灵活运用新媒体的意识,内容不能进行深度创新,信息也不能进行全面普及,自然无法吸引大范围群众的注意,也无法达到预期的宣传效果。

(二)宣传内容与消费者的认知存在"偏差"

当前有限的针对海洋产品安全消费的内容一般会加入"渲染"的效果,会导致消费者的认知与宣传内容产生一定"偏差"。以生鱼片的广告宣传为例,在国外如日本、韩国等国家的一些影视剧、广告中,时常有吃生鱼片的内容。但在缺乏其他海洋产品生态安全、生产安全、消费安全等相关宣传工作时,消费者看了这些广告后,由于其认知能力有限,可能会产生一切海洋产品都可以生吃的错觉,就出现了诸多生吃海鲜中毒等事件。政府部门发布的消息、新闻媒体的报道、品牌及厂家的宣传等,这些对消费者的认知与行为都会产生重要的影响和作用,但宣传主体关于海洋产品生态安全等宣传内容的不涉及、不具体、不深入、不全面,再加上市场信息的不对称,使得消费者对海洋产品安全的意识和认知远远不能与现实需要接轨,与宣传工作的根本目的相距甚远,也在很大程度上导致了跟风、盲目购买、消费海洋产品行为的蔓延。

（三）广告的故意误导和欺骗

为了取得更好的宣传效果，不少企业选择夸大甚至对其产品的广告"掺假"。如"网购海鲜大礼包存夸大宣传，缺标签包装不规范"等事件被曝光，不良企业利用虚假的宣传广告故意误导和欺骗消费者，虽有惩罚措施，但是每年仍屡禁不止，主要在于整个行业缺少完善的黑名单制度，消费者和协会等中间组织没能充分参与监督过程。虽然广告主、广告经营者、广告发布者违反国家规定，利用广告做虚假宣传情节严重的，可以判处有期徒刑或拘役，但现实中，几乎没有海洋产品因虚假广告罪被追究刑责。其根源在于法律对"虚假广告"的界定缺乏明确的细则，执行起来缺乏可操作性，加之政府部门对企业这种误导、欺骗消费者的行为存在监管不力、不全等问题，尤其在广告内容的审查方面做得不够细致，导致不少企业钻政府的"空子"，其不良的宣传欺诈行为愈演愈烈。政府导向和作为是树立海洋产业专业、安全意识的"风向标"，政府对海洋产品企业的引导不到位，让其宣传工作失去了约束，广告信息的无序化、虚假化对消费者的盲目购买也造成了误导。

二、海洋产品生态安全政府管理问题

市场经济主张公平贸易和竞争，这就要求市场交易规则和市场管理规则必须一致、公平、透明、稳定，要实现这一目标，需要依靠政府的监督和管理。政府进行海洋产品安全的管理，其职能是充分发挥行政权威的作用，履行经济职能制定海洋产品安全的各项法规和市场规则，规制一切海洋产品市场主体与市场行为，维护市场契约关系和市场秩序，创造良好的市场发展环境。发达国家在海洋产品安全治理上，部门分工明确、配合密切，海洋产品安全信息收集全面，工作措施得力，公众参与程度较高，尤其在制度建设和管理过程中坚持信息公开，积极引导公众广泛参与。其政府治理海洋产品安全问题，主要以政府各部门的配合工作为主，公众监督为辅。

以挪威的养殖水产品安全管理体制为例，挪威渔业管理在机构设置、法律法规的制定和实施中皆以安全为主线[①]。管理机构的设置不按照生产环节进行划分、管理，而是在各区域办派驻检查官负责该辖区内全部水产品安

---

① 余思佳、唐议：《我国养殖水产品质量安全监管体制研究》，《上海海洋大学学报》2014年第6期。

全事务。挪威水产品安全监管的行政机构主要有：渔业管理局、食品安全局、国家海洋研究所、挪威营养和水产品研究所、水产品出口委员会、渔民保证基金会等，其主要职责见表3-1。

表3-1　挪威渔业监管机构及其职责

主管部门	职责
渔业管理局	负责水产养殖许可证的发放，饲料配额管理，监督检查养殖单位、海洋科研、鱼品质量、出口贸易管理，制定水产品安全法规，全权管理挪威渔业生产
食品安全局	是水产品安全监管的执行机构，实施水产品安全法规，执行水产品的检查，对食物链进行全程监管
国家海洋研究所	专门从事与水产品有关的研究单位，解决生产技术及生态、生物方面的问题以促进水产业的发展
挪威营养和水产品研究所	负责对整个水产品食物链的全过程研究和风险评估
水产品出口委员会	管理海产品市场信息，是水产品市场的综合协调组织，为国内外消费者提供海产品安全信息
渔民保证基金会	管理渔民的社会福利

从挪威以上6个监管部门的职责与分工，不难看出其在对水产品的管理体制上始终把产品安全放在第一位。特别是水产品出口委员会进行了海产品的安全信息收集和发布工作，这是中国在海洋产品安全工作中最为欠缺的地方。

发达国家政府在海洋产品安全建设的实践中，不但不断加强相关法规和标准的制定和设立工作，还尝试通过宣传环节实现对民众的普及教育，给安全海洋产品生产者以资金奖励，大力鼓励各类科研机构加强安全海洋产品生产技术的研究。美国、挪威等国家在海洋产品安全出现问题后，各监管部门各司其职、各负其责，大大提高了监管工作的效能。而通过对比发达国家海洋产品安全的政府管制，可以发现中国在海洋产品安全方面尚存在一些问题：一是在安全管理体制方面，多头管理、分段管理明显，效率低下，亟待明确分工；二是涉及海洋产品安全的法律法规体系不完善，可操作性差，使管理部门无法可依；三是缺乏海洋产品市场准入、监管的统一标准，"问题"海洋产品的追溯、召回、问责机制远不完善，尤其是信息收集和发布体系急需建立。

三、海洋产品生态安全法规政策问题

中国海洋产品安全维护法规政策体系的不完善，相关部门对破坏海洋环境、不合理开发应用海洋资源等行为惩治不严,使得海洋产品引发的健康和生态问题日趋严重。在海洋产品安全相关法规政策体系中,也还存在突出问题和不足。

长期以来,政策导向过分强调海洋产品创造的经济价值,忽略了对海洋产品生态安全、海洋产品质量安全等的政策引导与支持。目前,中国海洋产品监管的相关法律法规尚不健全,出现了与国际相关法规严重脱轨的现象。虽然出口海产品可以通过其产品包装找到从产品到原料的追溯标识,但由于国内海洋产品存在生产经营较为分散、对产品安全监督、跟踪措施不健全等问题,海洋产品安全追溯机制只在少数城市建立起来,其他区域和企业大多处于尚未接触状态。在未建立起海洋产品安全追溯机制的地区,普遍缺乏既熟悉国外发达国家海产品安全追溯技术,又了解本地区海产品市场运营情况的复合型人才,使得相关法规或政策制度迟迟不能予以制定。此外,由于海产品安全追溯涉及养殖者(捕捞者)、加工商、批发商、零售商等诸多环节,不同环节的主体有不同的利益诉求①,因此,海产品可追溯信息在整个产品的供应链上很难实现各主体的统一收集,在生产环节的具体落实上也往往会出现海产品可追溯信息记录不规范甚至疏漏一些关键信息的现象。

与国际法规的脱轨,不仅表现在上述的晚于国际法规出台《出境海产品溯源规程(试行)》等,还体现在缺少结合 HACCP 等国际化标准的海产品安全相关法律法规。现行的有关标准仅有《无公害食品——水产品中有毒有害物质限量》,以及在《海洋石油勘探开发污染物生物毒性分级》和《海洋生物质量》中,规定了海洋贝类生物质量标准值(属于环境指标)②。相关法规跟不上实际需要和国际发展的脚步,使中国海洋产品在国内与国际贸易中处于较为劣势的地位。政策法规的不完备,降低了对海洋产品安全要求的标准,也大大降低了海洋产品生产者、销售者等的改进积极性和长远利益获取能力。除此之外,海洋产品安全政策法规体系的不健全,助长、滋生了大量涉海违法犯罪案件,同样加大了相关部门的执法难度和成本,反过来也挫伤了相关政府部门的工作积极性,甚至开始对诸多危害海洋生态和人类健康的行为采取"不作为"的消极态度,从而导致"法不责众"的恶性循环。

---

① 梁杰等:《山东省海产品安全追溯体系发展现状、问题与政策建议》,《农村经济与科技》2015 年第 3 期。
② 钟思胜、贾永刚:《海产品安全性及对策探讨》,《海洋开发与管理》2005 年第 6 期。

四、海洋产品生态安全发展模式问题

海洋产品安全问题层出,其原因是深刻而复杂的。既有某些海洋产品自身存在的安全隐患,也有更为综合的外部因素,这些外部因素构成的系统就是关于海洋产品安全发展模式的问题。

(一)海洋产品生态安全市场治理的缺失

"市场"对海洋产品安全治理的缺失表现在从"生产"到"消费"的全过程:从生产源头的生产者缺乏产品质量和生态安全意识,到消费者的监督不彻底、过度购买和浪费行为,催生了产品大量供给但不顾质量和生态现象的出现,还有中间环节零售商等"再把关"的含糊,也让海洋产品安全失去了相应的市场治理。

1.源头:生产者

海洋产品的生态安全和质量等由其生产者在源头上进行把关,受市场利益的驱使,不少生产者不顾产品的生态和人身危害而掺假或者直接使用违禁化学品进行海洋产品的生产、加工。除此之外,出于经济利益的需要,钻井平台、围海造田、采矿、海上交通、滨海旅游业等领域危及海洋生态安全和人身健康的行为也屡见不鲜,这些忽视海洋生态价值和生命价值现象的普遍存在使得对海洋产品安全的市场自发治理和行业自律面临更为艰巨的任务。

2.保障:消费者

随着经济发展,人们收入水平的提高,消费者对海洋产品的需求由追求数量开始向追求高品质和安全性方向转变。消费者的需求导向,是引导供应链发展的原动力,也是市场治理的基础。消费者的货币表决权会引导零售商、供应商和生产者提供相应的产品和服务[1]。消费者对海洋产品质量和生态安全的关注,也会极大地影响海洋产品的供应链。但由于政府导向缺失、企业诱骗等问题的存在,部分消费者在面对"问题"海洋产品时缺乏维权意识,没有充分发挥消费者的监督作用,使得对海洋产品安全的监管缺少了广泛的群众基础。随着"使用海洋产品大有益处"的观念不断深入人

---

[1]　王素霞:《基于超市供应链的果蔬质量安全治理研究》,中国农业科学院 2009 年博士学位论文,第 57 页。

心,消费者对海洋产品的过度购买、铺张浪费等行为也在很大程度上促使了生产者不顾产品质量和生态安全盲目扩大海洋产品的规模化生产。

3.中间环节治理:零售商

连接生产者和消费者中间的环节也是海洋产品安全发展模式中不可缺少的组成部分,但某些像零售商这样的第三方群体在海洋产品的销售过程中可能也会因追求经济利益把一些变质、产品安全信息不齐全等"问题"产品继续供应给消费者。从媒体、网络、315 热线等曝光平台上,几乎每年都有举报商贩重贴海产品保质期标签或者生产日期等信息不齐全的案例,也使得海洋产品安全问题缺失了又一重要的防治环节。

(二)尚未形成"产学研"合作的发展模式

对于一个产业来说,要想有健康、可持续的发展模式,就要通过产业下各细分门类、相关部门和机构相互支持、相互制约,从而形成有内在激励的闭环产业链。但海洋产品目前还尚未形成一个较完善的、"产学研"相结合的闭环产业链。

1.产:没有形成安全发展的产业链

一个完善的海洋产品安全发展产业链应该是在确保生产、供应、销售三个环节都高度重视、贯彻执行海洋生态安全和人身健康安全的要求下建立起来的。但在中国海洋产业链条上,生产科技、加工技术、冷链物流等配套技术和设施不到位、不齐全,让"问题"产品通过供应链流向了消费市场,海洋产品在产业链的生产源头、中间把关、产品消费等环节都存在严重问题。由于价值观念、经营理念的偏差,使整个海洋产品的产业链条没有形成确保质量和生态安全环环相扣的内在约束和激励机制,从而也无法保障海洋产品安全发展市场自主治理模式和行业自律规范的有效运行,只能完全依靠外界强制措施的推行,加以引导和规制。

2.学:高校的参与度不够

涉及海洋产品安全发展的工作需要大量专业技术人才,尤其在海洋生态安全方面,特别需要一批既懂产品培养制造、消费者需求、生态治理技术又懂相关法律法规的综合人才,海洋产业技术创新更需要高层次的科研工作人员。由于海洋生态的复杂性,部分海洋产业人员的工作环境相对较差,对高层次人才的吸引力自然也相对不足。相关工作机构对引进海洋产品人才的政策扶持力度不够,无法吸引到较多优秀人才的加入。就人才自身而言,无法彻底发扬生态伦理精神,也时常出现在中途放弃薪水微薄的生态科研工作的现象,这就需要高校等教育机构更加有效地鼓励人才充分地参与到海洋产品生态安全的建设过程中。

3.研:海洋产品生态安全发展的技术研究不足

相比发达国家而言,中国在海洋产品安全发展的科学研究上远远不够。科学研究跟不上,海洋产品的安全发展缺少集约式生产技术、环保式物流仓储、海量数据收集处理等先进技术作为可靠保障,其运行模式更是"纸上谈兵"般缥缈。海洋产品安全建设极其需要大量的科研投入,而造成当前中国相关科学研究不足主要是由两个方面的因素造成的:一方面,政府对该领域科研项目财政经费的支持度不够,没有设立研究海洋产品安全科学的专项基金。海洋产品安全的研究尤其需要大量资金的支持,科研经费不充足会严重影响到科学研究的数量、质量与成果。另一方面,科研人员自身的科研水平参差不齐,对此问题的关注较少,加上科研团队成员间的信息沟通和合作动机不足,让整体的研究进度和发展跟不上发达国家的水平。而对于海洋产品安全的科学研究不仅需要生态、食品、工程等研究领域科研人员的通力配合,还需要和其他与海洋产品研究紧密相关的领域,如营养学、社会学、管理学、文化学等进行跨学科、跨界的合作,但由于缺乏配合意识使得海洋产品安全的科学研究始终无法突破性进展,甚至理论探讨都鲜少见到。

第四章

中国海洋社群生活的现状及问题

透视中国海洋社群"弱势化"、经济竞争无序化、环境污染化、社会生活"空心化"等方面出现的问题及其产生的影响,通过生态文化反省,针对环境安全道德意识、发展方式、宣传引导和法治建设等,提出中国海洋社群生产生活方式生态转型的关键。

面对日益严峻的全球性环境、资源危机问题,人们越来越将目光投向海洋,瞄准了海洋,将海洋视为地球上最大面积、体积的巨量环境与资源宝库,海洋越来越显示出在人类社会中的地位和作用的重要,因而海洋是"人类未来的希望"、现在的 21 世纪是"海洋世纪",已经越来越成为全球人类的共识。

全球人类的总人口数量是 70 亿,大约一半的人口在沿海地区、岛屿地区居住生活。中国人口占全球人口的五分之一,也同样有大约一半的人口在沿海、岛屿地区,也同样已将国家未来负责的希望更多地寄托在了海洋上。中国已将"建设海洋强国"明确作为国家战略行动和目标。

由于我国人口向海洋地区集聚,经济增长点向海洋产业转移,海上活动越来越多,人们关于海洋的各种互动关系日益频繁和复杂,海洋社会逐步发展成为一种社会形态。"海洋作为人类生活的空间,是社会结构的构成部分之一,影响和塑造着生活于其中的个体与群体的社会行为。"[1]如我国沿海、岛屿渔民渔村社会人口数千万,是世界上最大的海洋渔业社会人口国家;我国注册海员达 60 万人,居世界第一,是世界上航行在海上的最大"漂流人口"国家。我国海洋社会人口基数庞大,分布广泛,行业多样,流动、半流动、不流动情况不一,沿海—岛屿与内陆、国内与国外互动复杂,其中有不

---

① 杨国桢:《关于中国海洋经济社会史的思考》,《中国社会经济史研究》1996 年第 2 期。

少行业不入主体社会视野,鲜为人知,往往被主流观念、主流知识、主流政策忽视,在渔业社会转型的过程中处于边缘化的地位,往往成为弱势群体。例如我国的海洋渔民,就是一个既不同于农民也不同于城市居民的"特殊"社会群体。由于中国现有的社会结构中同时存在着传统的和现代的两种价值观,由于城乡二元结构导致的经济、文化冲突,由于大规模工业化、城市化、科技化、工程化等现代化建设在带来 GDP 总量增加的同时带来了越来越严重、越来越濒危的陆源污染和海洋生态破坏,海洋环境和渔业资源频频告急,我国海洋渔业的从业劳动力结构已经发生了很大的变化,渔民职业分化、分流、流失越来越严重;渔民收入总体增长速度低于农村居民以及与城镇居民的差距越拉越大,渔民收入来源存在严重的结构性问题;其社群内部也因集体化公有制经济的解体和私有化经济的发展而导致贫富差距越来越大;现行渔业法对渔业权主体的扩大化或渔民概念的缺失,导致渔民的权益屡屡受到损害,却无法得到及时保护等等,都已经成为亟待认真解决的迫切问题。本章将以我国海洋渔业社会的考察分析为主,透视海洋社群"弱势化"、经济竞争无序化、环境污染化、社会生活"空心化"等方面出现的问题及其产生的影响,通过生态文化反省,提出加强环境安全道德意识、发展方式的宣传引导和法治建设,实现中国海洋社群生产生活方式的生态转型等对策建议。

第一节　中国海洋社群生活出现的问题

一、海洋社群的"弱势化"

海洋渔民群体是一个很特殊的群体。他们数量众多,长期生活在社会底层,却极少受到社会各界的关注,是处于社会转型期的中国的一个"弱势群体"。海洋渔民群体的"弱势化"表现在以下几个方面。

(一)经济地位的"弱势化"

首先,海洋渔民经济收入增长缓慢,社会不公平感增强。数据显示,渔民人均纯收入总体上是呈现逐渐上升的趋势,从 2000 年的 4725 元逐步上升到 2010 年的 8962.81 元。但是,海洋渔民群体的经济收入和城镇居民群体相比,却存在十分明显的差距,并且,这个差距在不断拉大。从《中国渔业统计年鉴》中提供的数据可以看出,2000年,城镇居民人均可支配收入为6280元,渔民人均纯收入为4725元,二者相差1555元;而到了2010年,城镇居民人均纯收入达到了19109元,而渔民人均纯收入仅为8962.81元,二者相差10146.19元。由于海洋捕捞业具有作业强度大、安全风险高、作业周期长、职业病发生率高等缺点,再加上随着海洋资源的全球性衰退,海洋渔业的增收效益下滑,行业前景十分不被看好,因此,经济收入上存在的差距就更会使得渔民群体内部产生不公平感、相对剥削感,这不仅在主观上影响了海洋渔民的经济地位认知,而且也在客观上使得他们的经济地位日趋"弱势化"。

其次,海洋渔民群体收入受生态环境的制约,出现报酬递减的可能性。渔业是一种高风险的弱质产业,对生态环境、自然环境、水生生物自身具有高度的依赖性,同时也受到季节性的影响。随着现代化、城市化的推进,捕捞强度过大,以及人与自然和谐相处的意识不强,人类活动带来的工业废水,生活污水,农药化肥等污染物大量排入海中,对海洋生态环境造成了巨大的破坏,优质鱼减少,以往受季节性支配的"渔汛"也不复存在。人口增多,对渔业资源的需求量增加,但增加的鱼都取自远方,使用的工具都要更加先进,投入也要更多。渔业资源的减少,渔业成本就会增加,但超过一定幅度时,这种投入与产出不会成正比,并不能出现高投入,高产出,反而会出现报酬递减现象,使得渔民增收困难。

据学者对2001年至2012年相关情况的研究,从历年国家相关的统计数据来看,渔民家庭人均年纯收入自2001年的4987元增长至2012年的11256元,排除因物价上涨造成的影响,各年实际增长率均值为4.59%,显著低于农民(8.38%)和城镇居民(9.67%)的年平均实际增长率。渔民同城镇居民的收入差距由2001年1 872.6元扩大至2012年的13309元,人均纯收入占城镇居民人均可支配收入从72.7%逐年下降到45.8%。而且其同农民之间的微弱优势在逐渐弱化,2001年渔民人均纯收入是农民人均纯收入的2.1倍,而2012年却下降到1.4倍。[1]如下表:

---

① 宋力男:《我国海洋捕捞渔民群体收入问题浅析》,《上海海洋大学学报》2015年第2期。

表4-1 全国渔民和农民家庭人均纯收入及城镇居民家庭人均可支配收入实际增长率

单位:%

年份	2002	2003	2004	2005	2006	2007	2008	2009	2010	2011	2012	均值
渔民	1.69	1.38	0.38	5.18	3.68	6.57	2.53	8.13	5.95	5.57	9.69	4.59
农民	5.03	4.25	6.85	8.46	8.57	9.51	7.96	8.57	10.87	11.42	10.70	8.38
城镇居民	13.43	9.01	7.65	9.62	10.41	12.18	8.40	9.82	7.81	8.39	9.60	9.67

再次,海洋渔民群体内部的贫富差距明显,底层渔民群体的经济地位更趋"弱势化"。唐国建(2012)对我国数个海洋渔村进行了较为翔实的实地研究,[①]从唐国建获得的相关数据来看(见表1),个体养殖承包户、大型捕捞船船主、养殖队长、大型捕捞船长的年收入,远远高于普通养殖工人、渔工、"下小海"渔民的年收入。收入差距高达数倍,甚至数十倍。通过近些年对我国海洋渔村的实地研究发现,这并不是个案,而是很普遍的现象,全国各地的海洋渔村内部的群体等级差异都在扩大,以渔工为代表的处于渔民群体底层的部分群体,他们的经济地位更加"弱势化"。渔民群体内部存在十分明显的贫富差距,而贫富差距是导致社会不公、影响社会稳定的重要因素,应当引起社会各界的重视。

表4-2 某海洋渔村村户主职业分类及收入状况

户主职业	户数(户)	年收入(元)
个体养殖承包户/大型捕捞船船主	0/7	50万—150万
养殖队长/大型捕捞船船长	1/3	6万—50万
普通养殖工人/大型捕捞船渔工/"下小海"渔民	8/13/8	2万—4万
退休渔民/其他拿薪水者	10/13	4千—1万
无固定收入或没工作收入的村民	15	平均1280左右
总计	78	

(二)社会地位的"边缘化"

海洋渔民群体在社会地位上的"弱势化"主要表现为他们在社会地位上的"边缘化"。"边缘化"一词最早由美国城市社会学家罗伯特·帕克(Robert Park)提出,一开始是用来指代处于两种文化边缘上的人们的一种心理上的不被社会群体接受和认同的失落感,[②]后来,经过不断的发展和扩

---

① 唐国建:《海洋渔村的终结——海洋开发、资源再配置与渔村的变迁》,海洋出版社2012年版,第164、103页。

② 江时学:《边缘化理论述评》,《国外社会科学》1992年第9期。

充,"边缘化"的含义被不断扩充,①用以指代一种处于"社会遮蔽"②和社会排挤中的人们的生存状态。而当前我国海洋渔民的生存状态就具有明显的"边缘化"特征。主要表现在:

首先,社会职业声望下降。职业声望是社会舆论对一种职业的评价,是判断社会成员社会地位的重要指标。我国海洋渔民的社会地位现状可以从许多社会学者的研究中找到答案,比如,2002 年,陆学艺按照组织资源、经济资源、文化资源占有状况的分层标准提出的著名的"十大社会阶层"论断中,在这个社会阶层构架中,"以农、林、牧、渔为唯一或主要职业并以农、林、牧、渔收入为唯一或主要收入来源的农业劳动者阶层处于第九位";③而从李春玲对全国进行的数据抽样结果来看,在 81 种职业声望的排列顺序中,渔民职业声望排名第 73 位,处在社会层次的底层,社会地位十分低下。

其次,渔民群体分化与社会排斥并生。渔民群体的分化即由原来的单一阶层分向其他各个阶层,市场经济条件下渔民受到来自第二、三产业的拉力以及渔业内部剩余劳动力的斥力双重作用,由原来的同质性群体逐渐异化为异质性群体,出现了重大的阶层分化现象。分流出来的渔业人员大多从事工业、交通、运输、建筑等各种产业,传统意义上的渔民身份已经发生重大的变化,变成了居住在渔村的从事各种产业活动的不同阶层的居民,他们往往被排斥在各种正式的职业以外,处于发展的亚状态之下。与处于中心主流社会的人相比,渔民成为了被排斥的社会"边缘人"。

再次,渔民的社会保障严重缺失。海洋渔民和农民最大的不同,在于生产资料的不同,农民的生产资料是土地,因此,土地成了农民世世代代赖以生存的基础,同时也是他们社会保障的重要来源。海洋渔民则不同,海洋渔民主要依靠海洋,但是,海洋却无法为其提供终身的社会保障。没有土地,就意味着失去基本的膳食资源。不仅如此,在我国的具体实践中,还存在另一个重要的制约因素。我国在 20 世纪 90 年代对海洋渔业进行了股份制改制,随后又在 21 世纪初期施行了海洋渔业转产转业政策,这两个政策的初衷原本是使得海洋渔业行业更趋于规范化、保护海洋渔业资源的可持续发

①　戚攻:《论社会转型中的"边缘化"》,《西南师范大学学报(人文社会科学版)》2004 年第 1 期。

②　戚攻:《论社会转型中的"边缘化"》,《西南师范大学学报(人文社会科学版)》2004 年第 1 期。

③　陆学艺:《当代中国社会阶层研究报告》,社会科学文献出版社 2002 年版,第 8—23 页。

展,但却产生了许多消极的影响。这一系列改革政策合力使得"渔船"这一重要的生产工具集中到了少数的船主、股东手中,使得原本处于弱势地位的海洋渔民丧失了对生产工具的支配。对此,唐国建认为,"对渔民来说,渔船就是他的土地,他拥有多大的渔船就拥有多宽的土地,如果没有生产工具,那么广阔海洋中的丰富资源对个体渔民来说是没有任何意义的"。[1] 渔民一旦失去海洋就意味着失去基本的生存条件,由于我国尚且没有一套合理的渔民养老机制,许多渔民每月只能领到 60 元—120 元不等的养老补贴——有些地区甚至更低。渔民被长期排斥在社会保险体系之外,有些甚至成为"上岸无土、下海无船、生存无路"的"三无"人群,[2]他们的生活前景十分令人担忧。

(三)法律地位"弱势化"

从公民享有的权利上看,渔民并没有享受和农民同等的权利。在我国,渔民虽然也属于农民的范畴,但和农民相比,渔民无地可种,没有土地这种重要的不动产作为其基本的生产资料和财产,更不能从土地上获得社会保障。[3] 在我国的渔业立法中,渔业权一直被定义为附属于行政权力的准物权或者从属物权,这致使渔民无法取得独立的、与其他民事权利平等的权利。"在渔业权被定义为附属性权利的情况下,渔业权极易受到来自政府机关权力的侵害。那些打着公共利益的幌子,但是事实上代表地方利益、政府利益、部门利益、长官意志、个人意志的公权侵害渔民权利的时候,渔民确实无法对抗,也无法寻求救济。"[4]因此,渔民的权利既没有得到明确的确认,更谈不上有效的保护。

二、海洋社群经济竞争的无序化

我国正处于海洋渔业发展的转型期,在海洋渔业转型优化产业结构的同时,海洋渔民群体的经济生活也在发生明显的变化。海洋渔民群体内部

---

① 唐国建:《海洋渔村的终结——海洋开发、资源再配置与渔村的变迁》,海洋出版社 2012 年版,第 164、103 页。

② 同春芬等:《我国"失海"渔民社会地位初探》,《江南大学学报(人文社会科学版)》2011 年第 2 期。

③ 孙宪忠:《中国渔业权研究》,法律出版社 2006 年版,第 2—3 页。

④ 孙宪忠:《中国渔业权研究》,法律出版社 2006 年版,第 2—3 页。

存在较明显的分化,处于底层的一部分传统渔民正面临被迫失去生计、成为"失海"渔民的危险。我国"失海"渔民现象自20世纪90年代起就已经存在了。"失海"渔民是指为在我国城乡二元结构的特殊体制下,失去以海洋渔业为生活保障的传统渔民。① 海洋渔民的"失海"现象普遍存在,是海洋渔民群体经济竞争的必然后果,主要体现在:

首先,传统海洋渔民"失海"现象十分普遍,生活水平明显下降。1996年,随着中日、中韩双边渔业协定的签署生效,我国海洋渔业的作业范围大大缩减,逐步由以前的海外自由捕捞变为专属经济区捕捞,捕捞海域减少了一半。传统捕捞海域的锐减,直接加剧了海洋捕捞渔业的竞争强度,一批以传统作业方式为主的传统渔民被迫"失业"。同时,随着我国沿海工程建设的开展,大量传统渔场被收归、划定为建设用途,许多渔民不得不放弃渔业、另谋出路。相关资料显示,温州市沿海渔区仅有6.4%的"失海"渔民人均年收入达到8000元以上,处于小康水平;21.6%的失海渔民人均年收入不到3000元,处于"低保线"以下;大部分的失海渔民处于低保线和小康水平之间。②另有研究认为,渔民"失海"以后,其经济收入减少了4—5成,有相当一部分"失海"渔民处于负债状态,基本的生活需要更是难以保证。③ 这些现象在正处于海洋渔业转型期的我国十分普遍。

其次,渔民"失海"的补偿费用低,补偿方式不合理。我国给予海洋捕捞渔民的补偿标准是按照渔船的马力来测算的。农业部规定,主机功率每1千瓦获赔1500元。按照这一标准,"每条44.1KW(相当于60马力)的机动渔船应补偿66150元,这难以维持一个家庭的日常需求"④,更难以满足一般渔民家庭的长期开销。不仅如此,我国对海洋渔民采取的补偿方式也不合理。我国采取的是"一次性补偿方案",这种方案意味着,每一条渔船在被征用、废除之后,只给予渔民一次补偿,而对于该渔船的年捕捞量所对应的长期的经济价值则没有给予充分考虑,这对于任何一个依靠渔船捕鱼为生的家庭来说都显得不够合理。有学者认为,对"失海"渔民的补偿内容

① 殷文伟:《失海渔民概念探析》,《中国海洋大学学报(社会科学版)》2009年第3期。
② 吴树敬等:《关于认真解决温州市"失海"失涂问题的探讨》,《海洋开发与管理》2006年第1期。
③ 同春芬等:《我国"失海"渔民社会地位初探》,《江南大学学报(人文社会科学版)》2011年第2期。
④ 邓玉岐:《失海渔民的补偿与安置问题对策研究》,《齐鲁渔业》2008年第9期。

应包括以下三个方面:海域补偿费、种苗和海域附着物补偿费,①而我国的相关政策还远远达不到这个标准。

三、海洋社群生活环境的污染化

随着我国工业化、城市化进程的加快,尤其是随着海洋资源的开发强度不断增大,海洋环境所经受的压力也在不断增加。海洋渔民和其他群体不同,他们除了受到陆地环境的影响之外,还会受到海洋环境的影响。海洋环境和陆地环境,都是作为依海而生的海洋渔民群体朝夕相处的生活环境而发挥影响的。

首先,海洋渔民的生产生活一直受到陆源污染的影响。陆源污染包括人们在农业、工业生产过程中制造和排放的废水等,其中,工业污染又是陆源污染的主要污染来源。在一些近海工厂附近的海域经常发生影响恶劣的海洋污染事件,给海洋渔民的生产、生活带来了十分严重的影响。许多工厂将未经处理或处理不合格的工业废水直接排放至海水中,这些废水中的有害物对水质造成了直接影响。比如,青岛胶州湾海域曾经发生过一起严重的工业废水导致大量养殖鱼群死亡的事件。在唐家湾附近,周围的几家工厂将未经过处理的工业废水直接排放至海水中,导致附近海域内 50 个网箱内的 3 万尾鲈鱼、黑头鱼全部死亡,造成直接经济损失近 100 万元。② 除了工业污染之外,城市生活垃圾也会对海洋造成严重污染,从而影响海洋渔民的生产生活。我国绝大部分城市都没有对城市垃圾进行合格的处理,城市垃圾分类化一直是一个难以实现的目标。大部分城市对垃圾的处理仍然是简单的填埋、堆积、投入江河湖海等等。大量垃圾进入海洋,远远超出了海洋的净化能力,对海洋环境造成了严重影响,生活在海边的渔民群体也因此受到牵连。

其次,来自海上的污染也在日益加剧。随着我国海上交通事业的不断发展,海上污染也日益严峻。比如经由海上船舶、油气田等人类设施直接排放的废水、废渣,它们对海洋造成的影响越来越大。尽管我国自 70 年代以来就陆续颁布了包括《海洋环境保护法》等一系列的法律法规,对海上作业的相关行为都有了明确的规定,但是,海上污染现象仍然十分严重。从《中

---

① 赫璟等:《海域占用补偿制度研究》,《海洋开发与管理》2011 年第 7 期。
② 中国社会科学院环境与发展研究中心:《中国环境与发展评论(第一卷)》,社会科学文献出版社 2001 年版,第 62 页。

国海洋环境质量公报》及其他相关数据的统计情况来看,我国在 20 世纪 70 年代,平均每两年发生 1 次赤潮;80 年代,平均每年发生 4 次赤潮;到了 90 年代之后,平均每年发生 30 次左右赤潮。即便是在《海洋环境保护法》颁布之后,我国平均每年发生赤潮的次数也在 20 次以上。赤潮频发现象一直得不到有效治理,也成为困扰海洋渔民生产生活的重要问题。

最后,来自大气的污染也会对海洋渔民的生活环境产生影响。来自大气的污染,尤其是从核试验中产生的辐射尘,它们会通过大气流动进入海洋,[①]进而对海洋环境产生影响。海洋环境的恶化导致鱼类、贝类、藻类资源越来越少,有些甚至灭绝。渔业种类的对虾、小黄鱼、带鱼资源已经严重衰退,而小型中上层鱼类成为渤海的优势品种。比如,近年来,渤海渔业资源的大幅度下降和污染的日益加剧,严重威胁着渤海生态系统的健康。这些都是制约海洋渔民生活环境健康发展的重要因素。

四、海洋社群社会生活的"空心化"

所谓"空心化"通常是用来描述事物发展过程中出现的逐渐衰退和萎缩的迹象。"空心化"一词源于 20 世纪 70 年代以来西方国家经济发展逐渐放缓而产生的,一般被用于描述产业的衰退与萎缩,后来也被用于城市化进程中出现的城市空心化以及由此导致的农村空心化等。农村空心化是专门用来描述 20 世纪 90 年代以来我国工业化、城市化和市场化进程中,一些农村相继出现村庄空间布局和人口结构发生的巨大变化,以及由此引发的新问题,学者一般使用空心村、空心化村庄、农村空洞化、农村空心化等表述。毫无疑问,当前中国农村的主要特征之一就是空心化趋势明显。相对于农村而言,"海洋渔村是指在地理空间上依靠海洋资源生存的渔民共同体或资源型社区,它拥有独特的海洋生存方式和属于渔民群体的海洋文化,渔民对于渔村和海洋具有强烈的归属感和认同感,渔村是他们获得自我认同和社会认同的物质载体,也是渔民的精神家园"[②]。

随着改革开放的发展,社会化进程加快,在转产转业政策的影响下以及市场经济的吸引下,大批的渔民离海上岸,离开长期赖以居住的渔村外出打工,使得渔村空心化现象表现突出:

---

① 高峰:《保护海岛生态环境促进长岛经济发展》,《山东国土资源》2007 年第 2 期。

② 王书明、兰晓婷:《海洋人类学的前沿动态——评"海洋渔村的'终结'"》,社会学视野网 2013 年 11 月 30 日。

第一，转产转业政策的影响，部分渔民放弃渔业，导致渔村渔民减少。转产转业政策一方面在加强拆除无证小渔船的同时，加强对渔民的人力资本培训。大部分渔区的渔民，长期以来从事于海洋捕捞，除了捕鱼，基本没有其他技能，通过转产转业政策的实施，完善培训增强渔民除捕捞之外的谋生技能。另一方面，配合渔民人力资本培训，加大渔业劳务输出力度，将捕捞渔民转移到城市中的从事一些低级劳动工作，这样虽然满足了城市用工需求，但是却使得渔村劳动力尤其是青年人的流失，造成渔村的空心化现象。

第二，改革开放的进程明显加快，市场化带来的吸引力导致渔工外流。随着改革开放的发展，市场经济显著增强，城市和农村的差距更加明显，同时城乡二元结构被打破，农民可以在城市和农村之间自主选择就业地点和就业方式，越来越多的渔民离海上岸在城市里打工，跻身于城市化的进程中。这不仅仅是因为渔民对于城市生活的向往和追求，更多的是他们企图通过自己摆脱农村环境的束缚，也可以为后代创造更好的机会。在城市化的时代背景下和渔民自我实现的希望下，渔民大多背井离乡，离开了自己的故土。在这场渔村的人口变迁中表现得最为典型的有樟州渔村。

专栏：樟州村民外流的途径和流向

樟州村民外流的途径和流向，主要体现在以下三点：

一、90年代初股份制改革后，部分村民开始流向本岛另择他业。渔业股份制改革后，渔业生产从集体经济转向私体经济，这种转变释放了许多村民的活力和劳动自由，很多村民合股或自己出钱购船，还有些村民开始走出渔村另谋出路。90年代末期至21世纪初期，由于渔业资源衰退，部分渔船合股村民因为捕渔产量降低，渔船出现亏损，一些村民开始从股份中退出，或者把船卖给其他人，离海上岸另择他业。

二、年轻人通过考大学或其他就业门路离开樟州村。

三、因教育需要，孩子和家长离开本村就读及陪读。为了寻求更好的教育资源，离开本村到外面读书的孩子越来越多，在村里读书的孩子数量也越来越少。90年代樟州村小学被撤掉。而学校撤掉后，为了孩子的教育问题，也加速了家长在外面买房离开樟州村的步伐。[1]

---

① 胡卫伟：《我国海岛渔村社会变迁研究（1990—2013）——基于浙江樟州渔村的田野调查》，《中国渔业经济》2016年第2期。

第三,较为重要的一点,是因为海洋渔业资源的枯竭,导致渔民陷入"无鱼可捕"的境地,渔民被迫离开自己熟悉的行业,放弃自己唯一的生存技能,转而从事其他工作。海洋渔业资源的减少,直接制约着渔民的收入,同时使得人与自然环境的矛盾更加尖锐,致使渔民不顾及生态系统的平衡、生态系统安全,盲目的增加捕捞力度。最终结果导致海洋渔业资源的枯竭和渔民收入的锐减。在此背景下,大量渔民放弃捕捞业,努力寻找新的谋生出路。这些都加剧了海洋渔村劳动力的流失,致使渔村出现空心化现象。

五、海洋生产生活对自然—社会环境的影响

海洋渔民的生产生活会对自然—社会环境产生不可避免的影响。自然环境各构成要素为人类提供生存物质和能量来源,是社会经济发展的物质基础。我们可以从动力因素上将造成自然环境恶化的原因分为自然因素和人为因素两方面。[1] 其中,人为因素对自然环境的影响越来越明显。人为因素不仅会对自然环境产生影响,也会对社会环境产生影响。总的来说,海洋渔村的社群生活对自然—社会环境带来的影响主要有以下几方面。

首先,不合理的捕捞强度对海洋渔业生态系统的破坏。就当前而言,海洋渔业资源的枯竭已成为全球性的难题。而造成这一局面的原因就在于人类不合理的捕捞。海洋渔业资源的衰退问题最早出现于20世纪40年代,那时候,随着内燃机的发明和推广以及电力的广泛应用,风帆被大量用于海洋渔业,"渔船实际上已经可以到达任何海域,人类的捕捞活动进一步扩大到外海和其他以前无法到达的海域"。[2] Mc Evoy 曾注意到,"当二次世界大战将近接近尾声的时候,随着越来越多的东海岸渔业遭到过度利用和工业污染,美国政府开始主动地关心这些渔业";[3]到了20世纪60年代后期,全球海洋渔业总渔获量已趋近峰值;到20世纪末,人们开始注意到曾经相当丰富的海洋鱼类资源开始变得稀缺,这种情况在北大西洋和北海渔业特别明显。就我国而言,我国近海捕捞的"四大鱼种"——大黄鱼、小黄鱼、墨

---

① 王松霈等:《自然资源利用和生态经济系统》,中国环境科学出版社1992年版,第1—35页。

② 朱玉贵:《中国伏季休渔效果研究——一种制度分析视角》,中国海洋大学2009年博士学位论文,第45页。

③ T.J.Mc Evoy,"Plugging the Leaky Timber Sale Contract",*The American Tree Farmer*,Vol. 19,NO. 2,(Feb 1986),pp199—216.

鱼和带鱼,在 20 世纪 60 年代的年产量为 200 万吨左右;但到了 70 年代,"四大鱼种"的产量都出现了巨大下滑;到了 80 年代,小黄鱼渔汛彻底消失,墨鱼也无法大规模捕捞;如今,尽管采取了一系列补救措施,但是,我国乃至全球海洋渔业资源都仍然处在一个衰退阶段,并且,很多学者都表示,这一局面很难改善。

其次,渔业生产对海洋环境的污染加重。近 30 年来,我国海洋渔业水域污染事件的增长态势十分明显,通过渔业生产排放而引发的海洋环境问题更是成为学界开始关注的新问题。1996 年,农业部第 13 号令《渔业水域污染事件调查处理程序》第 4 条规定:"'渔业水域污染事件'指由于单位和个人将某种物质和能量引入渔业水域,损坏渔业水体使用功能,影响渔业水域内的生物繁殖、生长或造成该生物死亡、数量减少以及造成该生物有毒有害物质积累、质量下降等,对渔业资源和渔业生产造成损失的事实。"渔业水域污染物可以分为以下几类:耗氧有机类、植物性、石油类、重金属、农药类、热污染、酸碱盐类、放射类、病原类、固体、养殖。[1] 其中,农药类、固体、养殖等污染类型大多数来自于海洋渔民的生产生活。近年来,我国水产养殖业突飞猛进,水产养殖产量位居世界第一,但由于过于追求面积与产量,缺乏科学论证和海域功能区划,"形成了大面积、单品种、高密度的养殖格局"[2],给海洋环境造成了十分严重的破坏。

第二节　中国海洋社群生活境况的生态文化反省

海洋生态安全问题的出现,就是因为海洋社群对海洋及各种生物资源不合理的开发、利用,最终导致了海洋生态环境的恶化、生物多样性的锐减以及海洋资源的枯竭等问题。倘若对海洋生态安全问题不加以重视,继续不合理地开发利用海洋资源和环境,将会导致海洋生态系统退化和失衡,更进一步,将导致人类生存危机,影响人类的生存和发展。通过海洋社群生活境况的生态文化反省,发现海洋社群生态环境安全意识缺失、生态环境安全道德缺失、生态环境安全机制缺失以及生态环境安全"发展"方式缺失,弥补这四方面的

---

[1]　侯子顺、孙龙、王新鸣、王世表:《我国渔业水域突发污染事件分析》,《中国渔业经济》2010 年第 5 期。

[2]　毕建国、段志霞:《我国海洋渔业生态环境污染及治理对策》,《中国渔业经济》2008 年第 2 期。

缺失,探寻人类发展和海洋之间的平衡点,从而达到可持续发展的目的。

一、海洋社群生态环境安全意识的缺失

人类最开始对海洋资源实行盲目的掠夺方式,认为海洋资源取之不尽、用之不竭,擅自打破海洋生态平衡,这一系列举措都对海洋生态环境造成了严重的打击,使得海洋生物物种处于前所未有的危机中。之所以出现这种局面,是因为海洋社群尤其是渔民,他们生态环境安全意识的缺失。这种缺失,一方面是因为渔民本身的文化素质不高,因而无法估计长远利益;另一方面是因为渔民单纯地追求自我经济利益的缘故。总而言之,海洋社群生态环境安全意识的缺失,主要表现在:第一,盲目追求经济利益;第二,人类中心主义至上。

盲目追求经济利益。渔业经济是农业经济的重要组成部分之一,同时渔业的发展,为人们提供了丰富的食物来源,改善了人类的膳食结构。渔业资源属于共有财产资源,具有非排他性和消费竞争性两大基本特征。渔业资源的基本性,容易带来因负外部性造成的"公地悲剧"。伴随着人们餐桌需求的与日俱增,传统的经济类种群捕捞愈演愈烈,简单的捕捞方式已经不能够满足人们的需求,为了获得更大的渔获量,进而获得更高的利润,人们在经济利益的驱使下,渔民通过不断地缩小网目、使用较密的网等,改进捕捞工具,满足了人们的饮食需求,使得大量的幼鱼被端上人们的餐桌,严重破坏了这些传统经济种类种群的正常生长繁殖,破坏了食物链。[①] 盲目地追求经济利益,不顾及生态安全,传统的优质经济鱼类呈现出小型化、低龄化的趋势,而且会导致海洋生物结构严重失衡,生态系统功能退化,长此以往,将危及到人类社会的整体生存安全。

人类中心主义至上。人类中心主义认为人是自然的主人和拥有者,自然是满足人的物质欲望的手段,传统人类中心主义强调人在自然生态系统中占主体地位,在享有权利的主体上,人类中心主义主张人是唯一的权利主体。在长期实践中,人们以这种传统人类中心主义的观念为指导,不断地掠夺和攫取自然资源,最终造成难以挽回的生态环境恶化的局面。[②] 不论在

[①]　季千惠:《我国海洋生态环境保护保障机制研究》,中国海洋大学 2014 年硕士学位论文,第 13 页。

[②]　尹航:《我国海洋生态伦理问题研究》,南京林业大学 2014 年硕士学位论文,第 21 页。

古代还是现代,人类对海洋的开发和利用,归根结底都是为了满足自身的需求。无论结果如何,这些行为的利益出发点始终是人类自身,都是为了最大化自己的利益。在海洋资源利用的实践中,人类一方面视自己为海洋的主人,只认为自己对海洋有绝对的使用权,无视或者否认人与海洋、与自然界相互依存,平等互利真实关系和平等地位;另一方面人类作为海洋资源的使用者,不计后果地开采海洋中的物质资源,单纯地追求自身利益的最大化而鲜有考虑海洋的承载能力。这种肆无忌惮地开采海洋资源的行为,如过度捕捞等,违背了海洋环境中生态系统更新和演替的自然规律,对生态环境造成了严重破坏。

因此,在某种意义上可以认为传统的人类中心主义观点如"人类是海洋的主人"和"海洋无限度、无价值、无权利"等是导致海洋生态环境恶化的思想根源。近年来,由于人类不计后果的开采活动而发生的海洋生态功能退化、典型的生态系统遭人类破坏、海洋生物多样性减少甚至海洋地质灾害频发等环境问题,无疑是这种人类中心主义观念指导下的行为造成的后果。人类对海洋的过度利用和开采,引发海洋生态环境遭到破坏,进而损害人类自身的生存与发展,这样的恶性循环是人类自食其果,是难以避免的。在人类中心主义的错误指导下,人类完全不考虑生态安全而盲目掠夺海洋资源的行为,一定会受到自然的惩罚。

盲目追求经济利益,导致海洋社群缺乏可持续发展的意识,单纯追求眼前利益,不顾及海洋生态环境的可持续发展。人类中心主义至上,导致海洋社群缺乏人海和谐发展的意识,不加节制地开发海洋资源,引发环境问题。生态环境安全意识的缺失,不仅仅造成生态系统恶化、生态系统功能减退以及生物多样性的减少,还会危及到人类的生存和发展。

二、海洋社群生态环境安全道德的缺失

传统的道德观念强调人与人,人与社会之间的伦理道德关系,对于人与自然的道德关系关注不够,人类始终处于奴役自然或被自然奴役的困境之中,没有体悟到人与自然的道德核心就在于人与自然的和谐,人类不仅有充分利用海洋资源的权利,更有维护海洋生态平衡的义务。理想中的状态是人海和谐,而现实情况往往是海洋生态遭受破坏,受人类海洋类开发活动的影响以及社会工业的发展,对海洋生态环境有较大破坏的污染物被排入海中,这对原本脆弱的海洋生态环境来说无疑是雪上加霜。社会文明形态以

及人类社会道德与社会的发展存在脱节,这就造成了其中的一些人类活动失去了价值和合理性,进一步导致了海洋生物资源的衰退,最终对沿海地区的海洋生态环境造成了不可修复的损坏。当前生态环境安全道德的缺失主要表现在:违规捕捞造成渔业资源衰竭、非法捕杀导致生物多样性剧减以及超标排放导致海洋灾害频发。[①] 要想走出这一困境,就必须认真反思人与自然关系的教训,树立海洋生态伦理道德规范。

违规捕捞造成渔业资源衰竭。针对洄游性鱼类,南方渔民将渔网撒入海中导致鱼像刺一样挂在网上,这样既使过于幼小的、食用价值不大的小鱼被捕,甚至使得没有小鱼可吃的大鱼也被饿死。更有甚者,采取极为暴力的手段,擅自在海上电鱼、毒鱼、炸鱼,这给海洋生物资源带来了不可逆转的灾难。尽管我国出台了许多办法禁止在休渔期捕鱼,但是仍有很多渔民抱着侥幸心理出海捕鱼,从事非法捕鱼活动。而我国海岸线漫长,执法人员较少等原因也加剧了这种现象的发生。出海作业的小渔船,大鱼小鱼一起捞,无视渔业资源的可持续性发展,严重破坏了海洋生态环境。海洋渔业的发展必须建立在可持续发展的基础之上,如果不采取有效措施来解决它,人类最终将自食恶果。

非法捕杀致使生物多样性剧减。我国海域宽广而复杂,这使得我国海洋渔业资源十分丰富,物种类群奇多。但是近几十年来由于管理不善以及过度捕捞等原因导致很多稀有物种日益减少,濒临灭绝。譬如海龟和玳瑁这两种珍稀海洋生物。它们主要分布于我国南海海域,但由于人类持续的捕杀行为,尤其是一些东南亚国家在我国南海海域大规模捕杀玳瑁,致使玳瑁数量骤降。非法捕杀导致海洋生物物种减少,生物多样性遭到破坏,使海洋生物链断裂,破坏了海洋生态系统的平衡,最终影响整个海洋生态环境的持续稳定发展。

陆源污染物超标排放引发海洋灾害。近年来,由于我国的海洋经济急速发展,由此而衍生的相关海洋工业产业链也快速发展起来,由此带来的海洋污染物也日益增多。此外,随着沿海经济的发展,人口密度增大,人类经济活动逐渐增多,由此产生的污染物也进一步增长,这都严重损害了海洋生态环境。尽管近年来我国政府高度重视陆地活动对海洋生态环境的破坏,但是在经济至上的社会环境下,这一重视并没有起到太大的作用。

---

① 尹航:《我国海洋生态伦理问题研究》,南京林业大学 2014 年硕士学位论文,第18 页。

由于海洋社群生态伦理的缺失,导致海洋生态安全道德的缺失。海洋生态环境的恶化,就是人类的不合理开发和利用,使生态系统遭到破坏,解决环境问题的唯一出路就是培养海洋社群的生态伦理和生态安全道德,变革现有的道德观念。

三、海洋社群生态环境安全机制的缺失

海洋社群生态安全机制,一方面是指针对海洋生态环境的管理保护机制,二是指相关的法律机制,三是社会公众参与机制。海洋生态环境安全管理机制是一个参与部门多、涉及面较广、较为复杂的协调合作机制,然而,处于地方利益以及部门利益的自我保护,在海洋资源的开发过程中,各单位和部门往往只重视自身利益而忽略了对海洋生态环境相应的关注和保护。更为重要的是,即便同一海域也往往由不同的管理部门进行开发和管理,这就造成了海洋部门行政区域的重合以及利益纠葛,这无益于海洋区域管理的长远发展和规划,也会加剧部门之间、海洋资源之间、当前利益和长远利益、局部利益和整体利益之间的矛盾。长此以往,会给我国的海洋资源的开发带来不可修复的破坏和损害。同时,由于我国的海洋环境保护法律机制尚不够健全,法律体系不够完善,立法工作相对滞后,执法行政不够科学,这都严重阻碍了对我国海域管理秩序的构建和维护。因此,对我国现行的海洋生态环境保护管理体制应该从组织上进行障碍清除,构建完善的海洋生态管理体制。

海洋生态安全管理部门分工不明,职责不清,管理体制机制不完善。目前,我国仍采用传统的分散式海洋生态安全管理模式,这种传统模式存在着职责分散、区域划分不明确、管理协调不畅通的弊端使得对海洋生态安全的管理难以取得实质性的进展。虽然针对海洋生态安全管理的部门较多,但是各部门之间的职责分工、主次之分却成为唯一一个难题,这之间涉及多方面的利益之争。最终导致海洋生态安全保护的实际效果大打折扣。改革渔业行政管理体制,强化渔业执法管理,全面推进依法行政。[①] 因此,加强各海洋部门之间的职能协作,构建联防互动的部门合作机制对于海洋生态安全的保护尤为重要。

海洋生态安全法律机制不健全,相关法律制度及实践存在一定的缺陷。

---

① 李明锋:《关于渔业可持续发展的初步研究》,《现代渔业信息》2006 年第 1 期。

正所谓兵马未动,粮草先行。然而,梳理我国目前海洋生态保护方面的法律法规,发现并没有整体上的法律法规,大都是针对某一行业和领域的,这就造成了执法单位在执法时缺少法律依据,条文的规定由于欠缺和重合,顾此失彼,这显然与我国提倡的海洋综合管理理念不符。《海洋环境保护法》是海洋生态保护方面的主体法律,然而该法规却对海洋生态保护的具体方面缺少细化和详备的法律原则以及法律制度,规定较为笼统,完全不能满足当下海洋生态环境保护的需求。例如,《海洋环境保护法》关于沿海滩涂的保护至今没有明确的法律法规,这就失去了海洋生态安全基本法的保护作用。此外,在海洋捕捞方面,虽然捕捞许可证较为完善,但是在具体的实践操作中因贯彻落实不当未起到应有的作用,对海洋资源的过渡捕捞,渔业资源枯竭。[1] 海洋相关法律法规的不完善以及落实不到位,管理体制机制的混乱已经严重影响了海洋保护政策对海洋生态安全的保护。

社会公众参与机制不完善。"公众参与"是指社会群体、社会组织、单位或个人作为主体,在权利义务范围内有目的的社会行动。确切地说是社会公众参与对某一事物的维护和处理。"环保公众参与"则是特指社会公众对环境保护的关注及参与,公众能否参与环境保护中,在多大程度上参与其中,能发挥怎样的作用。它着重强调,作为社会活动主体的公民有权力通过一定的渠道和途径参与到与环境利益相关的活动中。公众参与机制的不完善的原因主要是公众环保意识不强以及参与途径单一,涉及面不广。公众环保意识不强一方面在于公众的知情权不够,另一方面在于公众对于海洋生态环境现状,如何保护了解甚少。出现了一方面我们强调海洋生态危机,而另一方面却出现我们公众对这一现象漠视的不对称性现状。公众参与途径单一主要在于在政府与公众之间没有搭建起信息沟通的平台,环境法规的落实既要靠政府的监督,更要靠公众的监督,而这些都需要我们亟待完善。

四、海洋社群生态环境安全"发展"方式的缺失

海洋环境的恶化,环境问题的出现,归根结底是生态环境安全"发展"方式的缺失。在当前,可持续发展战略、建设"资源节约型"和"环境友好

---

[1]　杨振姣等:《我国海洋生态安全政策体系研究》,《海洋开发与管理》2014年第6期。

型"社会的呼声日益强烈,生态文明已经成为社会建设"五位一体"总布局中的重要组成部分之一。但是,在实际的发展过程中,由于在经济利益的驱动下,海洋开发活动与开发方式逐渐背离了可持续发展的方式。

掠夺性经营方式与粗放型经营方式,是生态环境恶化的重要因素。片面追求 GDP,忽视"人与自然"协调发展是生态危机的导向因素。掠夺性经营发展方式,不遵循可持续发展战略的要求,面对发展经济与环境保护两个目标,盲目追求经济增长,谋求经济利益,牺牲资源环境利益。长期以来从中央到地方政绩的表现主要看 GDP,各种工程建设、项目开发,尤其是沿海城市建设,忽视了环境问题。而且生态环境问题具有隐蔽性、长期性,长期积累的结果最终都会突发性地暴发出来。在经济发展和环境保护中要坚持发展与保护并举的方针,走可持续的发展方式。

科学技术发展滞后,难以支撑和解决生态环境难题,与快速经济发展相比较,生态环境保护、治理科技能力的提升速率相对滞后。[①] 长期以来,海洋渔业资源开发过程中,科学技术的应用率比较低,资源的开发利用缺乏科技的指导与技术的支持。在此倡导未来的发展过程中,应该更多的利用科学技术。围绕海洋生态环境,构建海洋生态环境预警系统,通过预警系统的相关指标反映海洋渔业生态安全状况,对生态环境实时监测,并及汇报分析破坏生态安全的相关信号。同时利用互联网技术,构建数据库,全面准确地把握海洋渔业运行状态和海洋生态环境变化规律的基础上,进行跟踪分析评估,最终实现海洋渔业可持续利用的目的,生态环境最终可得到改善。

海洋污染治理方式上,国际合作有待进一步加强。围绕海洋环境问题,加强区域合作、周边合作以及国际合作,积极扩大国际性海洋企业和团体组织的合作,相互学习海洋污染的防治技术、海洋污染重大事故的预警和管理经验等。随着海洋污染的问题的区域化和全球化特征日益明显,尤其是针对海上溢油事件,亟需依托国际合作建立应急指挥系统,与周边国家开展围绕溢油污染事件的区域合作,各国密切配合、统一指挥,将污染消灭在最小范围内。针对海洋污染问题,各国必须提高认识,从大局出发,立足于全人类的整体利益和共同生存环境,通过国际合作积极探索相互协商、相互援助的治理方式,防止污染的范围扩大,也有利于实现海洋资源和海洋环境的可持续发展。

---

① 石玉林等:《中国生态环境安全态势分析与战略思考》,《资源科学》2015 年第7 期。

生态环境安全"发展"方式的缺失,无法实现海洋环境安全的可持续发展,无法保证海洋生态系统的平衡。应对大力倡导以可持续发展战略为指导,综合利用科学技术,积极开展国际合作,加强环境问题的全球治理,实现海洋生态安全的"绿色、创新、共享"。

综上所述,中国海洋社群生活境况的生态文化反省,不仅强调在意识和道德等精神层面的反思与改善,也要求积极探索新的渔业管理机制和法律机制,同时还要在实践上探索可持续的发展方式,跻身于全球治理的背景下,积极倡导国际合作。从意识、道德、机制和"发展方式"四个层面的反思,是意识到实践方式的反省和改进,也是对海洋生态安全实现可持续发展的思考。

第三节　中国海洋社群生活方式转型存在的问题

一、海洋社群生活方式转型的宣传导向问题

随着时代的变迁,以渔民群体为主的海洋社群生活方式也在不断的变化。但是,社会公众对于这一群体真实的生活方式可能并不完全了解,很多观念可能还停留在改革开放初期。这说明在海洋社群的生活方式转型方面存在宣传导向的问题。

海洋渔民作为一个不同于农民和城市居民的特殊群体,主要是指居住在沿海渔村、从事海洋捕捞、海水养殖等相关产业活动的群体。在我国,传统渔民是一个特殊群体,与农民相比最大的区别是他们没有享受土地承包经营权,无法从土地上取得生存保障,而是以海为生。依据《中华人民共和国海域使用法》规定,国家拥有对海域的所有权,使渔民不像农民拥有集体所有的土地那样拥有海洋。尽管如此,在计划经济时代,国家对渔民身份的界定十分清晰,主要体现在两个方面:一是在户籍簿上明确区分"农""渔"民身份,使其各自进行农(渔)业生产[1];二是参照城镇居民的标准向渔民供给定额的口粮。因此,在这一时期,渔民内部的职业分层主要体现为性别差异,收入水平大体相当,社会分化不明显,整体社会地位优于农民并较为接近城市居民。

---

[1]　刘舜斌:《试论海域权属与渔民的权益》,《中国水产》2007 年第 10 期。

改革开放初期,渔业取得了迅速的发展,渔业总收入显著增加。到了1999年,全国渔业总产值比1978年增加了80多倍,占农林牧渔业的份额从1978年的1.6%提高到1999年的11.6%。从事渔业的劳动力增加了1000万人。大批渔(农)民通过发展渔业生产,生活发生了重大变化。同时,渔业作为我国农业中的一个重要产业,带动和形成了储藏、加工、运输、销售、渔用饲料等一批产前产后的相关行业,从业人数大量增加。[①]尤其是随着市场经济的不断推进,特别是在水产品价格的放开和渔业股份制的改革之后,渔业的经济效益明显提高,大量的非渔劳动力和工商资本进入渔业领域,从事海洋捕捞的已不仅仅是传统意义上的渔民了,相当一部分农民、城镇居民等进入捕鱼行业。"同时,随着生产的发展,渔业股份合作制也不断发生兼并、重组等,渔业就业人员也发生着显著的变化。"[②]实际上,渔民群体伴随着渔业的发展而不断地分化,而这种分化目前呈现出一种向"两极"扩散的形式,即一部分渔民在分化过程中成为股东、船主、养殖企业主等,成为了所谓的"富人";而另一部分渔民(且占大多数)分化成为个体小渔船船主、长期或短期的雇工,甚至沦为无业者或失业者。与此同时,由于"无鱼可捕",加之对城市生活的憧憬,渔民的代际流动加剧,其后代不再愿意从事艰苦的渔业生产,他们选择到城市或城镇从事非渔工作或在城市安家落户,渔民代际流动呈现从集体渔民到股份制渔民(或雇佣渔工)再到城市务工者(或城市市民)的趋势。但相当多的渔民代内流动却呈现出向下流动的特征,他们基本上经历了从有船的渔民、到无船的渔工、再到待业或失业者的角色变更,传统意义的渔民已经沦为"新的弱势群体"。[③]

二、海洋社群生活方式转型的政府管理问题

收入水平是影响生活方式的最关键因素,渔民的收入结构从某种程度上决定了他们的生活方式,或者说收入结构的变化会带动生活方式的转变。只有优化了渔民的收入结构,才有利于他们的生活方式向好的方面转变。

[①] 根据中国农业出版社2000—2011年出版的《中国渔业统计年鉴》和国家统计局网站公开发布的《中国统计年鉴》数据库、农业部渔业局主编的《中国渔业统计四十年》和《中国渔业统计汇编》中的相关数据整理统计得出。

[②] 任淑华等:《海洋渔业可持续发展战略——以浙江为例》,海洋出版社2011年版,第327—329页。

[③] 同春芬、张曦兮、黄艺:《海洋渔民何以边缘化》,《社会学评论》2013年第3期。

目前对于渔民群体的管理结果,导致海洋渔民的收入结构并不合理,由此可以看出政府管理方面存在一些问题。

海洋渔民收入结构的不合理,集中体现在转移性收入方面。分析渔民收入结构中转移性收入的内部构成可以发现,在转移性收入的五个部分中,所占比例最高的是生产补贴,三年均在70%上下波动(2008年占73.02%、2009年占67.44%、2010年占67.06%),呈现逐年下降的趋势。其次是家庭非常住人口带回,所占比例三年依次为15.35%、18.65%、20.90%,呈现逐年上升趋势。第三位是其他收入,占8%左右。第四位是救济金、救灾款、抚恤金,三年所占比例依次为5.72%、3.17%、1.76%,不仅比例小,且呈现逐年减少的趋势。最后是亲友赠送的收入,占2%左右,其所占份额可以说是微不足道的。

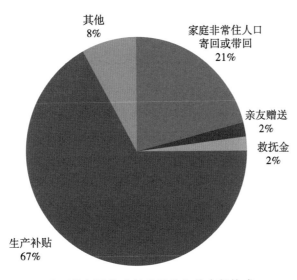

渔民收入结构中转移性收入的内部构成

转移性收入体现了一种"生产过高、福利过低"的特点,这种特点存在着很大的弊端。"生产过高"的弊端在于,渔业生产补贴在渔民的非经营性收入中虽然是最重要的一项收入,但从本质上看不利于渔业的长远发展。有些渔业补贴会造成一些负面影响,例如:扩大捕捞能力,对渔业资源造成潜在的威胁;对鱼类种群和鱼品国际贸易的影响;造成渔业贸易扭曲等等。[1] 再如,转产转业政策在实施过程中存在着部分渔民为了求得补贴而不愿意转产或转产后又"回流",甚至还有一些渔业外部人员为了获得补贴

---

① 陈述平、蔡春林等:《渔业补贴研究》,对外经济贸易大学出版社2010年版,第20—21页。

而进入渔业内部与渔民争利。而且,减船补助、柴油补贴政策的直接受益者均为占渔民30%的股东和船主,大多数传统渔民很难享受到这些优惠政策的实惠。"福利过低"的弊端则在于,属于保障性救济金、抚恤金等方面的保障性、福利性的补贴比例过少,渔民的基本生活得不到应有的保障。这主要是因为渔业生产相对于农业生产和其他产业来说,危险系数更高、技术性更强、退休年龄更早,对于渔业伤残人员和退休人员的生活保障投入应该更高于其他群体。但现实情况是,保障性收入在渔民总收入中所占的比例非常小,绝大多数渔民依然是依靠家庭基本经营作为生活保障的,其抵御自然灾害防范各种意外风险的能力很低。[①]

三、海洋社群生活方式转型的法规政策问题

针对目前我国的渔业现状,渔业管理部门提出了一系列的法规政策,其中涉及面最广的应该是所谓的"转产转业"政策。但是,这项措施目前来看似乎并没有达到预期的效果,反而出现了一些问题。

我国海洋渔业生物资源严重衰退,海洋捕捞业的优势逐渐丧失,大批捕捞渔民面临失业的压力。迫于双重压力,渔民减船转产的政策随之出台。2002年11月12日,农业部《关于2003—2010年海洋捕捞渔船控制制度实施意见》,标志着中国海洋捕捞渔船船数和功率数从"九五"计划期间的"总量控制"阶段进入了"总量压减"的新阶段。"我国将有3万多艘渔船从原有渔场撤出,30万渔业劳动力面临转产,每年将损失160万吨渔业产量"。[②] 2003年,财政部和农业部颁发《海洋捕捞渔民转产转业专项资金使用管理规定》,进一步细化了我国海洋捕捞渔民转产转业的政策尤其是财政方面的政策。由此,渔民转产转业的一系列政策在沿海地区普遍实施,而且,政策实施的效果已经显现,捕捞产量呈现负增长,渔船及捕捞渔民数量有了大幅度减少。海洋渔民转产转业政策实施以后,海水养殖的发展成明显的上升趋势,发展势头强劲,同时,海洋捕捞得到了有效的控制,这明显达到了政策"表面"的预期效果。但是,在政策显性效果的背后,隐藏着政策制定和实施中的问题及其导致的隐性困境。

实事求是地分析,我国海洋渔业资源日益枯竭的局面并没有明显改善,

① 同春芬、黄艺、张曦兮:《中国渔民收入结构的影响因素分析》,《中国人口科学》2013年第4期。

② 陈可文:《中国海洋经济学》,海洋出版社2003年版,第96页。

渔业劳动力总量也没有明显减少,过度捕捞、过度竞争仍是渔业常态,高密度超容量的海水养殖致使渔业水域环境恶化、养殖自身的污染加剧、养殖品种种质退化等问题日益突出。这与当初所确定的渔民转产转业的预期目标相比,仍有相当大的差距。海洋渔业的"过度捕捞"问题还没有有效地解决,却又带来了"过度养殖"的新问题。这样就使海洋渔业陷入"过度捕捞"和"过度养殖"的双重困境。导致我国海洋渔业面临捕捞和养殖"双重困境"的原因是多重的,但是,转产转业政策作为政策因素,对于"双重困境"的形成具有不可忽视的作用。这里并不是过分强调政策的负面作用,退一步说,即使没有"双转"政策,海洋渔业可能也会由于资源、市场、劳动力等各方面的原因陷入这种"双重困境",如此来说,似乎并不应该归咎于政策因素。但就算这一说法合理,"双转"政策也从一定程度上加剧了海洋渔业陷入"双重困境"的速度,使之更加明显地显现出来。因此,不可否认,"双转"政策在海洋渔业陷入"双重困境"的这一问题上具有直接的因果关系。①

四、海洋社群生活方式转型的发展模式问题

第一,如前所述,我国渔民主要从事的行业集中在渔业捕捞和渔业养殖,出售水产品的收入是其实现增收的主要手段,收入来源较为单一。而且,渔业生产,不论是捕捞还是养殖,极易受到自然灾害的侵袭,加之我国渔业基础装备薄弱,社会保障机制不完善,抗御自然灾害能力较低,承受风险和压力的能力脆弱。因此,海洋渔民生活方式的转型,关键在于渔业产业的转型。但是,目前的渔业产业转型仍然不够彻底。如果要实现彻底转型,要加快渔业产业从养殖到捕捞的转型;从传统渔业向现代渔业的转型;从依靠捕捞和养殖为主的渔业第一产业,向以水产品加工业为主的渔业第二产业和以渔业流通和服务业的渔业第二产业转型;从以产品为主要内容的"生产型"渔业向以渔业文化和旅游为主要内容的"服务型"渔业转型等等。

第二,渔业权的归属问题也是渔民转型的重要影响因素。在我国,渔民虽然属于农民的范畴,但和农民相比,渔民无地可种,没有土地这种重要的不动产作为其基本的生产资料和财产,更不能从土地上获得社会保障。②

---

① 同春芬、黄艺:《我国海洋渔业转产转业政策导致的双重困境探析——从"过度捕捞"到"过度养殖"》,《中国海洋大学学报(社会科学版)》2013年第2期。

② 孙宪忠:《中国渔业权研究》,法律出版社2006年版,第2页。

现行渔业法对渔业权主体的扩大化或渔民概念的缺失导致渔民的权益屡屡受到损害却无法得到及时保护。2007年颁布的《物权法》以用益物权规定了渔民"使用水域、滩涂从事养殖和捕捞的权利",这是我国法律第一次明确渔业养殖权和捕捞权为用益物权,为解决渔业水域滩涂被侵占和渔业权益受侵害的突出问题提供了基础法律依据。因此,绝不能以从事养殖或捕捞渔业生产的个人、个体工商户、非法人企业、企业法人等取代渔民。

第三,渔民自身的人力资本也是制约其生活方式转型的另一重要因素。近年来,随着国家逐步推行捕捞渔民转产转业政策的实施,相当数量的传统渔民退出近海和内湖捕捞,进入水产养殖业和其他行业。但是,由于他们长期从事渔业劳动,熟悉渔业生产技术,而缺乏其他方面的劳动技能。因此,无论是退出捕捞转入养殖业,还是退出渔业转入其他行业,对他们而言都是艰难而痛苦的抉择,这主要是因为他们的健康状况、知识存量、技能水平等人力资本存量均比较贫乏。因此,一旦脱离原有行业,大部分渔民的处境无非只有两种:一种是从事技术含量低、收入少的体力劳动,维持最基本的生存;一种是从事较小的商业性经营活动,获得一定的生活来源。而且,如前所述,由于我国渔民主要从事的行业集中在渔业捕捞和渔业养殖,经营性收入尤其是经营渔业的收入是最主要的收入来源,收入来源单一,同时又面临市场的风险。一旦家庭渔业经营方面遭遇自然灾害、环境污染、市场萎缩、政策调整等不利于经营的因素,造成渔业经营亏损,渔民收入就会急剧减少,将会直接导致部分渔民家庭陷入贫困。因此,应针对渔民缺少技术、创业难度大等特点对渔民进行职业技能培训,提高他们的人力资本素质,一方面,应开设具有发展潜力的职业学校,跳出渔业,拓宽专业面,培养渔民掌握专门的技能;另一方面,可在渔区设立渔民职业技术培训中心,举办各类培训班,对捕捞渔民进行养殖、加工、建筑、运输、烹调、流通、经营等各类行业基本知识和技能的培训,拓宽其转产转业的视野和技能。总之,提高渔民人力资本是促进转产转业的重要环节,渔民只有掌握了、学会了现代化的劳动技能,才能具备转产转业的人力资本,顺利转产转业。反之,则很难成功转产。[①]

总而言之,在现实生活中,海洋社群出现了一些诸如弱势化、经济竞争的无序化、生活环境的污染化、社会生活的"空心化"等现象,再加上相关法

[①]　同春芬、黄艺、张曦兮:《中国渔民收入结构的影响因素分析》,《中国人口科学》2013年第4期。

律对于渔业权的界定和渔民的界定并不清楚,导致渔民权益受损。探其原因,则是因为海洋社群缺乏海洋生态环境安全意识,盲目追求经济利益;海洋社群生态环境安全道德的缺失,导致不合理的开发利用方式泛滥,危及生物物种的可持续发展;海洋社群生态环境安全机制的缺失,多部门管理机制之间不协调相互推诿,效率低下;海洋社群生态环境安全"发展"方式的缺失,违背了"绿色、创新、共享"和可持续的发展理念。在这种严峻的形势下,再加上社会时代的变迁,渔民的生活方式也在变迁,但是在渔民转型的过程中也存在一些问题,比如宣传导向问题使得渔民介于农民和城镇居民之间,传统意义的渔民沦为新的弱势群体;政府的管理问题,导致渔民福利比较低;法规政策问题使得渔民在很大程度上限于捕捞和养殖的"双重困境";同样,也是渔民生活方式转型的发展模式问题,渔业权的不完善使得渔民在捕捞和养殖中无法合理保障权益。

第 五 章

中国海洋权益安全形势现状及问题

国家海洋权益是国家海洋权利和海洋利益的总称。国家海洋权利是从法律角度界定国家应当享有的各种权利。国家海洋利益是国家利益的重要组成部分,而海洋利益中最重要的是政治利益、经济利益和安全利益。党的十八大提出了"提高海洋资源开发能力,坚决维护国家海洋权益,建设海洋强国"的战略目标,维护海洋权益是建设海洋强国的重要内容和根本保证。

第一节　中国海洋权益安全局势

中国主张管辖海域面积约 300 万平方千米,大陆岸线长约 18000 千米,面积 500 平方米以上的海岛 7300 多个,海岛岸线长约 14000 千米。中国濒临渤海、黄海、东海和南海四个海区。渤海是深入中国沿岸的近封闭型的浅海;黄海是全部位于大陆架上的半封闭浅海;东海位于中国岸线中部的东方,西有广阔的大陆架,东有深海槽,兼有浅海和深海的特征;南海位于中国南部。四个海区中,渤海是中国的内海,没有海洋划界问题。在其他三个海区,中国与海岸相邻和相向的国家存在着不同程度的主张管辖海域重叠。维护中国的海洋权益面临着较复杂的形势和挑战。中国与 8 个海上邻国存在海上划界问题,这 8 个国家是朝鲜、韩国、日本、菲律宾、越南、马来西亚、文莱和印度尼西亚。目前,中国只完成了中越北部湾海上边界的划界,与其他一些国家之间还存在着岛礁争议。

中国海上周边国家和地区社会制度复杂多样,经济和社会发展程度差别较大,但其共同点为与海洋在政治、经济、文化等方面的联系紧密,重视对海洋的管理和控制。中国海上邻国大多制定了国家层面海洋发展政策和战略,以期扩大海洋管辖范围、强化海洋管理,从海洋中获得最大利益。一些

552

周边国家加快了争夺海洋权益的步伐,域外大国介入地区海洋事务使原本复杂的海上局势更加敏感。中国继续坚持和平外交政策和睦邻友好的地区政策,积极参与国际和区域合作,维护周边海上安全和地区环境的稳定。

一、黄海、东海划界与海洋权益

(一)黄海东海海洋权益

黄海地势平坦,资源丰富,黄海宽度普遍小于 300 海里。黄海是位于中国大陆与朝鲜半岛之间的水域,是太平洋西部的边缘海,因黄河从中国西北地区携带的大量黏土质土壤的沉淀而得名。从黄海的最北端到最南端的黄海和东海的分界线,长度约 470 海里,东西宽约不到 400 海里,总面积约 38 万平方千米。黄海分属中国、朝鲜和韩国三国的管辖海域。中朝、中韩专属经济区和大陆架主张重叠。中国要同朝鲜划分领海边界、专属经济区边界和大陆架边界,同韩国划分专属经济区边界和大陆架边界。

中国在东海的大陆架自然延伸超过 200 海里,中国在 2012 年提交了东海 200 海里外大陆架部分划界案,主张的大陆架直到冲绳海槽轴部最大水深点连线。韩国也向东南方向主张了直到冲绳海槽的外大陆架。日本则向西主张直到“中间线”的专属经济区和大陆架。中、日、韩三国的海域主张存在重叠。

(二)中朝海洋划界

朝鲜位于朝鲜半岛北部,西濒黄海,东临日本海,由朝鲜半岛和 3300 个大小岛屿组成,海岸线长约 6000 千米。朝鲜东侧沿海海域寒暖流交汇,与世界三大渔场之一的西北太平洋渔场相邻,渔业资源丰富,海洋渔业是朝鲜重要的产业之一。朝鲜于 1977 年 6 月 21 日宣布建立 200 海里经济区,朝鲜主张经济区水域从领海基线量起至 200 海里,在无法划至 200 海里的海域则划至海洋半分线。朝鲜在其宣布的专属经济区内积极行使管辖权,规定未经其有关机构的事先批准,外国人、渔船和航空器等不得在其经济区内从事捕鱼、设置设施、调查、勘探和开发等活动。

中国同朝鲜的海岸相邻并相向,需根据两国各自海洋立法和实践,划定两国自鸭绿江口起的管辖海域界限。1997 年起,中朝双方有关部门建立了海洋法非正式磋商机制,举行了多轮非正式磋商和专家级磋商;2005 年 12 月 24 日,中国与朝鲜在北京签署《中朝政府间关于海上共同开发石油的协定》,商定在两国毗邻海域共同开发石油资源。

（三）中韩海洋划界

韩国是个三面环海的半岛国家,发展离不开海洋。韩国海岸线长11000多千米,岛屿3000多个。韩国单方面主张的管辖海域约44万平方千米,约为其陆地国土面积的4.5倍。自20世纪70年代,韩国实行外向型经济政策,原料进口和产品出口很大程度上依赖海运。韩国的造船业实力雄厚,有6家造船公司跻身世界前10名。此外,韩国还大力推动包括海洋休闲在内的海洋高附加值产业的发展。

中国同韩国的海岸相向,在黄海南部海域和东海北部部分海域存在专属经济区和大陆架的划界问题。1997年中韩建立海洋法磋商机制,就海洋划界及其他海洋法问题交换意见。至2012年3月,中韩已进行了16轮磋商。中韩两国于2000年8月签订了《中华人民共和国和大韩民国政府渔业协定》。苏岩礁位于黄东海分界海域,具有重要的战略价值。韩国已在该礁建立人工平台,命名为"韩国离於岛综合海洋科学基地",派人常年值守。2006年12月,中韩海洋法磋商确认"苏岩礁"不具有领土地位,中韩之间不存在领土争议,其最终归属取决于中韩海域划界谈判的结果。2008年9月,中韩双方发表联合公报确认,尽早解决海域划界问题。2009年5月11日,韩国向大陆架界限委员会提交了在东海的200海里外大陆架划界初步信息。

2014年3月,中韩双方举行了海洋法磋商暨外交部条法司长磋商,就共同关心的海洋法和国际法问题交换了意见,达成广泛共识。2014年7月,两国元首会谈后发表《中华人民共和国和大韩民国联合声明》,"继续扩大深化应对气候变化、海洋领域的合作"。《声明》及其附件确认:"两国海域划界对推动两国关系长期稳定发展与海洋合作十分重要,商定于2015年启动海域划界谈判。"中韩海域划界谈判已于2015年12月22日正式启动。

（四）中日海洋划界

在东海,中国和日本隔海相望,两国专属经济区和大陆架主张存在重叠。中日东海大陆架问题涉及中国大陆和日本群岛相向海岸间的大陆架划界,还包括中国台湾(包括台湾及其附属岛屿)与日本冲绳群岛之间相向海岸的大陆架和专属经济区划界。进入20世纪90年代,中日就东海安全问题和海洋法问题举行了多轮非正式磋商。《联合国海洋法公约》(以下简称

《公约》)生效后,中日进一步就海洋法问题交换意见,举行了多轮磋商。

《中日渔业协定》于 2000 年 6 月 1 日起正式生效。2009 年 2 月 12 日,第 10 次中日渔业联合委员会在日本东京举行。双方对 2008 年《中日渔业协定》执行情况进行了评价,并就 2009 年两国水域内相互入渔作业条件、暂定措施水域和中间水域资源管理措施等问题达成了一致。

2008 年 6 月,中日两国就东海问题达成原则共识:一是要使东海成为和平、合作、友好之海;二是要在不损害各自法律立场的情况下,在东海选择一个区块进行共同开发;三是日本企业按照中国法律,即《中华人民共和国对外合作开采海洋石油资源条例》,参加春晓油气田的合作开发。合作开发与共同开发有本质区别,中方对春晓油气田拥有完全的主权权利和管辖权。但日本单方面曲解共识,对我在春晓油气田的合法活动频繁进行监视、干扰。中方一贯重视并坚持东海问题原则共识,并努力为落实原则共识创造良好条件。2010 年 5 月,中日两国官员曾就东海问题进行了司长级接触,中国愿意继续通过司长级接触同日方保持沟通。日本在钓鱼岛附近海域非法抓扣中国渔船事件致使中日关系受损,第二次东海问题原则共识政府间谈判被迫推迟。2012 年 9 月 10 日,日本政府决定“购买”钓鱼岛及其附属的南小岛、北小岛,实施所谓的“国有化”,严重侵犯了中国的领土主权,致使中日关系降至近年来的最低点。中国政府和民众对此强烈反对。

2014 年,中日双方重启 2012 年 1 月建立的海洋事务高级别磋商机制。2014 年 9 月 23 日至 24 日在山东省青岛市举行第二次中日海洋事务高级别磋商,双方就东海有关问题及海上合作交换了意见,并原则同意重新启动中日防务部门海上联络机制磋商。2014 年中日之间关于包括钓鱼岛争端在内的中日关系问题,还达成了两个“共识”。其一是非官方的《东京共识》。2014 年 9 月 29 日,由中国日报社与日本言论 NPO 共同主办的第十届北京—东京论坛在日本东京闭幕,来自中日两国的 500 多名政商界、学术界、媒体界人士出席了这次为期两天的论坛。中国日报社与日本言论 NPO 还共同发布了《东京共识》,在三个方面达成共识,“双方一致认为,妥善处理历史认识问题和双方围绕领土归属存在的问题,对改善和发展中日关系至关重要。对最近中日重启海洋事务高级别磋商,我们感到鼓舞并期盼此磋商尽快取得成果”。其二是官方的“四点原则共识”。经过中日双方的努力,中日两国政府于 2014 年 11 月 7 日就处理和改善中日关系达成“四点原则共识”。关于东海及钓鱼岛问题,该共识表示“双方认识到围绕钓鱼岛等东海海域近年来出现的紧张局势存在不同主张,同意通过对话磋商防止局势恶化,建立危机管控机制,避免发生不测事态"。有专家认为,这是第一次以"见诸文字"的方式,"明确了中日在钓鱼岛及东海存在主权争端,双方强调存在不同主张",因而具有重要意义。2015 年 1 月 22 日,中日举行第三轮海洋事务高级别磋商并就有关内容达成一致。中国执法船继续巡航钓鱼岛,维护中国钓鱼岛主权和海上秩序。但与此同时,日方加快相关力量建设,力图加强对钓鱼岛及其附近海域的控制。2015 年 1 月 14 日,日本政府通过了 2015 财年(2015 年 4 月至 2016 年 3 月)预算案,其中,预算案中列入了 371 亿日元(约合人民币 19.6 亿元)"战略性海上保安体制构筑费"。预计今后,保持接触、加强交流以缓解紧张局势、管控危机的努力仍会继续下去。

二、中越北部湾划界

北部湾是中国和越南两国领土由东北西三面环抱的一个半封闭海湾,中越两国政府曾先后于 1957 年、1961 年和 1963 年三次签订渔业协定,对涉及两国领海的渔业管辖权以及双方渔业合作问题作出规定。双方领海基线以外海域,两国渔民按照世代相传的古老习惯,可自由进入进行捕捞作业,由此形成了两国渔民在北部湾的传统渔场和传统捕鱼权。

自 1974 年开始,中越两国就北部湾划界问题举行谈判,经过多轮会谈磋商,两国最终签订了《中华人民共和国和越南社会主义共和国关于两国在北部湾领海、专属经济区和大陆架的划界协定》(以下简称《中越北部湾划界协定》)和《中华人民共和国政府和越南社会主义共和国政府北部湾渔业合作协定》(以下简称《中越北部湾渔业合作协定》),并于 2004 年 6 月 30 日正式生效。2008 年 6 月 1 日越共总书记农德孟访华期间,中越双方在北京发表了《中越联合声明》。双方一致表示,继续落实两个协定,做好共同渔区联合检查和渔业资源联合调查及海军联合巡逻工作;加快落实《北部湾协议区油气合作框架协议》,力争跨界油气勘采合作早出实质成果;维护正常的渔业生产秩序,积极开展北部湾渔业、环保、海上搜救等方面的合作;稳步推进北部湾湾口外海域划界谈判并积极商谈该海域的共同开发问题,早日启动该海域共同考察;并就共同渔区联合资源调查、执法检查、建立两国渔委会间热线等问题交换了意见。

三、岛屿争端

根据《公约》第 121 条第 2 项规定,能维持人类居住或其本身的经济生活的岛屿可以拥有 43 万平方千米专属经济区,甚至更大面积的大陆架。分布广泛、数量众多的离岸岛屿比近岸岛屿能更有效地管辖海域。中国虽然拥有面积大于 500 平方米的海岛 7300 多个,但绝大部分分布在中国大陆近岸和沿岸,距大陆岸线超过 100 千米的海岛仅占 3 ﹪,主要包括西沙群岛、中沙群岛、东沙群岛、南沙群岛和钓鱼岛及其附属岛屿等。中国与日本、菲律宾、越南、马来西亚和文莱都存在岛屿争端。

(一)钓鱼岛

钓鱼岛及其附属岛屿(简称钓鱼岛)中较大的有钓鱼岛、黄尾屿、赤尾屿、南小岛和北小岛。钓鱼岛作为台湾的附属岛屿是中国的固有领土,钓鱼岛周围海域历来是中国渔民捕鱼作业的传统渔场。1895 年钓鱼岛被日本侵占。二战后,美国"托管"冲绳时错误地将钓鱼岛划入"托管"范围;1971年"归还"冲绳时,把钓鱼岛"施政权"一并移交日本。2010 年 9 月,日本在钓鱼岛附近海域非法抓扣中国渔民渔船,并高调宣称要依据其国内法律审判中国渔民,严重侵犯了中国领土主权和中国公民的人身权利。2012 年,日本违背中日就钓鱼岛问题曾经达成的共识,企图以"购岛"方式实现"国有化"。2012 年 9 月 10 日,日本政府决定"购买"钓鱼岛及其附属的南小岛、北小岛。日本政府在钓鱼岛问题上频繁制造事端究其原因可能有以下几点:一是战略因素考量,钓鱼岛是日本实现其"千海里防卫"的据点,日本如占领钓鱼岛并在岛上布局,将对中国形成钳制,直接威胁中国大陆沿海和台湾安全;二是经济利益驱动,东海丰富的海洋资源是日本单方频繁打破"搁置争议"共识的主要诱因;三是政治因素考量,转移日本民众视线,是日本政府制造钓鱼岛"国有化"事件的政治出发点;四是错误判断形势,中国一直坚持"睦邻、安邻、富邻"政策,在钓鱼岛问题上保持克制,日本政府却误判形势,冒险"购岛",激化矛盾;五是域外大国影响,日本试图借助域外势力攫取钓鱼岛主权,而域外大国新的亚太地缘政治无形中成为日本在钓鱼岛争端中频繁出招的推动力。

钓鱼岛及其附属岛屿自古以来就是中国领土不可分割的组成部分。无论从历史依据还是从国际法上看,中国对钓鱼岛及其附属岛屿都拥有无可争辩的主权。20世纪70年代,中日在实现邦交正常化和缔结《中日和平友好条约》时,两国领导人着眼两国关系大局,就将"钓鱼岛问题放一放,留待以后解决"达成谅解和共识。近年来,日本在钓鱼岛问题上频繁动作,中国以维护东海和平与稳定局势为重,一直采取克制态度。然而,日本步步逼近,竟公然挑起钓鱼岛"国有化"事端,引起整个中华民族的强烈反对,也严重损害了中日关系。中国政府和民间为维护钓鱼岛及其附属岛屿的主权进行了坚决、有力的斗争。

美丽的钓鱼岛

中国政府多措并举维护钓鱼岛主权。2012年9月10日,中国就中华人民共和国钓鱼岛及其附属岛屿的领海基线发表声明。随后,中国向联合国秘书长交存了钓鱼岛及其附属岛屿领海基线的地图和地理坐标表。经国务院批准,国家海洋局于2012年3月2日、9月15日、9月21日先后公布了我国钓鱼岛及其部分附属岛屿的标准名称、钓鱼岛及其部分附属岛屿地理坐标及位置示意图和钓鱼岛海域部分地理实体标准名称,明确了我国的主张范围,有效引导了国际舆论。

2012年9月25日中国政府发布了《钓鱼岛是中国固有领土》白皮书,

系统、全面、完整地阐明钓鱼岛及其附属岛屿是中国的固有领土这一事实，敦促日本尊重历史和国际法，立即停止一切损害中国领土主权的行为，表达了中国政府坚决捍卫国家领土主权的决心和意志。

（二）南海岛屿主权争端

南海是个典型的半闭海，自然海区面积约为 350 万平方千米。其中，南海断续线以内海域面积约 200 万平方千米，但周边国家主张的海域位于南海断续线之内的约 120 万平方千米，存在大面积的主张重叠海域。

南沙群岛岛礁众多。二战前及二战期间，法国和日本曾先后占领南沙群岛部分岛礁，二战后，中国按照《开罗宣言》和《波茨坦公告》的有关规定，收复了南海的岛礁。自 20 世纪 70 年代起，越南、菲律宾和马来西亚分别侵占了南沙群岛中的 42 个岛礁，其中越南侵占 29 个、菲律宾侵占 8 个、马来西亚侵占 5 个，文莱主张 1 个。中国驻守 8 个岛礁（包括台湾驻守的太平岛）。

中沙群岛常年露出水面的有黄岩岛。20 世纪 90 年代后菲律宾正式对黄岩岛提出主权要求。2009 年菲律宾通过新法案，正式确认黄岩岛及南沙部分岛礁（所谓的"卡拉延群岛"）为其领土。2012 年 4 月，菲律宾派军舰抓扣中国渔民渔船，挑起黄岩岛对峙事件。中国海上执法机构采取有效措施，对黄岩岛加强管辖。2013 年 1 月 22 日，菲律宾对中国提起强制仲裁，试图通过国际化、司法化方式施压。菲律宾单方面提起的仲裁程序涉及中国岛屿主权和海域划界，中国采取了不接受的坚定立场。

西沙群岛一直处于中国的管辖之下。1975 年，越南开始声称对西沙群岛拥有主权，1977 年越南通过立法正式对中国西沙群岛和南沙群岛提出主权要求。长期以来，越南不断派遣渔船、油气勘探调查船等侵入西沙海域，并阻挠中方正常的油气和渔业开发活动，企图制造西沙群岛存在"主权争议"的事实。

东沙群岛位于南海诸岛最北端，长期以来处于台湾当局管控之下。

自美国 2010 年高调介入南海事务以来，南海问题日益复杂。一些南海岛礁声索国加大了争夺海洋权益的力度，尤其是自 2011 年上半年以来，越南和菲律宾在争议地区采取单方面行动，损害中国主权和海洋权益，并发表与事实不符、不负责任的言论，试图使南海争议扩大化、复杂化，致使南海局势上半年一度紧张。自 20 世纪 70 年代起，越南、菲律宾、马来西亚和文莱等开始对中国南沙群岛的全部或部分岛礁提出主权要求。越南等国还派军

永兴岛

队占领了南沙部分岛礁。南沙群岛主权归属争议由此产生。

1.中越岛屿争端

2011年上半年,越南在中国南沙群岛万安滩海域进行非法油气勘探,驱赶和采取威胁中国渔民渔船安全的行动,严重侵犯中国的主权和海洋权益。2011年6月,在联合国举行的第21次《公约》缔约国会议上,越南代表却发言指责中国"侵犯"其海洋主权、违反《公约》相关规定。2011年,越南在中国南沙群岛非法侵占的岛礁举行了所谓的"国会代表"和地方"人民议会代表"选举,进一步挑战中国对南沙群岛的主权。

自2011年6月起,越南首都河内发生罕见的一系列公开反华抗议活动,谴责中国"侵犯"越南主权,示威持续11周。2012年,越南颁布了《越南海洋法》,再次宣称西沙和南沙群岛为其"领土"。针对越南所谓的海洋立法,中国采取了包括公布南海石油招标区块、设立"三沙市"、油气勘探等坚决有力的反制措施。2014年5月,中国企业所属"981"钻井平台在中国西沙海域开展两阶段作业,前后作业海域距离中国西沙群岛中建岛和西沙群岛领海基线均17海里,距离越南大陆海岸约133至156海里,尽管如此,仍遭到越南强烈挑衅。

2.中菲岛屿争端

菲律宾在争夺南海权益方面与越南积极配合,采取了单方面在礼乐滩开展油气勘探、议员登岛等多种行动,菲一些政客还公开呼吁美国介入南海争端。南海(the South China Sea)是国际通用地名,菲律宾却无视这一事实,将南海更名为"西菲律宾海"。

黄岩岛自古以来就是中国领土,中国最早发现黄岩岛,并通过先占和持续的管辖取得、巩固了领土主权。这不仅有充分的历史证据和法理依据可以证明,也为世界上许多国家和国际社会所承认。

黄岩岛

在国家海洋立法方面,中国不断重申南海诸岛属于中国,黄岩岛作为中沙群岛的一部分,相关法律法规适用于黄岩岛。1958年《中华人民共和国关于领海的声明》宣布中国的领海宽度为12海里,这项规定适用于包括中沙群岛在内的中华人民共和国的一切领土。1992年《领海和毗连区法》第二条"领土组成"条款重申了中国领土的范围包括中沙群岛。2009年《海岛保护法》及2012年《全国海岛保护规划》关于无居民岛的规定,均适用于包括黄岩岛在内的中沙群岛。

在行政区划管理方面,将黄岩岛作为中沙群岛的一部分进行管辖。

1959 年 3 月中国政府成立"西、南、中沙群岛办事处",隶属广东省。1969
年,该办事处改称"广东省西沙、中沙、南沙群岛革命委员会",并在西沙群
岛设立人民武装部,公安派出所等机构。1981 年 10 月 22 日,中国政府设
立"广东省西沙群岛、南沙群岛、中沙群岛办事处",作为广东省政府的派出
机构,由海南行政公署直接领导。1988 年 4 月海南建省后,西沙、南沙和中
沙群岛的岛礁及其海域由海南省管辖。

2009 年 2 月 17 日,菲律宾国会通过"领海基线法案",将中国的黄岩岛
非法划为菲律宾领土。2012 年 4 月 10 日,菲律宾军舰对在中国黄岩岛海
域的中国渔船进行非法袭扰和围堵,试图抓扣中国渔民。中国海监 84、75
船编队及时赶到予以阻止,双方舰船对峙。4 月 12 日,菲律宾撤走了其军
舰,改派海岸警卫队船前往黄岩岛。其后,菲在舆论和行动上继续采取措
施,激化矛盾。菲一方面继续派护卫舰、战舰和反潜机等赴黄岩岛海域,另
一方面"乔装改扮",借用国际司法途径,大造国际舆论声势,呼吁周边国家
对抗中国。

2013 年 1 月 22 日,菲律宾向中国提交了照会及主张声明,将其与中国
在南海的"海洋管辖权争端"提交仲裁。2014 年 12 月 7 日,中国发布了《中
华人民共和国政府关于菲律宾共和国所提南海仲裁案管辖权问题的立场文
件》。《立场文件》重申中国不接受、不参与该仲裁的严正立场,并从法律角
度全面阐述了中国关于仲裁庭没有管辖权的立场和理据。《立场文件》认
为:菲律宾提请仲裁事项的实质是南海部分岛礁的领土主权问题,超出了
《联合国海洋法公约》的调整范围,仲裁庭无权审理;中菲两国通过双边文
件和《南海各方行为宣言》确定以谈判方式解决双方在南海的争端,菲律宾
此举违反国际法;菲律宾提出的仲裁事项是中菲两国海域划界不可分割的
组成部分,而中国已根据《公约》将涉及海域划界等事项的争端排除适用仲
裁等程序;各国有权自主选择争端解决方式,中国不接受、不参与菲律宾提
起的仲裁具有充分的国际法依据。《立场文件》指出,菲律宾单方面提起仲
裁的做法,不会改变中国对南海诸岛及其附近海域拥有主权的历史和事实,
不会动摇中国维护主权和海洋权益的决心及意志,不会影响中国通过直接
谈判解决有关争议以及与本地区国家共同维护南海和平稳定的政策与立
场。2016 年 7 月 12 日,菲律宾单方面请求建立的南海仲裁案仲裁庭作出
裁决,对此中华人民共和国外交部郑重声明,该裁决是无效的,中国不接受、
不承认。

四、海洋资源争夺日趋激烈

长期以来,中国渔民渔船在东海和南海屡遭有关国家的袭扰、抓扣,甚至开枪射击,造成人员伤亡和财产损失,带来恶劣的社会影响。中国常年在南沙海域作业的渔船已从高峰时的 900 多艘骤减至 400 艘左右。

油气资源开发方面的争端更加突出。2005 年以来,日本持续不断派遣飞机监视和干扰中方在春晓油气田的正常作业。中国在南海资源开发方面保持克制,但有关国家在争议海域竞相开采油气资源,甚至采取"招标"等方式,引入外部势力介入。2011 年以来,越南、菲律宾又加大了开采力度,并阻挠中国的油气勘探作业。越南单方面在争议海域开展油气作业活动,违背在南海问题上与中方已达成的共识,损害中国在南海的权益。中国对越南非法作业船进行了执法行动,并要求越方立即停止侵权活动,不再制造新事端。2011 年 3 月,菲律宾石油勘测船在礼乐滩海域进行石油勘测,中国巡逻船令其离开该海域。菲律宾计划拉拢有关国家的公司进行石油勘探。总部在英国的福鲁姆能源公司在一份声明中称,已经完成了对礼乐滩附近桑帕吉塔气田的地震学勘测,并表示将开始数据处理。福鲁姆公司表示,已经实现了合同中向菲律宾能源部做出的承诺,期待对该项目进行进一步的投资。

五、域外国家的介入

域外国家因素是中国海洋权益问题产生、发展和升温的重要原因之一。在域外国家中,美国的政策调整及其在中国周边的相关活动对中国的海上维权形势影响最大。中国政府认为,二战后美国非法将钓鱼岛纳入"托管范围"及美日私相授受钓鱼岛"施政权",是引发钓鱼岛争端的重要原因。

美国的政策立场并非依据钓鱼岛争端本身的是非曲直,而是基于其战略利益考虑。近年来,美国政府推出"重返亚太"、亚太"再平衡"战略,介入中国与周边国家的海洋争端,美国对中国周边海洋争端的介入已经成为影响中美关系和亚太安全格局的一个新焦点。自 2009 年开始,美国开始改变既往的中立政策,不断发表支持菲律宾和越南对南海岛屿的领土主张的声音,声称中国正在"威胁"南海地区的航行自由。在中日钓鱼岛问题上,美国的政策也经历了一个从"模糊中立"到"高调介入"的变化,尤其是 2010

年中日钓鱼岛海域发生"撞船事件"后,美国的态度变得更为积极。美国介入钓鱼岛争端,企图达到三重目的:加强其在西太平洋地区的双边同盟关系,让盟友分担更多的防务责任;对中国构成战略压力,形成针对中国的东亚海上安全包围圈;为其重返亚太战略铺路,为维护美国在亚太地区的霸权地位提供支持。美国除了以多种方式介入中国与周边国家之间的海洋争端外,还在中国的专属经济区内频繁进行海空军事调查及监视监测活动。除美国外,日本、印度均以一定形式介入南海争端,周边国家受到美国等国家或明或暗的鼓励和支持,在海洋争端中开始采取更为强硬的措施。

第二节 中国加强海洋权益安全维护

在国内外环境及海上形势影响下,中国近年来加大了海洋维权工作力度。中国海洋维权相关政策日益明晰,维权能力不断提高。同时,中国也加强了与相关国家的磋商、交流与合作,共同维护地区稳定及海洋利益。

一、海洋维权政策

2013年7月30日,中共中央政治局就建设海洋强国进行第八次集体学习,这是中共中央政治局第一次专门就海洋问题进行集体学习和讨论。习近平在学习会上的讲话反映了中国最高决策层对海洋维权的最新认识,集中体现了中国海洋维权的基本政策。习近平总书记从建设海洋强国的角度指出,"中国决不会屈服于外来压力,任何外国不要指望我们会拿自己的核心利益做交易,不要指望我们会吞下损害我国主权、安全、发展利益的苦果","要维护国家海洋权益,着力推动海洋维权向统筹兼顾型转变",中国将继续贯彻已倡导多年的"主权属我、搁置争议、共同开发"方针,寻求和扩大共同利益的汇合点,强调要进一步关心海洋、认识海洋、经略海洋,推动海洋强国建设不断取得新成就。2014年6月20日,国务院总理李克强出席中希海洋合作论坛,发表了题为《努力建设和平合作和谐之海》的演讲,这是中国领导人第一次在国际场所专门阐述了"和平、合作、和谐"的中国海洋观。

在"共同建设和平之海"的主题下,李克强进一步阐述了中国关于维护海洋和平、维护中国海洋权益的有关政策主张。一是"维护全球海洋新秩序"，二战结束至今，形成了以《联合国海洋公约》为代表的国际海洋新秩序，中国无意于挑战这一新秩序，也没有必要挑战这一新秩序。相反，中国是这一海洋新秩序的创建者和维护者。二是直接谈判解决海洋争端，中国坚持和平发展道路，反对海洋霸权；当事方直接谈判解决相互间存在的海岛主权和海洋权益争端，是最佳的和平解决方式；和平谈判应以"尊重历史事实和国际法"为基础。三是重申维护国家主权和领土完整、维护地区和平与秩序的坚定决心。四是加强合作构建和平的海洋秩序。

2014 年，中国提出了解决南海问题的"双轨思路"。8 月 9 日，外交部长王毅在出席中国—东盟(10+1)外长会议后举行的记者会上表示，中方赞成并倡导以"双轨思路"处理南海问题，即有关争议由直接当事国通过友好协商谈判寻求和平解决；而南海的和平与稳定则由中国与东盟国家共同维护。这是因为，由直接当事国通过协商谈判解决争议是最为有效和可行的方式，符合国际法和国际惯例，也是《南海各方行为宣言》中最重要的规定之一；南海的和平稳定涉及包括中国和东盟各国在内所有南海沿岸国的切身利益，双方有责任也有义务共同加以维护。实践证明这是妥善处理南海问题的有效方式。2014 年 11 月，李克强在第十七次中国—东盟(10+1)领导人会议上重申了这一主张。其中和平解决南海问题的主张包括三个方面：和平解决的具体方式为谈判而不是诉诸国际司法机构或仲裁机构等；谈判应在直接当事国之间进行，可能是双边也可能是多边，非当事国不得插手；处理南海问题的依据包括历史事实、国际法和《南海各方行为宣言》。"双轨思路"是中国政府关于如何处理南海问题的最新的、最具体的政策主张。这一政策呼应了东盟的要求，有助于中国构建与东盟的"命运共同体"，防止南海问题进一步国际化，尤其是阻止域外大国直接干涉南海问题。

二、海洋维权执法能力建设

近年来，中国不断建立及完善海洋维权的决策及执行机构，加大与海洋维权相关的基础能力建设和法制保障。

2009 年，外交部新设立一个边界与海洋事务司(边海司)，这是新中国成立以来外交部首次设立专门处理边界与海洋事务的司级机构。在执行层面，除各相关部门依据职责分工加强海洋维权工作的落实外，2013 年，根据十二届全国人大一次会议审议通过的关于《国务院机构改革和职能转变方案》决定,将原国家海洋局及其中国海监、公安部边防海警、农业部中国渔政、海关总署海上缉私警察的队伍和职责进行整合,重新组建国家海洋局,由国土资源部管理,国家海洋局以中国海警局名义开展海上维权执法,接受公安部业务指导。近年来,依据《国务院办公厅关于印发国家海洋局主要职责内设机构和人员编制规定的通知》,有关部门不断落实、完善中国海警的海上维权执法职能,加强船舶及设备建设,坚持海上维权执法。

加强海洋观测和海洋调查工作,可为海洋维权提供强有力的保障作用。2014 年 12 月 9 日,国家海洋局发布《全国海洋观测网规划(2014—2020年)》,推动全国海洋观测网建设。2015 年 3 月,国家海洋局、国家发改委、教育部、科技部、财政部、中国科学院、国家自然科学基金委员会联合发布《关于加强海洋调查工作的指导意见》,推动海洋调查资料管理和共享应用,加强海洋调查保障能力建设。

三、海洋合作与交流磋商

2014 年,中国继续与周边国家就海上问题、海洋合作开展对话、交流、磋商与合作,不管这些国家与中国之间是否存在激烈的海洋权益争端。中韩之间的海洋合作一直进展顺利,2014 年 3 月,双方举行了海洋法磋商暨外交部条法司长磋商,就共同关心的海洋法和国际法问题交换了意见,达成广泛共识。2014 年 7 月,两国元首会谈后发表《中华人民共和国和大韩民国联合声明》,"继续扩大深化应对气候变化、海洋领域的合作"。《声明》及其附件确认,"两国海域划界对推动两国关系长期稳定发展与海洋合作十分重要,商定于 2015 年启动海域划界谈判。"2014 年中日双方重启相关磋商及交流机制,两国政府就钓鱼岛争端等问题达成"四点原则共识"。

中国虽与南海部分国家存在海上争端,但相关的交流与合作没有停止。2013 年 10 月,国家主席习近平在印度尼西亚倡议建设 21 世纪"海上丝绸之路",通过扩大同东盟国家各领域务实合作,实现共同发展与繁荣,共享海洋恩惠。2014 年 1 月,中越举行中越海上共同开发磋商工作组第一轮磋商。双方阐述了对共同开发的看法和立场,并重点就《中越海上共同开发指导原则》深入交换了意见。双方同意遵循两国领导人共识和《关于指导解决中越海上问题基本原则协议》,积极推进磋商。

经国务院批准,国家海洋局于 2011—2015 年积极推动实施《南海及其周边海洋国际合作框架计划(2011—2015)》,取得显著成果。目前,该合作框架第二期(2016—2020)已经开始实施,将有力地推动中国与相关国家的合作。中国于2013年和2014年分别开始实施中国—东盟海上合作基金、中印尼海上合作基金,大力推动中国与南海周边国家的海上合作。根据国务院总理李克强在相关会议上的倡议,国家海洋局分别与山东省人民政府和福建省人民政府签署了合作协议,建设"东亚海洋合作平台"和"中国—东盟海洋合作中心"。

2014年11月,李克强在第十七次中国—东盟(10+1)领导人会议上表示,中国希望积极推进海上务实合作,加快建立海上联合搜救、科研环保、打击跨国犯罪等合作机制;积极开展磋商,在协商一致基础上早日达成"南海行为准则"。中国愿与东盟国家继续推进全面有效落实《南海各方行为宣言》和商谈"准则",有效促进彼此沟通与互信,扩大共识与合作,努力让南海成为造福地区各国人民的"和平之海""友谊之海""合作之海"。

第 六 章

中国海洋生态文化建设取得的成就

随着我国人民对海洋生态的认识不断提高,利用海洋资源的范围越来越广泛,因此现代海洋生态文化也在不断地发展,人们开始重新认识海洋生态,海洋生态文化与时俱进、创新发展。国家海洋局办公室印发《全国海洋文化发展纲要》,指出坚持"继承传统与发展创新相结合,海洋文化建设与海洋经济发展相结合,海洋文化建设与海洋生态文明建设相融合,海洋文化与海洋科技同步发展,全面发展与重点推进相结合"的基本原则,提出了全面推进海洋文化建设的发展目标:到 2020 年,全民海洋意识显著提高,初步形成全社会关心海洋、认识海洋、经略海洋的良好社会氛围;到 2025 年,海洋文化公共产品和服务的供给能力大幅提升,极地文化、大洋文化、海岛文化建设等明显加强,海洋文化重点领域取得跨越式发展,海洋文化遗产得到科学保护、有效传承和适度利用,海洋文化人才队伍基本形成,对外海洋文化交流不断深化,在推动 21 世纪"海洋丝绸之路"建设中发挥更大作用。本章论述的是中国海洋生态文化建设取得的成就,包括海洋生态安全的意识觉醒、海洋生态价值的社会重视、海洋生态经济发展方式转变、海洋生态文化的制度建设、海洋生态文化的公民行为自觉等五部分内容。

第一,海洋生态安全的意识觉醒。国民海洋意识中"海洋生态安全"意识觉醒,国民海洋意识中不仅仅包括海洋国土安全,海洋资源开发利用等,海洋生态安全意识不断强化,可持续的海洋开发利用模式被人们所认可,成为海洋意识的重要组成部分;保护海洋、建设"美丽海洋"的理念进一步提升,建设"美丽海洋"需要与政治、经济、文化和社会等各个方面相贯通、相融合,其中尤其需要社会公众的参与,这源于"美丽海洋"的最终成果是由人民群众来分享的;我国海洋经济发展潜力巨大,不能走"先污染,后治理"的老路,可持续发展是必由之路,要加快海洋生态安全话语体系的建构。

第二,海洋生态价值的社会重视。我国海洋环境的恶化,海洋污染日益严重,海洋生态环境修复亟需面对,海洋可持续发展面临挑战,这些都促使海洋学界向海洋生态环境科学与应用问题研究的转向;对海洋的研究不仅仅是自然科学在技术层面开展的科研活动,海洋科研活动的人文情怀依赖于人文科学,海洋人文社会学在与海洋相关的政治、经济、文化、社会和生态环境方面发挥了不可替代的作用;在2014年和2015年"海疆万里行"活动中,《人民日报》、新华社等大量主流媒体的跟踪报道,更加深入和全面地普及了海洋知识、海洋生态保护的各项政策、各地区海洋生态环境的现状以及沿海地区自然风光等,这进一步激发了公众对海洋生态保护的热情;党的十八大报告提出建设海洋强国,2013年中共中央总书记习近平在主持中共中央政治局第八次集体学习时,指出要把海洋生态文明建设纳入海洋开发总布局之中。2014年和2015年全国"两会",保护海洋生态环境都出现在政府工作报告中,至2016年全国"两会"的政府工作报告中,保护海洋生态环境已经放在拓展蓝色经济空间之前,作为海洋强国战略的重点。

第三,海洋生态经济发展方式转变。加快我国海洋经济发展方式的转变,不断推动海洋产业结构优化升级,提升第三产业的比重,加快第三产业蓬勃发展,促进海洋经济发展与生态保护相协调。国家第十三个五年规划纲要中提出,发展海洋科学技术,重点在深水、绿色、安全的海洋高技术领域取得突破,推进智慧海洋工程建设;我国海洋科考技术日益完善,海洋科技产业蓬勃发展。"蛟龙号""潜龙一号""海龙号""海洋二号""雪龙号"等科考设施已居于世界领先地位,"981"钻井平台、"龙宫"号深海空间站实验平台等海洋开发工程技术日趋成熟,国家海洋高技术产业基地试点,国家科技兴海产业示范基地和工程技术中心建设如火如荼,有效推进;"十三五"时期,我国将实施"蓝色海湾""南红北柳""生态岛礁"等重点工程,积极推进海洋生态建设和整治修复,加快"美丽海洋"建设。此外,重视涉海人才的培养,近年来,涉海高校和海洋研究院所培养了大量的海洋人才,各种形式的海洋人才发展培养计划也为海洋人才的不断增加提供了保障。

第四,海洋生态文化的制度建设。2000年修订的《中华人民共和国海洋环境保护法》在内容上增加了海洋环境监督管理、海洋生态保护、防治海洋工程建设项目对海洋环境的污染等章节,2013年最新版《中华人民共和国海洋环境保护法》的修改明确要求海洋开发要对海洋环境进行科学调

"蛟龙"号模型

查,编报环境影响报告书,勘探开发海洋石油,必须按有关规定编制溢油应急计划。此外,以海洋法、海域法、海岛法为核心的制度体系不断完善,日趋成熟。休渔制度、"海洋生态环境评价制度"、"海洋生态红线制度"的有效施行,人工增殖放流、人工鱼礁(巢)海洋牧场建设、"海洋自然特别保护区"、"海洋生态文明示范区"的建设都为保护海洋生态环境提供了重要保证。

第五,海洋生态文化的公民行为自觉。我国沿海地区的公众开始自觉重视海洋环境,虽然尚未达到人人都能自觉采取各种各样的方式保护海洋环境,但至少鲜有主动破坏海洋生态环境的行为,随着海洋强国战略的不断推进,公民在保护海洋生态环境,实现海洋强国过程中承担了越来越多的责任;海洋生态保护,无论从制度规定或是乡规民约,其根本目的都在于通过强制或非强制手段实现海洋生态环境的可持续发展;在中小学校的海洋生态环境教育中不断加强海洋知识和海洋生态保护的宣传教育,引导学生树立现代海洋观念;建设内容丰富,形式新颖的海洋生态环境教育活动,形成学校、家庭和社会的海洋生态文明教育体系;自2008年起"世界海洋日暨全国海洋宣传日"大型公益活动已经成为常态化的"绿色节日",引导着海洋生态文明建设不断前进。

第一节 海洋生态安全的意识觉醒

一、国民海洋意识中"海洋生态安全"意识的觉醒

21世纪中华民族将海洋意识作为一种社会意识,是指21世纪中华民族作为一个整体,对海洋在中华民族的历史,现实,特别是未来发展中的地位、作用和价值的系统的理性认识。它是中华民族对海洋在建设海洋强国,实现中华民族伟大复兴和推进全人类海洋事业中地位作用的心理倾向和基本认知。① 意识概念的学理性分析主要来自现代心理学,一般认为,意识是个体清醒过程中的觉知状态。另一种广为接受的观点,认为意识是人对环境及自我的认知能力以及认知的清晰程度。在这个意义上,海洋意识应该理解为关于海洋的、与海洋有关的事物和过程的认知能力及觉知状态,海洋意识是人们对人海关系的自觉意识,是人在社会活动中涉海行为的自我反映。②海洋意识,实质上也是在海洋文化层面上讨论关于海洋的价值观,亦即对海洋及其价值的认识和追求这种价值的行为方式。海洋意识包含"重商、冒险和进取、开放和多元"三要素。③ 关于海洋意识的概念目前学界存在诸多不同的界定,但从总体上看,海洋意识可以表述为是对海洋的认识或一种价值观。海洋生态安全意识是海洋意识的组成部分,生态安全意识是关于生态环境的、与生态环境有关的认知能力和觉知状态,在一定程度上,海洋生态安全意识与海洋环境安全意识近似。

近年来,我国经济在快速发展的同时,也给海洋生态安全带来了很大的威胁。根据国家海洋局发布的《2016年中国海洋环境状况公报》,2016年我国海洋生态环境状况基本稳定。近岸局部海域海水环境污染依然严重,春季、夏季和秋季劣于第四类海水水质标准的海域面积分别为42060平方千米、37080平方千米和42760平方千米,主要分布在辽东湾、渤海湾、莱州

---

① 冯梁:《论21世纪中华民族海洋识的深刻内涵与地位作用》,《世界经济与政治论坛》2009年第1期。

② 赵宗金:《海洋文化与海洋意识的关系研究》,《中国海洋大学学报(社会科学版)》2013年第5期。

③ 庄国土:《中国海洋意识发展反思》,《厦门大学学报(哲学社会科学版)》2012年第1期。

湾、江苏沿岸、长江口、杭州湾、浙江沿岸、珠江口等近岸海域,主要污染要素为无机氮、活性磷酸盐和石油类物质。夏季重度富营养化海域面积约1.6万平方千米。河流排海污染物总量居高不下。监测的河口和海湾生态系统仍处于亚健康或不健康状态,赤潮和绿潮灾害影响面积较上年有所增大,局部砂质海岸和粉砂淤泥质海岸侵蚀程度加大,渤海滨海地区海水入侵和土壤盐渍化依然严重。随着对海洋开发利用的不断推进,海洋环境污染和生态破坏不断加剧,国民的海洋生态安全意识不断觉醒,国民开始重视对海洋生态环境的保护。国民海洋意识中不仅仅包括海洋国土安全、海洋资源开发利用等,海洋生态安全意识不断强化,可持续的海洋开发利用模式被人们所认可,都成为海洋意识的重要组成部分。

二、保护海洋、建设"美丽海洋"的理念的提升

党的十八大报告就"大力推进生态文明建设"明确提出了"建设美丽中国"的任务,指出,建设生态文明,是关系人民福祉、关乎民族未来的长远大计。面对资源约束趋紧、环境污染严重、生态系统退化的严峻形势,必须树立尊重自然、顺应自然、保护自然的生态文明理念,把生态文明建设放在突出地位,融入经济建设、政治建设、文化建设、社会建设的各方面和全过程,努力建设"美丽中国",实现中华民族永续发展。

建设"美丽海洋",是建设"美丽中国"的重要内容。"美丽海洋",既是"美丽中国"的"半壁江山",也是"美丽中国"的历史、现实与未来的完整的政治、经济、社会与文化的不可或缺有机内涵。没有"美丽海洋",就谈不上"美丽中国"。

中国海域纵跨3个温度带(暖温带、亚热带和热带),具有海岸滩涂生态系统和河口、湿地、海岛、红树林、珊瑚礁、上升流及大洋等各种生态系统。所有这些广袤海洋国土上的海陆景观及其环境资源,都需要加大保护力度,才可以形成"美丽海洋"。

海洋与陆地地理与环境资源的一体性,决定了建设"美丽海洋"与建设"美丽中国"的一体性。党的十八大明确指出,必须坚持节约资源和保护环境的基本国策,坚持节约优先、保护优先、自然恢复为主的方针,着力推进绿色发展、循环发展、低碳发展,形成节约资源和保护环境的空间格局、产业结构、生产方式、生活方式,从源头上扭转生态环境恶化趋势,为人民创造良好生产生活环境,为全球生态安全作出贡献。这是建设"美丽中国"的必要手

段和必然途径,同时也是建设"美丽海洋"的必要手段和必然途径。而且,由于海洋环境资源的污染与破坏主要是陆源污染与破坏,从"源头治理"角度看,国家层面和内陆地区层面建设"美丽中国"的责任,其中也包含着建设"美丽海洋"的内容。

从国家层面和沿海地区层面而言,建设"美丽海洋"需要与政治、经济、文化和社会等各个方面相贯通、相融合。在政治层面,要把建设"美丽海洋"作为实现海洋强国战略的重要内容。从我国的现实国情出发,中国海洋强国的内涵应该包括认知海洋、利用海洋、生态海洋、管控海洋、和谐海洋五个方面。[①] 海洋强国战略的提出和实行,为建设美丽海洋提供了重要的政治保障。在经济方面,海洋经济不断展现出其蕴含的实力,海洋经济越来越成为推动国家经济发展的重要力量,可持续的发展海洋经济是发展的必由之路。在文化方面,海洋文化和海洋意识的塑造以及对海洋文化遗产的保护都应重视。海洋文化的建设,一方面要加强海洋文化与传统文化的融合,我国传统文化中海洋文化不足,但是在建设海洋强国的过程中要积极将其与传统文化的优秀部分结合,培养具有中国特色的海洋强国文化。另一方面,要加强海洋文化产业的培养,促进海洋文化的产业化发展,提高文化产业对建设海洋强国的促进能力。旨在贯彻落实建设海洋强国和 21 世纪海上丝绸之路等国家战略,在全国范围内普及海洋知识,弘扬海洋文化,提升海洋意识。纲要期限为 2016 年至 2020 年。在社会方面,建设"美丽海洋"离不开社会力量的参与,积极培养社会力量十分迫切。改变政府作为主导力量的传统,鼓励民间力量、社会力量参与海洋强国的建设。与发达国家相比,我国无论是公民参与还是非政府组织的发展都不足,所以需为社会力量参与提供渠道,促进其发展。"美丽海洋"的最终成果是由人民群众来分享的,所以提高公民参与率对海洋强国建设也是具有促进作用的。

三、"海洋经济发展"诉求向"海洋生态安全"话语的转变

我国近海渔业资源可开发潜力在 5350.56 亿—21450.45 亿元之间,平均为 10773.76 亿元;海洋交通运输业的发展潜力为 35526.25 亿元;海洋石油资源可开采潜力为 152364.5 亿元;海洋盐业发展潜力在 223.92 亿—3826.09 亿元之间,平均为 706.26 亿元;滨海旅游业发展潜力为 7186.83

---

① 刘赐贵:《关于建设海洋强国的若干思考》,《海洋开发与管理》2012 年第 12 期。

亿—106922.4 亿元,平均为 16061.31 亿元。未来国际海底区域海洋经济发展潜力为 26 亿—36 亿美元,平均为 31 亿美元,约合人民币 212 亿元。我国未来海洋经济发展潜力应为海洋资源总价值扣除生态环境灾害造成损失后的价值,通过计算可得,我国海洋经济发展潜力在 199737.16 亿—320335.57 亿元,平均为 214150.1 亿元。[①]因此,建设海洋强国必须着力推动"海洋经济发展"诉求向"海洋生态安全"话语的转变。中国东部沿海是经济发达的地区,也是沿海地区,是海洋强国战略实施的桥头堡。山东省提出打造"山东半岛蓝色经济区",建设海上山东,江苏省发出"向海洋进军"的号召,上海则瞄准世界一流,打造国际航运中心,大力发展海洋经济成为沿海各地区的普遍共识,发展海洋经济必须重视海洋生态安全,不能走"先污染,后治理"的老路。

海洋生态安全是指与人类生存、生活和生产活动相关的海洋生态环境及海洋资源不受到威胁和破坏,主要包含两方面的含义:一是海洋生态系统受人类活动的影响要降低到可控制的程度,防止由于海洋生态环境的退化对海洋经济乃至国民经济基础构成威胁,主要指环境质量状况低劣和自然资源的减少与退化削弱了经济可持续发展的支撑能力;二是对当前海洋生态的问题要采取措施进行补救,防止由于沿海生态环境破坏和海洋资源短缺引发人民群众的不满,特别是环境移民的大量产生,从而导致社会格局的动荡。[②] 海洋经济快速发展的背景下海洋生态安全话语体系不断加强,政府从宏观层面出台一系列政策,引导经济发展和生态环境的相协调,十二届全国人大常委会第十九次会议表决通过了《中华人民共和国深海海底区域资源勘探开发法》(简称《深海法》),该法强调勘探开发过程中的海洋环境保护,最大程度的减少海洋开发活动对海洋生态环境造成的不良影响。科研院所和涉海高校也为海洋生态安全话语体系的构建做出了不懈的努力,通过技术革新进一步促进了海洋生态平衡。此外,媒体应该积极承担其自身责任,通过多种媒介宣传海洋生态安全的重要性,引起更多人的重视,从而进一步巩固和加强话语体系建设。除此之外,社会团体的力量也不可忽视,它代表社会不同方面的利益群体,他们可以从不同角度、不同领域关注海洋生态安全,从不同渠道发声,加强海洋生态安全的话语体系。社会团体和公众也越来越重视海洋生态安全,进一步促进了这一话语体系的发展和巩固。

---

① 刘明:《中国海洋经济发展潜力分析》,《中国人口·资源与环境》2010 年第 6 期。

② 杨振姣、姜自福:《海洋生态安全的若干问题——兼论海洋生态安全的含义及其特征》,《太平洋学报》2010 年第 6 期。

第二节　海洋生态价值的社会重视

一、海洋学科界向海洋生态环境科学与应用问题研究的转向

美国国家科学院发布的关于海洋研究的十年调查报告,未来十年(2015—2025 年)NSF 支持优先研究的大方向,其中大部分优先被支持的议题本质上是关于人类对海洋的开发利用对海洋造成了何种影响,并且今后如何补救对海洋生态系统的破坏。2010 年英国政府正式发布《英国海洋科学战略》报告,战略提出优先支持以下三方面的研究:研究海洋生态系统如何运行;研究如何应对气候变化及其与海洋环境之间的互动关系;增加海洋的生态效益并推动其可持续发展。在中国,海洋环境的恶化和海洋污染的日益严重,海洋生态环境修复任务繁重,海洋可持续发展面临挑战,这些都促使海洋学界向海洋生态环境科学与应用问题研究的转向。21 世纪是海洋世纪已得到大多数人的认可,在向海洋进军的同时,海洋生态安全也逐渐被越来越多的学者所重视。对海洋生态安全的研究也是一个从无到有,逐渐深入的过程。目前研究涵盖了海洋生态安全的内涵,海洋生态安全存在的问题,海洋生态安全与海洋经济安全,海洋生态安全对国际关系的影响,海洋生态安全对社会安全的影响,海洋生态安全法律体系,海洋生态环境监测与评价体系,海洋生态系统管理体系,海洋生态安全社会价值体系等方面的内容。[①] 通过梳理海洋学界相关文献可以发现,海洋生态环境越来越受到学者的关注,比如对赤潮、海洋垃圾、海洋污染物、海洋工程等对海洋生态环境破坏的相关研究、对诸如海洋溢油等海上突发性污染事故的应急处置技术的研究,对海洋生态修复技术的研究等等。此外,根据 2014 年度海洋科学技术奖获奖项目名单显示,海洋生态环境科学与应用问题研究数量较多,比如,渤海海洋生态环境监测集成技术系统、我国近岸海域生态系统健康评价体系的建立及应用、海岸带区域综合承载力评估与决策技术集成及示范研究、东海区典型城市风暴潮灾害辅助决策系统研究与应用、珠江口咸潮数值预报技术研究及应用、沿岸浑浊水体光学遥感探测技术及在渤黄海

---

① 杨振姣、姜自福、罗玲云:《海洋生态安全研究综述》,《海洋环境科学》2011 年第4 期。

的业务应用等等。这些都表明海洋学界向海洋生态保护和环境修复等研究方向的转向。

二、海洋人文社会学界对海洋生态影响社会发展问题的关注

海洋发展研究作为一个全新的研究领域,具有显著的综合型、整体性、多学科交叉性等特点,它必然要涉及经济、管理、政治、法律、历史、社会、科技等多个研究领域。海洋经济研究的目标在于探索通过海洋开发利用促进经济繁荣和可持续发展的途径;海洋管理研究的目标在于借助计划、组织、领导和控制等手段,实现对海洋开发利用活动中各种资源的合理配置;海洋政治研究的目标在于处理国际关系领域的海洋矛盾,服务于国际海洋秩序的建立;海洋法律研究的目标在于探索海洋法律制度的建设与完善;海洋历史研究的目标在于如何继承和发展海洋文明以及借鉴人类与海洋关系的经验与教训;海洋社会研究的目标在于构建人类与海洋互动关系的良性模式;海洋科技发展战略研究的目标在于寻求海洋发展的科学理论与技术支撑,并协调科技与海洋发展之间的关系。它们不仅彼此之间存在着密切的内在联系,而且需要得到海洋自然科学的强有力的支持。[①] 海洋的研究不仅涉及自然科学的相关学科,还涉及人文科学,只有实现不同学科的交叉渗透,才能进一步促进海洋实践活动的可持续进行。

海洋人文社会学在与海洋相关的政治、经济、文化、社会和生态环境方面发挥了不可替代的作用。比如对"海洋生态经济系统"的研究,海洋生态经济系统是由海洋生态系统、海洋经济系统与海洋社会系统相互作用、相互交织、相互渗透而构成的具有一定结构和功能的特殊复合系统。构建出用以促进协调发展的海洋经济主导型、海洋生态主导型、海洋社会节约型三种基本模式,以期为我国海洋生态经济可持续发展提供参考。[②] 海洋环境问题治理与法律,海洋环境法律规则在区域化调整方法的运行中,区域合作手段必将是区域化调整方法的重心及重要实现路径。[③] 海洋环境问题与社会学,海洋环境社会学研究的是人的群体行为与海洋环境之间的相互影响,海洋问题所引发的环境公正问题比其他任何环境问题都突出,国与国之间、省

---

①　http://www.bbwfish.com/article.asp？artid=5234.

②　高乐华、高强、史磊:《我国海洋生态经济系统协调发展模式研究》,《生态经济》2014 年第 2 期。

③　钭晓东:《区域海洋环境的法律治理问题研究》,《太平洋学报》2011 年第 1 期。

与省之间、沿海地区与内陆之间、不同的阶层之间,对于海洋环境的使用是极其不公正的,因此这一现实问题直接影响海洋环境保护与可持续发展的成效,这是一项重大的理论难题。海洋环境社会学研究的内容主要包括,第一,陆源污染物排海严重,海陆社会利益关系需要协调;第二,海洋环境保护工程的社会学研究;第三,沿海地区人口、经济、社会与环境关系的研究;第四,海洋区域环境保护、治理的社会学理论与应用研究。海洋环境社会学的研究领域十分广阔,并不限于此,还有很多问题值得研究,例如海洋环境意识与公众参与;海洋环境教育;海洋环境文化;海洋环境保护与科学技术;海洋环境保护非政府组织与群体研究;沿海城市化、工业化与环境保护研究;沿海滩涂开发与海洋环境保护;渔民、渔业、渔村与海洋环境的相互影响等等。①

三、"海疆万里行",媒体聚焦海洋生态环境问题

2014 年"海疆万里行"大型采访活动的主题是"探源海上丝路　开创蓝色辉煌"。活动沿着海洋经济和水下文物考古两条线索展开,重点宣传我国海上丝绸之路文化保护和当前沿海区域海洋经济发展的特色、亮点等。海洋经济方面,选取了 3 个国家级海洋经济区,即山东蓝色半岛经济区、浙江海洋经济发展示范区和广东海洋经济综合试验区,并将青岛、舟山和珠海 3 个城市作为重点采访对象。2015 年"海疆万里行",国家海洋局以"弘扬生态文明、建设美丽海洋"作为活动主题,由局办公室会同环保司共同组织中央主流媒体对山东日照国家级海洋生态文明示范区、浙江洞头国家级海洋生态文明示范区、福建东山国家级海洋生态文明示范区、广西山口红树林生态自然保护区、海南三亚珊瑚礁国家级自然保护区、国家海洋局芷锚湾海洋环境监测站和深圳市海洋环境与资源监测中心 7 个站点进行实地采访,主要内容是采访上述站点在海洋生态保护与建设方面的有益探索、成功经验和典型事例,重点报道海洋生态文明示范区、海洋保护区和海洋环境监测机构在建设和管理方面取得的实际成效,及其在维护海洋生态安全、促进经济社会可持续发展方面发挥的推动和示范作用。2015 年"海疆万里行"系列主题宣传报道活动由《人民日报》、新华社、《经济日报》、《中国日报》、中国新闻社、《中国海洋报》、《海洋世界》杂志社、中国网等十多家中央媒体组

---

① 王书明:《海洋环境问题的社会学解读》,《自然辩证法研究》2006 年第 8 期。

成的报道团深入进行报道。

媒体对海洋生态环境问题具有较强的建构作用。近年来媒体越来越多的聚焦于海洋生态环境问题,在"海疆万里行"的跟踪报道中内容更加深入和全面,对海洋生态保护的各项政策、各地区海洋经济的发展状况、各地区海洋资源、各地区海洋生态环境的现状以及沿海地区自然风光等内容都进行了相关报道,特别是对相关地区海洋自然生态环境的报道,通过丰富、直观的图像资料进一步激发了公众对海洋生态保护的热情。此外,各主流媒体也对海洋生态环境污染等问题进行了相关报道,在近年来发生的海洋环境污染事件中媒体发挥了一定的舆论监督作用,2011 年 6 月山东蓬莱发生溢油、2011 年 7 月大连新港发生爆炸、2013 年青岛黄岛区输油管道爆炸,这些事故与海洋生态环境密切相关,事故发生后包括主流媒体在内的大量新闻媒体都进行了相关报道。在当前网络媒体中,部分媒体还开辟了海洋专栏,专门就与海洋相关的问题进行全面的报道,海洋生态环境问题不断受到媒体重视。

四、"海洋生态文明"上升为国家"海洋强国"战略的重要组成部分

党的十八大报告提出,提高海洋资源开发能力,发展海洋经济,保护海洋生态环境,坚决维护国家海洋权益,建设海洋强国。2013 年中共中央总书记习近平在主持中共中央政治局第八次集体学习时指出,要把海洋生态文明建设纳入海洋开发总布局之中,坚持开发和保护并重、污染防治和生态修复并举,科学合理开发利用海洋资源,维护海洋自然再生产能力。2014 年全国"两会"上,李克强总理在政府工作报告中指出,要坚持陆海统筹,全面实施海洋战略,发展海洋经济,保护海洋环境,坚决维护国家海洋权益,大力建设海洋强国。2015 年全国"两会"上,李克强总理在政府工作报告中指出,我国是海洋大国,要编制实施海洋战略规划,发展海洋经济,保护海洋生态环境,提高海洋科技水平,强化海洋综合管理,加强海上力量建设,坚决维护国家海洋权益,妥善处理海上纠纷,积极拓展双边和多边海洋合作,向海洋强国的目标迈进。2016 年全国"两会"上,李克强总理在政府工作报告中提出,制定国家海洋战略,保护海洋生态环境,拓展蓝色经济空间,建设海洋强国。

第十二届全国人民代表大会第四次会议公布的《中华人民共和国国民经济和社会发展第十三个五年规划纲要(草案)》包含许多与海洋相关的内

容。在加强海洋资源环境保护方面,明确要深入实施以海洋生态系统为基础的综合管理,推进海洋主体功能区建设,优化近岸海域空间布局,科学控制开发强度。严格控制围填海规模,加强海岸带保护与修复,自然岸线保有率不低于35%。严格控制捕捞强度,实施休渔制度。加强海洋资源勘探与开发,深入开展极地大洋科学考察。实施陆源污染物达标排海和排污总量控制制度,建立海洋资源环境承载力预警机制。建立海洋生态红线制度,实施"南红北柳"湿地修复工程和"生态岛礁"工程,加强海洋珍稀物种保护。加强海洋气候变化研究,提高海洋灾害监测、风险评估和防灾减灾能力,加强海上救灾战略预置,提升海上突发环境事故应急能力。实施海洋督察制度,开展常态化海洋督察。海洋强国战略的实施过程中,海洋生态环境保护始终被置于重要位置,海洋生态环境的保护是海洋强国建设的重要内容。

第三节 海洋生态经济发展方式转变

一、海洋经济发展与开发利用方式的转变

2012年,财政部、国家海洋局在山东(青岛)、浙江(宁波)、福建(厦门)和广东(深圳)四个海洋经济试点省开展了海洋经济创新发展区域示范工作,重点支持海洋生物和海洋装备等海洋战略性新兴产业。2014年,为发展海洋装备及海水利用产业,又新增了天津、江苏两个试点。自2012年区域示范工作开展以来,财政部、国家海洋局共下达补助资金31亿多元;据估算,2014年,10省市海洋生物等战略性新兴产业新增产值累计达1200多亿元。① 根据国家海洋局发布的《2016年中国海洋经济统计公报》,2016年全国海洋生产总值70507亿元,比上年增长6.8%,海洋生产总值占国内生产总值的9.5%。其中,海洋产业增加值43283亿元,海洋相关产业增加值27224亿元。海洋第一产业增加值3566亿元,第二产业增加值28488亿元,第三产业增加值38453亿元,海洋第一、第二、第三产业增加值占海洋生产总值的比重分别为5.1%、40.4%和54.5%。

---

① 中国海洋报讯(记者周超):《海洋经济创新发展工作座谈会在京召开》,国家海洋局网,2015年6月17日。http://www.soa.gov.cn/xw/dfdwdt/jgbm_155/201506/t20150617_38584.html,2016/4/8查阅。

第十三个五年规划纲要（草案）提出，要进一步壮大海洋经济，优化海洋产业结构，发展远洋渔业，推动海水淡化规模化应用，扶持海洋生物医药、海洋装备制造等产业发展，加快发展海洋服务业。发展海洋科学技术，重点在深水、绿色、安全的海洋高技术领域取得突破。推进智慧海洋工程建设。创新海域海岛资源市场化配置方式。深入推进山东、浙江、广东、福建、天津等全国海洋经济发展试点区建设，支持海南利用南海资源优势发展特色海洋经济，建设青岛蓝谷等海洋经济发展示范区。海洋经济的发展需要特别重视产业结构的合理化，大力发展第三产业，提高第一、第二产业中的科技水平，合理的产业结构有助于为海洋经济发展提供不竭的发展动力。海洋经济为沿海地区的经济发展带来了巨大的推力，也为国家经济增长带来了动力，海洋经济发展需要改变发展思路，创新发展方式，提高经济发展效率，保障经济发展稳定，改变粗放型的海洋开发利用模式，实现经济发展和海洋生态环境保护的相适应，实现海洋经济发展的可持续。

二、科技支撑与生态意识引领

科考技术日益完善。中国大洋科考有"三龙体系"，包括"蛟龙"号、"潜龙一号"、"海龙"号。"蛟龙"号目前最大下潜深度已达 7000 米以上，理论上它的工作范围可覆盖全球 99.8% 海洋区域。"潜龙一号"是中国国际海域资源调查与开发"十二五"规划重点项目之一，是中国自主研发、研制的服务于深海资源勘察的实用化深海装备。"海龙"号是我国目前下潜深度最大、工作能力最强的水下机器人，为海底探索提供了重要支撑。"海洋二号"卫星是中国第一颗海洋动力环境监测卫星，主要任务是监测和调查海洋环境，是海洋防灾减灾的重要监测手段。此外"981"钻井平台、"龙宫"号深海空间站实验平台等海洋开发工程技术日趋成熟，在极地科考方面，中国极地考察船"雪龙"号于 1994 年 10 月首次执行南极科考和物资补给运输。

海洋科技产业蓬勃发展。2011—2013 年，国家海洋局已先后认定上海临港、福建诏安、江苏大丰和大连等四个国家科技兴海产业示范基地。此后，国家海洋局又批准将青岛海洋新兴产业示范基地、厦门海洋生物产业示范基地、广州南沙新区科技兴海产业示范基地，认定为国家科技兴海产业示范基地。"十三五"时期，我国将计划实施 100 个重大工程及项目，其中涉海工程包括建设深海空间站。发展深海探测、大洋钻探、海底资源开发利

981 钻井平台

用、海上作业保障等装备和系统,推动深海空间站、大型浮式结构物开发和工程化。大力推进上海、天津、大连、厦门等国际航运中心建设,提高港口智能化水平。加快构建车联网、船联网。推动致密油、油砂、深海石油勘探开发和油页岩综合开发利用。在胶州湾、辽东湾、渤海湾、杭州湾、厦门湾、北部湾等开展水质污染治理和环境综合整治。突破"龙宫一号"深海实验平台建造关键技术。在北极合作新建岸基观测站,在南极新建科考站,新建先进破冰船,提升南极航空能力。逐步形成全球海洋立体观(监)测系统。

三、海洋生态保护与管理

"十三五"时期,我国将实施"蓝色海湾""南红北柳""生态岛礁"等重点工程,积极推进海洋生态建设和整治修复,加快"美丽海洋"建设。其中,在"蓝色海湾"整治工程中,国家海洋局将结合陆源污染治理,实施环境综合整治、退堤还海、清淤疏浚等措施,恢复和增加海湾纳潮量,因地制宜建设海岸公园、人造沙质岸线等海岸景观,推动 16 个污染严重的重点海湾综合治理,完成 50 个沿海城市毗邻重点小海湾的整治修复。"南红北柳"生态工程是指因地制宜开展滨海湿地、河口湿地生态修复工程。南方以种植红树林为代表,海草、盐沼植物等为辅,新增红树林 2500 公顷;北方以种植柽柳、芦苇、碱蓬为代表,海草、湿生草甸等为辅,新增芦苇 4000 公顷、碱蓬 1500 公顷、柽柳林 500 公顷。在"生态岛礁"修复工程中,我国将开展受损岛体、植被、岸线、沙滩及周边海域等修复,开展海岛珍稀濒危动植物栖息地生态调查和保育、修复,恢复海岛及周边海域生态系统的服务功能。同时,实施领海基点海岛保护工程,开展南沙岛礁生态保护区建设等。

海洋生态保护与管理离不开海洋人才,近年来,涉海高校和海洋研究院所培养了大量的海洋人才,此外,各种形式的海洋人才计划也为海洋人才的不断增加提供了保障,例如,"海洋人才港"工程,该工程旨在实现用人单位与高校积极互动,对学生直接引导,促进了在校大学生、高校相关院系、高校就业指导部门三级联动,2014 年直接报名参与"海洋人才港"的在校大学生人数达 2000 余人,覆盖全国约 60 所院校。国家海洋局还计划在"海洋人才港"建设框架下,启动西部高校学生到东部海洋科研单位开展实习实践的专项计划(简称"百川入海"计划),通过西部高校学生与涉海单位的交流互动,进一步促进海洋知识普及,强化海洋文化传播,提高学生的海洋意识。

第四节　海洋生态文化的制度建设

一、《海洋环保法》最新版对"海洋生态文明"建设的强化

《中华人民共和国海洋环境保护法》总则指明,"为了保护和改善海洋

环境,保护海洋资源,防治污染损害,维护生态平衡,保障人体健康,促进经济和社会的可持续发展,制定本法。"1999 年 12 月 25 日由中华人民共和国第九届全国人民代表大会常务委员会第十三次会议修订通过,自 2000 年 4 月 1 日起施行。修订后《中华人民共和国海洋环境保护法》在内容上增加了海洋环境监督管理、海洋生态保护、防治海洋工程建设项目对海洋环境的污染等章节,确立了重点海域污染物总量控制制度、海洋污染事故应急制度、船舶油污损害民事赔偿制度和船舶油污保险制度等,强化了法律责任,实现了与国际公约的接轨。2012 年国务院将修订完善这部法律列入当年的工作计划。2013 年 12 月 28 日中华人民共和国第十二届全国人民代表大会常务委员会第六次会议通过《全国人民代表大会常务委员会关于修改〈中华人民共和国海洋环境保护法〉等七部法律的决定》。最新版《中华人民共和国海洋环境保护法》将第四十三条修改为:"海岸工程建设项目的单位,必须在建设项目可行性研究阶段,对海洋环境进行科学调查,根据自然条件和社会条件,合理选址,编报环境影响报告书。环境影响报告书报环境保护行政主管部门审查批准。环境保护行政主管部门在批准环境影响报告书之前,必须征求海洋、海事、渔业行政主管部门和军队环境保护部门的意见";将第五十四条修改为:"勘探开发海洋石油,必须按有关规定编制溢油应急计划,报国家海洋行政主管部门的海区派出机构备案。"

海洋环保法包括总则、环境监督、生态保护、防治陆源污染物对海洋环境的污染损害、防治海岸工程建设项目对海洋环境的污染损害、防治海洋工程建设项目对海洋环境的污染损害、防治倾倒废弃物对海洋环境的污染损害、防治船舶及有关作业活动对海洋环境的污染损害、法律责任、附则等内容,海洋环保法为海洋环境的保护提供了法律依据,进一步强化了海洋生态文明建设。

二、以海环法、海域法、海岛法为核心的制度体系

加强对海洋资源与环境的综合管理,规范海洋开发利用秩序,是实现海洋经济可持续发展的根本保证。通过制定海洋法依法维护我国领土主权、海洋安全和海洋权益,阐述我国的海洋基本政策,加强海洋综合管理,存在必要性。海洋法目前有两种解释,一是确定各海域的法律地位并调整各国在海洋利用各个领域中的关系的原则、规则和规章、制度的总体。二是海洋法就是规定海洋各个海域的法律地位和法律制度并调整各国在其中从事各

种活动的原则、规则和规章制度的总体。我国海洋单独立法的称谓宜采用海洋法。在法的位阶中,海洋立法属于基本法律,不属于宪法性法律,进而也就不属于基本法范畴。制定海洋法与现存其他涉海立法之间并不存在冲突或重复,海洋法的出台应当与国家海洋战略相呼应。我国海洋法应当对我国海洋基本政策、海洋管理体制、海上执法力量、海上通道安全和我国在管辖外海域海洋权益作出具体规定。①

《中华人民共和国海域使用管理法》于2001年10月27日通过,自2002年1月1日起施行。其内容包括,总则、海洋功能区划、海域使用的申请与审批、海域使用权、海域使用金、监督检查、法律责任以及附则等部分。该法的制定为了加强海域使用管理,维护国家海域所有权和海域使用权人的合法权益,促进海域的合理开发和可持续利用。《海域使用管理法》是我国加强海洋管理的一项重要举措,也是适应世界海洋综合管理潮流的一个重大创新。为实现海洋管理统一、有序、有力的目标,国务院又于2004年9月印发了《关于进一步加强海洋管理工作若干问题的通知》。紧接着,曾培炎副总理代表党中央、国务院在全国海洋系统表彰大会上就进一步强化海洋管理工作作出了重要指示。这都为我们促进海洋管理工作再上新台阶、再创新局面奠定了坚实的基础。② 海岛保护法,是一部以保护海岛生态为目的的海洋法律,从制度设计和具体内容而言,都不涉及海岛主权问题,是在主权既定前提下的一部保护海岛生态的行政法。该法的制定是为了保护海岛及其周边海域生态系统,合理开发利用海岛自然资源,维护国家海洋权益,促进经济社会可持续发展,主要包括总则、海岛保护规划、海岛的保护(一般规定、有居民海岛生态系统的保护、无居民海岛的保护、特殊用途海岛的保护)、监督检查、法律责任和附则等部分。

三、休渔制度,海洋渔业资源生态保护的强制性措施

休渔制度是为了让海洋中的鱼类有充足的繁殖和生长时间。休渔期一般是在伏季,此外还有禁渔区,该区域常年不允许捕捞,主要是繁殖场或越冬场等。我国自1995年开始,在东海、黄海、渤海海域实行全面伏季休渔制度。东海海域通过几年的休渔有效地保护了以带鱼为主的主要海洋经济鱼

---

① 李志文、马金星:《论我国海洋法立法》,《社会科学》2014年第7期。
② 王曙光:《在海洋管理专题研究班上的讲话》,《海洋开发与管理》2005年第6期。

类资源。从1999年开始,南海海域也开始实施伏季休渔制度。几大海域的具体休渔时间长短各不相同,但主要集中在六、七、八、九这几个月之间。2009年,农业部对海洋伏季休渔制度进行了调整完善,黄渤海、东海和南海三个海区的休渔时间统一向前延长半个月,使三大海区的休渔时间分别达到两个半月至三个半月。其中,黄渤海三个月,东海三个半月,南海两个半月。伏季休渔制度的实行,为我国近海鱼类生长繁育提供了时间和空间条件,有效保护和改善了海洋生态环境,使海洋渔业资源得到休养生息,对渔业资源养护和渔获量增加的作用明显。[①] 休渔制度的实行对于保护不断枯竭的海洋渔业资源具有重要的意义,促进了渔业经济的可持续发展,为海洋生态环境的保护提供了一定的支撑。

　　海洋渔业资源生态保护的强制性措施对于促进海洋渔业资源的保护也具有重要价值,这些强制性措施包括国家层面的和地方层面的,国家层面的包括我国自1987年开始实行"双控",即对全国海洋捕捞渔船船数和功率数实行总量控制,此外,还包括人工渔礁建设,增殖放流及海洋捕捞产量"零增长""负增长"策略等。地方层面因地制宜地制定和开展相关活动,2014年福建海洋生态·渔业资源保护十大行动推进会明确指出严格执行休渔专项行动、全面实施捕捞标准渔具专项行动、开展大规模水生生物增殖放流专项行动、保障水产品质量安全专项行动、严厉打击渔船违规专项执法行动、加快海洋牧场建设专项行动、海洋渔业环境监测与疫病防控专项行动、渔业科技创新服务专项行动、渔民教育培训专项行动和促进公众参与海洋与渔业资源保护专项行动。

四、人工增殖放流、人工鱼礁(巢)海洋牧场建设

　　海洋牧场是指在一个特定的海域内,建设适应水产资源生态的人工栖息场所,采用增殖放流、移植放流的方法将生物苗种经过中间育成或人工驯化后放入海洋,利用海洋自然生产力进行育成,并建立一整套系统化的渔业设施及管理手段,通过鱼群控制技术和环境检测技术进行科学管理以增大资源量,改善渔业结构的一种系统工程和未来型渔业模式。即建立有计划、

---

① 王夕源:《海洋生态渔业:我国伏季休渔制度的优化方向》,《中国渔业经济》2012年第2期。

有目的地海上放养鱼虾贝类的大型人工渔场。① 随着科技的进步和发展方式的转变,"智慧海洋牧场"也被提出,智慧海洋牧场是指在海洋牧场建设中引入物联网、传感、云计算等新技术,在运行中高度智能化、数字化、网络化和可视化,从而具有更高生产效率、环境亲和度和抗风险能力的新型海洋牧场。② 海洋牧场的建设是为了改善日益枯竭的海洋渔业资源现状,海洋牧场的建设对于海洋渔业经济的发展和海洋生态环境的保护意义非凡,未来仍然需要进一步增强海洋牧场的建设,发挥海洋牧场对海洋生物资源和生态环境的积极作用。海洋牧场在沿海地区广泛建设。辽宁省通过底播增殖、增殖放流和人工鱼礁建设三条途径建设海洋牧场。2016—2020 年,辽宁省将继续建设苗种基础设施 100 万立方米以上,增殖放流经济品种 250 亿单位以上,扩建人工鱼礁区 15 万亩以上;海南省水产研究所编制的《海南省海洋牧场建设规划(2013—2020)》计划在 8 年内将在适当海域投放 100 万空方的人工鱼礁(平均每个鱼礁约 1.5 空方),同时开展人工渔业增殖放流活动;至 2014 年,山东省青岛市已经建成和在建的包括王哥庄海域、五丁礁海域、大管岛海域、石岭子礁海域、斋堂岛海域、海泉海洋牧场等增殖休闲型人工鱼礁区和崂山湾公益型海洋牧场等 8 处人工鱼礁。

五、"海洋自然特别保护区"与"海洋生态文明示范区"的建设

海洋自然保护区建设。海洋自然保护区是国家为保护海洋环境和海洋资源而划出界限加以特殊保护的具有代表性的自然地带,是保护海洋生物多样性,防止海洋生态环境恶化的措施。此外为加强海洋自然保护区的建设和管理,1995 年还制定和实施了《海洋自然保护区管理办法》。办法规定,海洋自然保护区的选划、建设和管理,实行统一规划、分工负责、分级管理的原则。国家海洋行政主管部门负责研究、制定全国海洋自然保护区规划;审查国家级海洋自然保护区建区方案和报告;审批国家级海洋自然保护区总体建设规划;统一管理全国海洋自然保护区工作。沿海省、自治区、直辖市海洋管理部门负责研究制定本行政区域毗邻海域内海洋自然保护区规划;提出国家级海洋自然保护区选划建议;主管本行政区域毗邻海域内海洋

---

① 杨瑾、王维:《建设海上牧场振兴海洋渔业经济》,《海洋开发与管理》2011 年第 9 期。

② 王恩辰、韩立民:《浅析智慧海洋牧场的概念、特征及体系架构》,《中国渔业经济》2015 年第 2 期。

自然保护区选划、建设、管理工作。海洋自然保护区建设,对于有效解决海洋生态环境破坏,提升我国海洋生态文明建设总体水平,具有十分重要的意义。

2012年国家海洋局发布了《关于开展"海洋生态文明示范区"建设工作的意见》,意见明确指出深入开展海洋生态文明示范区建设,积极探索沿海地区经济社会与海洋生态环境相协调的科学发展模式,是落实科学发展观的重要举措。努力推进海洋生态文明建设,对于促进海洋经济发展方式转变,提高海洋资源开发、环境保护、综合管理的管控能力和应对气候变化的适应能力,实现"十二五"海洋事业发展战略目标,推动我国沿海地区经济社会和谐、持续、健康发展都具有重要的战略意义。在海洋生态文明示范区建设方面,国家海洋局于2013年2月16日对外公示了山东省威海市、日照市、长岛县,浙江省的象山县、玉环县、洞头县,福建省的厦门市、晋江市、东山县,广东省的珠海横琴新区、徐闻县、南澳县在内的12个市(县)为国家级海洋生态文明示范区。2015年12月,国家海洋局又批准确定辽宁省盘锦市、大连市旅顺口区,山东省青岛市、烟台市,江苏省南通市、东台市,浙江省嵊泗县,广东省惠州市、深圳市大鹏新区,广西壮族自治区北海市,海南省三亚市和三沙市12个市(区)、县为国家级海洋生态文明建设示范区,[①]并于2016年1月予以公布。至此,国家级海洋生态文明示范区总数已达24个。

海洋生态文明示范区是海洋生态文明建设的重要载体,是深化海洋综合管理,促进海洋强国建设的重要抓手,对于推动沿海地区经济、社会发展方式转变,实现海洋环境生态融入沿海经济社会发展具有重要作用。深圳市大鹏新区等12个申报地自然禀赋和生态保护条件优越,海洋资源开发布局合理,海洋优势特色凸显,区域生态文明建设发展整体水平较高,对引领带动沿海地区海洋生态文明建设、推动全国沿海地区开展海洋生开展海洋生态文明示范区建设工作具有重要意义。国家海洋局要求,示范区建设要突出创新、示范引领,合理布局海洋资源开发与利用,加大建设投入和政策支持力度,落实各项建设任务,积极探索海洋生态文明建设示范区在规划实施、制度建设、投入机制、科技支撑等方面的经验,形成可复制、可推广的模式,为全国海洋生态文明建设发挥示范带动作用。下一步,国家海洋局将加

---

① 刘颖:《12地区获批成为国家级海洋生态文明建设示范区》,国家海洋局网,2015—12—30,http://www.soa.gov.cn/bmzz/jgbmzz2/sthjbhs/201512/t20151230_49492.html,2016/4/7查阅。

强对示范区的监督考核,完善长效管理机制,定期开展示范区建设评估,对考核不合格的示范区予以摘牌,并向社会公布结果。①

海洋生态示范区建设,应该注重时代定位和历史定位,这既是对以往破坏海洋生态情景的纠正,也是对现有海洋生态资源的科学规划,更是建设海洋生态文明的必由之路;示范区建设更应注重地区体验及自主性建设,提升地区品牌意识,以期达到辐射扩散的功效;示范区建设还应注重要素集成与协同,综合运用技术逻辑、资本逻辑、政治逻辑、社会逻辑、文化逻辑等在生态价值追求中应对建设过程中出现的各种挑战。②

六、"海洋生态环境评价制度"与"海洋生态红线制度"的施行

2014 年国家海洋局发布了关于加强海洋生态环境监测评价工作的若干意见,《意见》指出海洋生态环境监测评价是认知海洋的重要途径,是海洋事业发展的基础,是各级政府保护海洋环境的重要管理手段,要进一步健全国家(海区)—省(中心站)—市(海洋站)—县四级监测业务布局,实施分级负责、面向地方政府的海洋生态环境质量通报制度,对环境热点问题及海洋环保工作落实情况实施通报,督促地方政府落实海洋环保责任。建立监测评价工作的考核与监督制度,对年度监测工作完成情况考核评估。制度建设是海洋生态文明建设的重要保证,海洋生态环境评价制度的建立和不断完善为海洋生态环境保护提供了制度保障,促进了海洋生态环境保护和海洋生态文明建设的制度化进程。

海洋生态红线制度不断强化和完善。海洋生态红线制度是指为维护海洋生态健康与生态安全,将重要海洋生态功能区、生态敏感区和生态脆弱区划定为重点管控区域并实施严格分类管控的制度安排。2012 年国家海洋局印发《关于建立渤海海洋生态红线制度的若干意见》(以下简称《意见》)。《意见》提出,要将渤海海洋保护区、重要滨海湿地、重要河口、特殊保护海岛和沙源保护海域、重要砂质岸线、自然景观与文化历史遗迹、重要旅游区和重要渔业海域等区域划定为海洋生态红线区,并进一步细分为禁止开发区和限制开发区,依据生态特点和管理需求,分区分类制定红线管控

---

① 刘颖:《12 地区获批成为国家级海洋生态文明建设示范区》,国家海洋局网,2015—12—30,http://www.soa.gov.cn/bmzz/jgbmzz2/sthjbhs/201512/t20151230_49492.html,2016/4/7。

② 张一:《海洋生态文明示范区建设研究综述》,《中国海洋社会学研究》2015 年。

措施。2015年,国家海洋局公布的《2015年全国海洋生态环境保护工作要点》,明确在全国全面建立实施海洋生态红线制度,开展海洋资源环境承载能力监测预警试点,建立健全海洋生态损害赔偿制度和生态补偿制度,继续推进入海污染物总量控制制度试点。当前海洋领域各类具有"红线"特征的管理制度存在非全面性、非可持续性和非权威性三大弊端,促使我国建立起严格的海洋生态保护红线管理制度。

第五节 海洋生态文化的公民行为自觉

一、海洋生态保护的公民自觉,从"要我做"到"我要做"

生态文明理念所具有的生态观,应该是兼容平衡与发展两种取向,既符合人类利益,又符合生态规律的要求。人类行为既要有益于维护生态平衡,维护地球基本生态过程,保护生物多样性;又要有益于维护人类利益,有益于人类生存,改善人类生活质量。它强调"生态价值"的全面回归,主张在生产领域和消费领域向生态化转向,主张遵循和正确运用生态规律尊重自然、顺应自然、保护自然,坚持在发展中保护、在保护中发展。[①]生态自觉是生态文明的重要标志之一,建设生态文明,必须在全社会范围内形成高度的"生态自觉"。所谓"生态自觉",就是通过对生态问题的反省,达到对生态与人类发展关系的深刻领悟与把握,并由此内化为人们的心理与行为习惯。生态自觉是建设生态文明的阶梯和桥梁。[②] 海洋生态保护要树立科学的生态文明理念,经济社会发展与环境保护并非绝对对立,协调处理二者关系,发展需要良好的生态环境,同时生态环境的保护也需要发展所带来的先进成果。因而公民必须树立海洋生态保护的自觉意识,自觉保护海洋环境,让蓝色经济创造更多的价值,实现人海关系的和谐。

我国公民的海洋生态保护意识不断强化。其原因主要包括,第一,日益严重的海洋生态环境问题和生态破坏对公民生活造成越来越多的负面影响;第二,国家和社会层面对海洋环境重要性的不断建构,促使公民对海洋生态环境加深认识;第三,随着公民自身素质的不断提升,海洋生态环境保

---

① 冯之浚:《生态文明和生态自觉》,《中国软科学》2013年第2期。
② 于冰:《论生态自觉》,《山东社会科学》2012年第10期。

护越来越受到认同和接纳。2008 年山东省青岛市作为奥运会帆船项目的比赛区域,受到了大量浒苔的影响,青岛市政府向全市发出通知和倡议,号召市民参与到清理浒苔、保护海洋环境的活动中,此后几乎每年浒苔都会出现在青岛海域,但市民已经形成了保护环境的自觉意识,自发放弃休假、休息时间,志愿参与到浒苔清理工作中来,由此可见生态环境的优劣已经成为公众自觉关注的问题。此外,我国其他沿海地区的公众也都开始自觉重视海洋环境,虽然尚未达到人人都能自觉采取各种各样的方式保护海洋环境,但至少鲜有主动破坏海洋生态环境的行为,随着海洋强国战略的不断推进,公众在保护海洋生态环境、实现海洋强国过程中承担了越来越多的责任。

二、海洋生态保护的社会法治,从制度规定到乡规民约

2015 年 9 月,中共中央、国务院发布的《生态文明体制改革总体方案》中,明确提出:健全海洋资源开发保护制度。实施海洋主体功能区制度,确定近海海域海岛主体功能,引导、控制和规范各类用海用岛行为。实行围填海总量控制制度,对围填海面积实行约束性指标管理。建立自然岸线保有率控制制度。完善海洋渔业资源总量管理制度,严格执行休渔禁渔制度,推行近海捕捞限额管理,控制近海和滩涂养殖规模。健全海洋督察制度。这是对海洋生态保护的进一步深化。我国海洋生态保护的社会法制体系日趋完善,以海洋法、海域法、海岛法、海洋环保法为主的法律体系不断成熟,休渔制度、海洋生态环境评价制度以及海洋生态红线制度等海洋生态环境保护制度体系也不断充实,海洋牧场、海洋自然特别保护区以及海洋生态文明示范区的建设不断加快,这些都为海洋生态保护提供了重要的支撑和保障。

乡规民约本质上属于民间法的范畴,并非由国家权力机关制定,也没有国家强制力保证实施。其本身靠一定社会群体的认可接受,并自愿将其作为日常行为规范,而一旦认可和接受,则此规则就在该群体中获得了一定"强制力",而这种强制力的来源正是这个群体共存所需,乡规民约在内容上便于制定和执行,亦有助于村民规则意识的养成。① 乡规民约对社会公众的行为具有重要的导向和约束作用,海洋生态环境的保护亦需要依靠一定的乡规民约,一些地区的乡规民约明确约定,从事捕捞的渔民需要严格遵守约定开展捕捞作业,对捕捞工具的使用进行限制,禁止使用"竭泽而渔"

---

① 朱明鹏:《农村环境的共治保护:例证乡规民约》,《重庆社会科学》2015 年第 5 期。

的捕捞方式,对渔网的网眼大小等都有明确规定。总之,无论是具有强制性的海洋生态保护法律或制度,还是民间的乡规民约,其根本目的都在于通过强制或非强制手段实现海洋生态环境的可持续发展,因而充分认识二者的区别和特点,发挥各自的优势,对于海洋生态环境保护是具有正面促进功能的。

三、中小学校的海洋生态环境教育"从娃娃抓起"

学校是海洋生态环境教育的重要基地,加强中小学校的海洋生态环境教育是建设海洋强国的重要内容。2014 年教育部发布关于培育和践行社会主义核心价值观进一步加强中小学德育工作的意见,要求各级教育部门和中小学校要普遍开展生态文明教育,以节约资源和保护环境为主要内容,引导学生养成勤俭节约、低碳环保的行为习惯,形成健康文明的生活方式。要深入推进节粮节水节电活动,持续开展"光盘行动"。加强大气、土地、水、粮食等资源的基本国情教育,组织学生开展调查体验活动,参与环境保护宣传,使他们认识到环境污染的危害性,增强保护环境的自觉性。加强海洋知识和海洋生态保护宣传教育,引导学生树立现代海洋观念。

建设内容丰富、形式新颖的海洋生态环境教育活动。2008 年,由国家海洋局、教育部、共青团中央联合举办的首届全国大、中学生海洋知识竞赛在全国范围内开展。大学组比赛设立"南极特别奖"和"北极特别奖"各 1名,获奖者及其推荐单位的一名代表可分别获得赴南北极考察机会,至2015 年该比赛已经成功举办了八届,形成了一定的社会影响。此外,还有海洋意识教育基地的建设,中宣部《关于提高海洋意识加强海权教育的工作方案》明确提出"建立海洋意识教育基地,定期开展综合实践活动,就近接待大中小学生参观实践,促进海洋知识普及,传播海洋文化"。截至 2015年,国家海洋局宣传教育中心在全国已设立 59 家海洋意识教育基地,分布在沿海省(区)市及内陆地区,覆盖了大学、中学、小学三个教育阶段和部分海洋类场馆,成为普及海洋知识、传播海洋文化、弘扬海洋精神的重要阵地。[①]海洋生态环境教育"从娃娃抓起"有助于从小培养国民海洋生态环境保护理念,进而对行为产生潜移默化的影响,学校、家庭和社会都是海洋生态环境教育的重要场合和支持,以学校为中心,形成完善的海洋生态环境教

---

①　赵婧:《海洋意识教育基地见闻》,《中国海洋报》2015 年 6 月 1 日。

育体系,以家庭为重点,重视家庭中海洋生态保护意识的形成和传播,以社会为支撑,为海洋环境教育提供社会实践平台,大力促进海洋生态环境教育基地建设,在全社会形成良好的海洋生态环境保护氛围,形成学校、家庭和社会的有效互动,从而促进国民从小树立起正确的海洋生态环境保护观念。

四、"世界海洋日""全国海洋宣传日"大型公益活动成为常态化的"绿色节日"

2008 年 12 月 5 日第 63 届联合国大会通过第 111 号决议,决定自 2009 年起,每年的 6 月 8 日为"世界海洋日",2009 年是联合国首次正式确定的"世界海洋日","我们的海洋,我们的责任"被确定为主题。对中国而言,早在 1998 年国际海洋年期间,国家海洋局与多部门联合主办了"98 国际海洋年"大型宣传活动,取得了明显的效果。2008 年正值"98 国际海洋年"十周年,国家海洋局决定开始启动"全国海洋宣传日"活动,并将时间定于每年的 7 月 18 日,自 2010 年起,我国于每年的 6 月 8 日举办"世界海洋日暨全国海洋宣传日"活动。[1]

2008 年首届全国海洋宣传日庆祝大会在青岛举行,号召"拥抱绿色奥运,呵护蓝色海洋"。2009 年全国海洋宣传日开幕式暨新中国成立 60 年"十大海洋事件"和"十大海洋人物"揭晓仪式在广东举行。2010 年世界海洋日暨全国海洋宣传日庆祝大会在天津拉开帷幕,当年的主题是"关爱海洋,我们一起行动"。2011 年世界海洋日暨全国海洋宣传日主场活动在辽宁省大连市拉开帷幕,当年活动的主题是"辛亥百年,海洋振兴"。2012 年世界海洋日暨全国海洋宣传日主场活动在北京举行,当年世界海洋日暨全国海洋宣传日的主题是"海洋可持续发展"。2013 年世界海洋日暨全国海洋宣传日庆祝大会暨年度海洋人物颁奖仪式在辽宁省锦州市举行,当年世界海洋日暨全国海洋宣传日的主题是"建设海洋强国"。2014 年世界海洋日暨国家海洋局建局 50 周年系列活动启动仪式及"海丝情·中国梦"2013 年度海洋人物颁奖仪式在福建省福州市隆重举行,当年的主题是"建设海上丝路,联通五洲四海"。2015 年世界海洋日暨全国海洋宣传日开幕式在海南省三亚市举行,海洋日主题为"依法建设生态文明海洋",重点宣传"21

---

[1]　参见《世界海洋日暨全国海洋宣传日简介》,"世界海洋日暨全国海洋宣传日"网,www.haiyangri.cn/,2016 年 3 月 24 日查阅;国家海洋局网,见 http://www.soa.gov.cn/xw/zt-bd/ztbd_2015/2015hyr/,2016/4/8。

世纪海上丝绸之路"重大战略和深化改革、依法治海以及海洋生态文明建设等内容。常态化的"绿色节日"为海洋强国的建设提供了重要的保障,促进了海洋生态明文建设的不断前进。

2016 年 6 月 8 日,广西壮族自治区北海市顺利举办了 2016 世界海洋日暨全国海洋宣传日主场活动,主场活动紧紧围绕"关注海洋健康,守护蔚蓝星球"主题。

2017 年世界海洋日暨全国海洋宣传日主场活动于 2017 年 6 月 8 日在江苏省南京市顺利举办,海洋日期间,全国各地围绕"扬波大海 走向深蓝"主题积极开展活动,受到媒体的高度关注。

第 四 编

中国海洋生态文化发展战略

第 一 章

确立中国海洋生态文化发展目标

中国北、东、南沿海和海洋区域,北起渤海鸭绿江口,东至东海琉球海漕(冲绳海漕),南至南海曾母暗沙海域,是世界最大海陆疆域之一。中国海洋生态文化建设的海陆空间,就是这样一个幅员辽阔的主权和管辖权海陆疆域。为此,我们必须要立足国情、放眼国际、总揽全局、陆海统筹,确立中国海洋生态发展的指导思想和目标,普及中国海洋生态发展意识,强化中国海洋生态保护法制,创新中国海洋生态文化发展道路,重建中国海洋发展生产生活和行为方式,共创中国海洋安全与世界海洋和平的发展前景。

第一节 21世纪国际海洋生态文化的发展趋势

21世纪国际海洋生态文化发展的总体趋势是:一方面,全球各国和跨国的涉海产业与金融资本大鳄以及相关国家政府、智库和企业资本,以外交为前台、以军事为后盾,仍然毫无收敛、难以遏制,而且还变本加厉地继续进行日益激烈的海洋竞争渔利,导致海洋环境、海洋资源危机时有加重;另一方面,越来越多的良知学人、政府官员感受到问题的严重,加之老百姓呼声日高,因而出于学界的相关研究、批评、警示,出于民间的诸如"绿色和平组织"的抗议,出于一国政府、政府间国际性组织的呼吁、宣言、法案等,都不断以各种方式呈现。

一、海洋生态形势的日益严峻与保护呼声日高

海洋生态形势一直处于博弈之中。自20世纪50年代至70年代初期,美、日等西方国家在沿海地区大力发展基础工业,包括钢铁工业、石化工业、

电力工业等,由此引起船舶巨型化、滨海砂石大量采挖、海岸带景观成片成片被工业区占用、大量废弃物排向海洋,对沿海生态环境、岸线、海岸地貌、沿海水质的物理化学性质产生重要影响。这个时期提出了海洋既要开发又要管理的双重任务,管理工作主要在规划、园林、旅游、渔业等部门开展起来,并在美国提出了综合管理的概念。20世纪60年代以后,美国建立了隶属海洋大气局的国家海洋渔业局,海洋矿产与能源局等开发管理机构在沿海各州建立了州级别和地方级别的海洋管理机构,从而形成了美国海洋管理机构从上至下联邦政府、州政府和地方政府的三级机构与行业机构相结合,形成了以政府机构为主导的海洋行政管理体系。70年代初期,荷兰等国采取限制初级产业发展的沿海工业化战略,重点发展加工业,减少污染,提高沿海空间资源和其他资源利用率。这些地区管理工作重点是环境保护。80年代以来,发达国家沿海地区产业结构开始调整,高技术产业开始起主导作业,同时,近海石油工业、滨海旅游业、集约化海水养殖业等迅速发展,这个阶段正在发展,目前还难于准确认定它的发展特征和对管理工作的影响。但是,这个阶段在管理工作中出现的新特点是强调防止环境退化和加强资源保护,鼓励发展清洁生产。根据WWF的《地球生命力报告》(2012),海洋生态环境的健康受到了过度开发、温室效应和污染的威胁。过去的100年中,人类对海洋以及海洋生态服务功能的开发利用程度不断加强:从捕鱼和水产养殖到旅游,从运输到开发石油、天然气和海底矿产。捕鱼强度的加大带来了严重的后果,全球三分之一的大洋和三分之二的大陆架已经被开发用来捕鱼。

现代国际社会的"海洋开发意识",已经是一项被扭曲了的"海洋圈地运动"。工业文明把文艺复兴以来的人与自然关系的观念推向极致,那就是"认识和改造自然"。向自然索取构成了工业文明进步的每一个台阶。征服和改造是工业文明最时髦和最贴切的标语。而这种征服和改造的力量来自于科技的每次进步。随着科学技术的进步,海洋贸易、海洋开发、海洋资源利用、沿海经济发展等成为社会文明进步的代名词。伴随这种"文明"而来的是环境污染、资源短缺、生态破坏、物种消亡、全球灾害等问题的频发和加剧恶劣化。这个时期的海洋意识一方面反映了人类利用和改造自然能力的空前强大,另一方面反映了人类对人海关系的片面理解。工业时代以来,这种海洋开发意识经历了不同的发展阶段。从一开始的单向无节制的索取和利用,到先破坏后保护的亡羊补牢式海洋资源开发利用,到有意识进行海洋损害评估和初步的海洋保护意识出现,再到国际社会不得不采取国际行动,在西方国际社会中经历了一个蓦然惊醒的过程。

20 世纪 90 年代,加拿大联邦政府制定了《绿色规划》,目的是促进保护沿海和海洋水域行动的进程。根据《绿色规划》又相继启动了《弗雷泽河口行动计划》《圣·劳伦斯行动计划》《大西洋海岸行动计划》《五大湖行动计划》《生境行动计划》。其中《五大湖行动计划》是由加拿大和美国共同负责,旨在恢复和保持五大湖流域生态系的化学+物理及生物完整性。《生境行动计划》主要是调查海岸和海洋资源。20 世纪末期,美国、日本、加拿大等世界海洋强国都相继建立了较为完善的海洋资源管理的政策支撑体系。

但是,侵占、破坏、污染海洋环境和资源,是西方"经济人"谋求私有利益动机驱使下的"必然"过程,一切对他们的限制、治理,如果不从根子上治理,都必然是疲软的。

二、海洋生态理论的崛起与人海关系的思辨

2008 年,Halpern 等人在《科学》杂志上发表了人类影响海洋生态系统的世界地图,指出世界海洋生态系统超过 40% 都已被人类活动严重影响。在解释为何绘制该地图时,Halpern 等指出,迄今为止,人们对于发生在世界各海洋的广大区域的事件,不管是令人赞叹的还是令人担忧的,仍然视而不见。[①] 同时,海洋又是人类地球上最后一个主要的科学探险的前沿领域。尽管当代科技发展已经允许人们去接近、探索和影响近乎一半的海洋区域,我们对于海洋生物多样性及其在人类影响下的改变知之甚少。该研究的目的,就是评估和视觉化人类已经对海洋生态系统造成的影响。当然,此类研究目前也仅限于海洋损害评估,关于海洋保护的理念尽管已出现并得到重视,但是从人海关系观念上进行根本改变,仍然需要新的文明形态的出现。

西方人善于"思辨"、演绎,从"理论"上创新思考。海洋生态理论的演进,是由"人海关系"理论的演进开启的。现代人与自然的关系讨论则集中体现在现代西方人地关系观念上,这些观念在理论上都涉及人海关系,并且为人海关系的讨论奠定了更为一般化的理论前提。这些观念主要包括人类中心论(Anthropocentrism)、生态论(Human Ecology)、文化景观论(Culture Landscape Theory)、协调论(又称调整论,Adjustment)、环境感知论(Environ-

---

① B.S.Halpern,S.Walbridge,K.A.Selkoe et al.,"A Global Map of Human Impact on Marine Ecosystems",*Science*,2008,319(5865),pp.948-952.

mental Perfectionism)、文化决定论(Cultural Determinism)、可持续发展论(Sustainable Development)等。因而,在人海关系讨论中都占有一席之地;而且在事实上也构成了现代海洋意识所针锋相对的观念形态甚或直接构成了其基本观念。其中对人海关系讨论比较重要的有以下几个观念:

1.人类中心论。人类中心论思想的核心是一切都以人为尺度。在人海关系问题上,人类中心论一度起到了革命性的激励作用,它推动了人类与海洋不断地作斗争并取得了伟大的胜利。尤其是工业文明以来,人类以自身为中心开发海洋资源并肆意破坏海洋生态到了无以复加的程度。人类中心论是需要被否定的价值观念。应该为新的人与海洋协调发展的观念所取代。

2.协调论。协调论认为人、自然与技术的大系统内部应该处于动态平衡状态。工业文明时代,人类对资源采取耗竭式的占有和使用,不断使人与自然这个大系统产生强大震动。人与自然不能协调发展,技术的进步并不能保证人类社会的持续发展,甚至不断出现生态危机和能源危机,进一步危及人类的生存。人海关系问题上坚持协调论,就是要避免工业文明的恶劣后果,坚持人类、海洋与技术的动态平衡,实现人类与海洋的协调发展。

3.可持续发展论。关于可持续发展论存在很多界定。1987年,世界环境与发展委员会出版《我们共同的未来》报告,将可持续发展定义为:可持续发展是既满足当代人的需求,又不对后代人满足其需求的能力构成危害的发展称为可持续发展。它们是一个密不可分的系统,既要达到发展经济的目的,又要保护好人类赖以生存的大气、淡水、海洋、土地和森林等自然资源和环境,使子孙后代能够永续发展和安居乐业。1989年"联合国环境发展会议"(UNEP)专门为"可持续发展"的定义和战略通过了《关于可持续发展的声明》,认为可持续发展的定义和战略主要包括四个方面的含义:走向国家和国际平等;要有一种支援性的国际经济环境;维护、合理使用并提高自然资源基础;在发展计划和政策中纳入对环境的关注和考虑。后一个界定视野更为开阔。在人海关系问题上坚持可持续发展论,也就是:既要注重资源开发利用,也要保证资源的可持续利用;既要满足当代需要,也要保护后代需要;既要关注国家持续发展,也要关注国际协调持续发展。

不管是人地关系还是人海关系,归根结底是人与自然的关系。为了处理好人与自然的关系,生态伦理学在"生命同根"的基础上建立起来,人类与自然或者说人类与非人类的存在建立了道德共同体,共同体的目的是保障所有成员的利益。为此,需要在人与人、人与社会、人与自然之间建立一种互利共生、协同进化的关系。这种观念就是新生态伦理学的基本观念。刘福森教授在此基础上更进一步提出以生态文明取代工业文明的问题。

工业文明以人与自然的对立为基本判断，以人的利益满足为基本目的，以无限制的科技发展与利用为基本手段；结果必然是人类对自然的大肆开发与利用，以至于资源枯竭、生态破坏，进而导致自然对人类社会的报复和严惩。而生态文明以人与自然的共生为基本判断，以协同进化为基本目的，以科技促进生态协调发展为基本手段。其结果是：生态文明下的发展，不仅是经济与产业的发展，也是生态环境的发展；生态文明下的进步，不仅是人类社会的进步，也是人所处的整个生态系统的协同进步。所以，生态文明不仅仅是一种理论体系，它更是一种社会发展到一定阶段的文明形态，相对于工业文明，生态文明更能满足人类生存的需要。

从人海关系角度看，工业文明也可以说是大陆文明，它所表征的人与自然的关系也就是人与大陆的关系。随着海洋世纪的到来，这种大陆文明需要被新的更高级的文明形态所取代。在新生态伦理学指导下的人海关系的观念构成了这种新文明形态的基本价值观。所以，海洋文明也就构成了人海关系存在的理想文明形态，关于这种人海关系的意识也就构成了现代海洋意识的"终极"形态。所以，海洋文明意识就是在海洋成为人类最后的发展区域的时候，当海洋文明取代大陆文明后，在人与海洋协同发展的基础上，在海洋文明成为未来的人类文明形态基础上，形成的人海关系理念。①

三、联合国等国际组织的环境关切与相关行动

与这些理论的"启蒙"不无相关抑或并行，与另外一些文学、艺术、媒体业界的诸如《寂静的春天》《末日》《海洋》等不无相关抑或并行，自 20 世纪末叶以来，国际社会不断推出保护海洋、保护人类生存环境、保护文化遗产包括保护海洋文化多样性、保护海洋文化遗产的呼吁、宣言和公约、法案。诸如 1987 年，世界环境与发展委员会出版《我们共同的未来》报告；1989 年"联合国环境发展会议"（UNEP）专门为"可持续发展"的定义和战略通过了《关于可持续发展的声明》；1992 年在巴西里约热内卢召开的联合国环境与发展大会上通过了被称之为《地球宪章》（Earth Charter）的《里约环境与

---

① 赵宗金：《我国海洋意识的现状分析与对策建议》，曲金良主编：《中国海洋文化发展报告 2013》，社会科学文献出版社 2014 年版。

发展宣言》(Rio Declaration),并签署了《气候变化框架公约》,和作为"世界范围内可持续发展行动计划"的《21世纪议程》。尤其是《地球宪章》和《21世纪议程》,被国际社会普遍重视。《地球宪章》被视为人类保护地球的"独立宣言",重申了1972年在斯德哥尔摩通过的联合国人类环境会议宣言,充分认识到作为人类共同家园的地球大自然的完整性和互相依存性,并谋求以此为基础,通过世界各国、社会部门和人民之间建立新水平的合作,实现一种新的公平、和平、可持续的全球伙伴关系,为签订尊重大家的利益和维护全球环境与发展体系完整的国际协定而努力。《21世纪议程》被视为21世纪在全球范围内各国政府、联合国组织、发展机构、非政府组织和独立团体在人类活动对环境产生影响的各个方面的综合的行动蓝图。《21世纪议程》是将环境、经济和社会关注事项纳入"一揽子"框架,包括2500余项各种各样的行动建议,包括如何减少浪费和消费、扶贫、保护大气、海洋和生活多样化,以及促进可持续发展的详细提议,后来联合国关于人口、社会发展、妇女、城市和粮食安全的各次重要会议又予以扩充并加强。此之后,各国政府都不甘落后,不甘示弱,纷纷编制出自己的《21世纪议程》,沿海国家的政府海洋部门也纷纷编制出了自己的《21世纪海洋议程》,如中国的《21世纪中国海洋议程》,等等。中国政府编制的《中国21世纪议程——中国21世纪人口、环境和发展白皮书》于1994年3月25日发布,从中国的基本国情出发,提出了中国可持续发展的行动依据、战略目标和行动方案。作为国家纲领性文件,涵盖经济发展、社会进步、保护环境和资源、实际计划生育、发展科技和教育等方面,一共设立了78个方案领域,从政策和法律建设、科学决策和管理等方面规定了具体的行动目标和方案。问题在于,这样大规模的规划、治理的行动方案,与国际性的市场竞争机制、"经济人"主导社会的资本势力目标背道而行,因此并没有规定、也不可能规定出如何实施、实施不了或实施不得力达不到目标怎么办的法律约束,因此很快成为过眼烟云。

至于《地球宪章》,即《里约宣言》(多以《里约环境与发展宣言》称之),无法律意义上的"宪章"义,实为一部国际性宣言、主张和呼吁。"它由一系列基本的价值观与原则组成,旨在为建设一个公正、可持续与和平的21世纪国际社会提供强有力的支柱。"

《里约宣言》由序言和27项原则组成。序言说明了环发大会举行的时间、地点和通过该宣言的目的等。原则1至原则3,宣布了人类享有环境权,各国享有自然资源的主权和发展权;原则4至原则21,分别规定了国际社会和各个国家在保护环境和实现可持续发展方面应采取的各项措施;原则 22 至原则 23,是关于土著居民及受压迫、统治和占领的人民,环境权益要加以特殊保护的规定;原则 24 至原则 26,是关于战争、和平与环境和发展关系的规定;原则 27 呼吁"各国和人民应诚意地本着伙伴精神,合作实现本宣言所体现的各项原则,并促进可持续发展方面国际法的进一步发展"。

《里约宣言》在序言中指出,"我们正处于地球历史中关键的时刻,这是人类必须选择自己的前途的时候。当世界变得日益相互依赖又脆弱时,未来似乎同时呈现出巨大的危险和展现出无限的希望。当我们要向前迈进时,必须认识到,尽管文化形态壮丽多元,生命形式纷繁多样,但是我们其实同属于一个人类大家庭,同在一个地球社区里面,并且拥有共同的命运。我们必须团结在一起,开创一个以尊重自然、普遍人权、经济公正以及和平文化等根基的可持续的全球社会。为达此目的,作为地球上居民的我们必须要明确地宣告我们对彼此的责任,对更广大生命群落的责任,以及对未来世代的责任。"

《里约宣言》宣告了"地球,我们的家园"的理念。认为"人类是演化中的广大宇宙的一部分。我们的家园——地球,因具有独特的生命群落而生机盎然。自然界的力量使得生存变成一种严苛而又充满不确定性的冒险,但地球也提供生命演化所需的基本条件。生命群落的活力和人类的福祉依赖于:保存健康的生命圈以及其中所有的生态系统、丰富多样的动物和植物、肥沃的土壤、纯净的水以及清新的空气。全球的环境及其有限的资源是所有人共同的关注。保护地球的生命力、多样性和美丽是一种神圣的托付。"

《里约宣言》指出了严峻的"全球现况":"当今主流的生产和消费模式,导致环境破坏、资源短缺以及物种大量灭绝。群落在逐渐遭到破坏。发展的利益未能平等地分享,贫富之间的差距不断增大。不公正、贫困、无知以及暴力冲突到处蔓延,成为许多巨大苦难的根源。前所未有的人口快速增长使生态和社会系统都超过负荷。全球安全的根基正受到威胁。这些趋势都充满危险——但并非无可避免。"

进而《里约宣言》指出了人类面临的"未来的挑战":"选择权操在我们手中:是建立全球伙伴关系共同照顾地球并彼此互相照顾,还是冒毁灭我们自己以及缤纷多样的生命之险。我们的价值观念、组织架构和生活方式都需要有根本的改变。我们必须认识到,当基本的需求得到满足之后,人类的发展主要应该着眼于让生命内涵更丰富,而不是物质上拥有更多。我们拥有可以提供所有人的需求并降低冲击环境所需的知识和技术。全球公民社会的出现,正在为建设一个民主和人性化世界创造崭新的机会。我们在环境、经济、政治、社会和灵性等方面所面临的挑战彼此间是相互关联的,我们团结一致便能够形成涵盖所有层面的解决方案。"

由此,《里约宣言》宣告了人类即国际社会的"共同的责任":"要能够实现这样的愿望,我们必须决心以具有共同责任感的态度来生活,我们自己也要同时认同整个地球生命共同体以及我们所在地的社区。我们既是各个不同国家的公民,又是同一个地球的公民,在这里地区性与全球性是联结在一起的。每个人都要为整个人类大家庭和更广大的生物世界的当前及未来世代的福祉分担责任。当我们以尊重生命奥秘的态度生活,对生命的恩赐充满感恩,并以谦卑的精神看待人类在大自然中的地位,那么,人类与其他所有生命休戚与共的精神和互为亲裔的关系便能够得到强化。"由此,"我们迫切需要一个彼此共享的愿景,它能够为正在呈现的世界大家庭提供道德基础。"基于此,《里约宣言》宣告了"在期盼中我们共同确认"的"为达到可持续的生活方式而相互依赖的原则,以此作为引导并评估所有个人、机构、企业、政府和跨国组织行为的共同标准。"

《里约宣言》在旷日持久的国际性讨论、磋商下诞生,并受到了来自世界各地成百上千民众与组织的支持与签署。它是继 1972 年斯德哥尔摩联合国人类环境会议通过的《人类环境宣言》后又一个关于环境保护的世界性宣言,体现了冷战后新的国际关系下各国对于环境与发展问题的新认识,反映了世界各国携手保护人类环境的共同愿望,即"致力于激励人们形成一种新意识,那就是:为实现整个人类大家庭的康乐安宁、社区生活质量的不断提高、子孙后代的美好生活,全世界人民应该团结起来共同承担责任和义务。"为此,它号召全人类在这个历史性的关键时刻团结起来,形成全球性的合作。它被评价为"国际环境保护史上的一个新的里程碑","标志着人类发展模式实现了一次历史性飞跃,由此创造了农业文明、工业文明之后又一个新文明时代的到来。"但与其说是对它自身的评价,不如说是对未来的一种向往。尽管 1992 年的里约热内卢联合国环境与发展大会有 183 个国家、102 位国家元首和政府首脑、70 个国际组织参加,"就可持续发展的道路达成共识",正式通过了这一《宣言》,但它的性质就只是一个"宣言",宣示的是关于保护地球环境因此也是保护地球人类的伦理道德愿景,希望为国际社会提供一个新的框架来思考或解决地球环境与生态问题。

　　但如上所述,它只是一个毫无约束力的美好的"宣言",一个不无浪漫色彩的令人动情但面对严峻的现实而又无言以对、更束手无策的"宣言"。

　　目前已经被奉为国际上通用的专门的综合性的"世界海洋大法",是1982年联合国第三次海洋法会议决议通过的《联合国海洋法公约》(*United Nations Convention on the Law of the Sea*, UNCLOS)。"公约"共17部分,连同9个附件,共有446个条款,主要内容包括:领海、毗邻区、专属经济区、大陆架、用于国际航行的海峡、群岛国、岛屿制度、闭海或半闭海、内陆国出入海洋的权益和过境自由、国际海底以及海洋科学研究、海洋环境保护与安全、海洋技术的发展和转让等等。该"公约"于1982年12月在牙买加开放签字,中国是第一批签字国家之一。"公约"到1994年11月16日正式生效。中国于1996年5月批准该"公约",成为世界上第93个批准该"公约"的国家。

　　"公约"对内水、领海、临接海域、大陆架、专属经济区(亦称"排他性经济海域",简称EEZ)、公海等重要概念做了界定,对当前全球各处愈演愈烈的领海主权争端、海上天然资源管理、污染问题处理等,形成了"标准"的"法律"条文和裁决依据。海洋法公约与相关会议的行政管理为其秘书处,设置于联合国海洋事务与海洋法总署,有着很强的联合国权威性。但必须认识到,联合国海洋法会议与该公约的出现,是西方强权扩张后导致越来越激烈的海洋争端的博弈产物。尽管公约对海洋实施有效管理、有效保护的基本理念不无进步意义,是迄今为止最全面、最综合的管理海洋的国际公约,但它毕竟是国际间多种势力相妥协的产物,正是由于它的出台的背景动机是西方海洋强权大国与弱势海洋国家就海洋利益的争端的博弈,它的实质是对作为"人类共同遗产"——原本为"公海"的海洋的一大部分面积的进一步国家化瓜分——最终是各自国家支持、掩护下的私有化的瓜分(至今已经瓜分了占地球全部海洋面积的约1/3),因此它不可能起到真正将海洋作为"人类共同遗产"加以切实保护的目的,无论它以如何美妙动听的言辞加以表述,它导致的客观效果必然是越来越激烈、越来越加剧的海洋瓜分和竞争——自从该海洋法公约出台生效和被利用,全球海洋争端不是少了,而是多了。可喜的是,2015年初,在经过成员国专家协商后,大家最终同意开始商讨。

　　现存国际条规和条约可管制部分行为如捕鱼或保护部分地区,但还未有条约可保护海洋生物免受来自各方的威胁和伤害。大部分国家都希望尽早付诸行动,但少部分国家如美国、俄罗斯、加拿大、冰岛和日本迟迟不肯表态。此项条约若达成,将覆盖世界64%海域或整个地球43%的表面。很多非政府组织和环境组织对此表示欢迎,称其为"向急需的海洋保护迈进一大步"。此次协商结果仍须联合国大会于2016年9月批准,如获得通过,条约将于2018年生效。①

总体来看,21世纪国际海洋生态文化、生态文明的趋势有三:一是国际海洋竞争、国家间和不少国家尤其是"发展中国家"各自内部的海洋竞争、霸占导致对海洋和平和谐形势、对海洋环境与资源影响、破坏进一步恶化的形势越来越严峻;一是国际社会呼吁加以改善、改变的原则性主张、"宣言"和虽无约束力但毕竟成为一种国际舆论和理念正在日益增强;一是西方海洋"发达国家"已经和正在将自身海洋污染、环境破坏的对象,通过将相关企业的生产、加工从本国大规模的外迁,大规模转移到了"发展中国家",使"发展中国家"成为更加普遍地"世界加工厂"因而更加普遍、越来越严重地经济殖民化(因而必然地政治殖民化)、环境垃圾化、资源枯竭化。

第二节　西方海洋国家的海洋生态文化特征与发展模式

一、世界海洋国家海洋生态文化的不同类型

如前所述,我们的地球的71%面积是海洋,其不到30%的陆地是被海洋分割成了一个个"大陆"和"岛屿"的。全球海洋国家,是分布在这样不同的大陆沿海地区和岛屿地区上的。不同的海陆地理结构空间,形成了各地民族、国家各自不同的海洋生态景观与土著文化。

一般而言,"海—陆兼具型"的海洋国家,都是幅员较大的海洋国家,如中国、印度、美国等,也有些中型的和较小的,如非洲、阿拉伯半岛、欧洲地区的许多"沿海型"和"半岛型"国家和地区。"海—陆兼具型"海洋国家的明显特征是海陆幅员辽阔,海陆地理景观多样,既有漫长绵延的大陆沿海海岸带,又有伸入海洋的半岛、海岛乃至岛群,既有近海、海湾,又有深远海乃至濒临大洋,因此海洋自然生态和人文生态都呈现为多元一体的复杂性、多样性和综合性。单一的"岛屿型"海洋国家,如英国、爱尔兰、冰岛、斯里兰卡

---

① 中新网电:《联合国拟制定公约　要各国加强保护海洋生物多样性》,中国新闻网2016年1月26日,http://news.xinhuanet.com/world/2015-01/26/c_127422465.htm。

等;"群岛型""列岛型"海洋国家,如日本列岛、菲律宾等东南亚海岛地区、南太平洋群岛地区小国等。这样的海洋国家尽管与大型、较大型海洋国家比较,其海洋地理景观及其生态文化是较为单一的,但其内部就小区域而言,也有其相对的丰富性。

这是就其海洋地理自然生态系统及其土著文化风情的特点特征而言的,然而又由于其自身或受周边国家、民族政治文化、宗教文化、历史文化、经济模式渐变或突变的影响,又淡化了其海洋生态文化的自然属性特点特性,强化了其海洋生态文化的政治—经济—历史—人文属性特征。例如西方一些小国,包括小岛国、半岛国、沿岸小国,比如希腊、意大利、葡萄牙、荷兰、爱尔兰、挪威等,虽然近代早期有不少走上航海探险、海外殖民、发迹变强的,但大多自近代晚期开始,或者被英国、德国、法国、日本("脱亚入欧")等较大一些的海洋国家在海上战败,或者在与其进行的无休无止的海上商业竞争中或忽然或逐渐挫败,不得不败下阵来,承认自己弱小,再无力与英国、德国、法国、日本等这些较大海洋国家争雄。但它们因此而"歪打正着"的是,它们从此而"不得不"较早地过上了较为舒适的"小康"生活,今日已经成为程度不同的"福利型国家"。而英国、德国、法国、日本等较大一些的海洋国家,则一直在陆上、海上永无止境地奔走拼命,先是靠"工业革命"和殖民战争占领世界市场,继而将大工业、大污染在本土似乎永无止境地大规模开展起来,继而作为对自身命运及其生存环境的汇报,那就是不但诸如伦敦"雾都孤儿"们的诞生,还有诸如世界一战、二战那样既屠杀别人也(导致)屠杀自己的人类悲剧的产生。但无论如何,至今他们总体上还是"赢家",因为他们至今仍然还在主导着世界——主导着世界的西方化观念,主导着世界的经济发展模式,因而主导着对世界市场的分割与占领,通过金融工具主导着世界相关国家和地区的 GDP 的"输赢",而且还主导着其影响所及和自觉或被迫纳入其势力范围的附庸地区(主体上也以"国家"的面目出现在世界上、出现在国际舞台上,成为这些主导国家的喽啰们和"票决游戏"中的投票者)。当然,作为对这些"同盟"喽啰们的回报,那就是将平时用不上、又不得不从军火制造商和贩子们那里购买来"以壮声威"的军舰、潜艇们开在这些喽啰们的家门口,美其名曰对其"保护",同时又封锁、制裁自己的和喽啰们的敌对国们——即使敌对国们都愿意与其"婚姻外交"也不可,因为没有了敌人,也就没有了自己。对于这些国家而言,它们也不得不懂得保护环境保护生态,包括海洋生态了。但他们的保护方法、保护模式却不可复制:他们为了改善、保护自我的生存环境与资源,而将有害环境、破坏资源的"落后产业"和"淘汰产能",大部甚至全部都"腾笼换鸟",搬迁到海外他国,那些"发展中国家"那里去了——那里物产资源丰富,那里空气清新,那里劳动力廉价,男男女女都"不值钱",自由、民主、科学这些美妙的词儿以及"竞争""发展"理念,在那里都是"西方先进"和之所以"先进"的名片。于是,"发展中国家"在西方"经济人"理论和"现代化"憧憬的包装下和诱导下,纷纷"门户开放"起来,不但不拒绝,反而热烈地举着双臂"招商引资",欢迎着他们的到来,即使后来发现这样导致的结果是环境资源恶化、民族经济受损、国家自主不再、主权地位沦丧,也要么心甘情愿,正中下怀,要么欲罢不能,悔之晚矣,不得不"韬光养晦",忍辱负重。——这是一个跨国资本主义的时代,这是一个金融帝国主义的时代,资本可以敌国、资本可以为他国政府设计经济方案乃至"发展蓝图"、资本可以任意骑在任何国家头上的时代。①

当然,不可否认的是,他们的这种转移环境代价和生态成本的做法自然是不可取的,但他们的自我保护的一些理念、思路和具体做法,比如伦敦作为昔日的"雾都",如今大面积的烟雾已经"风光不再";昔日日本环东京湾的水俣病,如今也已经不见踪影;昔日不少国家的破旧工厂们,大都"摇身"转换成了"工业遗产"或"创意园地";不少国家原来的海滨只是礁石、泥滩,如今已经成了"迷人的"沙滩、浴场、海湾;如此等等,却值得我们反省、借鉴。

至于一些位在浩浩大洋之中的小岛、群岛小国,包括寒带、温带、热带海洋尤其是南太平洋热带小岛屿国家,风光迤逦迷人,与土著民族风情相得益彰,"现代化"干扰相对较轻,环境资源破坏较少,海洋生态文化依然本色凸显,值得倍加重视,因而也值得倍加保护。

二、西方海洋国家的海洋生态保护:海洋保护区

世界海洋国家对我国而言,基于上述各式各样的海陆自然生态基础和人文生态条件所形成的海洋生态文化类型,有着各式各样的可资我们参考、借鉴的"典型"。

美国,是个"现代海洋大国",其国土与我大体相当,人口只是我国零头,三面环海,海湾、岛屿众多,纬度跨度较大,海陆地理生态景观多样,经济

---

① 李慎明:《对时代和时代主题的辨析》,《红旗文稿》2015 年第 22 期。

上是头号发达国家,海洋上寻求霸权是其"惯性思维",在世界上四处实行军事笼罩,自然谈不上对世界海洋生态文明发展有什么益处,更谈不上贡献,但其对自身本土海洋的保护,却重视有加,无论在海洋生态立法、国家海洋公园等海洋区域保护建设、国民海洋教育、海洋遗产保护等等方面,都有可资我们参考借鉴之处。

加强海洋生态保护区,是美国的一项十分凸显的举措。即,凡是需要对海洋生态保护的,往往就辟为海洋生态保护区。例如对夏威夷,就实行了整体保护,成为"世界最大海洋生态保护区"。①

2006 年 6 月,根据 1906 年《国家古迹法案》(时任美国总统布什签署法案),在太平洋上建立了世界上最大的海洋保护区——西北夏威夷群岛珊瑚礁生态保护区,面积超过目前世界最大的海洋公园——澳大利亚的大堡礁。时任美国总统布什说:"西北夏威夷群岛海洋保护区的面积要比约塞米蒂国家公园的面积大 100 倍还多,而且比所有美国 50 个州中的 46 个州的面积还要大,所有其他的美国国家海洋保护区加起来的面积都不到西北夏威夷群岛海洋保护区面积的七分之一。"

夏威夷群岛位于北太平洋中部,由 8 个大岛和 120 多个小岛组成,总面积约为 16650 平方公里,1959 年成为美国的第 50 个州。夏威夷地处美、亚、澳三洲航运中心,是美国的太平洋海空军基地,地理位置十分重要。群岛海洋保护区主要由无人居住的小岛、环礁、珊瑚礁群落以及海面以下的海山组成。从夏威夷州考艾岛向西北延伸到库雷环礁周围海域,长约 2250 公里、宽约 160 公里,内有 10 座小岛。因第二次世界大战中发生过中途岛海战而闻名的中途岛环礁亦在其中,总面积约为 36 万平方公里,超越澳大利亚的大堡礁。在这片蔚蓝的海域中,栖息着 7000 种不同的鸟类、鱼类以及海洋哺乳动物,其中至少有四分之一为夏威夷群岛所独有,包括夏威夷僧海豹以及夏威夷绿海龟等珍稀物种,是在世界的其他地方看不到的。群岛和周围广阔的海域中,还有很多无人踏足的地方,那里却是海洋生物的天堂。依据该法案,保护区由美国国家海洋大气局全权负责。保护区内停止各种商业捕捞活动,禁止利用和开发保护区内的珊瑚、贝类和其他海洋生物。凡是在该海域内进行的科研、教育、文化和经营等活动也必须事先获得许可。

这是美国历史上建立的最大的一个单一海洋保护区。该保护区将成为

① 韩林:《美建世界上最大的海洋保护区》,《中国海洋报》第 1619 期,2006 年 6 月 23 日。

夏威夷群岛

维护海洋生物多样性和太平洋地区海洋生物的温床。该保护区中繁殖的大量海洋生物将流向整个太平洋中部地区。根据《联合国海洋法公约》（以下简称《公约》），沿海国可以主张最大不超过 12 海里的领海、200 海里的专属经济区和最远不超过 350 海里的大陆架。对于国家管辖海域之外的公海和国际海底区域（《公约》称之为"区域"），《公约》规定，公海不属于任何国家的管辖和支配，一切国家有在公海航行自由、飞越自由、捕鱼自由、铺设海底电缆和管道等自由。"区域"及其资源是人类共同继承财产，由国际海底管理局代表全人类进行管理。但《公约》中并未提及在公海、"区域"或专属经济区等国家管辖海域建立海洋保护区的问题，关于"区域"资源的法律制度也未包括生物或基因资源。虽然 1992 年签订的《生物多样性保护公约》和 1995 年该公约缔约国会议通过的"关于海洋和海岸带生物多样性保护的雅加达授权"，将设立海洋保护区确定为保护生物多样性的重要措施之一，但根据该公约建立的保护区与国际海洋法律制度之间的关系如何，这个根本问题悬而未决。《21 世纪议程》呼吁各国采取诸如设立保护区等措施以维持其国家管理范围内的生物多样性、海洋物种和种群的生产力,但《21世纪议程》不是国际法。因此,在现行法律制度下设立公海海洋保护区,可能引起一些法律和机制上的问题:其一,对公海捕鱼自由原则的影响和限制;其二,对"区域"资源开发活动的限制及对国际海底制度的影响;此外,在设立和管理的机制上也还存在着困难。目前,海洋保护区制度还在初生和发展中,争议和非议仍将存在。

因此,美国设立西北夏威夷群岛珊瑚礁生态保护区,是否与包括《公约》在内的现代海洋法律制度相冲突,引起国际社会不少人的质疑。首先,美国的保护区究竟建在了哪里? 长期以来,美国奉行3海里的领海制度。直到1988年12月,美国才将其领海宽度扩大到12海里。美国于1983年3月10日宣布设立专属经济区,划出了美国本土和包括太平洋上的属地和岛礁在内的海外领地的管辖海域的范围。但是,美国至今仍未批准《公约》。美国国内有些人甚至公开宣称,美国没有遵守《公约》的义务。专属经济区是《公约》建立的法律制度之一,美国不承担《公约》义务,那它应否享有《公约》赋予沿海国的建立专属经济区的权利? 进而,西北夏威夷群岛珊瑚礁生态保护区是建立在美国的专属经济区里,还是划在了公海之上? 如果是前者,则美国专属经济区的合法性还有疑问;如果是后者,则其法律依据是有欠缺的——在公海和属于全人类共同继承遗产的"区域"的范围内建立国内法体制下的所谓保护区,排除他国对海洋的正当利用,既是没有法律依据的,也是一种自私和霸权的行径。此次美国在西北夏威夷群岛珊瑚礁生态保护区内,不仅禁止任何商业捕捞、开发利用和未经授权的船只航行,甚至进行科研等活动也必须要事先获得许可。这种行为凌驾于国际法之上,把"公有"之海变成了美国的"内湖"。美国根据其国内法,通过建立海洋保护区的方式,在实质上把这一海域变成了美国的领地。

2014年6月,美国总统奥巴马又宣布:扩大美国在太平洋中部的保护范围,形成世界最大的海洋保护区。白宫发表声明说,这项计划是开辟一个广袤的海洋生物保护区,也是为了保护更多海洋领地所作出的努力。据报道,奥巴马要把美国的"太平洋偏远岛屿海洋国家保护区"的面积从8.7万平方海里(1平方海里约合3.43平方公里)扩大到大约78.2万平方海里。新扩大的区域跟美国控制的岛屿和环礁相邻,包括从这些岛屿向外延伸的200海里水域。这些岛屿位于北太平洋的夏威夷群岛到南太平洋的美属萨摩亚之间,按此计划,美国将禁止在保护区进行捕鱼、能源勘探和其他活动。据报道,多年来,科学家和环保人士认为,海洋因污染和过度捕捞等人为的伤害而恶化,但政治领导人却没有足够的意愿来解决这个问题,奥巴马政府现在是朝着正确的方向迈出了一步。

美国在这方面有着上百年的悠久历史,罗斯福总统时期就曾经把中途岛设为自然保护区,以保护那里的海鸟。小布什总统以空前的力度设立了四个海洋保护区,相当于美国在海洋上的国家公园。美国人认为,"扩大保护区和加大保护力度,现在更具紧迫性。90%的大鱼(比如金枪鱼和箭鱼)的数量都因为过度捕捞而锐减。拖网渔船、油气资源开发、有毒的径流以及绵延数英里的塑料垃圾对海洋生物构成严重威胁。无论人们住在哪里,这些威胁因素都会影响生活。奥巴马总统的计划为美国海洋保护开创了新的纪录,为美国在领海及世界其他地区的海域开展更多活动搭建了一个舞台。"据美国《全球生物》在线杂志评论,在当今世界上存在国家管理的海域中,美国控制着13%,远非其他国家可比。奥巴马此举将美国保护下的海底山脉的数量增加了4倍,金枪鱼捕捞将被叫停,20多种海洋哺乳动物、五类受到威胁的海龟、多种鲨鱼以及其他食肉鱼类将得到保护。美国国家海洋和大气管理局官员莫妮卡·麦迪娜表示,美国"已经找到了一些施加全球影响力、领导全球海洋政策变革的新手段。"

美国并未加入《联合国海洋法公约》,这次划设海洋自然保护区有什么国际法依据吗?目前外界并不清楚。中途岛、威克岛、豪兰岛等,都是在二战中有名,但在战后迅速从世界政治中消失的地名,在美国它们有一个共同的名字,叫无建制领土,也就是没有纳入正式行政编制的领土。这些岛屿大部分并没有固定居民,但它们是美国霸权的见证,也是美国全球霸权的重要支撑。比如面积只有9平方公里的威克岛,地处关岛和夏威夷之间,是横渡太平洋航线的中间站,又有太平洋的"踏脚石"之称。第二次世界大战中,威克岛成为美国在北太平洋"最有用的地方之一"。直到现在,威克岛依然担负着中转站和补给站的作用。美军在岛上部署了空中加油机,负责给穿梭于太平洋上空的一些美军飞机进行空中补给。再比如面积不到1.6平方公里的豪兰岛二战时同样是美日争夺的战略要地,现为夏威夷和澳大利亚之间的中途航空站。美国海岸警卫队每年巡视豪兰岛及邻近的贝克岛。

美国《国家利益》杂志的一篇评论说,被提醒人们注意的一个事实是,"太平洋自然保护区具有军事意义,因为区内的很多岛屿都是或曾经是军事基地,比如威克岛、中途岛、关岛等。扩大自然保护区对民用活动施加了更多限制,为这些军事基地岛屿进一步增添了神秘色彩。"这样的海洋自然

威克岛

保护区印证了美国在太平洋地区的存在多么广泛和根深蒂固,众多军事基地也宣示了只有美国这一个国家可以有效地控制住这片广袤的海域。该评论还称:"美国的海洋国家公园也是这个国家树立在中西太平洋的强大的地缘政治优势和领土的纪念碑。"

　　据《全球生物》在线杂志报道,其他国家正在推进自己的海洋保护,英国政府也考虑在皮特凯恩群岛建立一个保护区。[1]

　　近年来,国际社会日益重视海洋保护区、海洋生物多样性的保护和管理,以期在人类活动与环境生态保护之间取得可持续发展的平衡点。一些国家和国际组织在建立海洋保护区问题上动作频频。澳大利亚已建立了完善的海洋保护区国家体系,还多次提出在公海设立海洋保护区和公海海洋保护示范区的建议。《保护和开发大加勒比地区海洋环境公约的特别保护区和受保护野生生物议定书》规定,在缔约国行使主权、主权权利或管辖权的地区可以设立保护区。国际自然保护同盟和世界自然基金会等非政府组织,都明确主张设立公海海洋保护区。这些国家和国际组织的活动,对海洋保护区问题的发展和相关法律制度形成,必将产生一定的影响,其推动作用不可忽视。[2]但同时新一轮海域"圈地运动"仍然如火如荼。[3]

---

　　① 邓文、李珍、青木:《奥巴马设立史上最大保护区,政治军事内涵引关注》,《环球时报》2014年6月20日。

　　② 贾宇:《西北太平洋上划出了美国湖?》,《中国海洋报》第1451期第A3版,2007年7月17日。

　　③ 《国际在线》专稿:《美设史上最大海洋保护区,保护生态还是霸权?》,2014年6月21日,见 http://gb.cri.cn/42071/2014/06/21/7551s4585192.htm,2016/3/17。

2012 年,澳大利亚政府公布了受环境法保护的海洋保护区。海洋保护区位于联邦领海内,起始于距离海岸 3 海里(约 5.5 公里)处,不包含沙滩、海湾、河口和近海。包括石油勘探和开采的采矿、油气作业决不允许在国家海洋公园(世界自然保护联盟 II)区域内、珊瑚海联邦海洋保护区的任何地方、或西南海洋保护区网络的特殊目的(油气专属)区域内进行。对采矿活动的限制也将适用于栖息地保护(世界自然保护联盟 IV)区域。在全球大洋面临来自气候变化、水质下降和海岸栖息地缩小等威胁的压力的现代条件下,此举是必要的。特别是澳大利亚投入大量管理建立的大堡礁保护区,让它更好地对抗未来的威胁,而且保护大堡礁附近的区域,将产生积极的流动影响。

针对一些西方国家提议还要在南极周边建立总面积约 350 万平方千米的两个海洋保护区,一个是澳大利亚和法国等提出在南极东部海域建立面积约 190 万平方千米的保护区,一个是美国和新西兰等国提议在罗斯海建立面积约 160 万平方千米的保护区(后缩减至 125 万平方千米),2013 年 10 月,300 多名南极海洋生物资源养护委员会成员代表和科学家在澳大利亚东南部城市霍巴特召开会议,曾讨论是否通过在南极周边建立世界最大自然保护区的提议。南极海洋生物资源养护委员会是《南极条约》框架下管理海洋生物资源的唯一多边机构,该委员会秘书处设在澳大利亚霍巴特市,成员包括澳大利亚、新西兰、美国等,中国于 2007 年成为该委员会正式成员。如果建立南极海洋生态保护区的这些提议最终得以最终通过,其总面积将与印度国土面积相仿,从而成为世界最大的海洋保护区。也就是说,被《联合国海洋法公约》生效以来各国抢食剩余的公海,又会割掉像印度国土那样大的一面海域。尽管这些提议最终能否成为现实尚未见结果,但这种在海洋上四处建立保护区的趋势十分明显,其真实意图、其客观效果值得密切关注和高度重视。①

美国本土近海地区,也建立了多个海洋保护区核心区。2013 年,由美国海洋保护协会和蓝色使命组织两家非营利性组织联合发布了美国沿海各州水域环境保护综合性报告——《2013 年沿海各州报告》,首次设立了沿海各州海洋保护区核心区排名。该报告指出,近年来美国沿海各州和地方政府在设立海洋保护区核心区保护海洋生态环境方面乏善可陈,其海洋保护力度和水平还有待提高。

---

① 　新华网墨尔本 10 月 23 日电(记者徐俨俨、宋聃):《国际社会探讨建立南极海洋生态保护区》,新华网 2013 年 10 月 23 日。

这次发布的报告首次就接受调查的 23 个沿海州在设立海洋保护区核心区方面进行了调查和排名。报告指出,目前美国已有 10% 国家或州所辖海域设立了海洋保护区。其中,以加利福尼亚州和佛罗里达州的成果最为显著,这两个州的海洋保护区面积分别达到了所辖海域的 49% 和 46%。加利福尼亚、夏威夷和美属维尔京群岛在美国沿海各州中排名靠前,设立了超过其所辖海域 5% 的海洋保护区核心区,而包括北卡罗来纳州在内的 6 个州设立的海洋保护区核心区的面积仅占其所辖海域的 1%,包括阿拉斯加州在内的 15 个州则没有设立海洋保护区核心区。

该报告指出,相关海洋保护专家建议美国至少需要在其沿海 20% 的海域设立海洋保护区核心区,但目前,美国各个沿海州中,只有夏威夷以22.9% 的核心区面积达到该建议的标准。

尽管美国沿海地区海洋环境保护状况不容乐观,但是美国沿海各州也在积极制定措施和采取行动。例如,俄勒冈州已有多个海洋保护区核心区。

一般来说,海洋保护区可划为缓冲区、实验区、核心区。缓冲区内,在保护对象不遭人为破坏和污染前提下,经该保护区管理机构批准,可在限定时间和范围内适当进行渔业生产、旅游观光、科学研究、教学实习等活动;实验区内,在该保护区管理机构统一规划和指导下,可有计划地进行适度开发活动。[1]

三、西方海洋国家的海洋生态保护:教育、执法、管理、社会行动

(一)美国的海洋教育与执法

国民海洋教育,在美国也做得突出。美国作为海洋强国,海洋科学教育发挥了重要作用。美国涉海高校和师资力量主要分布在美国东西两岸,以东北海岸居多,与美国经济文化地理分布一致。在专业比例上,本科教育偏重海洋生物,而高端人才的培养则加大了物理和化学海洋学比重。此外,美国海洋教育正在致力于加强中学教育和全民知识普及化。[2]

加大立法与执法制度,并接受民众的批评。美国人的立法与执法力度之大,是世所公认的。美国政府部门一方面严格执法,一方面接受着来自民

---

[1] 伊文:《美国海洋环保核心区严重缺位》,《中国海洋报》2013 年 7 月 1 日。

[2] 胡松、刘慧、李勇攀:《美国海洋科学教育概况分析》,《海洋开发与管理》2012 年第 1 期。

众对政府部门的监督批评。2003 年 9 月,美国国家海洋和大气局(NOAA)和太平洋渔业管理委员会(PFMC)就针对联邦渔业管理者们如何执行管理海洋鱼类数量这一职能问题听取公众意见。这两个部门的主要责任都是对太平洋的公共海洋资源进行管理。几乎太平洋西海岸的所有渔民都认为NOAA 和 PFMC 没能做好他们的本职工作,为这一地区的渔民和捕捞团体受到了关闭的捕捞区域和急剧下降的鱼类数量的严重影响。渔民们还列举了造成鱼类数量下降的多种原因,例如毁坏性捕捞活动,特别是底部拖网捕捞,摧毁了鱼类数量和重要的鱼类栖息地;过度捕捞倾空了许多物种资源;而每年又有数百万的鱼类和其他海洋生物成为捕捞活动的副渔获物。渔民们说,只有 NOAA 和 PFMC 认真执行相关法律,重建枯竭的鱼类资源,使副渔获量降到最低,保护鱼类栖息地,他们的日子才会好过。[①]

从"禁口"做起。为保护海洋生物动物资源,美国联邦或地方政府会直接出台相关禁令。2014 年 7 月,纽约州禁止零售和批发鱼翅。依据这项法令,只有持证的商业渔夫捕捉的非濒危种类鲨鱼(白斑角鲨和大星鲨)的鱼鳍才合法。该州环保厅称,每年大约有 7300 万头鲨鱼因其鱼鳍遭到捕捉,它们大多数被割下鱼鳍后就会被抛入大海等死。依据这项法令榜首起诉胜诉的案例,是布鲁克林龙泉海鲜世界交易公司承认犯有买卖野生动物的重罪,因鱼翅的不合法买卖而付了一万美元罚款。官方从该公司缉获 700 多磅鱼翅。[②]

(二)挪威的海洋渔业资源管理

挪威是北欧的海洋小国,而在海洋资源管理上形成了一套行之有效的模式,其经验值得重视。

捕渔业是挪威沿海地区的经济支柱。捕鱼、水产养殖和鱼类加工为 3 万多人提供了就业机会。挪威每年鱼类与水产的出口总值为 300 亿挪威克朗,成为该国的最大出口行业之一。因此,对于挪威而言,确保海洋生物资源的良好管理至关重要。

挪威大部分捕鱼量来自挪威经济专属区,包括斯瓦尔巴德群岛周围的

---

① 中国农业网:《美国渔业部门被告知:必须保护海洋生态系统》,2003 年 9 月 5 日。http://www.zgny.com.cn/ifm/consultation/2003-09-05/60956.shtml,2016/3/17。

② 《美国加州通过"鱼翅禁令"将从 2013 年起禁销售》,《广州日报》2011 年 9 月 9日。又见中国新闻网:http://www.chinanews.com/gj/2011/09-09/3316903.shtml,2016/3/17。

渔业保护区和扬马延群岛周围的渔业区,处于挪威管辖下的海域约为 200 万平方千米,挪威与其他国家共享多数捕捞鱼类种群。有鉴于此,鱼类种群管理合作是不可或缺的。挪威与邻国谈判达成一系列协议,各方根据协议定期会晤,共同制定管理机制和确定捕鱼限额的分配。其中与俄罗斯和欧盟签订的协议最为重要,此外与东北大西洋沿岸国家也就挪威春季产卵鲱鱼和鲭鱼达成了协议。各国经济区之外渔业区的管理由东北大西洋渔业委员会(NEAFC)在沿岸国家的合作下负责管理。东冰海区海豹种群由挪、俄联合渔业委员会管理。北大西洋海洋哺乳动物委员会(NAMMCO)是对海洋哺乳动物实施总体保护、管理和合作研究的组织。捕猎小须鲸的活动由挪威单方面管理。

挪威海洋生物管理的最高目标是确保资源的可持续利用,保证根据种群的繁殖能力确定捕获量。这符合国际协定,包括 1982 年生效的《联合国海洋法公约》、1995 年生效的《联合国鱼类种群协定》和 1995 年生效的粮农组织的《负责任渔业行为守则》的要求。

可持续管理需要了解种群的规模、鱼龄构成、分布状况以及生存环境。每年,挪威的科学调查和来自渔民的数据被用来与其他国家的数据进行比较,并由国际海洋考察理事会(ICES)加以评估。国际海洋考察理事会是北大西洋国家渔业当局的国际性咨询组织。挪威的首要渔业研究组织是海洋研究所。挪威海洋科学家与其他国家的研究人员,尤其是俄罗斯的研究人员保持着密切合作。

多数鱼种的允许捕捞总量(TAC),根据国际协定通过谈判进行分配。因此,各国国内的规定主要处理本国的全年限额在各个渔业团体和各种不同设备之间如何进行分配。挪威的管理机制由渔业和渔政部门共同制定,而管理措施的最终决定权归渔业部。

挪威的渔业法规既在海上执行也在水产上岸之后执行。挪威海岸警卫队负责渔船及捕获物的海上检查。在挪威所管辖的水域进行捕鱼的外国船只也需要接受检查。远洋船只从 2000 年起必须装备和使用卫星跟踪设备,以便使有关当局可以随时监督其活动。挪威已经与在挪威管辖捕鱼区内进行捕鱼的国家达成了卫星跟踪协定。挪威渔业总局负责控制水产上岸的数量和渔业统计。严重瞒报产量或其他违规行为将被诉诸法庭。①

----

① 郑鹏:《西方国家海洋资源管理方法分析》,《中国农业信息》2012 年第 2 期。

（三）英国的海洋资源管理

英国是一个千岛之国，位于欧洲西北部，西边是大西洋，东边是地中海，海岸线曲折，总长约 11450 千米，其间良港密布，近岸海域油气、渔业等海洋资源非常丰富。海洋是英国的能量之源、立国之本，保护海洋就是保证国家持续发展。英国是由政府、组织机构和民众通过多途径保护海洋资源的。尽管英国一直没有专门负责海洋管理和海洋开发工作的政府统筹部门，但包括能源部、贸工部、环境部在内的各个政府部门，一直都负责自身与海洋相关的事务。为有效地进行各政府部门之间、政府和企业公司之间、管理部门和研究机构之间的协调工作，英国于 1986 年成立了海洋科学技术协调委员会，负责协调政府资助的有关海洋科技活动。21 世纪初，又成立了"海洋管理局"，是一个由数百个政府机构、企业和非政府机构资助的咨询组织，定期对英国领海以及周围的海域进行评估。自该机构成立起，英国政府的海洋政策逐渐从海洋开发转移到海洋环保。该机构的第一份咨询报告，就起到了敦促英国政府通过《大渔业政策》的修改，禁止在苏格兰西北部海岸以外 12 海里范围内使用破坏海床的渔具，目的是保护苏格兰境内唯一的深海珊瑚礁。在该机构报告的建议下，英国政府还同意将苏格兰西海岸的"达尔文丘"设为"环境保护特别地区"，树立海洋保护典型。

除此之外，英国政府近年还不断采取保护海洋生态系统的举措。2002 年 5 月 1 日，英国政府提出了"全面保护英国海洋生物计划"，为生活在英国海域的 4.4 万个海洋物种提供更好的栖息地。2003 年，在"大西洋东北海域环境保护"公约组织的建议下，英国政府还建立起了一个包括海洋科学、发展状况、发展前景等内容在内的数据网络，全面系统地开展海洋环保。

海洋资源的可持续发展在英国已经渗入各行各业。北海油田是英国能源的主要产地，但是，随着新型能源的发展和应用，英国也在向海洋"要"可再生能源。目前，苏格兰北海岸和威尔士东海岸已经建立了五六个大型风能发电场。但是，在建立这些发电场的同时，开发商一直保持着保护海洋的思想。随着海洋保护的观念深入人心，普通的英国百姓也不断用行动捍卫自己国家的海域。①

英国海洋资源的开发和保护管理，其可资参考借鉴的经验主要有三：

---

① 新华网伦敦 2004 年 6 月 4 日电（记者曹丽君）：《英国：全国上下齐心协力，共同保护海洋资源》，新华网 http://news.163.com，2004 年 6 月 4 日；http://news.163.com/2004w06/12573/2004w06_1086327362944.html，2016/3/17。

一是为海洋资源开发与保护立法。英国在海洋资源管理方面的重要手段是加强海洋立法,特点是并非依靠一部综合性法规来涵盖并制约各类海洋资源的开发利用行为,而采用分门别类、缜密而交叉的法规系统限定海洋开发行为。根据不同用途可分为渔业方面的法规、油气勘查和开采方面的法规、与皇室地产有关的法规、与规划有关的法规等,主要包括:1949 年《海岸保护法》、1961 年《皇室地产法》、1964 年《大陆架法》、1975 年《海上石油开发法(苏格兰)》、1998 年《石油法》、1971 年颁布的《城乡规划法》、1971年《防止石油污染法》、1976 年《渔区法》、1981 年《渔业法》(Fisheries Act)、1987 年《领海法》、1992 年《海洋渔业(野生生物养护)法》、1992 年《海上安全法》、1992 年《海上管道安全法令(北爱尔兰)》、1995 年《商船运输法》、2001 年《渔业法修正案(北爱尔兰)》、2009 年《英国海洋和海岸准入法》等。这些法规对海洋开发与保护起了关键作用。除英国中央政府颁发的法规外,还有地方性立法以及中央政府各部委授权发布的法规章程等,地方性立法属于次级法规,相对于国会颁布的法规而言,它更倾向于地方权益的保护和当地社团的利益,更具有可操作性,但其精神必须同国会一级的同类法规相一致。上述法规构成了英国海洋开发管理的法规系统,为依法管理海洋资源提供了有力的保障。

二是制定海洋科技战略。2007 年英国自然环境研究委员会(NERC)批准了 7 家海洋研究机构的联合申请,启动名为“2025 年海洋”的战略性海洋科学计划。NERC 向该项计划提供了大约 1.2 亿英镑的科研经费。该海洋科学计划中的“海洋基金提案”向英国各大学及其合作伙伴接受经费申请。“2025 年海洋”重点支持的十大研究领域是:①气候、海水流动、海平面;②海洋生物化学循环;③大陆架及海岸演化;④生物多样性、生态系统;⑤大路边缘及深海研究;⑥可持续的海洋资源利用;⑦健康与人类活动的影响;⑧技术开发;⑨下一代海洋预测;⑩海洋环境中的综合持久观察。

三是大力发展海洋清洁能源。英国在这方面主要是发展海洋潮汐发电和海上风电项目。2004 年,英国政府设立了 5000 万英镑的专项资金,重点开发海洋能源。同年,世界上首座海洋能量试验场——欧洲海洋能量中心在距离苏格兰大陆最北端大约 100 千米的奥克尼群岛正式启动。该群岛自然条件优越,岛上最大风速可达到 190 千米每小时,风能、波浪能和潮汐能利用理想。这座投资 500 万英镑的能源中心建立了一整套体系来实施海洋能源开发,将对新型海洋能源技术和设备进行试验和推广。获悉,英国政府计划在 2020 年之前,将兴建 7000 个新的涡轮机用于风力发电。[①]

(四)日本的海洋环境社会治理

日本海洋环境治理与海洋环境保护走过了一段曲折的过程。20 世纪二战之后 50 年代至 60 年代初的日本,复兴经济摆在了优先位置。由于片面发展经济,环保意识薄弱,使得以工业集中的地区为中心,出现了直接危害人体健康、影响正常生活的海洋环境公害污染,在一些地方出现了"水俣病""骨痛症"等。在处理这类严峻的环境污染事态基础上,为保护大气、水质,日本政府于 1958 年制定了《公共水域水质保全法》和《工厂排污规制法》,拉开了日本全国性治理海洋污染的序幕。20 世纪六七十年代,日本先后出台了《水质污染防治法》《海洋污染防治法》和《自然环境保护法》等一系列环保法律,基本形成了海洋环境法规体系,为治理海洋问题打下了法律基础。与此同时,日本还不断加强海洋环境管理体制,在特定事业所设立了"防治公害专职管理者"。随着各项相关法令的制定、海洋环境管理体制的不断完善,以及企业大规模环保设备投资等努力,海洋环境治理初见成效。到 20 世纪 70 年代后期,海洋污染问题趋于解决。日本政府在解决海洋环境问题的过程中,主要采取三种办法:

一是对于企业,通过立法和政策,达到治理污染主体的目的。公布全社会污染控制总目标引导企业进行环保,同时通过市场行为,也就是能源价格等调控企业环保行为,减少海洋环境污染。海洋工业污染主要是工厂排放废气废水废渣等,解决措施主要是通过各种法律和经济措施解决,要求工厂减少排放,否则处以罚款,而对于工厂在海洋环保科研、设备方面的投入,政府给予一定的补贴,企业根据生产情况提出环保课题,并且由企业组织科研人员,包括院校、社会科研单位的人员研究解决。

二是政府在市场上推出绿色环境标志制度。鼓励消费者购买环保产品,而没有绿色环境保护标志的产品,在市场上就得不到市民的认可。

在日本,一个企业如果对环保无动于衷,消费者就不会满意,市场就会淘汰其产品。也就是说,环保不仅是政府的要求,也是市场的要求。通过这种"两头堵"的办法,政府与老百姓共同努力,迫使企业向环保方向努力,日本海洋污染在 20 世纪六七十年代逐步加以解决,到 80 年代已基本得到有

① 大众论坛:《英国海洋资源开发管理和保护的经验值得借鉴》,http://bbs.dzwww.com/thread-24490732-1-1.html,2016/3/17。

效控制。

三是多重措施改善海洋景观。20 世纪中叶,日本工业化和经济增长之所以导致日本周边海水环境显著恶化的严重公害问题,工厂和住宅污水向海的排放是直接原因。为了打造海洋赏心悦目的"公共景观",1970 年,日本《自然公园法》修正案开始实施后,政府当年 7 月就设立了串本、天草和日南海岸等 10 个海中公园。国立公园的前提是保护当地的自然和景观,因此从定义上来说并非观光地。为了尽量不给自然生态带来负荷,全国所有海中公园都设立了海中瞭望塔,使游客不必深入公园内部就能眺望公园的景观。

第三节　中国海洋生态文化发展目标和主要标志

一、中国海洋生态文化发展的基本目标

(一)自然海洋的生态目标

建设自然海洋的生态目标需要满足在开发利用资源的过程中,尊重海洋的自然规律,建成海洋资源循环发展的目标。坚持"五个用海"的总体要求:坚持规划用海,严格实施海洋功能区划,全面提升海洋功能区划的科学性、前瞻性;坚持集约用海,鼓励实行集中适度规模开发,提高单位岸线和用海面积的投资强度;坚持生态用海,以生态友好、环境友好的方式开发使用海洋,维护、保持海洋生态系统基本功能;坚持科技用海,提高对海洋资源环境变化规律的认识,推动海洋关键技术转化应用和产业化;坚持依法用海,进一步完善海洋开发管理法律法规体系,依法审批用海,坚决查处违法用海、违规批海。系统地开展海洋生态实践与研究,即海洋生态调查、退化诊断与分析、生态修复措施、生态修复跟踪监测、成效评估和管理等整个过程的系统研究。由于海洋生态系统与陆域生态系统的相互关联关系,对海洋生态的保护不能仅局限于海域范围,应将陆域和海域作为一个整体进行研究,消除生态退化的根源。海洋生态保护的关键措施需要不同利益相关者的合作与理解,需要当地政府、科学工作者、民众等方面的充分合作。我国海洋生态保护的研究发展还面临较多的问题。目前我国海洋生态保护研究的工作重点应包括以下几个方面:选取典型示范区,系统地开展海洋生态保护理论、实践、评估研究;总结国内外典型海洋生态系统的保护经验,编制各

典型海洋生态系统修复技术指南;从全国、全省或区域尺度制订海洋生态保护战略方案。

（二）和谐海洋的社会目标

和谐海洋,是人与海洋长期交往逐渐形成的、以和谐共荣为特征的行为规范,用来约束和规范人类善待海洋资源、维护海洋生态、保护海洋环境的行为,它体现了人与自然的和谐发展的平等观。

实现人与海洋和谐共处是实现海洋经济可持续发展的道德基础,是海洋生态法规建设的重要补充。同时人与海洋的和谐发展作为维护全人类共同利益的一面旗帜,还具有维护国家海洋权益、反对海洋霸权主义的功能。

建设和谐海洋社会,首先就是在全社会形成较高的海洋生态意识,在海洋生态文明建设中,要大力培植人们的海洋生态价值意识、海洋生态忧患意识、海洋生态道德意识和海洋生态责任意识,在全社会形成热爱海洋、珍惜海洋、保护海洋的浓烈氛围。其次要在全社会普及海洋生态教育;教育作为人类自觉发展与提升的实践活动,能够主动推进人的生态形态的发展。因此,生态文化素质的培养主要是通过教育。海洋生态教育既为海洋生态文化的发展提供智力支持和精神资源,又为最广泛的社会公众提供了获取生态知识的渠道和路径。

普及海洋生态教育,提高公众海洋科技素养和可持续发展意识。营造普及海洋生态教育的环境。各地区根据实际情况,尽可能调动社会力量来普及海洋知识,如利用科技馆、展览馆、教育基地等设施使公众更加直观地了解海洋,或通过影视、报刊等传媒形式加强舆论宣传,引导公众逐步树立现代海洋观,逐步提高海洋意识,在全省范围内塑造一个普及海洋生态教育的良好环境。培养海洋科技创新观念也是构建和谐海洋的目标之一,从根本上推动公众的观念创新,在更大的范围内形成一种公众意识,使创新成为一种思维方式、生活方式、文化信仰,使创新贯穿于公众的日常生活之中,从而形成以海洋可持续发展为目标的海洋社会氛围,依靠公众的共同努力,营造成生态与经济协调、精神与物质富裕的人海和谐共处的家园。

（三）富饶海洋的资源目标

建设富饶海洋的目标,就是要强化海洋生态资源建设,保护海洋生物多样性。必须高度重视海洋资源的开发、利用和保护。海洋资源是人们用来从事海洋生产和文化活动的必要条件,要实现海洋资源的可持续利用和持续性增长,必须充分认识海洋资源的特性,合理配置开发海洋资源,尽可能做到与人们的需求相适应,实现海洋资源的边境效应的最大化。在海洋资源开发利用过程中,我国仍存在着海洋资源开发不合理不科学、开发混乱、无序过度等问题,诸如一些地方政府未能科学合理地围滩造田、填海造地,过度开发填海造地,严重破坏了海洋生态系统,其中珊瑚礁、红树林以及河口湿地等方面的破坏比较严重,并使自然海岸线急剧缩短,海洋生物物种锐减,有些物种甚至濒临灭绝,同时海洋资源开发强度盲目增强,渔业过度捕获,酷捕滥捕现象严重,渔场数量缩减,渔业资源几近枯竭,大量渔民濒于"失海"甚至已经"失海"。

因此,必须基于可持续发展的海洋资源进行开发与保护,即各种海洋资源开发利用产业要采用与可持续发展观相符合的生产方式,发展海洋经济的同时,兼顾保护海洋资源和生态环境。只有对海洋资源进行可持续开发,才能长期促进我国海洋经济的发展。无视保护海洋生态环境的不合理开发行为,只能制约我国海洋经济的发展。统筹规划我国海洋资源的开发和利用,依据海洋功能划分,统筹规划近岸海岸线的开发利用,做好围填海造地工程整体规划,既保证港口基础建设、产业发展和沿海城镇建设的发展需要,也要保证近岸海域生态系统和海洋环境的可持续发展。统筹规划近岸湿地和滩涂区域的开发利用,因地制宜发展水产养殖、发展和盐田建设,建立良性的海岸生态环境,促进海洋资源的可持续发展。促进渔业资源的可持续发展。鼓励养殖,促进海洋农牧化、集约化发展。继续建立海洋自然保护区,保护重要的自然景观、珍贵稀有的生物物种等等。建立海洋特别保护区,保护珊瑚礁和红树林生态系统。

(四)"美丽海洋"的环境目标

建设"美丽海洋",自陆源和海上的污染,严重影响了海洋生态环境,进而带来一系列环境灾难。长期的调查、监测、监视和研究结果表明海洋环境日趋恶化,前景令人担忧。完善城市市政与工业污水管网系统,提高污水收集率。加强现有污水管网、泵站管理,充分发挥现有管网输送能力,并结合新城区建设和旧城区改造,完善污水管网系统,提高污水收集率,减少污水直接排放和溢流入海。加强中水回用、垃圾无害化设施建设,有效控制入海排污。提高我国海洋环境监测监督预报能力和海洋环境监测标准和技术,完善海洋环境监测监督和保护评价体系,包括近岸海域环境质量、生态系统、生物资源、湿地滩涂和海洋保护评价全方位监测,同时,严格监督管理环

623

评机构出具的环评报告,为政府决策提供完善真实的海洋环境信息。在完善海洋监测预警预报体系的基础上,加大对海洋生态环境污染的预测预防管理,改变地方政府"先污染,后治理"的局面,并加强对地方政府主管部门定期出具海洋环境质量公报的监管。建立海洋资源开发监测监督体系,定期调查、评价和监督我国海洋资源开发和利用状况;建立海洋资源开发利用可持续发展评价机制,并将其纳入海域使用管理体系。对排海污染治理,以预防为主,防治结合。加强陆上和海上入海污染物控制。对陆源污染物排海实施定量控制,加强海上作业和海运的污染控制,并做好应急处理方案。建立健全海洋环境污染检测监督和评价系统,完善信息管理系统和数据信息平台,及时预测和处理污染险情。

二、中国海洋生态文化发展的主要标志

(一)海洋生态环境状况良好

海洋是最具价值的生态系统之一,是人类赖以生存和发展的宝贵财富和最后空间。随着我国海洋经济的发展,开发利用海洋的活动日益增多,导致了我国近海海域污染日益严重,我国海域海洋生态环境将面临前所未有的威胁和破坏。海洋生态文化最为主要的标志,就是海洋生态本身的健康。这是一项长期而艰巨的任务,需要用健康指标体系加以量化和评价。

(二)海洋生态意识明显提升

首先在全社会形成较高的海洋生态意识,在海洋生态文明建设中,要大力培植人们的海洋生态价值意识、海洋生态忧患意识、海洋生态道德意识和海洋生态责任意识,在全社会形成热爱海洋、珍惜海洋、保护海洋的浓烈氛围;其次要在全社会普及海洋生态教育。教育作为人类自觉发展与提升的实践活动,能够主动推进人的生态形态的发展。因此,生态文化素质的培养主要是通过教育。海洋生态教育既为海洋生态文化的发展提供智力支持和精神资源,又为最广泛的社会公众提供了获取生态知识的渠道和路径。

(三)海洋资源可持续利用

随着我国海洋科学技术水平的日益增强,海洋经济已经成为我国国民经济发展的重要组成部分。海洋资源开发在推动国民经济发展的同时,海洋资源自身的可持续性也承受着前所未有的压力,海洋资源的开发利用应

当秉持可持续发展观,既要满足当前或者本国家地区人们发展需要的同时,也要兼顾未来发展或者其他国家地区人们发展的需要,不对后代人或者其他国家地区人们满足其发展需要的能力构成危害。海洋资源的可持续发展,既包含了自然资源与生态系统环境的可持续发展,也包含了经济和社会的可持续发展。

(四)海洋景观处处赏心悦目

我国拥有绵长的海岸线,大陆海岸线自鸭绿江口至北仑河口,长达1.8万多千米,其中囊括的各种自然景观与人文景观不胜枚举。就海域区分而言,我国有渤海、黄海、东海、南海之分,在每一个区域,因为历史和自然条件的不同,存在着千差万别的海洋人文景观。相比传统的海洋资源开发,海洋文化资源的开发利用无疑是投入更少、收益更多的一种选择,所以对于我国而言,开发拥有巨大潜力的海洋文化资源是十分必要与重要的。

三、中国海洋生态文化发展的制度体现

(一)海洋经济发展的生态红线制度

在全国建立海洋生态红线制度,将重要、敏感、脆弱海洋生态系统纳入海洋生态红线区管控范围并实施强制保护和严格管控。实施海洋生态红线区常态化监测与监管,确保海洋生态红线区划得定、守得住。《国家海洋局海洋生态文明建设实施方案(2015—2020年)》提出在过程严管方面,实施方案首先提出"深化资源科学配置与管理"的任务,突出了海域海岛资源的市场化配置、精细化管理、有偿化使用,其次提出"严格海洋环境监管与污染防治"和"加强海洋生态保护与修复"的任务,涵盖监测评价、污染防治、生态保护、整治修复、应急响应等内容,最后强调"增强海洋监督执法",包括健全完善法律法规和标准体系的基础保障、建立督察制度和区域限批制度的制度保障以及严格检查执法的行动保障,突出依法治海、从严从紧的导向。在后果严究方面,实施方案提出了"施行绩效考核和责任追究"的重点任务,包括面向地方政府的绩效考核机制、针对建设单位和领导干部的责任追究和赔偿,体现出对破坏海洋资源环境行为和后果的严厉追究。方案提出,2016年底前建立健全海洋生态文明绩效考核指标和考核办法,明确各沿海省(区、市)目标和责任,并设定海洋资源消耗、环境损害等方面的"约束性指标"。2018年起,开展海洋生态文明建设成效评估,重点考核各级政

府在海洋资源管理和生态环境保护等方面的整体绩效。此外,建立实施领导干部问责机制,研究制定海洋生态环境违法违纪行为处分规定,对行政不作为、乱作为以及违法违规、不顾生态环境盲目决策并造成严重后果的领导干部,实行问责惩处。在支撑保障方面,实施方案提出了"提升海洋科技创新与支撑能力""推进海洋生态文明建设领域人才建设""强化宣传教育与公众参与"三个方面的任务,从科技创新、人才队伍、宣传教育、公众参与等方面给海洋生态文明建设以有力支撑,为有效支撑主要任务的实施,国家海洋局坚持"内外兼修",既抓能力建设内化于心,又抓治理示范外化于行,提出了4大类20项重大项目和工程,将海洋生态文明的理念贯穿于规划、建设、管理之中。①

(二)海洋生态发展的法律保障制度

海洋生态发展的法律保障制度,实际上也就是红线制度的法律建设与实施制度。在保护海洋生态发展时,法律制度起到以下作用:保护优先,兼顾发展,违者必究。生态红线的划定和保护,首先要解决环境保护和经济发展的矛盾,生态红线作为维护生态平衡的"安全线"和限制开发利用的"高压线",以维护国家生态安全为根本目的,必须确定生态保护优先的原则。当经济发展与生态保护二者无法协调时,宁可放弃一定的经济发展,也要确保生态得到维护和保持。必要时,应当让"小鱼胜大坝"。否则,生态红线是很难守住的。当然,生态保护优先并不是说在红线之内不能有任何的开发利用行为。只要这种开发利用和经济发展不影响其生态功能,正常的经济活动还是可以进行的,能够改善生态环境的活动更应加以鼓励和支持。

科学规划、合理布局。生态红线的划定应遵循自然环境分异规律,考虑生态系统本身的敏感性和生态服务功能在空间布局上的差异性,按照保障国家生态安全和流域、区域的要求,明确不同区域的主体生态功能定位,科学合理确定保护区域范围。生态红线划定面积过小,不利于生态保护和生态安全,但生态红线划定面积过大、过宽,使得必要的、正常的经济活动无法进行,反而不利于生态保护。

管控结合、分级保护。要根据生态红线区域的不同类型实行分级保护措施,明确环境标准和准入条件,强化环境监管执法力度,确保各类生态红

---

① 赵婧等:《〈国家海洋局海洋生态文明建设实施方案〉印发,推动海洋生态文明建设上水平见实效》,《中国海洋报》第231期,2015年7月17日。

线区域得到有效保护。公众作为生态环境保护的权利和责任主体,应建立机制、体制,引导公众参与生态红线的划定和保护国家立法应关注宏观层面的问题,关注对国家生态安全具有直接影响的重点生态功能区、陆地和海洋生态环境敏感区、脆弱区等生态红线区域的划定和保护问题,确定生态红线划定的技术规范和划定标准,在生态红线划定和保护的各个环节设置公众参与的机制和体制,特别是在生态红线立法和生态红线区域开发利用活动的环境影响评价环节公众参与机制。同时,对公众应加强环境保护、生态安全等方面法律知识的宣传教育,增强公众环保意识和生态意识,在全社会范围内形成公众知生态红线的存在、能参与生态红线的划定和保护、会监督生态红线制度的实施、懂保障生态红线的作用和功能的良好氛围。而地方立法则应在国家标准规范的基础上对生态红线区域做出进一步的划定,并对生态红线区域实施更加严格的保护措施。

(三)海洋生态文明示范区制度

当前我国海洋开发与保护之间矛盾突出,海洋生态环境压力较大,是严重制约我国民生社会生态文明发展的突出问题。要真正实现"水清、岸绿、滩净、湾美、物丰",还缺少有效的支撑保障体系。海洋生态文明建设需要树立"标杆"和"样板",为此,2012年,国家海洋局下发《关于建设海洋生态文明示范区的意见》,实施海洋生态文明建设示范区建设制度。2013年,首批12个沿海—岛屿地区申报获批成为国家级海洋生态文明建设示范区。这12个区域是:山东省威海市、日照市、长岛县,浙江省象山县、玉环县、洞头区,福建省厦门市、晋江市、东山县,广东省珠海横琴新区、南澳县、徐闻县。

海洋生态文明建设"示范区",就是要示范这些区域在海洋经济发展、海洋资源利用中如何保护保持海洋生态环境、海洋生态文化、海洋生态机制的良好状态和协调发展、科学发展、可持续发展的良好特性,在实现海洋"水清、岸绿、滩净、湾美、物丰"和海洋社会的和谐发展中起到"标杆""样板"和引领作用。通过海洋文明示范区的建设示范和逐渐推广,可以形成沿海地区经济社会与海洋生态协调发展的生态文明发展模式。首批12个示范市、县(区)的共同特征,是海洋—海岸带自然禀赋和生态保护良好,海洋资源开发布局合理,海洋管理制度机制完善,海洋优势特色突出,城乡一体化建设水平不断提升,区域生态文明建设发展整体水平较高;坚持陆海统筹,积极推行绿色发展、循环发展和低碳发展,海洋战略性新兴产业和生态产业纵深发展势头良好;立足区域海洋自然资源禀赋优势,生态环境优美特色,坚持未来以滨海生态旅游和服务业为主导发展;海洋优势特色凸显,区域海洋生态文明建设发展整体水平较高,有较强的示范作用和引领效应。

2015 年,国家海洋局又确定公布了辽宁省盘锦市、大连市旅顺口区,山东省青岛市、烟台市,江苏省南通市、东台市,浙江省嵊泗县,广东省惠州市、深圳市大鹏新区,广西壮族自治区北海市,海南省三亚市和三沙市等全国12 个地区为第二批国家级海洋生态文明建设示范区,国家级海洋生态文明示范区总数已达 24 个。①

深圳大鹏新区

海洋生态文明示范区是海洋生态文明建设的重要载体,是深化海洋综合管理,促进海洋强国建设的重要抓手,对于推动沿海地区经济、社会发展方式转变,实现海洋环境生态融入沿海经济社会发展具有重要作用。深圳市大鹏新区等 12 个申报地自然禀赋和生态保护条件优越,海洋资源开发布局合理,海洋优势特色凸显,区域生态文明建设发展整体水平较高,对引领带动沿海地区海洋生态文明建设、推动全国沿海地区开展海洋生态文明示范区建设工作具有重要意义。

① 赵婧、吴大千:《国家海洋局印发海洋生态文明建设实施方案,推动海洋生态文明建设上水平见实效》,国家海洋局网,2015 年 7 月 20 日。

第二批 12 个示范区在制定精细目标规划时,都参考了 2013 年首批设立的山东省威海市、浙江省洞头县、福建省厦门市等示范区的工作进展和实施成效。首批示范区设立以后,各区域首先调整了产业布局结构,例如洞头县实施截污纳管工程,规划铺设 70 余公里污水管网,实施城乡治水工程。东山县针对传统捕捞和养殖渔业比重过大的实际,大力发展旅游产业,同时发展绿色低碳深水网箱养殖。

各示范区的海洋生态文明建设,既有广泛的共性特征,又有各自独具的突出特色。共同的是通过设立示范区,各地都强化了海洋综合管理,加强了海洋保护修复和实施污染综合治理的力度。各示范区的特色,既有各自独特的海洋景观环境与历史人文基础,又有各自独特的生态发展创意。如深圳大鹏新区因海洋生态环境良好,被称为深圳"最后的桃花源"。"这里是深圳 10 个区里唯一不考核 GDP 的区。"新区坚持"生态立区"理念,着力构建对"山海林田湖"统一管理保护的体制机制,率先实行自然资源资产负债表制度和领导干部自然资源资产离任审计制度。辽宁盘锦市实施辽河口西海岸 8 万亩退养还滩工程,大连旅顺口区城镇污水处理率超过 90%,江苏东台市推进国家级百万亩滩涂综合开发试验区建设,建成全国最大的生态渔业养殖基地,为全国沿海淤涨型海岸生态环境保护与滩涂开发利用做出良好的试验示范。青岛市在保障其他指标稳定增长的同时,海洋生态文明建设的重点是提升保护区占比,即扩大保护区、示范区。南通作为全国为数不多的滨江临海城市,用"江海联动"的方式布局海洋产业,主要措施是提高产业集中度,推动各类园区集约化、特色化发展。东台市特别强调大力培育发展海洋新能源产业,让现代渔业、新能源产业与海洋服务业结合。而在海南三亚,目前已制定实施建设用海项目海洋生态损失补偿办法、海洋污染生态损失索赔办法等。

海洋生态文明建设示范区制度,需要国家统一的制度设计和评价指标体系。2015 年,国家海洋局高度重视《中共中央、国务院关于加快推进生态文明建设的意见》《水污染防治行动计划》的贯彻实施,成立海洋生态文明建设协调小组,编制印发了《国家海洋局海洋生态文明建设实施方案(2015—2020 年)》。这是"十三五"期间海洋生态文明建设的纲领性文件,也是任务书、路线图、时间表和具体措施方案。

《国家海洋局海洋生态文明建设实施方案》(以下简称《方案》)着眼于建立基于生态系统的海洋综合管理体系,坚持"问题导向、需求牵引""海陆统筹、区域联动"的原则,以海洋生态环境保护和资源节约利用为主线,以制度体系和能力建设为重点,以重大项目和工程为抓手,推动海洋生态文明制度体系基本完善,海洋管理保障能力提升,生态环境保护和资源节约利用取得重大进展,推动海洋生态文明建设水平的提高。《方案》从十个方面推进海洋生态文明的建设实施:一是强化规划引导和约束,主要从规划顶层设计的角度增强对海洋开发利用活动的引导和约束,包括实施海洋功能区划、科学编制"十三五"规划和实施海岛保护规划等;二是实施总量控制和红线管控,侧重于从总量控制和空间管控方面对资源环境要素实施有效管理,包括实施自然岸线保有率目标控制、实施污染物入海总量控制和实施海洋生态红线制度等;三是深化资源科学配置与管理,涵盖海域海岛资源的配置、使用、管理等方面内容,突出市场化配置、精细化管理、有偿化使用的导向,具体包括严格控制围填海活动等;四是严格海洋环境监管与污染防治,包括监测评价、污染防治、应急响应等海洋环境保护内容,突出提升能力、完善布局、健全制度,具体包括推进海洋环境监测评价制度体系建设等;五是加强海洋生态保护与修复,体现生态保护与修复整治并重,既注重加强海洋生物多样性保护,又注重实施生态修复重大工程,包括加强海洋生物多样性保护等;六是增强海洋监督执法,包括健全完善法律法规和标准体系的基础保障、建立督察制度和区域限批制度的制度保障以及严格检查执法的行动保障,突出了依法治海、从严从紧的方向;七是施行绩效考核和责任追究,包括面向地方政府的绩效考核机制、针对建设单位和领导干部的责任追究和赔偿,体现对海洋资源环境破坏的严厉追究;八是提升海洋科技创新与支撑能力,强化科技创新和培育壮大战略新兴产业,提升海洋科技创新对海洋生态文明建设的支撑作用;九是推进海洋生态文明建设领域人才建设,包括加强监测观测专业人才队伍建设,加强海洋生态文明建设领域人才培养引进等;十是强化宣传教育与公众参与,重在为海洋生态文明建设营造良好的社会氛围,包括强化宣传教育和公众参与的系列举措。

为推动主要任务的贯彻实施,《方案》提出了4个方面20项重大工程。如"蓝色海湾"综合治理工程,着重利用污染防治、生态修复等多种手段,改善16个污染严重的重点海湾和50个沿海城市毗邻重点小海湾的生态环境质量;"银色海滩"岸滩修复工程,主要通过人工补沙、植被固沙、退养还滩(湿)等手段,修复受损岸滩,打造公众亲水岸线。"南红北柳"湿地修复工程,通过在南方种植红树林,在北方种植柽柳、芦苇、碱蓬,有效恢复滨海湿地生态系统;"生态海岛"保护修复工程,将采取制定海岛保护名录、实施物种登记、开展整治修复等手段保护修复海岛。海洋环境保护专业船舶队伍建设工程,提出了近岸、近海、远海综合船舶监测能力的建设目标。海洋生态环境在线监测网建设工程,计划在重点海湾、入海河流、排污口等地布设在线监测设备和溢油雷达。海域动态监控体系建设、海岛监视监测体系建设工程针对环保、海域、海岛的监视监测工作,提出了扩展网络、丰富手段、增强信息化的建设方向。国家级海洋保护区规范化能力提升工程,计划每年支持 10 个左右的国家级保护区开展基础管护设施和生态监控系统平台建设。海洋生态文明建设示范区工程,将新建 40 个国家级示范区,为探索海洋生态文明建设模式提供有益借鉴。统计调查类工程项目,规划了海洋生态、第三次海洋污染基线、海域现状调查与评价、海岛统计 4 个专项,旨在摸清我国生态保护、海洋污染、海域使用和海岛保护开发的家底和状况,为制定有针对性的政策措施提供重要决策支撑。

实施海洋生态文明建设示范区制度,是我国大力推进生态文明建设的总体部署,促进沿海地区经济社会与生态的协调、持续和健康发展的有效举措,也是深化海洋综合管理、推进海洋强国和海洋生态文明建设的重要载体。通过示范区工作开展,为推动全国海洋生态文明建设发挥示范带动作用。[①]

(四)海洋生态文化主体共建制度

海洋生态文化的建设主体是涉海人民群众。"人民,只有人民,才是创造历史的真正动力。"中国海洋生态文化的社会主体,是中国以沿海、岛屿地区为主要集中区域的涉海人民群众。传统上主要有渔业社会、盐业社会、海商社会、港口社会等,以其行业性民间组织、行业规范、生产劳作关联度和生活聚落空间的社会结构及其家庭、亲族、社会组织的基本单元,构成国家民间社会的基石。中国的海洋生态文化是以他们为主体创造的,传承的,享有的,发展的。国家发展海洋生态文化,建设海洋生态文化,既基于他们,也依靠他们,最根本的、最终的宗旨,也是服务于他们。所谓以民为本,要义在此。他们是海洋生态文化的主人。因而海洋生态文化的建设,要成为主人们的共同的事业。

在中国历史上,沿海地区和岛屿地区的居民主要依靠海洋谋生,出没打拼于海洋,主要从事渔业生产、航海贸易、港口运输、制盐采珠等行业,构成

---

① 刘诗瑶:《国家级海洋生态文明建设示范区已有 24 个》,《人民日报》2016 年 1 月 15 日 16 版。

了特定的海洋行业社会;尤其是从事渔业捕捞的渔业社会和从事航海贸易的海商社会,是海洋社会的重要构成成分;另外还有一些社会族群以船为家,在海上过着居无定所的生活,我们可视之为水上居民社会;还有一些人靠进行海上或沿海抢劫活动、反抗官府和豪强为生,他们构成了涉海社会特殊的海盗群体,也可称之为海盗社会。中国的海外移民与海外华侨社会的形成和发展,是中国海洋社会的海上外延和重要组成部分、构成形态之一。海外移民对中国海洋社会经济的形成和发展、对中国文化的海外传播和影响、对中国沿海社会的变迁、对近现代海外华人社会的世界性发展,影响深远。

中国海洋文化的社会主体,亦即基础社会人口,在现代社会发生了重大变化,主要表现在随着海洋领域现代化的发展,海洋经济社会的行业构成呈现多样化,生发出了许多现代社会条件下从事海洋开发、利用和服务的社会行业,传统的"鱼盐之利、舟楫之便"为主体海洋产业构成的社会行业,在涉海行业中已经越来越占据较小的比例。

中国海洋社会的规模,亦即人口总数的"盘子",到底有多大? 这是一个难以精确统计的数字。无论是就历史上的人口规模,还是就当代的人口规模而言,都是如此。就目前中国海洋社会的人口规模来说,我们可以从目前全国涉海从业人口的规模来考量,以此为基数做出粗略估计。按照国家海洋局 2008 年《中国海洋经济统计公报》的统计,全国涉海就业人员 3218 万人;2013 年《中国海洋经济统计公报》的统计,全国涉海就业人员 3513 万人;据 2015 年《中国海洋经济统计公报》,全国涉海就业人员 3589 万人。这只是"就业"人口,已经相当于当今世界上的一个不小的国度。就"社会"的意义而言,"家庭"是"社会"的最小单元。依此,按照一个涉海行业就业人员所在家庭平均 3 口计算,即涉海行业社会人口数量约为 1 亿多人。这个人口数字,已经相当于世界上一个相当大的国家的人口。况且,这只是从统计学角度对"涉海行业就业家庭人口"的粗略估计,而不是从更为模糊的"区域"即"社会文化生活圈"角度所作分析的结果。我国沿海省、市、自治区、特区人口约占全国总人口的一半,加上中西部外来务工人口和其他暂住与流动人口、学生人口,则会超过一半。从"大区域"的"沿海地区"的角度,亦即从"沿海省、自治区、直辖市"的一级政区的角度,则"沿海一级政区内"的海洋文化的创造和传承主体的"边界"如何量化,在此意义上的"海洋社会"或曰"涉海社会"规模到底有多大,"涉海""涉"到什么程度(例如几乎所有的海洋产业都有与内陆产业相互关联的"产业链",商业更是将海洋与内陆连接为一体），还有待于研究分析；但至少在"文化"上，沿海、海岛的港口城市的港口海岸"区域"社会，沿海、海岛的县市"区域"社会，其社会生活、综合发展和整体文化风貌与海洋的关联度最为密切，是可以划入我们所涵指的"海洋社会"或曰"涉海社会"的。这就是说，至少从"社会文化生活圈"的角度上说，中国的"海洋社会"或曰"涉海社会"的人口规模基础，是"沿海地区"总人口中大部分生活在滨海港口城市区域、沿海和海岛县市区域的人口。

当然，我们这里说的是中国"海洋社会"或曰"涉海社会"的人口规模基数，并不包括中国13亿多人常年"人口大流动"中到海滨海岛观海旅游、会议展览、商贸公干的人口。滨海城市、岛屿地区每年的旅游人次可以亿计，海洋旅游包括滨海旅游所创造的产值，已经占到中国海洋生产总值的1/3。旅游人口所形成的海洋文化气息、氛围、意识、灵感等综合元素和再生元素的"全国大流动"，其对海洋文化整体发展所起的影响和作用，都是不可估量的。

中国海洋生态文化的建设发展的主体，就是他们。他们要有海洋生态文化建设发展的主体自觉、自信、自豪，要共同参与国家海洋生态文化建设发展的规划、政策、法规、制度的制定与实施，真正实行"主体共建"，这样建设、发展起来的海洋生态文化、生态文明，才是他们作为主人公们所需要、所欣赏、所热爱的海洋生态文化、生态文明。

第二章

中国海洋环保意识的普及

第一节　普及中国海洋生态文化发展意识的内涵

一、海洋生态文化知识的普及

海洋是一个生态自在的组织系统。中华民族自古对海洋的认识就十分丰富、广泛,从现存历史文献来看,自先秦时期,就对海洋的自然生态的系统性、相互联系性和整体性有着越来越全面的认知和了解,并形成了关于海洋自然生态的传统认识、关于如何顺应和巧妙地利用海洋生态环境资源、如何在保持海洋环境资源不受影响的情况下能动地开发获取海洋环境资源的传统知识。近现代海洋科学、渔业水产科学、港口海岸与近海工程科学、航海科学等兴起以后,关于海洋环境资源及其开发利用与生态保护的现代科学知识获得了发展。无论是传统海洋生态相关知识还是现代海洋生态相关知识,在现代海洋环境资源危机日益严重的"大敌当前",都是需要加大普及力度,加强普及手段,加快普及步伐,使之成为全民族热爱海洋、保护海洋所应该普遍具备的基础常识。因此,普及海洋生态文化基础知识,就是普及海洋生态文化意识的基本功课。

海洋生态文化知识是人类海洋实践的结晶。海洋生态文化知识是人类在海洋实践中,所创造、传承与发展的精神成果和物质成果的总和。海洋生态文化知识的内容颇为丰富,概而言之,主要包括海洋文化理论体系、中华海洋生态价值观、现代海洋文明、极地文化、大洋文化、海岛文化建设,海洋文化重点领域,海洋文化遗产、海上丝绸之路、妈祖海洋文化、海洋文化公共产品和服务的供给、海洋文化人才队伍、对外海洋文化交流和海洋文化科普知识等方面。中国海洋生态文化知识普及的目标,是以达到海洋保护、环境健康、社会和谐、民生幸福、资源可续和景观美丽为标志的。

建设发展海洋生态文化，已成为全社会一致共识，已受到国家高度重视。党的十八大提出：提高海洋资源开发能力，发展海洋经济，保护海洋生态环境，坚决维护国家海洋权益，建设海洋强国。习近平总书记在中共中央政治局第八次集体学习时强调，要进一步关心海洋、认识海洋、经略海洋，推动海洋强国建设不断取得新成就。建设海洋强国、依海富国、以海强国、实现人海和谐，建设、发展海洋生态文化，是基础和关键。因此，必须大力提高国民的海洋生态文化意识，普及海洋生态文化知识，使海洋生态文明建设成为海洋强国建设的重要内涵。

普及海洋生态文化知识，首先要在全社会广泛开展海洋文化理论、海洋环境法制、海洋科技等基础海洋知识的普及工作；其次要充分运用广大人民群众喜闻乐见的形式，推动海洋相关的文学、戏剧、音乐、舞蹈、曲艺、雕塑、绘画、工艺品、风俗、技艺等进农村、进工厂、进军营。组织文艺工作者深入基层演出，鼓励和支持专业艺术院团加强公众海洋生态文化创作，充分利用传统节日、重大节庆等载体，广泛开展群众性海洋生态文化活动，在丰富公众文化生活的同时，提高其海洋生态文化知识和欣赏水平；同时，要高度重视学校教育阶段的海洋生态文化普及教育，在学校教育中加大海洋生态文化知识的比重，"从娃娃抓起"，使大中小学生掌握海洋生态文化常识，人人做海洋生态文化建设的主人。

二、海洋生态安全观念的普及

海洋生态安全观念，包括对海洋生态安全问题的自觉意识，对海洋生态遇到威胁、破坏的清醒认知与防范心理，为保障海洋生态安全而采取行动的鲜明的理念、态度和意志。当海洋生态系统受到人类活动的影响和破坏的时候，由于海洋生态环境和资源的濒危、退化对人类社会生活形成负面影响、对海洋经济乃至国民经济基础构成威胁的时候，人类有没有、能不能对此产生担忧、恐惧，有没有、能不能对此现状感到不满，有没有、能不能自觉采取措施进行补救，政府为此而建立防范、治理的制度，民众为此而形成防范、治理的自觉，从而迅速采取行之有效的对策措施使之得以改善，进而得以根治，是检验一个国家、一个民族有没有海洋生态安全观念的标志。

海洋生态遭到破坏，必将造成海洋环境改变、海洋资源破坏，往往不是个别人的、偶尔的、小打小闹造成的，而都是由于政府的制度、政策的过错造成的,因此必将引发公众的不满,特别是环境移民的大量产生,往往会导致社会的动荡。海洋生态安全一旦出现问题,政府必须要对与海洋生态有关的人类活动进行调控,使海洋生态系统在保持自身健康和完整的同时,满足人类生存和发展的需求,实现海洋资源的持续利用和效益最大化,并使其脆弱性不断得到改善。这一切,都来自于国家海洋生态安全意志、国民海洋生态安全观念的确立。其中,国民的海洋生态安全观念的确立是基础;而国民海洋生态安全观念的确立是前提。

海洋是人类生命活动的摇篮,海洋与人类的生存息息相关,全世界一半的人口生活在离海岸线60千米以内的范围。海洋为地球存蓄了约25%的基因资源和50%的油气资源,为人类提供了丰富多样的水产品以及美丽宜人的滨海景观。然而,海洋又是一个相对脆弱的生态系统,并非取之不尽、用之不竭。人们对海洋生态价值认识不充分,在海洋开发规划和建设中往往对海洋生态安全考虑不足,使海洋生态环境问题日益突出,海洋环境与资源事件日益频发。21世纪是海洋世纪,人类利用海洋环境、攫取海洋资源、抢占海洋利用海洋活动的广度、频度和强度越来越增加,导致海洋生态安全问题日趋严峻。海洋生态安全意识淡薄,海洋生态安全观念缺失,是海洋生态安全问题频发,不断敲响海洋生态安全警钟的根本原因。

中国海洋国土有300万平方千米(包括海洋邻国与我们争议的海洋、岛屿面积),居世界第9位,人均海域面积只有世界沿海国家均值的11%,人均海岸线更低。我国的海洋资源"寸海寸金"。由于不尊重规律地盲目开发,人类活动的干扰已超出海洋生态系统自身的调节能力,海洋生态系统被严重侵害。

从中国四大海区来看,近几十年来已经有50%以上的滨海湿地丧失,天然岸线减少、海岸侵蚀严重,赤潮、绿潮和水母灾害不断,近海富营养化严重,海上溢油事故频发,近岸海域亚健康和不健康水域的面积逐年增加。加之中国大量海洋与海岸工程构筑在河口、海湾、滩涂和浅海,多种工程的生态影响相叠加,致使中国海洋生态灾害集中呈现,海洋生态安全前景堪忧,包括渔业资源在内的大量多样性海洋生物资源受到了越来越严重的大面积破坏,主要经济渔获物大幅度减少,有不少海洋生物资源已经灭绝。

海洋生态安全观念,涉及国家安全。党的十八大报告提出"推进生态文明建设"的目标,实质上就是为了保障生态安全,实现国家长治久安。海洋生态安全作为生态安全的重要部分,是国家安全的重要基础,与国防安全、经济安全、社会安全同等重要,只有保证我国海洋生态系统及其功能的安全,才能保障我国国力和国家安全。

滨海湿地

海洋生态安全观念的普及,其路漫漫。首先我们要反思对海洋生态系统保护,正确认识和评估海洋的生态价值以及海洋生态系统的脆弱性,合理开发利用海洋,维护海洋生态安全,增强海洋意识,转变观念,把海洋生态文明作为小康社会的标准之一。生态安全是生态文明的底线和基础,是以人为本的体现。划定并推广海洋生态红线控制区,维护海洋资源环境承载力。海洋与海岸工程建设坚持"环境准入不降低、生态功能不退化、资源环境承载力不下降、污染物排放总量不突破"等原则,推广涉海大型工程生态安全评估制度、国家及地方海洋生态修复制度等基本制度。以海洋环境保护为本,积极发展滨海生态旅游,提高公众的海洋生态安全意识。

三、海洋生态发展理念的普及

转变观念,让海洋生态发展理念成为共识。我们已步入"海洋世纪",

谁拥有海洋,谁就拥有 21 世纪。随着海洋开发利用的广度和深度不断增加,方式趋向多样化,海洋环境问题的日趋严峻,海洋生态发展理念的探索已经列入各沿海国家的议事日程。

中国的海洋生态发展理念植根于"创新、协调、绿色、开放、共享"五大发展理念。党的十八届五中全会提出这五大发展理念,将生态文明建设纳入"十三五"发展规划。破解海洋发展难题,厚植海洋发展优势,普及并切实贯彻"创新、协调、绿色、开放、共享"的发展理念。五大发展理念,为海洋事业发展指明了新方向。国家海洋局开展海洋重大战略规划研究,重视海洋生态发展理念,拓展蓝色经济空间,推进海洋生态文明建设等,成为"十三五"时期海洋事业发展的重中之重。建设海洋生态文明,坚持海洋生态发展理念必须整体把握五大发展理念,深化发展新认识,强化新实践,推进海洋生态文明建设。

普及五大发展理念,续写海洋生态文明建设新篇章。"创新、协调、绿色、开放、共享"五大发展理念独具特色、内涵鲜明,植根于中华民族伟大复兴中国梦,续写我国海洋生态文明建设新篇章。海洋事业发展,坚持普及创新理念。海洋事业的发展,首要坚持创新理念,必须把海洋创新摆在海洋事业发展全局的核心位置,推动新技术、新产业、新业态蓬勃发展,实现海洋事业的跨越式发展,追赶欧美发达海洋国家,创新驱动是大势所趋。海洋事业发展,坚持普及协调理念。海洋强国是一个系统工程,坚持协调发展,必须把握中国海洋事业总体布局,重点促进海洋区域协调发展,塑造区域协调发展新格局。海洋事业发展,坚持普及绿色理念。发展海洋事业,坚持绿色发展,节约海洋资源和保护海洋环境的理念为社会所接受,加快建设资源节约型、环境友好型社会,"天人和谐"发展,推进美丽中国建设,建设"美丽海洋"。海洋事业发展,坚持普及开放发展理念。海洋本身的博大、包容、开放,要求在海洋事业的发展中,大力推广其开放的理念,兼容并包,构建广泛的利益共同体,积极承担责任和义务,合作共赢,体现海洋风格。海洋事业发展,坚持普及共享发展理念。坚持共享发展,坚持海洋发展为了并依靠人民,海洋发展成果由人民共享,从解决人民最关心、最直接、最现实的利益问题入手,提高海洋公共服务共建能力和共享水平。坚持海洋共享发展理念,才能维护海洋环境,维系海洋资源对人的长远供养能力,实现海洋环境权益的代际公平。

四、海洋生态保护法律的普及

海洋生态保护法律的内容主要包括两个方面。一是涉及海洋生态保护的相关法律法规。中国重视环境保护法制建设,目前已经形成了以《中华人民共和国宪法》为基础,以《中华人民共和国环境保护法》为主体的环境法律体系,其中均涉及海洋生态环境保护。而且,中国政府先后制定了一系列与海洋环境保护相关的法律法规,对统筹考虑流域上下游、海洋与陆地、污染防治和生态保护,保护沿海和海洋环境和资源发挥重要作用。主要包括:《中华人民共和国水污染防治法》《中华人民共和国环境影响评价法》《中华人民共和国固体废物污染环境防治法》《中华人民共和国水法》《中华人民共和国清洁生产促进法》《中华人民共和国水土保持法》《中华人民共和国野生动物保护法》《中华人民共和国自然保护区条例》等。二是海洋生态保护法律法制体系。海洋环境保护工作是国家环境保护管理工作的重要组成部分。中国针对海洋生态环境的保护对象,制定颁布了《中华人民共和国海洋环境保护法》。作为海洋环境保护的基本法确立了保护和改善海洋环境,保护海洋资源,防治污染损害,维护生态平衡,保障人体健康,促进经济和社会的可持续发展的基本方针。在海洋环境保护法制建设方面,继颁布实施了《中华人民共和国海洋环境保护法》后,又先后颁布和实施了《防止船舶污染管理条例》《防治海洋石油勘探开发污染海洋管理条例》《防止倾废污染海洋管理条例》《防止陆源污染物污染损害海洋环境管理条例》《防止海岸工程建设项目污染损害海洋环境管理条例》和《防止拆船污染损害环境管理条例》等,以及制定了《近岸海域环境功能区划》,并以局长令的形式颁布了"近岸海域环境功能区划管理办法",为我国沿海海域环境实现目标责任制管理提供了科学的管理依据。中国地方人民代表大会和地方人民政府为实施国家海洋环境保护法律,结合本地区的具体情况,制定和颁布了海洋环境保护的地方性法规。

依法治理和保护海洋环境任务紧迫。目前,我国海洋生态环境污染加剧、近海海域生态环境日趋恶化、日益严重的海洋资源衰竭、海洋生境破坏、严重的海洋污染事件有增无减。人类开发利用海洋资源的一系列活动已造成日益严重的海洋生态环境问题,人与海洋之间的矛盾也日益尖锐,需将人类开发、利用、保护海洋生态系统的行为纳入法律调整。海洋环境污染已经引起广泛重视,防治海洋污染、保护海洋环境在世界范围内已成为全球环境保护工作的一个重要领域,涉海的国际立法都对防治海洋环境污染给予了高度重视。国内,在保护海洋资源、防治海洋环境污染、建立海洋自然保护区等方面均应有相应的法律法规。

海洋生态保护法律的普及,首要完善海洋环境保护法律体系。许多学者指出,中国的沿海和海洋环境保护法制建设还需要进一步完善,如近岸海域环境管理等方面存在着立法空白,部分法律内容还需要补修,有法不依、执法不严的现象依然存在。因此,继续加强沿海洋环境保护法制建设,以及完善《海洋环境保护法》的配套条例、办法、规定、标准仍是普及海洋生态环境保护的重要任务。

海洋生态保护法律的普及,必须大力推广海域区域性共同防治污染机制。海洋生态环境保护是一项跨地区、跨部门、跨行业的综合性工作,需要有关部门和政府共同努力,建立区域性共同防治海洋环境污染的协调机制,开展区域性海洋环境科学研究,制定海洋污染防治的区域法规、条例、污染控制标准以及共同防治海洋环境污染的措施。通过海洋区域环境合作机制协调解决海洋、海岸、近岸海域和流域间重大环境问题。

海洋生态保护法律的普及,必须大力推建相关法律、法规和标准。加强海洋生态保护立法工作,把海洋生态环境保护真正纳入法制化轨道。尽快完善《海洋环境保护法》和相关防止或防治海洋污染的管理条例,如《防止船舶污染管理条例》《防止陆源污染物污染损害海洋环境管理条例》和《防止海岸工程建设项目污染损害海洋环境管理条例》等法律法规。加快建立海洋生态保护标准体系,包括海洋环境质量标准、近岸海域生态环境质量评价标准、海洋生物多样性评价标准、海洋环境环境风险评估标准、海洋生态旅游标准、海洋生态保护与恢复标准、海洋资源开发生态保护标准、海洋保护区分类标准等。制定海洋生态环境监察工作规范。制定相关法规,保障海洋生态环境保护规划的权威性。

海洋生态保护法律的普及,必须加大海洋环境依法治理力度。要用严格的法律制度保护海洋生态环境,加快建立有效约束开发行为和促进海洋发展的生态文明法律制度,强化海洋环境保护的法律责任,完善海洋国土保护方面的法律制度,促进海洋生态文明的法制建设。

第二节　中国海洋生态文化发展意识普及的主要标志

一、海洋生态安全国家意志得到普遍认同

海洋生态安全体现国家意志。海洋的世纪,时代的进步,海洋生态安全越来越受到社会的普遍认同,海洋生态环境问题成为社会最为关注的问题

之一。推进海洋生态安全建设是党和政府的明确要求和紧迫任务,也是社会成员的一致期待和共同责任。一些发达国家在工业化进程中创造了丰富的物质财富,但也走过"先污染,后治理"的弯路,付出了沉重代价。为此,党的十八大把生态文明建设纳入中国特色社会主义事业"五位一体"总体布局,首次明确"把生态文明建设放在突出地位",提出建设"美丽中国"目标,海洋生态文明是整个生态文明建设的重要组成部分,海洋生态安全又是海洋生态文明的重要组成部分,海洋生态安全已经上升为国家意志。

海洋生态安全国家意志是时代的声音。长期以来,由于人类利益的高度膨胀,奉行只关注人类自身及其短期利益导致海岸带等生态系统被高度异化,污染损毁,海洋野生物种走向濒危或加速灭绝。海洋生态安全上升为国家意志,就是要从国家层面限制人类继续盲目扩张,预防最基本的海洋生态底线被突破,并极大地张扬海洋生态利益,促进人海和睦相处,发展海洋保护事业,保护海洋生态环境、海洋资源和生物多样性,加快转变经济发展方式、建设海洋生态文明;海洋生态安全上升为国家意志,不仅是一个地区、而且是一个国家的事情,而且具有广泛关联性;海洋生态安全上升为国家意志,不仅是建设幸福家园的实践活动,而且是上升到国家意志和社会的共识,通过法律法规积极推进促成,并维护海洋生态利益。海洋生态安全上升为国家意志,是人类全面认识人海关系的产物,有效缓解海洋环境威胁、防范开发破坏。海洋生态安全上升为国家意志的根本出发点是让海洋惠及人类世世代代的生存发展。

海洋生态安全构建是生态文明建设国家意志的体现。推进海洋生态环境保护,着力解决突出海洋环境问题。海洋生态环境保护是海洋生态文明建设的主战场,也是社会民生建设的主要内容。政府应尽快出台遏制海域环境恶化趋势的规划和计划,加强近岸海域、陆域和流域环境协同综合整治,强化海洋污染防治与监管;在重要生态区和脆弱区实施严格的海洋生态保护政策与措施,逐步完善全国海洋自然保护区和特别保护区网络体系,有序推进受损海洋生态系统修复与恢复,探索开展提升海洋生态弹性和恢复力的生态建设工作。要切实做好与公众健康密切相关的海洋环境保障民生工程,全面构建抵御海洋环境灾害风险的生态安全屏障,提高各类海洋风险防范能力和应急处置能力,减少群众生命财产损失和海洋生态环境损害。

以国家意志推进海洋生态安全建设。海洋生态安全建设的顶层设计显示国家高层对其的认同。海洋生态文明建设,要见事早,力度大,措施硬。在制度建设方面,从健全海洋资源资产产权制度到用途管制制度,从实行海洋资源有偿使用制度到海洋生态补偿制度,划定海洋生态保护红线到改革海洋生态环境保护管理体制,海洋生态安全建设的顶层设计需加速展开。

二、海洋生态环境法规得到普遍恪守

恪守海洋生态环境法律法规,意义非凡。保护海洋生态环境是"建设海洋强国"的战略目标的重要内容。但是,我国是世界上海洋环境污染最严重的地区之一,海洋生态环境已经到了不堪重负的地步。据统计,我国沿海地区每年排放入海的工业污水和生活污水约60亿吨,沿岸油田和石油化工企业每年跑、冒、滴、漏入海的石油达10多万吨。加强海洋生态环境保护迫在眉睫,海洋生态环境呈现出不断恶化的趋势,保护海洋生态环境是必要的和紧迫的,必须健全海洋生态环境法规制度。而我国法律法规体系与海洋发展需求相比仍然相对滞后的现实,海洋生态环境保护要树立"防治兼顾、以防为主"的理念。

恪守海洋生态环境法律法规,始于立法。改革开放以来,我国先后颁布了一系列法律法规,但与海洋经济发展需求和国际海洋保护法发展相比仍然相对滞后。保护海洋生态环境是建设海洋强国的重要内容,加强我国海洋生态环境保护刻不容缓。加快健全海洋生态环境保护法规体系,规范和约束政府决策和行为,完善对河流入海污染、面源污染、生活污染、养殖污染等方面的规定。制定海洋污染排放的相关技术标准。重新审定海洋生态损害和补偿方面的法规条文,增加关于国家赔偿方面的规定。增订海洋生态环境保护法律实施细则,颁布规范海洋油气开发造成污染方面的细则条款,完善海洋生态环境保护法规体系。

恪守海洋生态环境法律法规,必须修法。调整修改现有海洋生态环境保护法规制,我国现行海洋生态环境保护法规最突出的问题是对违反海洋生态环境保护法规的处罚额度与国际标准差距过大。调整和修订《海洋环境保护法》《防治海洋工程建设项目污染损害海洋环境管理条例》等,以经济发展为指导。"我国海洋生态环境保护各项法规的出台、修订时间不同,沿海地方政府相继颁布了一些规定,造成国家与地方之间、上位法与下位法之间衔接不紧,甚至有所矛盾。"苏士亮指出,这种规定标准的不统一,导致了执法层面上的混乱。因此,恪守海洋生态环境法律法规,必须由国家统一组织,对现行国家和地方海洋生态环境保护法律法规进行系统梳理,理顺法规之间存在的矛盾与冲突,形成一套完整统一的海洋生态环境保护法规体系。

恪守海洋生态环境法律法规,重在执法。在建立健全环境法律体系的过程中,中国把海洋环境执法放在与环境立法同等重要的位置,全国环境执法检查应该重点突出全国海洋环境保护联合执法检查,对污染和破坏沿海和海洋环境的行为进行严肃查处,对违法行为进行严厉打击,不定期地开展海洋环境保护联合执法检查,保证沿海各地在发展海洋经济的同时依法保护海洋环境,使海洋经济的内涵及其发展,必须是在保障海洋环境健康、海洋生态良好前提下的、相统一的内涵与发展。

三、海洋生态发展方式得到普遍施行

海洋生态发展方式得到普遍实施的标志主要体现在两个方面,其一为政府表现。国家海洋局、教育部、文化部、国家新闻出版广电总局、国家文物局印发《提升海洋强国软实力——全民海洋意识宣传教育和文化建设"十三五"规划》提出,海洋文化建设与海洋经济发展相结合,海洋文化建设与海洋生态文明建设相融合,海洋文化与海洋科技同步发展,继承传统与发展创新相结合,全面发展与重点推进相结合的基本原则,提出了全面推进海洋文化建设的发展目标。《提升海洋强国软实力——全民海洋意识宣传教育和文化建设"十三五"规划》高度体现了海洋生态发展方式国家层面的重视。

海洋生态发展方式得到普遍实施的标志之二为公民表现。公民成为生态公民。海洋生态公民是建设海洋生态文明的主体。海洋生态发展方式需要生态公民的自觉追求和积极参与,具有生态文明意识且积极致力于海洋生态文明建设的生态公民。海洋生态发展方式需要生态公民主动承担并履行相关义务,而不是只知向他人和国家要求权利的公民。海洋生态公民还是具有良好美德。海洋环境危机与公民个人的行为密不可分,公民如何约束自己的破坏环境的行为,主要取决于公民自身的道德修养。公民需要采取主动行为,积极参与环保事业。海洋生态发展方式需要生态公民具有健全的海洋生态意识、准确的海洋生态科学知识和正确的海洋生态价值观。只有树立了正确的海洋生态价值观,人们才会有足够的道德动力去采取行动,自觉地把海洋生态科学知识应用于海洋生态文明建设。

海洋生态发展方式的普遍施行,首先是海洋经济发展方式转变。海洋经济对国民经济和社会发展的贡献率进一步提高。加强对海洋经济发展的

调控、指导和服务,提高海洋经济增长质量,壮大海洋经济规模,优化海洋产业布局,加快海洋经济增长方式转变,发展海洋循环经济,提高海洋经济对国民经济的贡献率。

海洋生态发展方式的普遍施行,重在促推沿海地区经济发展方式转变。要建设海洋生态文明,就应着力发展海洋经济,切实加强海洋经济和沿海地区经济发展的宏观调控,以提高海洋资源利用效率为目标,推动海洋经济方式转变。当前应制定基于海洋资源环境承载力、符合海洋生态平衡要求的产业目录和绿色产业发展指南,在国家对沿海经济发展的宏观调控中凸显海洋生态环境保护的导向作用。着力促进海洋资源集约节约利用,提高单位岸线和用海面积的投资强度和产出效率。

海洋生态发展方式的普遍施行,离不开海洋教育的开展。海洋教育是一种综合性的教育,是充满时代精神的教育。推广海洋教育,需要充分挖掘、整理和弘扬中国海洋文化丰富悠久的历史遗产,合理突出中国区域海洋文化的特色优势,从海洋历史文化、海洋军事文化、海洋旅游文化、海洋民俗文化中合理地挖掘出更多具有现实意义、符合现代潮流的 21 世纪海洋文化。尤其要加强对青少年一代的海洋文化教育,让他们形成一种系统、自觉和长久的海洋文化思想意识,为中国跨入海洋强国打下良好的人文基础。此外,要加大宣传导向的力度,进一步强化国民的海洋文化意识和观念,让"海"深入人心,使社会各界和全体公民不断增强海洋意识和海洋法制观念,促进海洋生态发展方式的实施与推广。

四、海洋生态环境保护成为社会风尚

海洋生态环境保护成为社会风尚,即全社会对海洋生态环境保护普遍重视、认同、自觉,人人以此为尚、为荣,反之为耻等等。海洋生态环境保护具有良好社会基础。国家海洋局、教育部、文化部、国家新闻出版广电总局、国家文物局印发《提升海洋强国软实力——全民海洋意识宣传教育和文化建设"十三五"规划》指出,到 2020 年,全民海洋意识显著提高,初步形成全社会关心海洋、认识海洋、经略海洋的良好社会氛围,全面推进海洋文化建设。

海洋生态环境保护,需要推动海洋相关信息公开和公众参与海洋生态环境保护,调动全社会的力量,形成全社会共建共享的氛围,以强大的动员力和行动力建设海洋生态文明。我们能够用 30 多年的时间走过西方国家

100多年的工业化历程,就一定有能力用比西方国家更短的时间建设好海洋生态文明。"防治兼顾、以防为主"的海洋环境保护理念深入人心。争取将法制监督与社会监督相结合,确保海洋生态环境更加优良美好,努力为建设海洋强国战略目标贡献力量。

海洋生态环境保护成为社会风尚,让海洋文化作为社会文化的重要组成部分,真正融入老百姓的日常生活。加强海洋文化研究,对海洋文化进行梳理,带动海洋文化研究工作。加快建设一批能够代表海洋文化形象、展示海洋文化特色的标志性文化体育设施和建筑。如建立海洋博物馆,建设集收藏、保护、研究、展示、教育和服务为一体的物质和非物质海洋文化遗产中心。举办具有海洋文化内涵的全民性活动或赛事等。文体旅游部门都应该组织类似帆船、冲浪等有一定影响力的海洋活动。在海洋文化赛事活动中,各级海洋部门都应积极支持,在相关网站增加和丰富海洋文化内容,扩大海洋文化的宣传。

中国国家海洋博物馆效果图

海洋生态环境保护成为社会风尚,需要动员全社会参与海洋生态文化建设。推进海洋生态文化建设,需要社会各方面的共同努力。要全面准确地宣传海洋生态文化发展的重大战略部署和方针政策,充分调动文化工作者的积极性和创造性,把干部群众的智慧和力量凝聚到海洋生态文化建设上来。充分发挥工会、共青团、妇联、文联、作协、记协等团体在联系群众、组织群众、推动海洋生态文化建设方面的重要作用。紧紧依靠群众,尊重群众的首创精神,引导和保护群众的积极性和创造性,努力营造有利于海洋生态文化发展的社会氛围。

第三节　中国海洋生态文化发展意识普及的政府责任

一、政府海洋生态理念的引领责任

海洋生态理念的政府引领责任,核心环节是做好政府顶层设计,发挥政府的引导作用。2012年9月,国务院印发《全国"十二五"海洋经济发展规划》,其中单列"海洋文化产业"一节,提出要挖掘海洋特色民俗文化、办好海洋文化活动、广泛传播海洋文化、培育以海洋为主题的文化创意产业等内容。2013年4月,经国务院批准,由国家发改委、国土资源部、国家海洋局联合印发实施了《国家海洋事业发展"十二五"规划》,明确提出了"树立建设海洋强国的意识和理念,发掘和保护海洋文化遗产,培育海洋文化产业,促进海洋文化繁荣发展,增强海洋事业发展软实力"。2014年4月,中宣部印发《关于全面提升全民海洋意识宣传教育工作方案》。2014年9月,中宣部办公厅印发《关于提高海洋意识加强海权教育的工作方案》。我国海洋文化是中国文化的重要组成部分,繁荣发展海洋文化,对于推动"海洋强国"和"一带一路"建设具有积极作用。海洋文化的繁荣昌盛,将促进海洋强国理念深入人心,使海洋强国建设成为群众生产生活的组成部分,为实现"中华民族海洋强国梦"注入精神动力、凝聚力量、改善舆论环境。发展海洋文化有利于深入挖掘和阐明海洋文化的时代价值和开拓进取的海洋观,有利于在全社会形成关注海洋、热爱海洋、保护海洋的浓厚氛围,不断为建设海洋强国注入精神动力。海洋文化产业在社会经济中将发挥更为重要的作用。

海洋生态理念的政府引领责任,重要环节在于各部门共同协作,发挥政府的主导作用。海洋生态文化发展意识普及是推进国民海洋教育的一项系统工程,需要从指导思想、整体规划、实施方案、保障措施等诸多方面进行顶层设计,并需要教育主管部门、海洋主管部门、宣传主管部门等多方面力量通力协作,共同研究推动我国大、中、小学海洋意识教育,尽快制定出台海洋意识教育中长期规划,建立长期有效的海洋文化宣传教育机制。

海洋生态理念的政府引领责任,关键环节是党对海洋文化工作的领导,发挥政府的领导作用。始终坚持"两手抓,两手都要硬"的方针,高度重视海洋文化工作,深刻认识加强海洋生态文化建设的重要性,把海洋生态文化建设的目标任务纳入经济社会发展的总体规划。根据形势发展的需要,建立健全海洋生态文化工作领导协调机制。遵循海洋生态文化自身的特点和发展规律,适应海洋经济发展的要求,加强对海洋文化发展重大问题的研究,科学制定方针政策,始终把握海洋生态文化建设的正确方向。

海洋生态理念的政府引领责任,需要加强政府对海洋文化建设的组织领导。加强组织领导,引领海洋生态文化发展。为了普及海洋生态文化发展意识,保障相关工作的实施和推进,《提升海洋强国软实力——全民海洋意识宣传教育和文化建设"十三五"规划》提出了加强海洋文化建设的组织领导,充分发挥沿海地区建设海洋文化的重要作用,加强海洋文化人才队伍建设,多元化、多渠道融资,构建海洋文化推广和激励机制等方面的保障措施。

海洋生态理念的政府引领责任,还需要明确相关党委和政府的职责。相关党委和政府要把海洋生态文化建设列入重要议事日程,建立工作责任制,把海洋生态文化建设作为评价相关地区发展水平、衡量发展质量和领导干部工作实绩的重要内容。党委宣传部门充分发挥协调指导作用,相关部门积极支持、密切配合,文化管理部门切实履行各自职责,形成推动文化发展的合力。加强对海洋生态文化建设的督促检查,要因地制宜、分类指导、总结推广成功经验,兼顾各方利益,保证海洋生态文化健康繁荣发展。

二、政府海洋生态法治规范责任

政府在海洋生态法治方面的规范责任主要有以下几方面的体现。海洋生态法治规范,首要立法。政府需建立健全海洋生态文化法律法规体系,加快全海洋生态文化立法,制定和完善海洋公共文化服务保障、海洋文化产业振兴、海洋文化市场管理等方面法律法规,将海洋文化建设的重大政策措施适时上升为法律法规,为提高海洋文化建设法制化水平提供法制保障。

政府在海洋生态法治方面的规范责任,其次执法。政府需加强对执法活动的监督,规范执法行为。沿海相关环境保护的执法行政主管部门作为海洋环境保护一线执法监督管理部门,对所管辖海域的海洋环境保护工作实施执法、指导和监督,并负责对本行政区域的海域的海洋环境污染物、海岸工程建设项目、海洋倾倒废弃物以及其他有关海洋开发利用活动对海洋污染损害的违法行为进行防治。

政府在海洋生态法治方面的规范责任,还要"传法"。政府需要深入开展海洋文化法制宣传教育,继续做好普法工作,增强法制观念,提高依法行政、守法经营和维护海洋文化权益的自觉性。相关各级人民政府及其有关部门应当加强海洋环境保护法律、法规的宣传教育,与时俱进,利用科学技术和先进适用技术,鼓励单位和个人投入海洋生态环境法律法规的宣传,广泛开展海洋生态法律法规的对外合作与交流,促进海洋环境保护的发展。海事管理机构依法负责所管辖港区水域内非军事船舶和港区水域外的非渔业、非军事船舶污染海洋环境的监督管理,并负责污染事故的调查处理;对在所管辖海域航行、停泊和作业的外国籍船舶造成的污染事故登轮检查处理。船舶污染事故给渔业、海洋生态造成损害的,应当吸收渔业、海洋行政主管部门参与调查处理。

政府在海洋生态法治方面的规范责任,发展海洋事业,就是要普遍增强政府责任,健全海洋法律法规体系;形成法治监管立体化、法律制度规范化、法治管理信息化、执法反应快速化的海洋法治综合管理体系;为发展海洋经济和增强海洋科技国际竞争力;维护海洋权益和海洋安全;为实现数字海洋、生态海洋、安全海洋、和谐海洋的目标保驾护航。

三、政府海洋生态社会的管理责任

政府要以社会管理者的身份参与海洋生态建设活动,调动政府的能力和资源为海洋生态社会建设作出贡献,同时通过政府行为引领海洋生态社会潮流,形成标准。中国高度重视海洋生态社会的管理体制建设,现在已经建立起由全国人民代表大会立法监督,各级政府负责实施,环境保护行政主管部门统一监督管理,各有关部门依照法律规定实施监督管理的海洋环境管理体制。政府在海洋生态社会管理过程中已取得了较为明显的成就。一是海洋综合管理体系继续完善。以生态系统为基础的海洋区域管理模式和海洋管理协调机制初步形成;内水和领海海域各类开发活动得到有效规范;毗连区、专属经济区和大陆架海域资源开发得到有效保障;参与国际海洋事务管理和海洋维权能力显著提高。二是海洋可持续发展能力进一步增强。海域使用规范合理,近岸海域污染恶化和生态破坏趋势得到基本遏制,重要生态系统得到有效监控。陆源排污口、海上石油平台、海上人工设施等达标排放。海洋开发利用的规模、强度与海洋资源、环境承载能力相适应。

政府海洋生态社会管理,需要正确处理加强政府管理和营造良好海洋生态社会环境的关系,进一步创新管理理念,强化服务意识,寓管理于服务之中,建立和完善有利于海洋生态社会健康成长的体制机制,最大限度地发挥政府在海洋生态社会中的积极性、主动性和创造性。相关政府要从全局和战略高度,充分认识海洋生态社会管理的重要地位和作用,切实把海洋生态社会建设发展摆在全局工作的重要位置,推动海洋生态文化社会建设与经济建设协调发展。进一步增强管理意识、全局意识、责任意识,牢牢把握海洋生态社会管理的主动权。

政府海洋生态社会管理,需要坚持和完善政府统一领导、社会力量积极参与的工作体制和工作格局,形成海洋生态社会管理的强大合力。建立海洋生态社会的管理工作领导小组,切实发挥统筹领导作用,有关行政管理部门要尽快制定实施方案,各有关部门要按照职责分工,发挥各自优势,为海洋生态社会管理提供强有力的支持。加大政府投入力度,建立健全同国力相匹配、同海洋生态社会建设需求相适应的政府投入保障机制。保证公共财政对海洋生态社会建设投入的增长幅度。增加海洋生态社会建设资金和经费保障投入,修订海洋生态社会建设政策,鼓励企业及民间社会组织、机构和个人投入海洋生态社会建设。

政府海洋生态社会管理,需要海洋行政主管部门会同环境保护等有关部门,根据海洋功能区划,拟定海洋环境保护规划和重点海域环境整治与修复规划。相关政府应当加强与相邻沿海省、直辖市政府合作,共同做好近海海域及相邻海域海洋环境保护与生态建设,建立海洋环境保护区域合作组织,做好海洋环境污染防治、海洋生态建设。环境保护、海洋等有关部门根据海洋环境质量状况和经济、技术条件,完善国家海洋环境质量标准。行使海洋环境监督管理权的部门在巡航监视中发现污染事故或者有违反《海洋环境保护法》和本条例规定的行为时,应当予以制止并调查取证,有权采取有效措施,防止污染损害事态的扩大。按照陆海统筹、专司管理、资源共享的原则,建立海洋环境监测网络,纳入生态建设体系。

实行海洋生态社会管理制度,是五中全会确定的推进绿色发展的重要政策调整。当前海洋生态环境保护管理和治理格局还存在部门利益等问题,要以生态文明体制改革、推进生态文明建设国家治理体系现代化为目标,不断创新环境管理方式,实现管事、管人、管财相统一。

四、政府海洋生态事业的公共公益责任

我国政府的海洋公益服务能力明显增强。完善海洋公益服务体系,扩大海洋公益服务范围,提高海洋公益服务质量和水平。海洋监测、预报、信

息、应急处置和海上救助服务体系基本完善,防灾减灾能力显著增强,主要海洋污染事故和生态灾害得到有效监控。

为实现政府海洋生态事业的公共公益责任,要加快发展海洋文化公共服务。《提升海洋强国软实力——全民海洋意识宣传教育和文化建设"十三五"规划》指出,加快海洋文化公共基础设施建设,加强海洋文化公共服务和产品供给,开展海洋主题文化创建活动,促进基层海洋文化发展,普及海洋知识,提升海洋意识,比如设立海洋文化节,整合海洋文化资源,发挥凝聚整体效应,让老百姓感受到海洋文明带来的实惠。大力开发和组织民间海洋文化活动,沿海各市县以不同的形式组织祭海、开渔仪式等,如海南省临高的渔民节、琼海的海洋文化节等,这些活动对弘扬民间海洋文化有一定的作用,政府要加以引导和推广。

完善海洋生态事业的公共服务网络。顺应政府职能转变的东风,推动海洋生态事业发展,把政府的职能转到海洋社会管理和海洋公共服务上来。要从海洋经济社会发展水平出发,以实现和保障公民海洋权益、满足广大公民的需求为目标,坚持海洋公共服务普遍均等原则,统筹规划,合理安排,形成实用、便捷、高效的海洋公共服务网络。

完善海洋生态事业公共设施网络布局。以大型海洋公共设施为骨干,以海洋社区和乡镇基层设施为基础,优先安排关系人民切身利益的海洋设施建设,加强图书馆、博物馆、文化馆、美术馆、电台、电视台、广播电视发射转播台(站)、互联网公共信息服务点等公共基础设施中的海洋公共设施建设。比如建设一批代表国家海洋生态形象的重点设施,大力推进海洋信息资源共享工程等重大工程建设,加大对重要海洋社科研究机构、体现海洋特色和水准的艺术院团的扶持力度。

创新海洋生态公共服务方式。适应公众对海洋文化的多方面、多层次、多样化的需求,拓宽海洋公共服务领域,创新服务方式,提高服务质量。建立健全海洋生态公共设施服务公示制度,公开服务时间、内容和程序,在窗口接待、场所引导、资料提供以及内容讲解等方面,创造良好的服务环境。完善博物馆、美术馆等海洋生态公共设施免费开放制度。采用政府购买、补贴等方式,提供免费的海洋生态文化服务。促进数字和网络技术在海洋生态公共服务领域的应用,建设数字广播电视信息平台、数字电影放映网络系统、网上图书馆、网上博物馆、网上剧场和群众海洋文化活动远程指导网络。支持民办公益性海洋生态机构的发展,鼓励民间开办博物馆、图书馆等,积极引导社会力量提供海洋生态公共服务。

健全海洋生态公共服务组织体制和运行机制。相关政府要发挥主导作用,加强对海洋生态公共机构的指导、监督,并从资金、设施、场地、机构、人员等方面,保障海洋生态公共设施的正常运转和功能的充分发挥。海洋生态公共服务机构要完善功能定位,明确服务目标、任务和责任,建立考核、激励和约束机制,提高使用效益。鼓励和引导社会资金兴办国家允许的各类海洋生态公共设施。完成海洋生态公共服务质量标准体系的制定,建立健全海洋生态公共机构评估系统,形成政府主办、社会参与、功能互补的海洋生态公共服务组织体制和责任明确、行为规范、富有效率的运行机制。

第四节　中国海洋生态文化发展意识普及教育渠道

一、学校教育渠道

海洋是我国国土的重要组成部分,国家对海洋开发、利用的程度,对海洋权益争取和维护的力度,直接影响国家的强弱、民族的兴衰。从学校教育抓起,有效推进落实"海洋知识进学校、进教材、进课堂"工作,对推动党的十八大报告中提出的"建设海洋强国"的战略目标的实现,提高我国青少年的综合素质,是非常必要的。

海洋生态文化发展意识的普及离不开海洋文化的宣传和海洋文化知识的普及。政府及有关部门有责任加强宣传力度,让居民较好地了解海洋文化的相关知识,参与到海洋文化的构建上来,推进海洋文化事业的发展,增强海洋生态文化发展的意识。海洋生态文化发展意识普及的一个很重要的方式应是教育和培训。教育与我们的生活息息相关,海洋生态文化发展意识的教育发展应从娃娃抓起。从小对孩子进行海洋生态文化发展意识的宣传和教育,使得他们在浓厚的海洋生态文化发展意识的氛围中成长,这对海洋生态文化发展意识的普及有着举足轻重的作用。

海洋生态文化发展意识的普及离不开加强国民的海洋教育。世界发达国家普遍重视海洋教育。如美国专门制定了加强全国海洋教育、强化国民海洋意识的政策,其中包括将海洋知识编入中小学课本,制定了1—12年级海洋教育课程体系;英国则在中小学"国定课程"中全面实施海洋教育;日本对其国民进行国情教育的主题是:"我们缺乏土地、没有资源,只有阳光、空气和海洋。"韩国的中小学主修课程及教材中,不少课程的海洋内容均占有较大比重,形成了系统的海洋观培养体系;澳大利亚在中小学开展海洋生态环境教育,在社区开展海洋知识普及教育。在我国海洋生态文化发展意识的普及中开展海洋教育要积极借鉴世界经验,取其精华,弃其糟粕,为我所用。

海洋生态文化发展意识的普及离不开学校教育。学校教育最有效的工具就是开设海洋教育课程,大中小学海洋意识教育基地要争取尽早开设海洋意识教育课堂或选修课堂,已开设课程的单位要及时提交经验总结。支持各地建设海洋图书馆、海洋博物馆和海洋书架,让学生从小认识海洋、了解海洋、重视海洋,提高全民族海洋意识,普及海洋科学知识,树立正确的现代海洋观念,加强海洋公共文化服务体系建设,推进海洋生态文化发展意识的普及。

海洋生态文化发展意识的普及离不开创新的海洋教育模式。发挥涉海单位特色优势,充分利用周边区域涉海教育资源,进一步丰富海洋生态文化发展意识的内容和形式。培养海洋教育教师,举办全国海洋生态文化发展意识教育师资培训班,支持各地加强对中小学教师的海洋教育师资培训,培养一批专兼职海洋教育师资力量和海洋专业创新人才,注重发掘、引进、培养海洋生态文化发展意识的教师。

海洋生态文化发展意识的普及离不开积极开展海洋意识教育活动,做好"世界海洋日暨全国海洋宣传日"宣传活动,组织全国海洋知识竞赛,组织开展各类专题活动,做好日常宣传教育活动。切实提高海洋生态文化发展意识教育工作水平,注重总结海洋教育经验,发挥海洋教育的社会功能。让海洋生态文化发展意识教育走进大中小学校园,培养青少年海洋文化意识,夯实全民海洋生态文化发展意识基础。"普及海洋文化,建设海洋强国"海洋文化科普知识进校园。国家海洋局宣传教育中心有关负责人表示,全国海洋意识教育具有普及海洋知识、弘扬海洋精神、传播海洋文化、增强公众海洋意识的重要作用,发挥改革创新精神,推进海洋意识教育,提升海洋宣传教育效果,全面提升海洋意识,创建海洋教育基地。据悉,自2011年开始建设以来,目前全国共有海洋意识教育基地43个,其中内陆地区8个。基地覆盖大、中、小学,涵盖了海洋教育特色学校、海洋馆、海岛、湿地、海洋保护区、海洋科考船等不同类型。近年来,各基地开展了一系列群众喜闻乐见、社会反响良好的海洋意识宣传教育活动。

海洋生态文化发展意识的普及离不开多渠道地进行海洋文化知识的宣

传和普及。目前大多数公民还缺乏比较强烈的海洋生态文化发展意识、海洋法制观念和锐意进取的海洋精神。因此,应利用各种宣传手段普及海洋法律法规和海洋知识。学校应设立海洋教育课程,使孩子们从小就接受海洋知识的教育,使全体居民不断增强海洋意识和海洋法制观念,不断提高全社会对海洋可持续发展战略的认识。善待海洋就是善待人类自己,具有特色的海洋文化在被充分挖掘的同时,也应得到良好的传播,如此才能使我国成为真正意义上的海洋文化大国。

二、政府机构渠道

海洋生态文化发展意识的普及,需要推动跨部门项目合作,相关的政府各部门,如海洋水产、环保、规划、城乡建设、文化、文物、旅游等各级部门,尤其是基层政府机构,如海岛乡镇、渔业乡镇及其各部门作为"渠道"。政府要积极构建海洋生态文化服务体系。按照公益性、基本性、均等性、便利性的要求,以公共财政为支撑,以公益性海洋文化单位为骨干,进行海洋公共文化鉴赏、参与海洋公共文化活动等基本海洋文化为主要内容,完善覆盖城乡、结构合理、功能健全、实用高效的海洋生态文化服务体系。统筹规划和建设基层海洋公共文化服务设施。加强社区海洋文化设施建设,把社区海洋文化中心建设纳入城乡规划、设计和建设,拓展投资渠道。完善面向国民的海洋文化服务设施。推进国家海洋生态文化服务体系示范区创建。制定海洋生态文化服务指标体系和绩效考核办法,明确服务标准和服务规范,加强评估考核。

海洋生态文化发展意识的普及,政府要加强海洋生态文化产品和服务供给。加强文化馆、博物馆、图书馆、美术馆、科技馆、纪念馆、工人文化宫、青少年宫等公共文化服务设施中的海洋文化设施建设,海洋教育示范基地建设并完善向社会免费开放服务。鼓励其他文化单位、教育机构等开展公益性海洋生态文化活动,各类公共场所要为海洋生态文化活动提供便利。加快现代科技应用步伐,提高海洋生态文化服务的数字化、网络化水平。把主要海洋生态文化产品和服务项目、文化活动纳入公共财政经常性支出预算。采取政府采购、项目补贴、定向资助、贷款贴息、税收减免等政策措施鼓励各类文化企业参与海洋生态文化服务。鼓励国家投资、资助或拥有版权的文化产品无偿用于海洋生态文化服务。

海洋生态文化发展意识的普及,政府要广泛开展群众性海洋生态文化活动。以社区文化、企业文化、村镇文化、校园文化建设为载体,积极搭建海洋生态文化活动平台,依托重大海洋节庆活动和民间海洋文化资源,组织开展群众乐于参与、便于参与的海洋文化活动。深入开展全民阅读、全民健身活动,推动海洋生态文化下乡镇、进社区等活动常态化。支持群众依法兴办海洋文化团体,精心培育植根群众、服务群众的海洋文化载体和海洋文化样式。鼓励文艺工作者、艺术院校学生和热心海洋文化公益事业的各界人士开展海洋生态文化志愿服务。

三、公益组织渠道

海洋生态文化发展意识普及中的公益组织渠道。在现代社会的发展中,公益组织作为社会运行的重要单元和桥梁,正在成为一支新兴的公民力量,也引起越来越多的学者关注。"海洋生态文化"相关的社会公益组织,如保险业、慈善业、福利院、基金会、绿色组织、非政府组织等,相关各级、各行业学会、协会、联谊会、团体等各公益组织、机构等可以作为海洋生态文化发展意识普及的"渠道"。

公益组织在海洋生态文化发展意识普及中作用的发挥。公益组织是海洋生态文化意识普及的重要主体力量,可以形成广泛、强大的海洋生态文化普及教育和普遍建设的社会动员、社会发动、社会组织和社会行动力量,可以在弘扬海洋生态文化发展意识,促进海洋生态文化发展意识普及,推动海洋文化、海洋经济的交流与发展等方面发挥重要的主力军作用。公益组织通过丰富多彩的活动任务推动海洋生态文化发展意识的普及。主要包括:组织研讨会与讲座、出版刊物、参与并开展海洋文化和经济研究成果的交流与推广;开展海洋文学艺术与文化发展、科学与海洋经济活动、海洋环境保护以及海洋文化知识的普及教育等方面的工作;开展对外海洋文化与海洋经济交流;培训海洋文化与海洋经济推广和交流人才等。

政府鼓励社会力量捐助和兴办公益性海洋文化事业。引导和鼓励社会力量捐助和兴办海洋类图书馆、博物馆、文化馆等,在用地、税收等方面给予政策优惠。社会力量通过依法成立的非营利公益性组织和国家机关向海洋类公益文化事业捐赠。机关、企业、学校的文化设施要尽可能向社会开放,积极开展海洋生态文化普及服务。

公益组织在普及海洋生态文化中,存在自身的公信力的问题。目前社会上存在的"公益组织"鱼龙混杂,公众对其是否"公益"难辨真假,对其公信力不够放心,暴露出政府对其管理能力低下的问题。公益组织筹措的善款的流向与资金使用情况,历来是公众关心的问题。因此,公益组织管理资金,要防止资源配置偏差或监管漏洞出现,保证信息披露与公开机制的跟进,保证善款使用、流转过程中的渠道透明。因此要想更好地发挥公益组织在海洋生态文化发展意识普及中的作用,需要有机构和行业的公信力标准,建立起可供评估、可供执行的公信力体系。

四、民间社会渠道

海洋生态文化发展意识普及中的民间社会渠道。这里的"民间社会",是与以上政府、公益组织等相区别的,是与"海洋生态文化"相关的沿海与内地乡村、城市社区、居委会社群组织,家族、家庭、同乡、行业社会渠道等"渠道"。伴随着海洋经济,尤其是滨海相关产业的发展,中国的海洋环境亦在发生变化,海洋生态文化发展意识的普及,民间海洋社会环保力量在参与海洋生态文化发展意识的普及过程中,带动了公众参与的热情,组织自身亦在快速成长。

海洋生态文化发展意识普及的民间社会渠道正风生水起。目前,涉及海洋工作方面的社会团体做了很多工作。如国际海洋节中的青岛国际海洋节活动,对增强海洋生态文化发展意识,普及海洋科学知识,培养国民热爱海洋、树立保护海洋资源意识都起到了积极的作用。

海洋生态文化发展意识的普及与民间社会的合作具有战略意义。一个有能力自由运作、掌握海洋生态文化相关知识与技能且有活力、多样化和独立自主的民间社会,是确保海洋生态文化发展意识普及的工作在全国可持续地开展的关键因素。民间海洋社会组织在推动、保护和促进海洋生态文化普及的工作中发挥着不可替代的作用,它们致力于在民间海洋社会活动者中间建立与海洋生态文化相关的知识和技能,并促进民间社会参与决策进程。

海洋生态文化发展意识的普及,民间社会组织是应该依托的重要力量。中国是海洋大国,沿海和海洋行业的民间社会组织力量庞大,但还远远不能满足海洋生态文化教育普及的需求。未来需要更多民间社会组织关注海洋生态文化议题,发动各方民间社会力量加强海洋生态文化建设。

第五节　中国海洋生态文化发展意识
普及的传媒与艺术载体

一、电视传媒

海洋生态文化宣传教育离不开电视媒体的介入,而电视媒体普及海洋生态文化也会推进其自身的发展。现在是传统媒体与新兴媒体相互抗衡又共生共荣的信息社会,国家利用媒体的能力面临着新的考验,媒介的社会责任日益得到重视。海洋生态文化的发展应充分利用现代信息技术,有效通过各种媒介进行推广。大众传媒无疑承担着培养与强化海洋生态文化意识普及的教育责任。

电视传媒载体的特点是覆盖面广,公众接触率高;信息传播迅速,时效性强;富有极强的感染力;信息传播方便灵活,声情并茂,是推广海洋文化、灌输海洋文化信息的重要载体和管道。电视开设专栏普及国民海洋观教育,已迫在眉睫。

普及海洋生态文化意识是电视媒体履行社会责任功能的需要。近年来,基于新渔村文化建设和渔民的媒介使用情况调查基础上的海洋生态文化发展意识教育慢慢成为研究的热点。如,在强调低碳经济的今天,海洋环保意识薄弱的话题属于民生新闻的鲜活素材,从中隐含着发人深省的社会文化问题,已引起广大传媒的重视。通过电视传媒开展国民海洋生态文化发展意识普及,是海洋可持续发展的需要,是和谐海洋文化建设的需要,也是电视媒体履行社会责任的需要。

普及海洋生态文化发展意识,电视媒体设置相关的议题,发挥电视传媒的作用。与人类陆地河流水系文明相对应的海洋文化,源于海洋而生成的物质和精神产品,经过长期各种因素演绎互动,形成了今日兼具对外开放、多边交流、兼容并包、创新进取等诸多特征的海洋历史文化价值观念。回眸历史,航路大开的西方葡萄牙、西班牙、荷兰、英国相继称雄世界海洋,同时期的明、清两朝却实行禁海政策400年,远离海洋与世界隔绝。这种极为落后的海洋意识观念及其行为方式,导致海防废弛,沿海门户洞开,国势最终衰败。"面海而兴,背海而衰",必须强化国民海洋历史文化观教育,养成新的海洋文化价值,增强和普及海洋生态文化发展意识。

普及海洋生态文化发展意识,开设海洋生态文化教育新闻栏目,电视媒体大有可为。电视媒体开设海洋观教育栏目,探讨电视栏目该以何种寓教于乐、喜闻乐见的形式对公众进行海洋观教育,专家对话、海洋经典人文地理、海洋经典战争史话、海洋发现、海洋气候故事等形式值得一试。如在许多公众眼中,海洋存在神秘的色彩,专家学者对这些海洋奥秘进行解读,增强栏目的权威性和可信度。电视媒体可以开设专家对话栏目,细致解读海洋产业、海洋安全、海洋气候、海洋环境保护、海洋性法规和海洋通商兴国的重要性等。在媒介同质化竞争日趋激烈的情况下,海洋生态文化教育的议程设置,是电视传媒的一片创新之地。

二、网络传媒

普及海洋生态文化发展意识与网络传媒载体的关系。普及海洋生态文化发展意识必须加强网络传媒载体建设。在海洋生态文化意识普及中需要积极利用、科学发展、依法管理、保证安全地加强互联网新兴媒体建设,鼓励支持利用网络媒体普及海洋生态文化意识,发展网络传播载体,充分发挥国家主流网络媒体在信息、人才等方面的资源优势,发展手机网站、手机报刊、IP电视、移动数字电视、网络广播、网络电视等新兴网络传播载体,丰富海洋生态文化内容,创立海洋文化品牌。打造一批具有中国海洋特色、体现海洋精神的海洋网络文化品牌。引导海洋网络文化发展,实施海洋文化内容网络化工程,推动优秀传统海洋文化瑰宝和当代海洋文化精品网络传播,制作适合互联网和移动智能终端(手机)等新兴媒体传播的精品佳作,鼓励网民创作格调健康的海洋网络文化作品,在微博微信等迅速发展的背景下,也可以利用相应的微博微信,与用户分享和探讨特有的海洋文化,以达到良好的宣传效果。

网络传媒载体具有无可比拟的时效性和全时性,传播内容的海量性和开放性,传播过程的双向性和交互性,传播方式的虚拟性,传播形态的多媒体化,传播环境的个性化等特点。作为迅速发展中的新兴媒体,也应该为中国海洋生态文化发展意识普及所有效利用。

普及海洋生态文化发展意识,重点办好海洋生态文化网站。发挥主要海洋生态文化网站建设性作用,培育一批海洋生态文化网络内容服务骨干企业。建设海洋文化官方网站,将海洋文化以短片、文字、图片等多种多样的形式放到网上与社会大众进行分享和互动。广泛开展海洋文明网站创建,推动文明办网、文明上网。加强外文海洋相关网站及域外本土化网站建设,增强对外展示传播中华海洋文化的能力。办好海洋生态文化新闻网站,按照突出重点、合理布局、整合资源、办出特色的总体要求,做大做强重点海洋生态文化网站,形成一批在国内外有较强影响力的海洋生态文化特色网站,努力营造海洋生态文化的舆论氛围。建设扩大中央级别的重点海洋生态文化新闻网站基础设施规模,拓展即时通信、博客、播客、聚合新闻服务等业务领域,实现多渠道、全方位海洋文化新闻信息发布,提升技术应用水平和业务保障能力。加快建设一批综合实力强、在国内外有广泛影响的海洋生态文化网站。促进海洋生态文化网站健康发展,推动海洋生态文化发展意识的普及。

三、报刊图书

普及海洋生态文化发展意识与报刊图书载体的关系。普及海洋生态文化发展意识,充分利用报刊图书。报刊图书作为重要的传统传播媒介,具有权威性较高,图文并茂,成本较低,发行密度较大,传播迅速、时效性强,新闻性强,可信度较高,发行量大,发行面广,读者众多,覆盖面宽,遍及社会的各阶层等特点。利用报纸杂志,宣传不同的特色海洋文化。将与居民息息相关的一些海洋文化提到专业的层面,使得居民能够以拥有海洋文化知识而自豪。信息化的时代,对于海洋文化的宣传工作也应充分利用这些渠道,以居民喜闻乐见的方式呈现出来。当然各部门也应引起足够的重视,使得居民在浓厚的海洋文化氛围中生活,以海洋文化为荣,为海洋文化的发展贡献出自己的力量。

普及海洋生态文化发展意识,鼓励著书立说。我国是海洋大国,但保护、合理开发海洋仍是个大课题,需要以全民海洋意识的增强为前提,提高国人的海洋科学文化素养势在必行,图书杂志承担着普及海洋教育文化的历史和时代使命。如中国海洋大学吴德星教授相继编写了"畅游海洋科普丛书"和"人文海洋普及丛书"。承载着海洋生态文化的系列图书,需以简洁明快的文字、生动形象的图片和赏心悦目的排版风格,将海洋文化知识的科学性、趣味性和普及性凝练在一起,是对国人进行海洋意识教育的优秀读物,必将对推动全国海洋教育事业的发展和海洋文化的传播发挥积极的作用,是一道海洋文化知识的精神大餐。

四、文学艺术

"海潮涌动,传递着大海心底最深沉的呼唤;人海相依,演绎着人与海洋最炽热的情感。慢慢走过的岁月,仿佛是船儿在海面经过的划痕,转瞬即逝间成为永恒。这里既有海洋的无限馈赠,也有人类铸造的恢弘而深远、博大而深邃的海洋文化。放眼大海,波光粼粼,海天一色。深沉的大海经历过怎样的波澜? 多少曾经光辉灿烂的古城历经沧海桑田的变迁淹没水下? 多少扬帆起航的船只在惊涛骇浪中沉入海底? ……"①

普及海洋生态文化发展意识,发挥文学艺术载体功效。为适应国家海洋发展战略需求,普及海洋人文知识,弘扬海洋文化,文学艺术也应该为中国海洋生态文化发展意识普及所有效利用。文学艺术借助语言、表演、造型等手段塑造典型的形象反映社会生活的意识形式,属于社会意识形态。它包括语言艺术(如诗歌、散文、小说、戏剧文学)、表演艺术(如音乐、舞蹈)、造型艺术(如绘画、书法、雕塑)和综合艺术(如戏剧、戏曲、曲艺、电影)等。文学是语言艺术,广义的艺术概念包括文学在内。

海洋生态文学艺术特色鲜明,内容丰富。海洋生态文化教育的内涵琳琅满目,可以以海洋文化及永续发展为内涵,建立推动海洋生态文化教育基础平台,借助现有的歌曲、小说、神话、电影、电视(比如童话《海的女儿》《老人与海》,小说《西游记》,歌曲《大海啊故乡》《军港之夜》)等我们耳熟能详、通俗易懂的形式展示海洋的风姿与魅力,适当以图片、画册、多媒体等方式向学生介绍海洋,让学生了解海洋、认识海洋。可利用我国第一部大型海洋纪录片《走向海洋》,向学生展示我国的海洋发展之路,最终让他们了解海洋,热爱海洋,为我国海洋事业的发展增砖添瓦,共促祖国海洋的明天。

普及海洋生态文化发展意识,推出更多优秀海洋文艺作品。文学、戏剧、电影、电视、音乐、舞蹈、美术、摄影、书法、曲艺、杂技以及民间文艺、群众文艺等各领域文艺工作者都要积极投身到海洋生态文化文艺创造活动之中,在海洋社会生活中汲取素材、提炼主题,以充沛的激情、生动的笔触、优美的旋律、感人的形象,创作生产出思想性艺术性观赏性相统一、人民喜闻乐见的优秀海洋文化文艺作品,不断推出海洋生态文化文艺精品。扶持代表国家水准、具有民族海洋特色的优秀海洋生态文化艺术品种,积极发展新

---

① 吴德星:《人文海洋普及丛书》序言,中国海洋大学出版社 2012 年版。

的海洋生态文化艺术样式。充分发掘海洋社会文化中长期以来"以海为伴、靠海为生"所创造形成的具有鲜明海洋特色的历史人文底蕴和多种文化交相辉映的发展氛围，引起国民对海洋文化的重视，树立海洋文化发展的意识，构建海洋经济发展的新途径。为了更好地普及海洋生态文化发展意识与帮助国民树立正确的海洋文化观念，政府应大力利用文学艺术载体，拓宽渠道，以各种居民喜闻乐见的文学或艺术方式普及海洋生态文化意识，建设和发展我国海洋生态文化。

第三章

中国海洋生态文化道德与法制双重建设

道德水准是人的价值观和文明程度的体现,法制是带有强制性的人的基本行为规则的底线。海洋生态文化发展,必须实行道德与法制双重建设互补配套,着力构建道德建设,政府主体引领、倡导功能与民间主体自觉向善功能相结合;法制建设政府主体强制、惩处功能与民间主体监督、自律功能相结合的体制保障。

第一节 中国海洋生态文化道德与法制 双重建设的必要性分析

一、海洋生态文化道德与法制的不同标准

海洋生态文化是海洋生态文明与海洋生态文化的有机结合,是当前党和国家关注的热点。党的十八大报告明确提出要建设海洋强国,推进生态文明建设,"加大海洋生态保护力度";十八届四中全会提出要"用严格的法律制度保护生态环境","制定完善生态补偿和海洋生态环境保护法律法规";十八届五中全会将海洋生态文明纳入"十三五"规划。2016年,国家海洋局、教育部、文化部、国家新闻出版广电总局、国家文物局联合印发《提升海洋强国软实力——全民海洋意识宣传教育和文化建设"十三五"规划》,意在构建海洋文化理论体系,推动海洋文化事业发展,这对海洋生态文化的重视程度前所未有。

海洋生态文化的构建,需要道德与法制的双重建设。海洋生态文化道德是一种特殊的社会意识形式,以人与海洋的伦理关系为核心,以善恶为评价方式,主要依靠社会舆论、传统习俗和内心信念来发挥作用、影响人们的

行为。面对海洋环境污染、海洋生态危机日益严重的现实,海洋生态文化道德旨在构建人与海洋的新型伦理关系,确立人与海洋和谐共生的生态意识,尊重海洋及其栖息物种的权利,要求人们在行使开发利用海洋权利的同时也要承担保护海洋的义务。

海洋生态文化法制是一种特殊的社会规范,以规范人与海洋的权利义务关系为核心,由国家制定或认可并依靠国家强制力保证实施,反映由特定社会物质生活条件所决定的统治阶级意志,规定权利和义务,以确认、保护和发展有利于统治阶级的社会关系和社会秩序为目的的行为规范体系。海洋生态文化法制规范着人与海洋的行为和关系,具有指引、预测、评价、教育和强制等作用。

海洋生态文化道德与海洋生态文化法制都是调节人与海洋关系的重要手段,两者相互联系、相互渗透,在一定条件下相互转化;道德有助于弥补法制调整的真空,法制也是传播道德的有效手段。海洋生态文化道德与海洋生态文化法制在产生条件、表现形式、调整范围和作用机制等方面存在很大的不同:在产生条件上,海洋生态文化道德与人类社会同在,海洋生态文化法制伴随国家的产生而产生,前者早于后者;在表现形式上,海洋生态文化道德存在于人们的意识之中,并通过人们的言行表现出来,海洋生态文化法制由国家制定或认可,具有明确的内容,通常要以各种法律渊源的形式表现出来;在调整范围上,海洋生态文化道德不仅调整人们的外部行为,还调整人们的动机和内心活动,海洋生态文化法制只调整违法行为;在作用机制上,海洋生态文化道德主要靠社会舆论和传统的力量以及人们的自律来维持,海洋生态文化法制靠国家强制力保障实施。弘扬与建设海洋生态文化,既需要发挥法制的规范和强制作用,又需要发挥道德的教化和引领作用。

二、海洋生态文化道德与法制的不同功能

海洋生态文化道德与海洋生态文化法制的功能,是两者作为社会意识的特殊形式对于人与海洋关系所具有的功效与能力,集中体现为处理人与海洋、人与人之间关系的行为规范及实现自我完善的一种重要精神力量。海洋生态文化道德的功能具有显著自律性,海洋生态文化法制的功能具有突出他律性。

（一）道德的约束性、自觉性

道德的约束性体现在认知功能、规范功能和调节功能等方面。认知功能是指道德反映社会关系特别是反映社会经济关系的功效与能力,海洋生态文化道德则是人们认识与反映海洋现实状况以及人与人、人与海洋之间关系的一种方式。海洋生态文化道德借助于道德观念、道德理想、道德准则等形式,帮助人们正确认识海洋道德生活的规律和原则,认识自己对海洋的道德义务和责任,使人们的道德选择、道德行为建立在明辨善恶的道德认识基础上,从而正确选择自己的道德行为,积极塑造良好生态道德品质。

道德的规范功能是指"在正确善恶观的指引下,规范社会成员在职业领域、社会公共领域、家庭领域的行为,并规范个人品德的养成"①。海洋生态文化道德是人类把握海洋生态文化的特殊实践精神,通过规范人的行为发挥作用。道德的调节功能是道德通过评价等方式,指导和纠正人们的行为和实践活动,协调社会关系和人际关系的功效与能力。道德评价是道德调节的主要形式,社会舆论、传统习惯和人们的内心信念是道德调节所赖以发挥作用的力量。海洋生态文化道德的调节功能主要是不断调节海洋生态文化和个人的关系,调节个人与个人的关系,使个人与海洋生态文化的关系逐步完善和谐。

道德的约束性带有显著自律性和自觉性,道德是通过非强制手段潜移默化影响人的思想和行为。马克思曾指出,"道德的基础是人类精神的自律",康德也认为"自律性是道德的唯一原则",自律是道德主体自觉认知并遵循一定规范要求而形成的内在约束。自律具有自觉性,这是自律与他律相区别的显著特征,自觉是人们在自我认知基础上的觉醒、觉悟和主动行为,是自己理性的认知而行为上积极响应特定的要求。海洋生态文化道德一方面以其约束和导向功能,使人们不断产生对海洋生态文化相关规范的敬畏感,并形成强烈的认同感;另一方面,随着社会实践的深入和人们主体自觉性的提高,道德又不断进入人们的内心世界,成为人们的内在法则,完成由他律到自律的转化,实现了完全的自律与自觉。

（二）法制的底线性、强制性

法制是道德的最低限度,十八届三中全会首次明确提出划定"生态红

---

① 本书编写组:《思想道德修养与法律基础（2015 年修订版）》,高等教育出版社 2015 年版,第 94 页。

线",红线就是底线,触及了底线将要受到法制的约束与制裁。法制的底线性和强制性集中体现在法律的强制、教育、评价和指引作用上。

海洋生态文化法制的强制作用是以国家强制力为后盾实施的。法制的强制作用有利于促使公民等法律主体依法行使权利,依法履行义务,树立法律权威,促进社会公平正义,保护海洋生态文化,维护生态文明秩序。海洋生态文化相关法制的教育作用主要有三种实现方式:一是通过法治宣传海洋生态文化教育,引导人们尊法学法守法用法,树立对法律的信仰;二是通过制裁各种海洋生态文化违法犯罪行为,使违法犯罪者和一般社会成员受到警示;三是通过表彰海洋生态文化法治建设先进人物,弘扬法治精神,营造法治环境。

惩罚不是海洋生态文化法制的最终目的,法制的评价作用和指引作用是底线性、强制性另一重要体现。评价作用是公民、法人和其他社会组织实施的海洋生态文化行为,可以根据法律做出合法与非法、正当与不正当的评价,能够向社会昭示法律崇尚什么、贬斥什么,鼓励什么、禁止什么,从而影响法律主体的行为。指引作用是引导人们在海洋生态文化行为中,选择合法的行为、约束非法的行为,主要是通过授权性规范、禁止性规范和义务性规范实现的:授权性规范指引人们可以做什么或者有权做什么;禁止性规范指引人们不得做什么;义务性规范指引人们应当或者必须做什么。此外,法制还有预测作用,通过对海洋生态文化相关的某种行为做出肯定或否定的判断,使人们能够预见自己行为的性质和后果,从而自觉地实施合法的行为,预防和减少违法犯罪行为。

三、海洋生态文化道德与法制双重建设互补配套的重要性

海洋生态文化道德与海洋生态文化法制相辅相成,共同服务于海洋生态文明建设,两者的双重建设具有重要的意义。一方面,海洋生态文化道德为海洋生态文化法制提供价值基础。海洋生态文化道德为法制的制定、发展和完善提供价值准则,是法律正义性和合理性的重要基础;海洋生态文化道德能够促进人们自觉尊法学法守法用法,维护法律权威;海洋生态文化道德调整的社会关系更加广泛,与法制共同促进和谐人海关系的形成。另一方面,海洋生态文化法制为海洋生态文化道德提供制度保障。法制通过对道德的基本原则予以确认,为道德建设提供国家强制力保障;法制的颁布和实施,能够有力地推动道德的传播和践行;法制对违法犯罪的制裁,有助于

惩罚和遏制严重违背道德的行为,引导和促进人们自觉履行道德义务和道德责任。

海洋生态文化建设需要道德和法制的互补配套。一方面要通过科学立法和民主立法,将海洋生态文化道德理念融入海洋生态文化法制之中,使法律成为饱含道德价值的良法;要通过严格执法和公正司法,使海洋生态文化道德要求在实践中得到弘扬和遵循,并成为衡量执法、司法合理性的重要标准;要通过全民守法,使海洋生态文化道德成为公民内心的信仰,充分发挥法律对道德建设的促进和保障作用。另一方面要丰富完善海洋生态文化道德相关理论,建构完整有序的海洋生态道德规范体系,提供切实可行的实践路径,坚持以道德滋养法制,以道德丰富法制,以道德支撑法制,以道德精神和价值促进并引领人们信仰法律。

第二节　中国海洋生态文化道德与法制双重建设的主要内涵

一、海洋生态文化发展道德的"高标"内涵建设

道德的"高标"是相对于道德的"底线"而言的,"道德底线"是对人们共同的最低限度的道德规范要求,"道德高标"是在道德底线的层次上提高了的道德要求,作为一种较高的标准,它往往是纯粹的、理想化的,具有激励性、鼓舞性、鞭策性,是一种"应然"状态。海洋生态文化发展道德的"高标"是构建和谐的人海关系,即以人们的道德自觉和道德自律协调人与海洋生态环境的关系,"重视海洋生态系统的权利和内在价值,尊重海洋生态系统中生命形式的多样性,保护海洋环境,合理利用海洋资源,维护海洋生态系统的平衡,促进人类社会与海洋生态的协调和可持续发展"①。具体体现在:

第一,破除人类中心主义。人们要破除人类中心主义的狭隘思想屏障,站在万物平等的高度与海洋对话,不能凌驾于海洋之上,也不能任意挥霍海洋生态文化资源,两者要互惠互利、和谐共生。审视海洋生态文化的价值可

---

① 滕娜:《我国海洋环境伦理规范理论与实践探析》,大连海事大学 2008 年硕士学位论文,第 22 页。

以看出,人类所享有的权利是有局限的,并不具备专享开发改造海洋生态文化的特权,海洋本来就享有遵循生态学规律延续发展的权利。人们不能行使建立在以牺牲其他海洋物种的利益和破坏他们的生存环境为代价的权利,更不能为了自己的发展和繁荣而剥夺海洋物种的环境权利,这些是与海洋可持续发展的道德原则相背离的。

第二,构建和谐人海关系。人与自然和谐发展是人类社会生存和发展的共同目标,十八大报告也明确指出要建设人与自然和谐发展新格局。人与自然和谐相处是和谐社会的基本特征之一,是和谐社会及其构建的生态文明基础,蕴含着人类可持续发展的最高价值诉求,是实现社会发展和社会关系和谐的重要条件和前提。海洋作为大自然的重要组成部分,人海关系的和谐也是人与自然和谐发展的重要体现,我们要尊重海洋生态规律,正确处理人与海洋关系,变单纯的征服、改造、索取关系为互惠、和谐、共生的关系。

第三,树立海洋可持续发展观。可持续发展生态道德观在强调人与海洋和谐统一的基础上,更承认人类对海洋的保护作用和道德责任,要求人类的行为既要有益于人类的生存,又要有益于海洋生态系统平衡。可持续发展的一个重要原则是实现代际公正,不仅要关注当代人的利益,而且更要关注未来子孙后代的生存利益,要保证当代人与后代人具有平等的发展机会,要为后代人储存海洋资源,实现维持海洋生态系统的可持续性,只有走海洋可持续发展的道路,才能使人类更好地与海洋生态系统共存下去。

二、海洋生态文化发展法制的"底线"内涵建设

法制的"底线"是海洋生态文化发展坚守的最后防线,也是警示的"红线",2015年1月1日施行的新修订的《环境保护法》最引人注目的规定就是设定"生态保护红线"。"划定生态红线"作为我国环境保护的制度创新,已上升为国家政策,成为了国家战略,是海洋生态文化发展法制的重要内容。"底线"内涵具体体现在:

第一,红线权责明确。海洋生态文化红线应包括海洋生物多样性保护红线、海洋重要生态功能区保护红线和海洋生态安全屏障保护红线三部分。海洋生物多样性保护红线,是为海洋物种资源奠定基础,为海洋物种的保护提供最小生存面积,是海洋生物多样性的基本维持线,是海洋物种生命线的

保障;海洋重要生态功能区保护红线主要是指海洋水源涵养区,用于防风固沙、保持水土、调蓄洪水等,有利于从根本上解决海洋生态文化资源开发与海洋生态文化保护之间的矛盾,是海洋生态文化系统服务功能的保障线,也是国家海洋生态文化安全的底线;海洋生态文化安全屏障保护红线,即海洋生态文化脆弱区或敏感区保护红线,用于减轻外界对沿海城市生态文化的影响和风险,为沿海城市、城市群提供生态屏障,是人居环境安全屏障线;①要分类管控、差异保护海洋生态红线。

第二,越限责任追究。海洋生态文化红线一旦划定,就不能任意触碰和僭越,对越线者应当建立责任追究制度。在海洋生态文化法律法规中明确海洋生态红线区划内中央政府和地方各级政府、相关企业以及个人的海洋生态环境保护义务和责任体系,并对违反义务造成海洋生态红线区域生态系统功能破坏的行为人严格追究民事、行政、刑事等相关责任。特别是对那些盲目决策不顾海洋生态文化红线区域生态功能定位并造成严重后果的责任人,要让其承担无限责任,由其终身负责,建立责任终身追究机制。② 对于那些胆敢以身试法、触碰海洋生态红线、对海洋生态环境造成破坏的责任人,要加大处罚力度,对其进行严厉处罚,让其付出沉重的代价,使其不敢再触碰海洋生态文化红线,使海洋生态文化红线真正成为"高压线"。

第三,监测监察红线。为及时掌握我国海洋生态文化红线区域生态安全的现状及变化趋势,加强对海洋生态文化红线的管理,应当在海洋生态文化红线划定的同时,建立技术先进、功能齐全、结构完整的海洋生态文化红线管理平台,国家环保部、国家海洋局及各级地方人民政府的环境行政主管部门应定期对海洋生态文化环境敏感区、脆弱区等区域开展生态安全状态调查,建设并实时更新国家和地方海洋生态文化红线多层级管理信息系统,以便各级环境行政主管部门对海洋生态文化红线实行有效监管,"建设生态红线区域生态状况变化的动态评估机制,实现海洋生态环境敏感区、脆弱区等区域生态变化状况的动态评估和实时更新,为生态红线区域的生态安全维护、评估、管理以及区域范围的调整提供决策依据"③。

---

① 厊林:《牢固树立生态红线观念　推动绿色循环低碳发展》,《浙江林业》2013年第6期。

② 王灿发、江钦辉:《论生态红线的法律制度保障》,《环境保护》2014年第1期。

③ 吉蕾蕾:《生态红线须严守》,《经济日报》2013年8月21日。

三、海洋生态文化发展道德与法制内涵的配套

海洋生态文化道德的"高标"与海洋生态文化法制的"底线"是相辅相成的,海洋生态文化道德是海洋生态文化法制的精神支撑,海洋生态文化法制是海洋生态文化道德的制度保障,两者从不同的角度规范着海洋生态文化建设。

海洋生态文化法制是一种"硬约束",表现为一种外在的关系,属于他律。它以法律强制形式诉诸人们的行为,旨在防范人们破坏海洋生态文化的违法行为。法制是文明的产物,它标示着文明进步的程度,以其教育的作用和制裁的威力对人们海洋生态文化道德观念的形成和发展起很大的促进作用。目前我国已经制定了包括环境法、海洋环境保护法等行为法规,这对于防止生态严重污染、保障自然资源合理利用、维护生态平衡起了重要作用。法制的刚性力量和道德的柔性力量相互弥补,有助于进一步完善生态文明的调控机制。

海洋生态文化法制虽然可以将人们的生态行为强制性地限定在一定范围内,约束和制止道德底线以下的违规行为,但决不能代替海洋生态文化道德的调适功能。海洋生态文化道德作为一种"软约束",表现为一种特殊的自我控制力和约束力,即自律。它以道德教化形式诉诸人们的内心,旨在培养人们尊重海洋生态文化、爱护海洋生态环境的精神风尚。道德在社会生活中有着极其强大的调节作用,任何一种社会活动的有序、协调发展,都离不开一定道德规范的整合和调适。解决海洋生态问题、建设海洋生态文化有赖于伦理精神和道德规范的引导和约束作用,以形成正确的海洋生态文化道德观,从而对人的行为产生自觉的约束作用,大大减轻法制约束人的行为时所付出的成本或代价。只有实现海洋生态文化道德与海洋生态文化法制的相互补充与规范目标的高度统一,才能有效避免和纠正一切对待海洋生态的失范行为。

四、海洋生态文化发展道德与法制双重建设的途径

海洋生态文化道德与海洋生态文化法制存在着互相依靠、互相补充、互相影响和互相促进的辩证关系,"在一个讲民主和法治的社会,为了保护和管理好环境资源,应该将生态文化道德和生态文化法律、生态民主和生态法

制结合起来,既不可能只靠道德本身就足以保护和管理环境,也不可能只靠法制本身就足以使法律实施。良好有效的生态文化道德规范应该有法制的保障和维护;基本的生态法律权利应该有道德力量来支持。"①如孟子所讲"徒善不足以为政,徒法不能以自行",只有将道德和法制结合起来,"导之以德,齐之以刑",才能互相补充、相得益彰。

首先,海洋生态文化道德法制化。这是指道德的地位、任务、内容等不断为法制所肯定、确认和保护,并趋向于法律和制度的形式,使道德不断规范化、制度化和法定化。一方面,将一定的海洋生态文化道德规范直接上升为法律规范,规定海洋生态文化法律主体必须遵守一定的道德规范,规定准用性道德规范等形式;通过法律特有的判断生态行为有效或合法与否的评价作用,来影响人们的价值观念和是非标准,从而达到指引人们环境行为的效果。另一方面,加强海洋生态文化道德的法律保护力度,除了在宪法、环境基本法、海洋环境保护法及其他环境保护法律法规中直接确认和吸收某些道德规范为法律规范外,还要健全海洋生态文化道德的法制保障,重视刑法在保护文明道德的环境行为、禁止直至惩罚不文明道德的环境行为方面的作用;通过国家强制力对生态犯罪行为进行制裁,对环境犯罪分子进行教育改造,同时也使生态道德不稳定分子受到警示与震慑,借以促进海洋生态文化道德规范行为的养成,道德意识的觉醒,最终达到生态道德理想的实现。

其次,海洋生态文化法制道德化。这是指海洋生态文化法制将海洋生态文化道德的要求不断体现在法制的整个过程中,使一定层次一定范围的生态道德责任体现为法律主体的义务和责任,并使环境法成为一种最有力的生态道德教育手段,培育和强化人们的生态道德意识,形成符合生态文化道德和生态文化法制的思维方式和行为方式。在生态立法阶段,将反映社会普遍遵守的道德价值取向纳入到法律中,并将一些生态道德的原则具体化,从而使生态法制具有相应的道德意蕴;在生态执法阶段,要重视执法人员生态道德素质和道德能力的培养;在生态守法阶段,法律义务已内化为主体的道德义务;在生态司法阶段,司法主体的生态道德判断力和道德意志力受到保障;在生态法律监督阶段,道德的作用日渐加强。

海洋生态文化道德法制化是海洋生态法治的基础,海洋生态文化法制道德化是海洋生态法治的内涵,两者是一个问题的两个方面,是海洋生态法

---

①　蔡守秋:《论环境道德与环境法的关系》,《重庆环境科学》1999 年第 2 期。

治得以成立的不可或缺的两个阶段。① 这要求海洋生态法制自身要确立一种更加符合生态道德和社会发展要求的价值取向,也要切实改进生态文化道德,使之真正能够适应时代的需要,能够符合生态法制的精神。

第三节　中国海洋生态文化道德与法制双重建设的主体力量

一、政府主体及其引领、倡导功能

政府在海洋生态文化道德建设中发挥着责无旁贷的作用,要引领道德风尚,倡导道德价值,深入开展海洋生态文化道德宣传教育,加强以海洋生态文化道德观念为先导的海洋管理。

首先,政府要广泛深入地进行海洋生态文化道德方面的宣传教育,进一步增强全民特别是各级领导干部的海洋生态文化道德意识。通过各种形式的宣传教育,让人民群众意识到保护海洋生态环境是当今人类的共同责任;让领导干部对海洋生态文化保护负起责任,要像抓经济建设一样抓好海洋生态文化建设;让执法部门提高执法的自觉性,做到依法治海、依法护海,把海洋开发纳入到法制化的轨道;要充分发挥新闻媒介的知识传播、舆论监督和导向作用,普及海洋生态文化保护知识,提高决策者和公众的海洋生态文化保护意识和法制观念。

具体而言,各级政府组织部门、党校和宣讲团要设立海洋生态文化道德教育内容,把各级领导干部和企业经营管理人员作为宣传教育的重点对象,提高各级领导干部的海洋生态文化意识和海洋生态文化发展综合决策能力;宣传教育要向沿海渔村渔民扩展,逐步提高渔民的海洋生态文化意识;加大新闻媒体海洋生态文化宣传和舆论监督力度,建立舆论监督和公众监督机制;规范海洋生态文化信息发布制度,依法保障公众的知情权;加强海洋生态文化信访工作,维护公民海洋生态环境权益;鼓励公众自觉参与海洋生态环保行动和环保监督,开展社区海洋生态环保活动,倡导绿色文明,推行绿色消费;加强海洋生态环保干部的培训教育,提高环保队伍素质;活跃

① 焦传岭:《谈谈环境道德与环境法的双向趋同——环境道德的法律化与环境法的道德化》,《武汉大学学报(哲学社会科学版)》2007 年第 5 期。

中小学校海洋生态保护教育,推进海洋蓝色学校建设;优化教育资源配置,合理规划高校海洋生态环境保护专业设置,培养海洋生态教育专门人才。

其次,政府也要建立和完善各种海洋生态相关工作的考评、激励等机制体系。把海洋生态文化道德的原则和规范作为各种考评、惩罚的重要理论依据,鼓励、支持自觉遵守海洋生态道德规范,用实际行动保护海洋生态环境的个人和组织,依法严惩破坏海洋生态环境的组织和个人;通过奖惩和激励行为,不断强化人们良好的海洋生态道德行为,使每一个个体和组织真正懂得海洋生态保护的重要性,树立起正确的海洋生态文化道德观念,从而在人们的心灵深处构筑起牢固的生态屏障,引导全社会海洋生态文化道德规范的形成。① 另外,政府也要增强海洋科研的生态道德指导,要在充分吸收和引进国际最新科研成果的前提下,大力组织技术攻关和技术开发创新,发展我国海洋高新技术产业,特别是开发利用海洋资源的方式、海洋渔业资源可持续的有效利用;海洋能源的有效挖掘、海岸带区域水资源的合理利用、海域资源和环境的评估系统、海洋信息技术搜集等方面加快创新发展,以科技创新促进海洋生态文化道德建设。

二、民间主体及其自觉向善功能

民众是推动海洋生态文化道德建设的积极力量,没有公众参与,公益性强的海洋生态文化保护事业就成了无源之水,海洋生态文化道德建设公众参与的程度,是衡量一个国家海洋生态环保意识强弱、海洋生态文明水平高低的一个重要参数。只有让公众积极参加海洋生态文化建设,努力净化、绿化、美化我们的海洋生态环境,普及海洋生态环境科学知识,加强海洋生态保护的教育和宣传力度,才能不断提高公众的海洋生态文化保护意识,提高社会的海洋生态文化道德水平,形成有利于海洋生态文化保护的良好社会风气。海洋生态文化保护组织要不断加强海洋生态环境信息的透明化,推进海洋生态文化决策的民主化,承认和支持人民群众的海洋生态文化信息知情权、海洋生态文化信息传播权、海洋生态文化决策参与权和海洋生态政策监督权,从权利谱系上增添环境权的内容以保障公众的海洋生态环境权益,不断扩大公众参与的范围,不断提高公众参与的水平,让一切有社会责

---

① 尹航:《我国海洋生态伦理问题研究》,南京林业大学 2014 年硕士学位论文,第73 页。

任感的广大公众参与到海洋生态文化保护事业中来,为海洋环保事业增添肥沃的民众土壤。

一方面,学校要建立和完善海洋生态文化保护教育机制,在幼儿园、小学、中学教育过程中,把海洋生态环境保护的知识渗透到教学内容中;高校可以开设海洋生态文化道德课程或者相关的专业进行针对性学习,将海洋生态文化道德教育贯穿于国民教育的全过程;让学生在成长过程中就懂得保护海洋生态环境的重要性,从小就树立正确的海洋生态文化道德观念,培养良好的生态道德行为,培育出一代代热爱海洋并保护海洋的生态公民。

另一方面,对公民个人而言,要增强海洋生态道德自觉,增强主体意识,贯穿于言行之中,从自身做起,从小事做起。在日常生活中,公民要自觉制止滥捕乱杀的行为,养成珍惜海洋生命与海洋生态文化资源、爱护海洋生态物种等道德作风;要崇尚勤俭节约的道德风尚,明白一味追求奢侈消费会给海洋生态文化资源带来无限的浪费和不可恢复的破坏力,更会危及子孙后代的生存与发展;传承适度消费的理念和实行健康的生活方式,这些文化道德对于加强海洋生态环境的保护与经济社会的发展都发挥着重要的现实指导意义。

三、政府主体及其强制、惩处功能

政府是海洋生态文化法制建设的主要承担者,担负着海洋生态文化建设进程中良好立法、严格执法和公正司法的使命。

第一,政府要良好立法。按照立法审慎、立法民主、立法自主、立法科学的原则,构建完整的海洋生态文化法律体系框架。立法是加快海洋生态文化法制建设的基础,完善立法,可为海洋生态保护提供法律依据和保障。针对我国当前海洋环境法律存在内容滞后、规定过于抽象、法律法规之间相互矛盾等问题,应该加快海洋环境立法步伐。既要针对海洋生态文化保护中出现的新现象、新问题进行立法,又要加强海洋生态环境与海洋生态文化资源立法的国际合作与交流,借鉴国际上立法的经验,引进海洋生态环境与海洋生态文化资源保护方面先进的手段和技术,加快履行国际条约的国内立法步伐,还要将海洋生态文化建设的理念纳入到有关刑事法律、民商法律、行政法律、经济法律、诉讼法律和其他相关法律之中,促进相关法律的生态化。

专栏：我国海洋污染处罚法律依据不断完善

2011年6月4日和17日,蓬莱19—3油田先后发生两起溢油事故,造成蓬莱19—3油田周边及其西北部面积约6200平方公里的海域海水污染,其中870平方公里海水受到严重污染。事故发生后,社会对海洋环境保护法中有关造成海洋环境污染事故行为的处罚数额提出异议,认为30万元的罚款上限过轻,要求加大力度。

《中华人民共和国海洋环境保护法修正案(草案)》于2016年8月29日提请十二届全国人大常委会第二十二次会议审议,修正案草案拟加大对污染海洋环境违法行为的处罚力度,取消30万元人民币的罚款上限。十二届全国人大常委会第二十四次会议于2016年11月7日表决通过了关于修订海洋环境保护法的决定。修订后的法律将生态保护红线制度列入总则,作为海洋环境保护的基本制度予以明确,并加大了对污染海洋环境行为的处罚力度。

修订后的法律明确,国家在重点海洋生态功能区、生态环境敏感区和脆弱区等海域划定生态保护红线,实行严格保护。国家建立健全海洋生态保护补偿制度。开发利用海洋资源,应当根据海洋功能区划合理布局,严格遵守生态保护红线,不得造成海洋生态环境破坏。

修订后的海洋环境保护法取消了30万元的罚款上限,明确提出:对造成一般或者较大海洋环境污染事故的,按照直接损失的百分之二十计算罚款;对造成重大或者特大海洋环境污染事故的,按照直接损失的百分之三十计算罚款。对严重污染海洋环境、破坏海洋生态,构成犯罪的,依法追究刑事责任。

第二,政府要严格执法。罗尔斯讲:"即使在一个组织良好的社会中,为了社会合作的稳定性,政府的强制权力在某种程度上也是必需的。"在加大海洋生态文化立法的前提下,政府要加大执法的力度,强调违法的制裁性,使通过立法确立的硬法能真正发挥约束作用。要做到有法必依、执法必严、违法必究,严厉查处海洋生态环境违法行为和案件;深入开展整治近海沿岸违法排污企业,决不允许违法排污的行为长期进行下去,决不允许严重破坏海洋生态环境的违法者逍遥法外;严格执行各项法规制度,包括海洋生态环境影响评价制度、排污许可证制度、总量控制制度、限期治理制度和强制淘汰制度等;加强部门协调,完善联合执法机制;规范海洋生态环境执法行为,实行执法责任追究制,加强对海洋生态环境执法活动的行政监察;完善对污染受害者的法律援助机制。

第三,政府要公正司法。司法是社会正义的最后一道防线,司法公正和司法公信力是海洋生态文化法制建设的重要环节,要按照坚持司法正当、司法谨慎、司法独立和司法公开的原则,深化海洋生态文化司法体制和机制改革。要排除沿海地方政府对司法审判的干预,通过加快海洋生态文化司法制度改革,提高法院独立审判能力,排除沿海地方政府的干预;建立海洋生态环境纠纷行政处理制度,在环境保护行政主管部门中,设立独立的、专门处理海洋生态环境损害赔偿纠纷的机构,以提供海洋生态环境损害赔偿的非诉讼解决机制;对司法人员,特别是法官进行专门的海洋生态环境法律培训,增强法官的环境司法意识。同时,还从法律制度上保障社会公众海洋生态环境监督的地位、权利和途径,建立社会公众海洋生态环境监督多渠道多方式的公众监督体系,形成政府行政监督和社会公众监督相结合的海洋生态环境监督体系。

四、民间主体及其监督与自律功能

民间主体是海洋生态文化法制建设的生力军,日本法学家川岛武宜曾讲:"法不只是靠国家来加以维持的,没有使法成为作为法主体的个人的法的秩序维持活动,这是不可能的;大凡市民社会的法秩序没有作为法主体的个人守法精神是不能维持的。"他们凭借强大的组织实力,广泛的民众参与和有力的法律保障,不仅监督企业海洋生态文化行为,还可能影响海洋生态环境立法,政府不好解决的事情往往由这些组织来解决。

民间组织通过海洋生态保文化护宣传、环保维权等活动,对公众进行有组织的、启蒙式的影响,起到的是一种社会动员的作用,扩大了法律的社会性。一方面,民间组织能够围绕海洋生态文化保护提供特定的服务,传播技术和知识,担当着思想库的角色,为海洋生态环境保护与海洋生态文化可持续发展提供前瞻性的思想、理念和战略措施;另一方面,民间组织可以引导公众依法进行海洋生态环境维权,以志愿精神为纽带的民间组织熟悉海洋生态环境权益的特点,成为保障海洋生态环境权益的重要力量。特别是在某一特定的海洋区域内,通常是该区域内所有的人都在不同程度上受到某一污染源的侵害,拥有共同海洋生态环境权益的公众通过民间组织的引导容易自发组织起来,采取共同的行动,监督海洋生态环境状况,保护海洋生态环境质量。当公众环境权益受到侵害时,民间环保组织能够为污染受害者提供法律援助,或根据法律代表公众以本组织的名义提起公益诉讼,从而达到保护公众海洋生态环境权益或本组织所代表的海洋生态环境利益的目标。这些环境维权行动,起到了一种示范作用,启发了公众的海洋生态环境法律意识。

民间环保组织是"环境市民社会的基础性力量,因而环境市民社会在环境法治中对公共权力的制约在很大程度上是通过民间环保组织的运作体现出来的"[①]。民间组织可以利用自身在海洋生态文化资源、专业等方面的特长,以专家身份参与决策过程,从而为政府的科学海洋生态环境决策服务,提高决策水平;也可利用制度性渠道进入政府决策过程,在全国两会上提交政策提案等。民间组织主要发挥社会管理和社会服务职能,分担了原属于政府的部分职能,意味着政府放弃对这些事务的管理,同时也意味着政府权力从这些领域退出,从而为政府权力设定了一定的边界,最终对国家海洋生态环境权力形成一种事实上的约束。

实践表明,海洋生态文化法律的实施主体中,政府有能力却可能意愿不够,广大民众有意愿却能力不足,而民间环保组织有意愿也有能力,是海洋生态环境法律实施的非常重要的主体。民间组织直接来源于社会,这种与社会个体的密切联系可以促进利益冲突各方达成自觉妥协,协调环境利益冲突。民间组织相对于政府有自助互助性、民主参与性和多元代表性的优势,发挥着政府难以提供的环保职能,在海洋生态文化法制建设中形成与政府的功能互补。

第四节　中国海洋生态文化道德与法制双重建设的体制保障

一、海洋生态文化法制建设的立法机制

立法是海洋生态文化法制建设的前提,1982 年签署 1994 年生效的《联合国海洋法公约》序言中明确指出:"认识到有需要通过本公约,在妥为顾

---

① 肖晓春、蔡守秋:《论民间环保组织在环境法治建设中的作用》,《求索》2009 年第
4 期。

及所有国家主权的情形下,为海洋建立一种法律秩序,以便利国际交通和促进海洋的和平用途,海洋资源的公平而有效的利用,海洋生物资源的养护以及研究、保护和保全海洋环境。"近年来,我国海洋生态文化立法得到加强,但存在一些诸如涉海法律法规不够完善,客观上不能保证海洋生态环境保护与促进海洋生态文化经济发展的需要,不能保证上位法的实施;另外,海洋生态文化法律法规不够协调统一,法律法规与法律法规之间、法律法规与政策之间发生冲突的现象时有发生,使得海洋生态文化法律制度难以符合社会主义法律体系的内在有机统一的要求。海洋生态文化立法机制要从立法整合机制与立法参与机制两个方面入手:

第一,建立海洋生态文化立法整合机制。我国虽然有 2000 年开始施行的《海洋环境保护法》,但总体而言相关法律较为分散,往往仅对海洋生态文化保护的某个方面问题进行规定,并且大多散见于相关法律之中,如海岸带管理法、海洋污染防治法等。对于未作规定的事项,仍要适用其他法律,如森林法、土地法的规定,没有一部较全面的综合性的涉海法律。近些年来,我国已建立了一套中央与地方相结合、综合管理与部门管理相结合的海洋管理体制,但传统上,海洋生态环境保护基本上是以行业和部门各自的管理为主,因此行业和部门管理仍占据主导地位,对相关的立法乃至法律体系的协调、统一和完整产生了很大影响。针对以上问题,我们应整合出以《中华人民共和国环境保护法》为基础,以《海洋环境法》为主体,以相关的行政法规、地方性法规、规章和标准为补充,与国际公约、协定相协调一致的海洋生态保护法律体系。

第二,完善海洋生态文化立法参与机制。立法评估需要确立和完善公众的海洋生态文化立法知情权和参与权,我国《立法法》规定了在法律、行政法规的起草过程中,应当广泛听取有关机关、组织和公民等各方面的意见,可以采取座谈会、协商会、论证会、开放式听取意见等形式,广泛听取公众和社会各界的建议和意见。涉海管理部门应当保证海洋生态文化立法代表的选择、公众参与的范围和程序公正透明,保障公众的意见能够得到公正、公平的表达。相关单位应当将公众关于海洋生态文化立法的意见和建议进行归纳整理,并及时向社会公布,对合理的意见应当予以采纳;对未予采纳的意见,应当说明理由,并接受公众的批评和建议。

二、海洋生态文化法制建设的司法机制

司法作为法律运行过程中的一个重要环节,是保障海洋生态文化法制

建设的一个重要屏障,司法以立法为依据,是作为文本形式的海洋生态文化法律规范得以贯彻实施的重要方式之一。

第一,加强司法队伍建设。要建立海洋生态文化司法工作人员的引进和培训制度,解决我国海洋生态文化司法审判队伍能力、水平的问题,着重从审判资源的优化和审判人员的充实入手,定期对现有从事海洋生态文化案件审理的法官进行海洋环境法专业知识培训,逐步增强法官审理海洋生态文化案件的业务水平,同时进一步完善法院的人才引进制度。发挥专业人员的辅助支持作用,建立海洋生态文化诉讼专家陪审或专家辅助人制度,海洋生态文化司法中审判人员与专业技术人员的有机结合将更有利于案件的公平公正、及时快速的解决,对于法律法条的理解和适用,当然由法官来进行,法官在整个海洋生态文化案件的审理中应占据主导作用,可决定审理的进程和有关事宜;对于海洋生态环境专业技术的理解和运用,当然由专业技术人员进行。专业技术人员积极辅佐法官,在法官对专业技术知识存在疑问时提供专业解答。

第二,构建损害鉴定评估体系。除依托海洋生态环境监测部门设立海洋生态环境污染损害鉴定评估机构外,司法和环保行政管理部门也应当引导和鼓励其他社会检测和监测单位申请成立海洋生态环境污染损害鉴定评估机构,积极培育环境司法鉴定评估市场,加强规范化建设。建立和完善海洋生态文化司法监督制约机制,环保部应积极主动发挥领头羊的作用,加强相关部门的合作关系,利用各自的专业领域优势,结合不同种类海洋生态文化破坏的特点,研究制定出监督制约鉴定评估的一系列规则规章,逐步建章建制。

第三,发挥司法能动作用。法官在发挥海洋生态文化司法能动性时,应客观、正确地认定案件的基本事实,涉及复杂的利益关系时,要能够协调缓和,保持司法机关的独立性,做出公正公平的司法裁判;人民法院在审理海洋生态文化案件中,要做到公平与公正,不能将个人的感情、情绪带入到案件的审判中,更不能违背法律的规定使自己对于法律的信仰或者某种观点的倾向影响裁判过程,要做到积极主动,积极发挥司法的最大功能与作用,主动按照法律规定审理海洋生态文化纠纷案件,以最大程度地进行海洋生态文化保护。同时建立海洋生态环境纠纷解决中发挥司法能动的各项机制,建立纠纷预警机制,建立海洋生态环境纠纷提前介入机制,构建海洋生态环境纠纷多元化解决机制。

第四,营造司法良好外部环境。要调整发展方针,优先保护海洋生态环境,在政治上讲海洋生态环境,在经济上讲绿色经济,在文化上实行绿色文明传承,在社会上讲人与海洋和谐,为环境司法营造良好的外部环境,使海洋生态文化司法起到保障和保驾护航作用。建立健全海洋生态污染防治和监管体系,建立全国统一的海洋生态环境保护监管机构,明确海洋生态环境保护部派出机构的法律地位、权限和职责,赋予派出机构对沿海地方政府、沿海地方海洋生态环境保护部门的监管权,明确派出机构的法律责任,设计政府海洋生态环境责任问责机制与探索政府海洋生态环境绩效考核制。

三、海洋生态文化道德建设的"立法"机制

海洋生态文化道德建设需要法制保障,美国著名法学家博登海默在《法理学》中提出:"那些被视为是一切社会交往必不可少的道德正义原则,在任何社会中都被赋予了具有巨大力量的强制性质,这些强制力量是通过转化为法律规制实现的。"①因此要加强立法保障,将海洋生态文化道德作为立法的指导思想,维护海洋生态系统的平衡和完整,是目前海洋生态文化保护工作的关键举措,树立海洋生态文化整体主义思想是人们实现自身利益与生态利益可持续发展的明智选择。在法律法规的具体实施进程中,海洋生态文化道德观念将逐步渗入到人们的日常生活中,人们的各种行为将会更加合理化、合法化,长此以往,海洋生态文化道德的思想观念就会融合进人们的思想观念深处,促使人们奔向人与海洋和谐共存的目标。

第一,构建目标与激励机制。设定海洋生态文化道德建设的目标,追求人与海洋的和谐共处、生态的长足发展,在目标形成机制设定的同时,需要把握目标实施的进度,保证目标的质量,加强成员之间的相互协作,从而确保目标的完成,将目标机制纳入良性循环的轨道中,协调经济利益与环境利益,以实现海洋和社会的可持续发展。要建立一套客观公正的海洋生态环境评价机制,设立情感激励机制、公平激励机制及竞争机制,坚持及时激励、前期激励和后期激励相结合:"及时激励是在海洋生态文化道德建设实施中对政府、企业及个人的激励,激励他们继续保持原有的工作状态;前期激励是在实施海洋生态环境规划及其他海洋生态环境行为之前,说明环境保护的重要性,表明海洋生态环境行为的正确取舍及完成环境保护行为后的

---

① 〔美〕博登海默:《法理学——法哲学及其方法》,邓正来译,华夏出版社 1987 年版,第 361 页。

奖励;后期激励是针对各个部门及个人取得成绩进行相应的奖励,依据企业与个人所取得的进步,进行嘉奖,并提出期望,以便发挥最大的激励效果"①。

第二,完善沟通机制。由于信息不对称,地方与中央的海洋生态环境监管部门信息存在分歧,海洋生态环境政策理解有偏差,此类现象的产生,主要在于没有形成有效的海洋生态文化沟通机制。海洋生态文化道德建设需要加强垂直沟通与横向沟通,既要加强监管部门"自上而下"和"自下而上"的沟通,也要加强当地海洋生态环境监管部门与企业、个人之间的沟通。完善信息动态同步申报制度,加强环保部门自身的改制,精简部门设置,合并权力重叠部门,兼容职务分离不相容的岗位,减少信息沟通环节,减轻通信任务,保证有关海洋生态环境保护活动指导的同步报告得到深入贯彻执行。

四、海洋生态文化道德建设的"司法"机制

法律的真正威力,不在于数量的多寡,而在于它有多大程度被执行和遵守。司法是海洋生态文化道德建设的最后防线,应当明确责任,完善监督,维护海洋生态文化道德正义。要明确完善监督管理部门的责任,加强海洋生态环境相关的司法力度,建立责任追究制度,海洋资源、环境是公共物品,对其造成损害和破坏必须追究相关责任人的责任。

政府要发挥海洋生态文化道德的主导作用,各级政府和环保相关部门应转变重经济效益轻生态效益的政绩观,提高公务人员的海洋生态文化道德意识,对各级政府和环保相关机构的公务人员进行海洋生态文化道德意识的教育,提高其海洋生态文化道德水平,树立海洋生态文化道德观念,促使实施者在制定和执行国家政策方针时,能够自觉地将海洋生态文化道德思想贯彻其中,达到人与海洋协调发展的目标。家长对子女进行海洋生态文化道德教育,家长要营造良好的家庭生态环境,人的发展是机体与环境相互作用的过程,是在不断适应环境、选择环境和改造环境的过程中逐渐成长的,要在日常生活中发挥行为示范作用,通过自己的言行向子女传达道德理念。随着阅历的增长,子女也要向父母传输海洋生态文化道德理念。

学校应根据每个年级学生不同的心理发展特点来确定海洋生态文化道德教育的内容和目标。对于幼儿园与小学低年级的低龄学生,学校海洋生

---

① 洪丹:《环境伦理的制度化研究》,南京林业大学 2013 年硕士学位论文,第 82 页。

态文化道德教育的重点应该是培养学生与海洋的情感,给予学生们更多接触海洋和亲近海洋的机会,让学生亲身体验海洋中的事物和现象,使学生们与其形成亲密友好的感情;对于小学高年级和初中的青少年学生,学校生态道德教育应侧重海洋生态文化道德内涵知识、价值意义、行为规范等教育及解决生态问题的方法及能力;对于高中和大学的成年学生,学校海洋生态文化道德教育应使学生们掌握综合思考和判断海洋生态文化道德问题的能力,以及进行正确的选择和意志决定的能力。社会教育是学校教育和政府教育的辅助,要发挥社会舆论的导向作用,营造良好的海洋生态文化道德社会舆论氛围。总之,海洋生态文化道德建设的"司法"机制归宿点是发挥主观能动性,维护好海洋生态环境。

第五节 中国海洋生态文化道德与法制双重建设的社会体现

一、以海洋生态保护道德操守为普遍内在需求的倡导与激励

海洋生态文化道德是社会风尚的重要组成部分,社会要倡导成员在海洋生态文化生活中明辨是非,培育海洋生态文化意识,增强海洋生态文化自觉,强化道德责任感;建立激励机制,对遵守海洋生态文化道德良好的行为予以鼓励,提升海洋生态文化道德的总体水平。美国经济学家布罗姆利指出:"每一种制度的基本任务就是对个人行为形成一个激励集,通过这些激励,每个人都将受到鼓舞而去从事那些对他们是良有益处的经济活动,但更重要的是这些活动对整个社会有益。"[1]

第一,社会要健全海洋生态文化道德激励制度和评价制度。通过建立和完善各项海洋生态文化道德激励制度,切实维护道德践行者的利益,维护社会公平正义,以制度的强制力量为道德激励提供强化,使公平与正义这一具有普遍内容的海洋生态文化道德观念在社会生活实践中进一步转化为制度化的事实,为人们的善行义举提供可以信赖的制度资源。建立合理有序的海洋生态文化德行评价机制,切实发挥道德评价对人的行为的调节作用,

---

[1] [美]布罗姆利:《经济利益与经济制度》,陈郁等译,上海人民出版社1996年版,第1页。

对充分实现道德对社会生活的规约有着重要意义。对个体而言,海洋生态文化道德评价将外在的准则直接灌输到人们内心,使道德深入人们内心,激起人们的荣誉感和道德责任心,形成个体自身的做人准则和价值目标,动员全部身心力量克服恶行、培养善行,既提高自身的道德修养,又实现社会的道德理想;对社会而言,他人或社会组织以舆论形式对某种行为及行为者作善恶判断和评论,表明倾向性,形成社会整体的价值体系与目标。

第二,社会要充分发挥大众传媒作用。海洋生态文化道德倡导离不开大众传媒,要充分运用大众传媒的各种有利形式,良好海洋生态文化道德行为的宣传,能够对大众的海洋生态文化道德给予好的引导,有利于社会价值认同度的提高。从传统媒体来看,我们要很好地利用已有传媒形式,诸如广播、电视、报纸、刊物等对优秀典型和案例进行宣传,同时要增进大众对新时期、新阶段的海洋生态文化道德要求的认识;要充分利用各类文艺形式,生动的反映新时期的海洋生态文化生活,在利用大众媒体推动道德激励的过程中,也不能忽视对格调低下的作品和节目进行规范;同时也要规范网络,加大网上正面宣传和管理工作的力度,让网络成为道德激励的重要阵地,要充分利用 QQ、微信、微博、微视等新兴的通讯方式,充分利用网络来实现对高尚海洋生态文化道德行为的赞同支持与倡导激励。

二、对违反海洋生态文化道德的普遍性舆论谴责与软性社会惩治

海洋生态文化道德建设既需要正向的道德激励,也需要反向的道德惩罚。道德惩罚是指"通过社会舆论、传统习惯、内心信念对那些践踏道德规范、有损他人和社会利益的行为的纠正,对社会道德风尚产生不良影响的行为主体的谴责,从而促使行为主体实现由恶向善,由罪恶向德性的转化"[①]。当前道德惩罚在海洋生态文化建设中具有重要作用,它能够惩罚遏止破坏、匡扶正义,规范人们的生态道德行为,社会应从社会舆论和道德自觉两方面着手建设。

第一,引导社会舆论。海洋生态文化道德舆论是公众对社会道德生活中与海洋生态文化相关的事物和现象所表达的一致意见和倾向态度,反映和表达了一定社会的海洋生态文化道德风尚和道德水准;海洋生态文化社

---

① 刘艳:《道德惩罚论》,中南大学 2007 年硕士学位论文,第 56 页。

会舆论是道德惩罚实现的重要手段,是社会对海洋生态文化行为者行为结果的反馈,它通过"名誉"、压力等实现对行为者道德践行的强制,使人名誉扫地、遭人唾弃,甚至遗臭万年;社会舆论对不道德的海洋生态文化相关行为具有强大的谴责力度,当多数人都反对的行为成为舆论的焦点时,这种宣传就形成道德上的惩罚,促使人们对恶的海洋生态文化相关行为产生发自内心的批判,对于群体内的个体而言,违背舆论者除非意志坚强不为所动,或者干脆逃之夭夭,否则是不可能排除在遭白眼、嘲讽、冷落之后的内心压抑、苦闷、孤独、紧张等不良感觉的;而对舆论的归顺,则意味着不良感觉的解除,甚至会产生荣耀、幸福等情感。社会舆论由于具有大众化、普遍化、无孔不入的特点,使所产生的影响具有广泛的辐射性和互动性,马克思称社会舆论活动的作用是一种普遍的、隐蔽的强制力量,因此,海洋生态文化的发展应当高度自觉地充分运用舆论评价的力量。

专栏:深圳男子自采蜂巢珊瑚,或将被提起公益诉讼①

(2015 年 5 月 4 日 日报记者陈碧霞)

"为什么要从海里偷珊瑚上来?他知不知道手里的蜂巢珊瑚是国家二级保护动物哩!天要发怒!……"昨日一大早,深圳潜友的朋友圈里被一手捧珊瑚拍照炫耀的"詹哥"刷屏了,大家纷纷谴责这种疑似盗采珊瑚、破坏海洋环境的行为,有"潜爱大鹏"义工愤而向深圳警方网上报案。大鹏新区渔政部门迅速摸查情况,"潜爱大鹏"志愿者联合会称:若是有意之为,将不排除提起公益诉讼的可能。

"他这么做整个圈子都讨厌。因为每个潜水员就是一个海洋的保护者,大家总是想啊,深圳什么时候才有了自己的海底珊瑚花园。"猫丫激动地说,"他在微信里炫耀的蓝色珊瑚,经群里的海洋生物专家鉴定,为国家二级保护海洋生物——蜂巢珊瑚。粉红色的是鸡冠珊瑚,软珊瑚的一种,出水很快就死了。从图中看,这些珊瑚起码都是长了十几年的,太让人痛心了,我们潜爱大鹏的义工年年在深圳大鹏的海里种下珊瑚幼苗,巴望着每一颗珊瑚能活下去。珊瑚君也在并不清澈的水里努力,但一年长上那么 1 厘米,真的太不容易了。"

---

① 深圳新闻网,2015 年 5 月 4 日,http://news.xinhuanet.com/legal/2015−05/04/c_127762845.htm。

续表

> "深圳是一个海洋城市,现在到东部看海的游客越来越多,喜欢玩潜水的人也越来越多,有些人可能觉得很好玩,并不知道从海里带上珊瑚是违法的。我们希望通过这件事,在市民中普及起码的海洋保护知识和意识。"

第二,强化道德自觉。海洋生态文化道德自觉是人们在参与海洋生态文化活动时与自身相关联的道德关系和道德活动中有效地发挥主导性和能动性,自觉地遵循和发展与海洋生态文化相适应的道德准则和道德规范,加强自身的道德践履和道德自律,使自己的道德意识和道德行为与海洋生态文化保持协调并促使其优化的道德认识和道德实践过程;道德自觉促使人们借助于行为者本身的内心海洋生态文化道德信念进行自我监测和自我调控,有了这种监测和调控,一方面能在心理上筑起一道防线,在一定程度上预防失德行为的发生,另一方面更重要的是当不道德的行为发生时,在道德感召下能够及时醒悟,及时终止,并能自觉地弥补所造成的过失。

三、以海洋生态环境保护法律法规为底线的外在强制

以海洋生态环境保护法律法规为底线的外在强制指除了刑法以外的法律制裁,主要包含民事制裁和行政制裁两方面。

民事关系起于人类在社会交往中的平等关系,遵循自愿和公序良俗原则,人类社会海洋生态文化相关的经济生活,首先应受私法规范,如果未遵守私法规范而致他人权益或法益受损,则该行为人应依法承担民事责任不利后果。民事责任按照责任发生依据分为违约责任形式、侵权责任形式及法定责任形式;按照责任承担方式,分为排除侵害和损害赔偿。具体到海洋生态环境侵权,主要有财产损害、人身损害和环境损害三种,排除危害的制裁方式有停止侵害、排除妨碍和消除危险。《环境保护法》第四十一条规定:"造成环境污染损害的,有责任排除危害,并对直接受到损害的单位或个人赔偿损失。"环境基本法所规定的民事责任形式为赔偿损失和排除危害,赔偿损失在于弥补已经造成的损害,即救济已然;排除危害在于预防将来可能发生的侵害,防患于未然,此两种民事责任方式结合,可以更好地对环境侵害进行救济。

在海洋生态环境行政责任中,其主体即包括了海洋生态环境加害方,也包括了海洋生态环境行政管理主体。海洋生态环境行政责任形式除警告、批评和罚款外,也有关于行为处罚的规定,如《环境保护法》第三十六条单独规定了建设项目违法的责任。"建设项目的防治污染设施没有建成或者没有达到国家规定的要求,投入生产或使用的,由批准该建设项目的环境影响报告书的环境行政主管责令停止生产或者使用,可以并处罚款。"《海洋环境法》第七十六条规定:"造成珊瑚礁、红树林等海洋生态系统及海洋水产资源、海洋保护区破坏的,由依照本法规定行使海洋环境监督管理权的部门责令限期改正和采取补救措施,并处一万元以上十万元以下的罚款;有违法所得的,没收其违法所得。"第九十四条规定:"海洋环境监督管理人员滥用职权、玩忽职守、徇私舞弊,造成海洋环境污染损害的,依法给予行政处分。"明确规定了海洋生态环境加害方和行政管理主体的行政责任。

四、对违反海洋生态法律法规行为的严厉惩处与高压震慑

对违反海洋生态法律法规行为的严厉惩处与高压震慑,主要是刑法层面的法律制裁,目前我国现行刑罚所采用的是重刑主义,其主要以死刑和监禁刑为主;但在环境刑法的规定中,其所采用的刑罚较轻,主要以有期徒刑为主,辅以拘役和管制等较轻的刑罚形式,不具威慑性。国家使用刑罚的首要目的即是规范人们的行为,这也是惩罚的最直接目的,而对于海洋生态环境破坏行为界限,是随着技术的发展和人类的其他认知水平的提高而有所变化的。由于海洋生态环境危害行为的严重性和不可逆转性,海洋生态环境法律制度好坏的判定不是考虑有多少违法者被抓到或受到多大的处罚,而是应考虑多少海洋生态环境违法行为被有效的防止,因此,严厉刑罚的存在是必要的。

我国海洋生态环境刑事责任的非刑罚的处罚方式分为教育性的非刑罚处罚、经济性的非刑罚处罚和行政性的非刑罚处罚,海洋生态环境犯罪基本上属于逐利性经济犯罪,单纯民事上的或行政上的责任,不足以遏制危害海洋生态环境或通过海洋生态环境危害公众健康或生命的行为,严厉的刑罚将是不可或缺的措施。《海洋环境法》第九十一条规定:"对造成重大海洋环境污染事故,致使公私财产遭受重大损失或者人身伤亡严重后果的,依法追究刑事责任"。《环境保护法》第六十九条规定:"违反本法规定,构成犯罪的,依法追究刑事责任。"总体而言,海洋生态环境刑事处罚力度不够大,

有待进一步加强。

为对违反海洋生态法律法规行为进行严厉惩处与高压震慑,应将海洋生态环境犯罪在立法体例上设专章规定,因为作为破坏海洋生态环境资源罪客体的环境权既非单纯的人身权,也不是单纯的财产权,因此,破坏海洋生态环境资源的犯罪既不同于单纯侵犯人身权利或财产权利的犯罪,也不同于一般的妨害社会管理秩序罪,而是有自己独特的客体的一类犯罪。为了突出破坏海洋生态环境资源罪的本质特征,使之与其他普通犯罪相区别,应将其在刑法典中设专章规定,这样才能体现出其犯罪客体的特殊性和其严重的社会危害性。海洋生态环境犯罪应在刑法中有相应的地位,增设破坏海洋生态环境资源保护罪专门体例,既是加强对海洋生态环境资源保护的需要,又是完善刑事立法规范的要求。

应完善关于海洋生态环境犯罪刑事责任规定,由于破坏海洋生态环境资源罪的行为人主观上并不存在直接导致人重大伤亡或损毁公私财物的故意,其行为造成的严重后果大多是在开发、利用海洋生态文化资源或进行生产经营的过程中,为追求经济利益而违反海洋生态环境资源管理制度的规定,导致海洋生态平衡遭受破坏或海洋生态环境污染而间接引起的;但人类对海洋生态环境的影响和对资源的利用又不可避免,因此,对这类行为应以自由刑为主。另外对特殊犯罪主体应加重处罚,作为负有保护海洋生态环境资源职责的国家工作人员,在明知海洋生态环境破坏的后果不仅巨大而且影响深远的情况下,却依然无视海洋生态环境破坏的严重后果,玩忽职守、滥用职权、执法犯法,非法批准建设项目和许可证,为海洋生态环境犯罪的孳生提供条件,这充分反映了其主观恶性的深重,更是对国家海洋生态环境资源保护制度的藐视和破坏,对于这种恶劣行为理当严惩。

第 四 章

中国海洋生态文化遗产的保护与传承

　　海洋生态文化遗产,就是具有海洋生态文化内涵、功能与特征的海洋文化遗产。它们是以沿海地区为主要社会主体的中华民族世世代代在认知海洋、开发利用海洋的生活实践中创造、传承、累积的历史见证,反映体现着中华民族的海洋生态文化智慧,是这种智慧的载体和结晶。

　　中国海洋生态文化遗产是传统海洋生态文化智慧的载体和当代海洋生态文明发展的基础。要挖掘中国海洋生态文化资源,创建数据库,分类分级进行海洋生态文化自然遗产和非物质文化遗产的抢救性保护和修复,加强宣传教育和制度建设,实现中国海洋生态文化在继承中创新,在创新中发展。

　　海洋生态文化遗产体现并记录了人类认知海洋、善待海洋、经略海洋、追求人与海洋和谐发展的过程与见证。21 世纪的中国要成为海洋大国、海洋强国,必须守护好中国海洋蓝色国土,一直秉承海洋生态发展的理念,并走向深海,参与国际合作。海洋生态文化遗产的有效保护与传承发展将推动以上进程的加快实施。

　　除了要加强我国的海洋考古发掘,科学鉴定海底沉船、海底古城,还应对馆藏中已经完成海洋考古流程的出水文物遗产,以海洋生态文化的视角作进一步深度挖掘,高度重视城镇化进程中的沿海古市镇、古村落海洋生态文化遗产保护及其传承发展。

　　总之,海洋生态文化遗产以物质和非物质的形式传递给人们这样的信号:应遵循海洋自然生态系统的本质规律,保持海洋生态平衡,实现人与海洋、人与自然、人与社会、人与人、人与自身和谐发展的思想观念,这才有利于推动人类海洋社会以及人类自身实现全面、协调、可持续发展。

第一节　中国海洋生态文化遗产保护与传承的意义

一、海洋生态文化遗产是传统海洋生态文化智慧的载体

文化遗产作为一个民族最宝贵的文化财富,是在历史演进过程中,经多民族、多文化、多潮流交流吸收、千锤百炼形成的民族共同体的共有价值观念、风俗信仰、审美取向与情感载体。文化遗产,概念上分为有形文化遗产和无形文化遗产,或者说其主要包括物质文化遗产和非物质文化遗产。物质文化遗产是具有历史、艺术和科学价值的文物;非物质文化遗产是指各种以非物质形态存在的与群众生活密切相关、世代相承的传统文化表现形式。相对应的,海洋生态文化遗产也分为物质的和非物质的两大类型。

海洋生态物质文化遗产的产生有其特殊的社会经济背景,其保存具有不可移动文物的聚落集聚性和可移动文物的附着性,以大量不可移动的海洋聚落为例,它们是延续聚落文化记忆和智慧的重要载体。海洋聚落作为沿海人类聚居和生活的场所,无论是沿海城市还是乡村,在发展和延续过程中,必然会保留不同时期的历史遗存,而这些历史遗存随着时间的推移,海洋文化内涵更加丰富,海洋文化价值更加突出,并与当代的聚落生活和聚落文化建立起千丝万缕的联系,它们有的成为地方的文化地标,有的融入民众的日常生活,以其所代表时代的文化印痕作为记载这个地方文化记忆的"历史年轮"。尽管创造了海洋生态物质文化遗产的一代代人已经逝去,但记忆和智慧却留了下来。上至新石器时代古遗址,下至鸦片战争遗址、近代名人故居,海洋文化的积淀就是这个聚落的生命力。正如生命体的遗传离不开基因遗传信息传递一样,海洋聚落的发展也离不开其灵魂一般的海洋历史文化传统。人们对海洋故乡的记忆和认知,不但是一个名称,更多的是传统地域特色的海洋文化烙印,包括相关历史建筑、传统街区、风俗民情、民间艺术、市井生活和乡音乡容,是一种归属感和自豪感的综合体。

再如,历史上的人类海洋活动,主要是"渔盐之利、舟楫之便",其中"舟楫之便"即航海活动的文化遗存,从可以"看得见摸得着"的"实物"角度而言,一是港,一是船舶,一是船货,一是围绕着这三者人类进行的精神的、社会的、科技的、物质的、民俗的相关活动。这一"类"以"舟楫之便"为中心的海洋文化遗产,遗存空间广泛,历史累积数量巨大,所承载的文化信息含量

也极为丰富,因而较之于"渔盐之利"的文化遗存,更为人们所关注。①

当然,以非物质的形式而存在的海洋生态文化遗产也承载了先人的智慧与哲思,如春秋时期随着对海洋探索的不断加深,人们在广泛的海洋实践中总结出许多宝贵的经验,《管子·八观篇》中提到"江海虽广,池泽虽博,鱼鳖虽多,罔罟必有正,船网不可一财而成也"。我国伟大的思想家孟子也有"数罟不入洿池,鱼鳖不可胜食也"这样的观点。这些思想无不透露着早期维护海洋生态平衡的哲学观点,这也是宝贵的海洋生态文化遗产的重要内容之一。

21 世纪是海洋的世纪,今天我们发展海洋事业、建设海洋强国,事实上就是强化我们中国自身的海陆互补共生的文化与文明。因而首先需要的是重新发现、找回我们丢失的海洋文化历史的记忆。而中国海洋生态文化遗产,就是在中国沿海、岛屿以及内陆和海外依然广泛分布着的中国海洋生态文化历史的现实存在。中国海洋、海路上相当多的古迹、文物、记载,以及民俗事项都蕴含着独特的海洋历史故事,都是我国海洋生态文化遗产宝库当中的重要组成部分。② 海洋生态文化遗产对于加强国家海洋科普能力建设,传承国家海洋历史文明、保护国家人类海洋活动和海洋自然环境见证物,整合国家海洋文明资源信息将发挥重要的作用。

二、海洋生态文化遗产是当代海洋生态文明发展的基础

2012 年 2 月,国家海洋局发布了《关于开展"海洋生态文明示范区"建设工作的意见》,就促进沿海地区海洋生态文明建设与经济建设、政治建设、文化建设、社会建设协调发展,推动沿海地区海洋生态文明示范区建设提出了明确意见和目标。意见强调,努力推进海洋生态文明建设对于促进海洋经济发展方式转变,提高海洋资源开发、环境保护、综合管理的管控能力和应对气候变化的适应能力,实现"十二五"海洋事业发展战略目标,推动我国沿海地区经济社会和谐、持续、健康发展都具有重要的战略意义。

2013 年,国家海洋局公布了首批国家级海洋生态文明建设示范区。首批"国家级海洋生态文明示范区"是从国务院批准的山东、浙江、福建、广东四个国家海洋经济发展试点省中产生的,涉及四市:威海市、日照市、厦门

---

① 曲金良:《关于中国海洋文化遗产的几个问题》,《东方论坛》2012 年第 1 期。

② 曲金良:《中国海洋文化遗产亟待保护》,《海洋世界》2005 年第 9 期。

市、晋江市;七县:长岛县、东山县、象山县、玉环县、洞头县、徐闻县、南澳县;一新区:珠海横琴新区。其主要任务包括:推广生态农业、生态养殖业,发展海洋生物资源利用、海水淡化与综合利用、节能环保等海洋新兴产业;促进滨海旅游业、海洋文化产业等服务产业的发展等。

2015年6月,国家海洋局印发了《国家海洋局海洋生态文明建设实施方案(2015—2020年)》,规划到2020年,新增40个国家级海洋生态文明建设示范区。2015年12月,国家海洋局又公布了辽宁省盘锦市、大连市旅顺口区,山东省青岛市、烟台市,江苏省南通市、东台市,浙江省嵊泗县,广东省惠州市、深圳市大鹏新区,广西壮族自治区北海市,海南省三亚市和三沙市等12个市、县(区)为国家级海洋生态文明建设示范区,目前示范区总数已达24个。这些区域的自然禀赋和生态保护良好,海洋资源开发布局合理,海洋管理制度机制完善,海洋优势特色突出,区域生态文明建设发展整体水平较高,是海洋生态文明建设的"新标杆"和"试验田"。

国家海洋局发文指出:"海洋生态文明示范区是海洋生态文明建设的重要载体,是深化海洋综合管理,促进海洋强国建设的重要抓手,对于推动沿海地区经济、社会发展方式转变,实现海洋环境生态融入沿海经济社会发展具有重要作用。深圳市大鹏新区等12个申报地自然禀赋和生态保护条件优越,海洋资源开发布局合理,海洋优势特色凸显,区域生态文明建设发展整体水平较高,对引领带动沿海地区海洋生态文明建设、推动全国沿海地区开展海洋生态文明示范区建设工作具有重要意义。"国家海洋局还要求,示范区建设要突出创新、示范引领,合理布局海洋资源开发与利用,加大建设投入和政策支持力度,落实各项建设任务,积极探索海洋生态文明建设示范区在规划实施、制度建设、投入机制、科技支撑等方面的经验,形成可复制、可推广的模式,为全国海洋生态文明建设发挥示范带动作用。此外,国家海洋局将加强对示范区的监督考核,完善长效管理机制,定期开展示范区建设评估,对考核不合格的示范区予以摘牌,并向社会公布结果。

我国大量的海洋生态文化遗产是当代海洋生态文明发展的重要基础,它们在保持和谐的人居环境、建立和谐的文化氛围方面,具有不可替代的作用。例如,内含大量海洋生态文化信息的海洋聚落,在其形成以后,伴生的精神是蕴藏在民众思想、观念、素质、认知乃至潜意识中的价值取向,是区域文化的主要内核和关键因素,是一个海洋聚落的行为指南、发展灵魂和经营理念,是凝聚人心、展示城市形象和城市文明程度的重要体现。海洋文化积淀作为区域生活的重要组成部分,是一个海洋聚落赖以生存和发展的重要智力资源和精神动力。这里的海洋聚落文化遗产,内含丰富的海洋生态文化精神。

海洋生态文化遗产有利于加深人们对海洋生态文化思想的理解和认识,还可以帮助人们树立海洋生态文明观,形成尊重海洋、热爱海洋、保护海洋、建设美丽海洋的理念,提高人们对海洋资源节约、海洋环境保护的文化自觉,有利于深化人们对马克思主义关于人与海洋关系的认识。海洋生态文化遗产相关的研究,也将帮助人们寻找到化解海洋生态危机的新方法论,使人类对海洋的开发、利用和保护方式朝着生态化的方向创新发展,并逐渐帮助人们形成新的价值观、伦理观、思维方式以及生产和生活方式等,这将进一步发展海洋文化、生态文化和海洋生态文明研究成果,丰富社会主义文化建设理论体系。

此外,当前海洋经济和现代科技的快速发展,使人类面对的海洋问题日益增多,由海洋系统导致的、复杂的生态大系统内部的不确定性、随机性剧增;尤其是目前世界各国对海洋资源开发和争夺日趋激烈的国际态势,迫切要求把维护海洋权益摆到重要的位置。对于海洋生态文化遗产的挖掘和保护,对其中蕴含的生态文化的哲学思考与经验总结,将有助于解决以上限制海洋事业科学发展的一系列问题,解决当前我国海洋经济发展中存在的开发、利用和保护,以及资源、环境和经济发展的矛盾,为我国的海洋生态环境保护工作提供理论指导、借鉴服务和决策依据。

三、海洋生态文化遗产"活态"保护是对传统海洋生态生活方式的传承

海洋生态文化遗产"活态"保护可以将作为沿海生活重要组成部分的海洋生态文化积淀以及相关生活方式较好的展现与传承,作为沿海人民赖以生存和发展的重要智力资源和精神动力,它能够使得民众的生活更有质量、更有品位、更有内涵和档次,更能给人以幸福感、认同感、安全感和自由度。此外,它可以满足人们的最基本物质生活需要,也能够满足更高层次文化生活享受,这既是时代进步的要求,又是建设和谐人居环境的必然。这里的"活态"保护是一个特殊概念,既不是单纯指民俗学家所谓的"原生态",也不是全然不顾它的"原汁原味"。"活态"保护除了要保护某一文化之外,重要的还有文化遗产存在的社会生活基础。"活态"保护的关键是让它活着,要保护它的生态环境,更重要的是相关文化群体能接受它,愿意传承它。

"活态"保护不是简单保护几个传承人或某一群人,而是要保护整个和它相关的文化群体,包括它的历史传承和文化空间。

正如不同的国家文化传统也不一样,同一个国家的不同地域因为自然地理、历史沿革、民族构成、功能定位等诸多因素的影响,从而形成各具特色的地域生态文化特征。沿海人民靠海吃海的发展道路创造了独具特色的海洋生态文化,无论是防雷防台风的建筑设计、传统的木船手工作坊,还是反映海岛宗教信仰的妈祖庙(天后宫)、佛教建筑群、求仙问道的方士道观和仙人遗迹,抑或是渔民画、凉床等,都是海洋地域生态文化底蕴的体现。同时这种内涵丰富、分布广泛、搭配合理的海洋生态文化遗产也是文化产业、旅游业、会展业等第三产业发展的重要资源和财富。因此,保护海洋生态文化遗产,就是在保护海洋地域文化的载体。

湄洲妈祖祖庙

而当前,"起吊机经济"带来了千篇一律的、"格式化"的钢筋水泥丛林,可以放在任何一个城市成为"地标建筑"。对于历史的、传统的建筑文化的取代,抹掉、销毁了乡村、集镇、城市厚重的历史记忆。村、镇、城市的环境、历史、居民、习俗和文化追求息息相关,可以与人的生活经验、感情交流、审美体验产生心灵共鸣。历史证明,一个地区的文化积淀的厚度、文化水平的高度,决定了这个地区政治、经济发展的高度。海洋生态文化的发展是一个漫长的历史过程,是不同历史时期形态的叠加,海洋生态文化精神,其变化也总是以原来的形态为基础,未来的变化又会以现在的形态为过渡,从这个意义上讲,海洋生态文化遗产的"活态"保护,为传统海洋生态生活方式的传承创造着更加有利的条件与环境,是万万不能毁损、割裂的文化血脉。

海洋生态文化"活态"保护实例:

以浙江省宁波市象山县为中心,其海洋渔文化包括各种风俗习惯、民间文学、传统音乐、传统舞蹈及海洋知识等,它们与当地人们的生产、生活方式紧密结合、相互交融,并与当地的传统民居、古街区和海洋生态相协调,形成了典型的文化生态环境。①

四、海洋生态文化遗产保护是海洋生态文明建设的重要内容

海洋生态文明建设,是由传承与创新两个不可或缺的面向构成的有机整体。世上没有凭空的创新,一定是在历史经历经验、历史智谋智慧、历史认知认同积累传承基础上的发展。发展本身就包含着创新。同样,世上没有只传承、不创新的事,只不过根据不同时期、不同社会主体的不同需要和职能、功能特点,有的重在传承、有的重在创新,有时重在传承、有时重在创新,有时传承多些创新少些、有时传承少些创新多些而已。现在人们重视创新多些,重视传承少些,作为一时之需无可厚非,但长期偏废则必然导致谬误。

我国东部近海与陆地国土相互作用,构成中华文明的自然地理基础,我国文明起源得益于海陆诸多部落融合。2000 多年来,我国文明发展与布局重心趋向沿海。改革开放背景下我国沿海经济规模效益和溢出效应渐显,加之内陆资源相对枯竭,驱使资源加工产业趋向沿海布局,造成海岸带及近海环境质量下降,人海关系地域系统复杂。2008 年以来,沿海各地区新一轮资源开发主导型区域经济战略升级,客观上加剧了工业与海洋生态文明建设的冲突。

此外,随着市场经济的发展,城市化进程的加快,不少沿海地区面临着旧城改造、基础设施建设、房地产开发和工业入驻等问题。市场经济的发展带来资金、人才和新观念的同时,也带来海洋生态文化遗产保护方面的问题。市场经济的发展以追求最大利益为目的,它在激发个人的创造性和主动性,创造巨大财富的同时,也带来因片面追求短期经济效益所产生的各种问题。而海洋生态文化遗产恰恰属于社会效益、长期效益、隐藏效益的范畴,当眼前的利益和土地增值的预期与生态文化遗产的保护冲突时,人们往往选择前者;另外,全球经济一体化带来的文化融合和冲突导致文化界限被打破,文化同一性趋势越来越显著。城市建筑求新、求洋,丢弃了地区的、民族的传统,新建筑与古建筑、历史街区面貌不一致,或者干脆把木石建筑推倒重建为钢筋水泥建筑,导致城市面貌与其他地区雷同,缺乏个性。

---

① 《十二个国家级生态文化保护实验区"活文物"看个够》,《人民日报海外版》2012 年 11 月 11 日,http://roll.sohu.com/20121111/n357249774.shtml。

党的十七大把建设生态文明作为社会文明的重要内容,与物质文明、政治文明、精神文明共同构成当代人类社会文明发展新的框架,并提高到了发展目标的高度,充分体现我们党总结历史教训、尊重自然规律、审时度势、与时俱进的科学态度,为全面建设小康社会指明了方向。党的十八大不仅提出生态文明建设战略,还提出了海洋强国建设战略,强调海洋资源开发能力提升和海洋生态环境保护,进一步赋予海洋开发利用以现代生态文明的内涵。但是,如何在当今海洋资源需求压力激增、海洋环境质量下降明显的现实中寻求更为"生态"和"文明"的人海关系,确实是具有挑战性的重大课题。加强海洋生态文明建设是贯彻落实科学发展观的本质要求,是实现沿海经济社会可持续发展的根本出路,是满足人民群众过上美好生活期盼的客观需求。

海洋生态文明建设的目的就是保证海洋经济、社会、环境各系统的协调性和整个系统的可持续发展。同时也意味着沿海区域的发展不仅仅追求物质形态的高度化,更加追求文化上、精神上的进步,也就是海洋经济发展、社会进步、生态环境保护三方面保持高度的和谐统一。对于海洋生态文化遗产而言,不管是物质文化遗产还是非物质文化遗产,都产生于特定的历史条件下,带有时代的烙印,通过这些文化遗产,我们可以了解到一个地区特定历史时期的生产力发展水平,社会组织,生活方式,人与人之间的相互关系、道德习俗及思想禁忌。尤其是非物质文化遗产,蕴藏着传统文化的基因和最深的根源,隐喻着一个群体的思维和行为方式,是区域特色的积聚,是民族灵魂的一部分。珍视海洋生态文化遗产有助于人们对自身、对自身与海洋环境和谐共生关系的理解,对于海洋生态文化遗产的保护、传承和创新是海洋生态文明建设的重要内容。

第二节　中国海洋生态文化遗产保护传承与创新发展

一、海洋生态精神文化遗产的保护与传承

所谓精神文化,是指属于精神、思想、观念范畴的文化,是代表一定民族的特点,反映其理论思维水平、思维方式、伦理观念、理想人格、审美情趣等精神成果的总和。换言之,精神文化是人类在从事物质文化基础生产上产生的一种人类所特有的意识形态,是人类各种意识观念形态的集合。精神

文化的优越性在于具有人类文化基因的继承性,还有在实践当中可以不断丰富完善的待完成性。这也是人类文化精神不断推进物质文化的内在动力。由于文化精神是物质文明的观念意识体现,在不同的领域,其具体文化精神有不同的表现和含义。

中国的海洋生态精神文化遗产在其久远的历史发展过程中,积蕴了丰富的内涵,它是现代生态文化发展的重要基础。海洋生态精神文化遗产中深深蕴藏着民族的生态文化基因和精神特质,这些在长期的生产劳动、生活实践中积淀而成的民族精神,是世代相传沉积下来的民族的思想精髓与生态文化理念,是包括了民族的价值观念、心理结构、气质情感等在内的群体意识和群体生态精神,是民族的灵魂、民族生态精神文化的本质和核心。

海洋生态精神文化遗产主要包括以下几方面:一是具有海洋生态文化内涵、功能与特征的心理信仰,包括海洋神灵信仰和俗信与禁忌;二是具有海洋生态文化内涵、功能与特征的文艺娱乐,包括广场表演艺术(例如酬神赛会)、音乐歌唱艺术(例如渔村锣鼓、渔歌、打蚝歌、踏潮曲)、手工造型艺术(例如面鱼、年画、剪纸艺术)等;三是具有海洋生态文化内涵、功能与特征的口头语言艺术,包括海洋(以及涉海)神话传说(有许多又属于心理信仰的内容)、海洋(以及涉海)故事、打油诗、巧话包括俗语和歇后语等。[1]

妈祖,历经宋元明清的敕封、祭祀,列为国家祭典,是宋元明清各代影响最大的海神,至今妈祖信仰和庙祀崇拜传承沿袭,且已是海内外华人共同的普遍信仰,是我国海洋精神文化信仰和传承的重要组成部分。

"民族总是某一特定文化下的民族,文化总是某一特定民族中的文化。历史已经证明,未来的陷阱原来不是过去,倒是对过去的不屑一顾;为了走向未来,需要的不是同过去的一切彻底决裂,甚至将过去彻底砸烂,而应该妥善地利用过去,在过去这块既定的地基上来构筑未来的大厦;如果无视传统,一味前倾,那么所走向的绝不会是真正的未来,而只能是过去的某些最糟糕的角落回复。"[2]海洋生态精神文化遗产正是这既定的稳固的地基,正待我们去好好勘察,从而建立更加稳固的文化大厦,需要重视的是在未来发展过程中如何更好地保护与传承中国的海洋生态精神文化遗产。

如前所述,精神文化遗产承载着丰富的、独特的民族记忆,而记忆却又是容易被忽视和遗忘的,极容易在不知不觉中消失。因而,保护海洋生态精

---

① 曲金良:《海洋文化概论》,青岛海洋大学出版社 1999 年版。
② 庞朴:《经典常读·前言》,龙门书局 2012 年版。

神文化遗产也就是保护独特的文化基因、文化传统和民族记忆。这些在文化、文明中含有的独特的传统因素、某种文化基因和民族记忆,是一个民族赖以存在和发展的"根"。如果失去了这些,也就失去了自己的特性和持续发展的动力。而海洋生态精神文化遗产中蕴涵着特定民族独特的智慧和宝贵的精神财富,更是海洋社会得以延续的命脉和源泉。《联合国教科文组织发展纲领》强调了文化记忆的重要性:"记忆对创造力来说,是极端重要的,对个人和各民族都极为重要。各民族在他们的遗产中发现了自然和文化的遗产,有形和无形的遗产,这是找到他们自身和灵感源泉的钥匙。"

妈祖像

二、海洋生态物质文化遗产的保护与传承

物质文化遗产,又称"有形文化遗产"即传统意义上的"文化遗产",根据 1972 年 11 月,在巴黎召开的联合国教科文组织第 17 届全体会议上通过的《保护世界文化和自然遗产公约》(简称《世界遗产公约》)指出,物质文化遗产主要包括历史文物、历史建筑(群)和人类文化遗址。

海洋生态物质文化遗产主要包括体现海洋生态文化精神和理念的一切有形遗产。相对于非物质文化遗产,海洋生态物质文化遗产具有直观性,即具有有形的实物载体,一般以文物或景观的形式保存下来,由于具有实物的表现载体,因此能够客观真实的体现蕴含其中的文化内涵,同时能够存续较长的时间。如生产渔具、生活服饰与用品、海洋民居、海洋史料文物、海塘、潮田、海防设施、历史港湾、历史航道、历史码头、历史灯塔、水下沉船、港口海岸弃船、海洋信仰祭祀的岸上庙宇、海商社会的岸上会馆、航海人集散的港口馆舍、港口城市遗产等。

应当在观念层面高度重视,充分挖掘海洋生态物质文化遗产的重要价值,并运用各种形式进行保护和开发,例如,可以利用好各级博物馆或展览馆,展示海洋生态物质文化相关的历史资料或文物,供游人参观。这样能够在最大程度上展现遗产自身的文化内涵,并且通过相关文物、史料的展示,使人们对其所具有的文化有一个更直观的认识。如山东省青岛市的天后宫,由于城市的发展,已失去了其原本海祭的功能,但是它记载着人们祈愿风调雨顺,渔获丰收的海洋生态文化内涵,于是青岛市政府将其改为青岛民俗博物馆,成为人们了解青岛民俗文化、妈祖文化和海洋文化的好去处。

青岛天后宫

对于海洋生态物质文化遗产的保护与开发,特别要遵循以下基本原则:

(一)真实性

真实性主要是指要尽量维持海洋生态物质文化遗产的原本面貌,使其尽量保持真实,因此,在这一原则指导之下,海洋生态物质文化遗产的保护、维修、建设等一定要尊重历史现实,不能随意修改,也不能随意改造与仿造,对海洋文化历史环境的整治要"修旧如旧"。

原真性标准主要有四项,它们是设计、工艺、材料和环境材料的原真性:设计上,要明确表述遗产资源的艺术、建筑工程及功能设计的本源和原初形式的意义和信息,艺术和功能的理念,纪念性的形象。工艺上,要在材料和结构中显露出原始建造技术和处理工艺的内容和痕迹。材料上,要体现重要历史阶段和历史发展影响产生的迹象、记号。环境上,体现各时期相关的资源地点与环境、历史或文化景观、整体的价值等。

(二)完整性

海洋生态物质文化遗产的完整性主要有以下两层含义:一是范围上的完整(有形的):建筑、城镇、工程或者考古遗址等应当尽可能保持自身组分和结构的完整,及其与所在环境的和谐、完整性;二是海洋生态物质文化遗产概念上的完整性(无形的):指相关内容或保护对象具有海洋文化概念上的完整性,以及相应地体现在地理位置上、文化价值上的相互关联性。因为任何遗产的保护都是与其环境联系在一起的,与环境共生,因此保护遗产就必须对周围有机组成的环境进行统一规划,保持其整体风貌。如保护一些海洋文化古村落或渔村,除了古村落或渔村的本体以外,还包括外部的环境与生活方式等。世界遗产组织在遗产申报条件中特别指出遗产的完整性、真实性必须包括在申报的提名表中。

如具有重要的海洋生态文化价值的山东民居海草房。海草房又名海苔房,因用海草苫顶而得名,它是胶东沿海地区一种独特的民居,它是以石头

海草房

为墙体,以黄泥、贝草(一种很结实的山草)为辅料,整个过程有70多道工序,全部采用手工制作而成。海草房冬暖夏凉,外观敦厚、古朴,体现了人类运用智慧实现与自然、沿海社会和谐相处的深层次海洋生态文化内涵。海草是一种抗腐烂且柔韧性强的海洋植物,是苫盖屋顶材料的理想选择。相关调查表明,荣成市最早的海草房为300年前所建,这是一般现代房屋建筑所难以企及的,有着重要宜居价值和学术研究价值。海草房民居的起源,最早可追溯到新石器时代,荣成沿海先民依海而居,渔猎而存,就地取材,用丰茂的海草筑巢而居。远古的海草房制作比较简陋,秦汉时期荣成大部分民居都为海草房,这也是荣成沿海地区海草房民居生成的初期,制作工艺相对成熟。元明清时代,荣成海草房进入了普遍沿用的时代。明洪武时期,在荣成境内设成山、靖海两卫,并有宁津、寻山两所,军寨40多处,移居而产生的屯田军户和军属性质村落蜂起,海草房民居开始速生,荣成大部分村落也就在这个时期形成。海草房民居在荣成沿海一带分布较为集中,以村聚居形成群落,在建筑风格上南北风格略有差异,各具特点。南部以宁津、东山、崂山、崖头、石岛区域为集中分布带;中部以寻山、俚岛、马道等地为分布带;北部以成山、港西等地为分布带。保护海草房民居,尤其是保护它所具有的非物质文化遗产元素和内涵,就是保护一部海洋文化以及海洋生态文化历史。荣成市人民政府于2006年印发了《荣成市海草房民居保护试行办法》,对具体保护内容和保护原则等进行了详细的说明。一方面要求相关部门按照各自职责,共同做好海草房民居保护的宣传和管理工作,另一方面海草房民居所在地镇政府、街道办事处配合市政府有关部门做好海草房民居的普查、登记、保护管理工作。海草房民居保护的主要内容包括:海草房民居的整体环境风貌;传统的街巷格局和形态;海草房民居所蕴含的地域风俗、祭祀信仰等民间传统文化。海草房民居的保护遵循保护为主的方针,实行保护与利用相结合、整体环境风貌控制与重点保护相结合、专门管理与群众参与相结合。

(三)可持续性

海洋文化遗产是长期发展的产物,也需要传承下去,保护工作不是将海洋文化遗产封闭起来,否则历史也就断了,海洋文化遗产的保护也需要发展,尤其是将海洋文化遗产与人们的生活、创造联系在一起,今天的工作可以成为未来持续发展的基础。

三、海洋生态制度文化遗产的保护与传承

制度文化是人类为了自身生存、社会发展的需要而主动创制出来的有组织的规范体系。从广义层次上来讲,主要包括国家的行政管理体制、人才培养选拔制度、法律制度和民间的礼仪俗规等内容,是文化层次理论要素之一。所谓文化层次理论包括精神文化、物质文化、制度文化。制度文化是人类在物质生产过程中所结成的各种社会关系的总和。社会的法律制度、政治制度、经济制度以及人与人之间的各种关系准则等,都是制度文化的反映。

人类的行为受思想、观念、精神因素的支配,然而人类行为实际又是一种群体的、社会的共同行为。所以文化的精神因素必然会反映、萌生和形成习俗、规则、法律、制度等制度因素。当制度诸因素产生和形成之后,就会使人的精神因素通过制度因素转化成为物质成果,也就是人类行为或人类活动的收获。由此可见,制度文化作为文化整体的一个组成部分,既是精神文化的产物,又是物质文化的工具。作为物质文化和精神文化的中介,制度文化在协调个人与群体、群体与社会的关系,以及保证社会的凝聚力方面起着不可或缺的显著作用,深刻地影响着人们的物质生活和精神生活。

海洋生态制度文化遗产主要包括具有海洋生态文化内涵、功能与特征的海上作业制度、婚丧嫁娶制度、节日行事制度、行业帮会制度以及更为普遍、广泛的日常生活行事制度等,这些制度都是自然而然形成的,大多不必制定明文规定,大家都在潜移默化中自觉地认定和遵守,比如海上捕捞制度、顺应大自然节气与规律的节日行事制度,海洋生态文化特色更为显见。至于更为普遍、广泛的日常生活行事,同样都是一些不成制度的民俗"制度"。①

海洋生态制度文化遗产表现形式丰富生动,是沿海居民对文化传统、社会制度、风俗习惯的升华和提炼,但随着时代的变迁,相关社会制度的文化基础也在随之发生改变,一些曾被认为是经典的海洋生态文化资源也会因为文化环境的丧失而失去生存的活力。因此,海洋生态制度文化遗产也存在着是否被时代认可,以及有效传承的问题。

----

① 曲金良:《海洋文化概论》,青岛海洋大学出版社 1999 年版。

四、海洋生态社会文化遗产的保护与传承

社会文化是与基层广大群众生产和生活实际紧密相连,由基层群众创造,具有地域、民族或群体特征,并对社会群体施加广泛影响的各种文化现象和文化活动的总称。

社会文化也属于历史的范畴,每一个社会都有和自己社会形态相适应的社会文化,并随着社会物质生产的发展变化而不断演变。作为观念形态的社会文化,如哲学、宗教、艺术、政治思想和法律思想、伦理道德等,都是一定社会经济和政治的反映,并又给社会的经济、政治等各方面以巨大的影响作用。在阶级社会里,观念形态的文化有着阶级性。随着民族的产生和发展,文化又具有民族性,形成传统的民族文化。社会物质生产发展的历史延续性决定着社会文化的历史连续性。社会文化就是随着社会的发展通过社会文化自身的不断扬弃来获得发展的。

社会文化的重要作用主要体现在:第一,提高人民群众的生活质量,满足广大人民群众的文化需求;第二,保障基层群众的基本文化权益,促进人的全面发展;第三,巩固文化大发展大繁荣的群众基础,促进政治、经济和文化的协调发展。

海洋生态社会文化遗产所涉及的,是历代相承的、滨海民众在特定条件下所结成的具有海洋生态文化内涵、功能与特征的社会关系的惯制,它所关涉的是从个人到家庭、家族、乡里、民族、国家乃至国际社会在结合、交往过程中使用并传承的集体行为方式,主要包括社会组织民俗(如血缘组织、地缘组织、业缘组织等)、社会制度民俗等(如习惯法、人生礼仪、岁时节日民俗以及民间娱乐等)。

如国家级非物质文化遗产——荣成渔民开洋、谢洋节,其包括渔民祭祀活动和传统表演等内容,是渔民在长期海上作业的习俗中形成的以祭祀海龙王为内容,含有历史、宗教、民俗、艺术等诸多文化内容的传统民间文化活动。据史料记载,荣成渔民祭祀活动的早期在上古时代就已形成。从20世纪70年代在荣成境内出土的"独木舟",说明荣成渔民海上活动已有2000多年的历史。

每年农历四月二十至二十一日为开洋、谢洋节(谷雨节),这期间深海的鱼虾遵循季节洄游,纷纷涌至胶东沿海海域,渔民因此有了"谷雨百鱼上岸"之说,为祈求平安、预祝丰收形成祭海这一习俗,这里无不蕴含着重要的海洋生态文化精神,体现了人们顺应节气、不断认知海洋、与海洋共生共

荣的深刻内涵。

荣成渔民祭祀活动主要内容为祭海神娘娘、祭海龙王、文艺表演和各种民间民俗活动等三部分。1991 年荣成市政府举办了第一届荣成国际渔民节,将渔民开洋、谢洋节这一民俗活动发扬光大,并确定每两年举办一次,各地村的祭祀活动与全市性活动同步开展,使保护行为提升和扩大。2006 年荣成谷雨节(渔民祭祀仪式)列入山东省非物质文化遗产保护名录,2007 年被列入国家非物质文化遗产保护名录(渔民开洋、谢洋节)。荣成的渔民开洋、谢洋节(谷雨节),是荣成 1000 华里几百个渔村独有的渔民信仰习俗,有着固定格式和表现风格,体现着劳动人民的内心情感和精神文化。

在当今现代化的时代条件下,工业化与城市化给海洋生态社会文化遗产的保护也带来许多前所未有的难题。由于海洋生态社会文化遗产在识别、保护方面都有较大的难度,建议采用民间保护模式和文化建设保护模式为主,并引入法律保护模式。民间保护模式指以协会、行业或个人等出面进行的海洋生态社会文化遗产保护;文化建设模式是指由文化部门负责推出的与文化建设相结合的保护模式;法律保护模式是指通过制定一系列法律法规,从制度上对海洋生态社会文化遗产的保护。①

第三节　中国海洋生态文化遗产
保护与传承的现有基础

一、大量海洋生态文化遗产"风韵犹存"

在长达数千年的传统历史上,中国在沿海发展、港口建设、船舶建造、航海技术、航路开辟、政治联结、文化传播、商品生产、贸易互利诸多方面,通过开发、利用中国的海洋环境空间,创造了悠久而灿烂的中国海洋文明和海洋生态文化,留下了广泛、丰富而值得珍视的海洋生态文化遗产。

大体说来,海洋生态文化遗产按照其生成和存在的样态来说,主要有三类:第一类是人类在海洋历史过程中通过人工技术创造的,具有海洋生态文化内涵、功能与特征的海洋文化遗产,其主要样态为打造品、建筑物,如船

---

① 王国安:《现代化背景下宁波海洋文化遗产的保护模式与开发路径》,《中共宁波市委党校学报》2013 年第 2 期。

舶、航具、渔具、港口、灯塔、庙宇、馆所遗存,是为海洋生态物质文化遗产;第二类是人类在海洋历史过程中通过赋海洋自然物于生态文化内涵所创造的,其主要样态依然是自然物,是为海洋生态自然文化遗产;第三类是人类在海洋历史过程中通过社群传承所创造的,具有海洋生态文化内涵、功能与特征的海洋文化遗产,其主要样态与前两类空间形态不同,主要表现为口头、仪式、行为等时间形态,如信仰、意识、制度、艺术,是为海洋生态非物质文化遗产或称海洋生态无形文化遗产。以上分类,主要是为了便于作宏观把握和归纳分析,事实上,三类遗产往往又是相互关联的,且有很多具体的遗产往往是集两种乃至三种品性于一体的,有着十分丰富、多样的生态文化内涵,一体多面。①

二、大量海洋生态文化遗产"价值依旧"

沿海地区一直是中国经济社会、历史文化的半壁江山,沿海居民在滨海地区生活、生产、对外交流,依靠海洋从事政治、经济、文化等活动,在历史的长河中,创造了辉煌灿烂的海洋生态文明,更遗留了众多弥足珍贵的海洋生态文化遗产。当前在沿海、海岸、港口、航道、岛屿、水下等存有和蕴藏的海洋生态文化遗产,具有丰富的藏量和独特的价值。

中国海洋生态文化遗产的重大意义和价值除了人们常说的作为文物、遗迹本身所具有的整体的历史、科学与艺术价值,还在于:海洋生态文化遗产是彰显中国是世界上历史最为悠久的海洋生态大国的历史见证;海洋生态文化遗产是我国弘扬中华传统文化国家战略的重要资源;海洋生态文化遗产更是当前对内构建海洋和谐社会,对外构建海洋和平秩序的重要载体与推动力。以广泛、大量分布在东北亚和东南亚国家与地区的具有中国文化属性的海洋生态文化遗产为例,其总体上彰显的是中国生态文化作为和谐、和平、与邻为伴、与邻为善的礼仪之邦文化的基本内涵,见证着这些国家和地区人民的祖先与中国本土友好交往交流,长期进行的政治、经济、文化互动,构建和维护着东亚和平秩序的悠久历史。

此外,对海洋生态文化遗产价值的分析可以借助一些具有代表性的遗产价值分析体系来阐释关于海洋生态文化遗产价值的类型以及评估模式。

---

① 曲金良:《我国海洋文化遗产保护的现状与对策》,《中共青岛市委党校·青岛行政学院学报》2011 年第 5 期。

如 1902 年由力格尔提出的遗产价值构成模型,在该模型中遗产的价值由历史价值、年岁价值、使用价值、纪念价值和稀缺价值构成;在近期的研究中索罗斯从遗产的社会文化和经济属性出发将其分为历史价值、美学价值、精神价值、社会价值、象征价值、真实价值和经济价值七个类别。① 国内有学者针对海洋文化遗产的特征(林涵展,2015)将遗产价值细分为了历史文化、科考、传承、艺术、思想、情感、社会文化、教育和使用价值九个方面。②

海洋生态文化遗产价值主要体现在以下几个方面。

一是自然价值和文化价值的统一。

一方面,自然环境是海洋生态文化遗产的基础。随着人口流动性的增加,海洋生态文化的地域差异性一定程度被削弱,但是这并不意味着地理环境对文化特点的影响就失去意义,海洋生态文化本身不能完全脱离自然,而地理环境的区域差异性一直存在,所以这种差异必然体现在各地的海洋生态文化中,文化仍将体现出地理差异性,这种差异性就是自然环境对海洋生态文化遗产影响的最直接体现。③ 另一方面,人类社会需要从自然中获取物质和能量,海洋生态文化是单纯自然遗产的升华。人类对自然环境的认识、改造、利用都是人类文化的组成部分,是人类文化附加在自然中的价值体现。任何海洋生态文化遗产的形成都是自然环境和社会文化诸多因素共同作用的结果,人类的创造力在景观形成和发展中功不可没。

二是海洋价值和陆地价值的统一。

海洋文化和内陆文化相对应,是人类文化重要组成部分,但是长期以来,传统学术理念和立足点都是站在内陆而背向海洋的,一般的文化观念都是内陆型的,甚至用内陆文化来表示"人类文化"。事实上,生态文化同样如此,海洋生态文化和陆地生态文化之间的联系密不可分。海洋生态文明的源起与陆地生态文明的影响密切相关。从这个层面来理解,海洋生态文化遗产价值也是海洋价值和陆地价值的统一体。

三是生活价值与审美价值的统一。

海洋生态文化遗产,是几千年来人们按照"美"的观念审视、认知、评价、利用和打扮海洋自然生态的结果,是人们世世代代从认知、理念到经验,再从经验上升为认知、理念的智慧结晶,因而其社会生活的利用、实用的"合目的性"与审美体验和愉悦的"合目的性"就一直是统一的,而不是分

---

① 黄明玉:《文化遗产的价值评估及记录建档》,复旦大学 2009 年博士学位论文。
② 林涵展:《海洋文化遗产价值分析》,《文艺生活》2015 年第 1 期。
③ 李承宏、陈世俊、王树恩:《科学的文化读解》,《社会科学战线》2002 年第 2 期。

离、相悖的。这就是我们今天为什么如此珍视传统海洋生态智慧、生态文化的原因所在。由此反观近现代工业化、技术化生产生活方式包括海洋开发利用的方法方式,则过于看重海洋环境资源的实用的"物"的价值,因而对其可以量化、可以货币化的"物"的获取往往采取抢占、攫夺、鲸吞的竞争甚至残杀的方式,这就严重践踏、破坏甚至毁灭了其作为海洋生态之美的"价值",从而导致对海洋环境资源生态的严重破坏和损伤。这就是我们今天为什么不得不"纠偏""纠错"、挽救海洋的缘由所在。

三、保护和传承海洋生态文化遗产的法律依据

对于历史文化遗产,国家及各地或早或迟都已制定有相关政策、法规,也加入了联合国教科文组织及其他国际组织的不少公约、协定等制度性文件。

2011 年 6 月 1 日,十一届全国人大常委会第十九次会议审议通过的《中华人民共和国非物质文化遗产法》正式实施。非物质文化遗产法共 6 章 45 条,分别为总则、非物质文化遗产的调查、非物质文化遗产代表性项目名录、非物质文化遗产的传承与传播、法律责任和附则。非物质文化遗产法第一次从法律上界定了非物质文化遗产的范围,规范了非物质文化遗产的调查行为。该法让中国非物质文化遗产保护真正步入有法可依的阶段。其突出亮点是"中国特色",将非物质文化遗产的"保存"和"保护"区分开来;首次明确了传承人的"退出机制";禁止以歪曲、贬损等方式使用非物质文化遗产;规定调查应当征得调查对象的同意并尊重其风俗习惯,侵犯且造成严重后果的会依法给予处分;发现非物质文化遗产代表性项目保护规划未能有效实施的,应当及时纠正、处理。

2013 年,文化部贯彻落实《中华人民共和国非物质文化遗产法》,制定配套政策措施:为推进非物质文化遗产的抢救性保护,着手研究制定《关于加强非物质文化遗产抢救性保护工作的指导意见》和抢救性保护的业务标准;为推进非物质文化遗产的生产性保护,配合国家税务总局研究制定非遗生产性保护税收优惠政策;为推进整体性保护,起草制定了文化生态保护区建设评估验收标准和条件。

为加强国家级非物质文化遗产代表性项目保护,推进国家级非遗代表性项目保护单位的动态化管理,2013 年 2 月文化部还下发《文化部办公厅关于调整和认定国家级非物质文化遗产代表性项目保护单位的通知》(办

非遗发〔2013〕7 号），对第一、二批国家级非遗代表性项目保护单位的动态化管理工作进入常态化阶段。①

为激发市场、社会的创造活力，在法律层面减少和下放审批项目，依靠法治的力量，发挥地方政府贴近基层的优势，促进和保障政府管理由事前审批更多地转为事中事后监管，2013 年 5 月国务院第 10 次常务会议通过《国务院关于废止和修改部分行政法规的决定》（国务院第 638 号令），对包括《传统工艺美术保护条例》在内的 25 条行政法规进行修改。2013 年 6 月，第十二届全国人大常委会第三次会议通过修改文物保护法等 12 部法律的决定。地方立法方面，各地也出台了系列加强文物和非物质文化遗产保护的地方性法规，如《浙江省历史文化名城名镇名村保护条例》等。

相比于陆上的文化遗产，水下文化遗产更为完整地保留了文化多样性和人类文明。然而，人类对海底水下文化遗产的窥觑和贪婪导致非法打捞、走私、破坏水下文化遗产的情况愈演愈烈。《水下文化遗产保护公约》（*Convention on the Protection of Underwater Cultural Heritage*）是世界范围内通过的第一个关于保护水下文化遗产的国际性公约，于 2001 年 11 月 2 日在第 31 届联合国教科文大会上正式通过并施行。我国也早在 1989 年发布实施了《中华人民共和国水下文物保护管理条例》。

以上法律法规等都能够较为有效地对保护和传承海洋生态文化遗产起到约束和规范的作用，但是显然目前有针对性的海洋类文化遗产保护法律法规还不是很健全，有待进一步完善，此外，相关法律法规较为陈旧，惩戒力度不够，也给保护工作的推进带来了不利的影响。

四、保护和传承海洋生态文化遗产的观念认同

随着现代化社会的发展和城镇化进程的加快，越来越多的海洋生态文化遗产面临生存的困境。这其中，有物质文化遗产由于与城市建设相冲突被拆除和遗忘，也有非物质的民间文化遗存在商业化过程中失去了本真的内涵。造成这种困境的一个主要根源，是"进化/线性"的社会时间观在文化领域的渗透。这套时间观与文化遗产保护话语之间存在不可调和的冲突，这种冲突进而造成了海洋生态文化遗产保护必须让位于主流"发展话语"。其解决之道是在海洋生态文化领域以"文化认同"话语代替"进化"的

---

① 中华人民共和国文化部：《2014 中国文化年鉴》，新华出版社 2014 年版。

时间观,强调个人、群体、国家在集体认同上的精神内核。

为什么要保护文化遗产？杰梅因·格里尔(Germaine Greer)曾说:遗产是构成我们身体的 DNA 的文化表达。大卫·罗文索尔(David Lowenthal)在《遗产圣战》中说,遗产从历史中萃取认同的符号,将我们与先人和后辈联系起来。因此,文化和认同是遗产的两个根本要素。保护遗产,本质上是对文化精神的再现,以及对群体团结的凝塑。①

从时间维度上讲,海洋生态文化的本质内核必然要通过一定的媒介得以传递,有形或无形的遗产是这种文化传递的重要载体。从口头文学到书面文字,从礁石、墓葬到纪念性的古迹,海洋生态文化体系通过符号性的文化表征得以延续,并对传承者的心理和文化结构进行影响,塑造着他们的世界观和价值观。从空间维度上讲,海洋生态文化遗产可以使生活在不同地点的人群形成超越地理边界的凝合力。从这个角度而言,海洋生态文化在塑造集体认同上的能力是十分强大的。比如,中国的龙图腾等海洋文化符号、郑和下西洋等航海壮举,都能够唤起客居在世界各地的华人的民族认同。

当前,单纯的“发展大于一切”的线性时间观已逐渐丧失了其曾经的魔力,在这样的现实背景下,应充分认识到海洋生态文化遗产对于塑造强大集体认同的力量,及其主导国家建设和民族团结的积极作用。应加大海洋生态文化遗产的保护力度,贯彻“保护为主、抢救第一、合理利用、传承发展”的方针。海洋生态文化遗产不仅是人类认识和利用海洋的佐证,更是我国悠久的海洋生态文明的体现,只有形成这样的观念认同,才能发展好我国的海洋文化事业,为我国的海洋强国战略提供强有力的支持。而这样的历史观和积极的文化遗产保护心态,也将成为决定一个国家真正软硬实力的基本要素之一。

第四节　中国海洋生态文化遗产保护与传承的主要措施

一、唤起社会和文化原生地的共知共识和互动

中国海洋生态文化遗产保护与传承,首先应当秉承生态优先的基本原

---

① 燕海鸣:《文化遗产与文化认同》,《中国文物报》2013 年 10 月 18 日第 6 版。

则,保证生态保护为主,使经济、社会、生态协调发展。这就要求人们彻底改变海洋自然资源可以取之不尽,用之不竭的旧观念,彻底改变海洋环境可以无限容纳污染的旧观念,摒弃把海洋经济总产值作为海洋开发的唯一指标的做法,要用社会、经济、生态、环境、文化、生活质量等各个方面的综合指标来衡量海洋开发与保护的内在关系,以实现海洋资源与环境的可持续利用,这样才能够在海洋生态文化遗产的保护和传承问题上持有正确的态度和做法,在遗产保护和经济利益之间产生矛盾的时候,着眼于长远发展,做出生态与保护为先的基本选择。

海洋生态文化遗产的保护与传承,可以让一个国家的历史有存在感,同时也让民众具有存在感和凝聚力,而海洋生态文化遗产自身的内涵也能够得以扩展和升华。海洋生态文化遗产不是今人逃避现实的场所,而应是促使民众和民族反思历史、凝聚认同、参与公共事务的互动平台。对于海洋生态文化遗产的保护与传承,坚持生态优先的原则,更加离不开社会和文化原生地的共知共识,自觉自发地认识到遗产保护与传承的重要性与迫切性。

当前,文化遗产保护工作当中非常值得关注的问题是被政绩化和被产业化,以及"重申报、轻保护"现象,特别是部分基层传承人存在只关注投入产业开发而放弃传承义务等问题,有的地区把申报名录作为打造品牌的手段,却很少兑现保护承诺;有的地区只给文化遗产项目做产业开发;在一些大型旅游景点,代表性传承人长期被旅游部门花钱雇佣在现场做各种技艺表演,很少进行技艺传承活动。

此外,对海洋生态文化遗产主体性的尊重不够。海洋生态文化遗产作为人类的遗存形态和表述形式可以指喻一种特殊的"生态文化地图",它不仅引导人们进入遗产的内在领域,也表现出每一个遗产"独一无二"的价值。而在当今"遗产热"的语境中,海洋生态文化遗产的原生形貌与它被认知、被表述之间可能存在差异。许多次生性因素在诸如政治话语、利益分配、行政管理等的作用下被附加上去,对海洋生态文化遗产的界定、认识和解释或多或少地笼罩了时代、政治、权力的"阴影",使遗产本身附丽了大量的"次生因素",成为所谓的"创造性遗产"(Creating Heritage)。具体地说,由于当代大规模的遗产造势运动,遗产累叠了许多与其"原生因素"不相干,甚至不相容的东西,成为具有公共价值的"品牌"。造成这种状况的主要原因之一是"权力话语"。由于当代社会对遗产的界定带有较强的目的性和利益相关性,使其在某种程度上成为利益关系的平衡物。全球化对遗产重视的热潮改变了遗产原本持存的状态和行进方向,大规模的旅游活动成为遗产的另一个重要制约因素。与此同时,行政管理把遗产变成一种社会公共资源,并对其进行分配、管理和利用。

从这一意义上说,把遗产挖掘出来进入国家和地区各级名录并不是终极目标,我们应该强调对海洋生态文化遗产主体性的真正尊重和适度分享,对海洋生态文化遗产原生形态的正确认识和充分理解,这也更加需要唤起社会和文化原生地的充分理解、共识和互动。在健全传承传播制度方面,需要落实对代表性传承人的扶持措施,着重抓住"传"与"承"两个环节,研究制定对传承者、学艺者的支持与激励措施。

二、完善系统保护管理制度

当前,海洋生态文化遗产的保护意识还较为淡薄,有关海洋生态文化遗产方面的系统保护管理制度不完善,政府对于海洋文化遗产保护尚未引起足够重视,民众对于海洋文化遗产缺乏价值认同和保护意识。目前,中国获准列入"世界遗产名录"的文化遗产已有30多处,却没有一处是中国海洋文化遗产。随着海洋经济发展进入国家层面,从中央到地方已经出台了一系列推动海洋经济发展的相关规划和法律法规,但很少有专门涉及海洋文化遗产或海洋生态文化遗产保护的法律法规,即使零星出现相关保护条文,也缺乏执行的政策空间,因此,亟须进一步加大重视力度,制定专门的海洋文化遗产以及海洋生态文化遗产保护规划以及保护管理制度,有效传承海洋生态文化遗产。可以借鉴国外较为成熟的经验,如在相关遗产地建立当地的社区组织和管理机构,致力于寻找合理的发展方式;制定具体而细化的管理办法和保护规划;在适当的情况下建立特定保护区并进行划界等。

要充分发挥政府的主导作用。海洋生态文化遗产承载着地区和国家的历史与生态使命,同时在诸多方面又发挥着特殊的价值与作用。国家和地方政府应尽量在人才、资金和相关政策方面给予优惠与扶持,使海洋文化遗产的抢救和保护工作顺利开展。在资金管理方面,要增加投入,并加大监管力度,逐渐建立长效稳定的海洋生态文化遗产资金管理机制,地方积极配合,使政策和支持落到实处。

此外,要注意积极发挥民间自身力量,吸引和鼓励大中小企业、社团组织、民间机构、相关基金组织等加入海洋生态文化遗产保护的队伍,并成为重要的推动力,制定相关的政策与措施发挥相关个人与团体的积极作用,坚实保护和传承海洋生态文化遗产的力量。

三、建立健全政策法规和配套机制

全面系统地研究与海洋生态文化遗产保护相关的国内外政策、法规与政府管理体系中的问题,研究与外国争端岛屿和海域主要遗产的认定标准及方法、行使相关权利的可行性问题,联合国《海洋法公约》《世界文化遗产公约》《保护水下文化遗产公约》等主要国际法规对我国海洋生态文化遗产管理保护和相关权益的利弊及对策问题,综合系统高效有力执法的体制与体系问题,海洋生态文化遗产的调查技术规范问题等,为国家决策提出一揽子综合性战略对策参考方案已经刻不容缓。当前应重点把握以下几个方面的问题:

第一,进一步完善政策法规。如前所述,对于历史文化遗产,国家及各地或早或迟都已制定相关政策、法规,也加入了联合国教科文组织及其他国际组织的不少公约、协定等制度性文件,但损毁历史文化遗产的违法违规现象还是屡屡发生。有鉴于此,应该适当加大对损毁历史文化遗产的违法违规行为的打击、处罚力度。根据现实工作的经验和实践需要,进一步补充完善海洋生态文化遗产保护相关的政策法规。

第二,进一步研究、协商和修订相关国际性法规政策。国际性法规政策是相关国家和地区基于各自的传统法规理念和各自的利益相互竞争与妥协的产物,而在当代条件下,对于国际上的同一个问题,在国际性法规政策的制定时,各个国家、地区的"话语权"大小实际上是不同的。这就必然给国际间的海洋文化生态遗产的对待与处理带来事实上的不平等,或者不合理。这就需要进一步研究、协商和修订这些国际性法规政策,使其更趋向于公平、合理而尤其需要加强大区域之内政府间、非政府组织间的沟通、协作、协调,研究制定适应于本区域的政策法规和管理标准。区域性政策法规和管理制度的制定,是相对最为迫切、也是相对最为容易的,因为同一区域之内海洋文化遗产以及海洋生态文化遗产内涵关联度紧密,很大一部分是相互联结的,甚至是共同形成的,迫切需要使用相同的政策法规和管理制度。同时,尤其是在历史上的一个大区域之内,国家、政区之间近海之外的海域往往是没有国界的,因此有大量海洋历史遗产,现在区分应属于哪一国,往往形成争议,为了建立区域和平机制,建立合作之海、和平之海,最聪明的办法,只能是区域间的协调与合作,对那些可能存在争议的海洋遗产,实行共同拥有的区域政策,这将有利于实现人类长远的和平、共赢。

第三,争取做到政策配套、保障有力、执法必严。在管理上、执法上,都需要制定相应的政策法规,建置相对独立的部门、独立的队伍,建构配套的保障机制,强化法规、政策的执行力度,一方面激励公民对海洋历史文化遗产与海洋生态文化遗产保护的积极性,另一方面严厉打击盗掘破坏海洋遗产犯罪行为。①

四、建立定性定量评价机制

海洋生态文化遗产的挖掘、保护和传承离不开科学高效合理的定性定量评价机制,评价体制的构建以及相关指标的设计应当以可持续理念为指导,体现海洋经济现代化发展和海洋生态文明建设的和谐统一,以及海洋生态文化遗产的当代与长远价值。具体而言,一方面,参照《保护世界文化和自然遗产公约》相关精神,细化具体影响因素和指标,另一方面,结合国家和地区的实际情况,以及海洋生态文化遗产的特殊性,从定性和定量两个方面制定系统完善,实用度较高的评价标准和执行机制。此外,合理的评价机制有利于对海洋生态文化遗产进行分级分类保护,国家和地方也可以根据遗产的保护级别,制定相应的保护措施。

《保护世界文化和自然遗产公约》规定,属于下列各类内容之一者,可列为文化遗产(Cultural Heritage):

1.文物:从历史、艺术或科学角度看,具有突出、普遍价值的建筑物、雕刻和绘画,具有考古意义的成分或结构,铭文、洞穴、住区及各类文物的综合体;

2.建筑群:从历史、艺术或科学角度看,因其建筑的形式、同一性及其在景观中的地位,具有突出、普遍价值的单独或相互联系的建筑群;

3.遗址:从历史、美学、人种学或人类学角度看,具有突出、普遍价值的人造工程或人与自然的共同杰作以及考古遗址地带。

提名列入《世界遗产名录》的文化遗产项目,必须符合下列6项中的1项或几项标准:

1.代表一种独特的艺术成就,一种创造性的天才杰作;

2.能在一定时期内或世界某一文化区域内,对建筑艺术、纪念物艺术、城镇规划或景观设计方面的发展产生极大影响;

---

① 曲金良:《中国海洋文化发展报告(2013)》,社会科学文献出版社2014年版。

3.能为一种已消逝的文明或文化传统提供一种独特的至少是特殊的见证；

4.可作为一种建筑、建筑群或景观的杰出范例,展示出人类历史上一个或几个重要阶段；

5.可作为传统的人类居住地或使用地的杰出范例,代表一种(或几种)文化,尤其在不可逆转之变化的影响下变得易于损坏；

6.与具特殊普遍意义的事件或现行传统或思想或信仰或文学艺术作品有直接或实质的联系。只有在某些特殊情况下或该项标准与其他标准一起作用时,此款才能成为列入《世界遗产名录》的理由。

五、在继承中创新,在创新中发展

面对严峻的海洋生态文化遗产保护形势,要更新发展理念,不能因循守旧,为了保护而保护。只有积极转变观念,紧跟时代的步伐,在保护和继承中创新,在创新中发展,在发展中守住特色,才能使保护工作落到实处,让海洋生态文化遗产焕发出新的生机和活力。

近几年来,中国出现了空前的世界遗产申报热潮,全国有近百个项目被宣布提出申报世界遗产。各地纷纷申报世界遗产的原因是多方面的,但其最重要的驱动力是将世界遗产看作一个含金量很高的"金字招牌",这在一定意义上助长了一些人对历史文化遗产认识的错位,重开发、轻保护,重视经济效益,忽视文化遗产的保护和承受能力。同样,海洋生态文化遗产的开发和保护也是既相互联系又相互矛盾,两者是辩证的矛盾统一体,并在辩证联系中共同改善其资源与环境的关系,推动海洋生态文化遗产的可持续发展。

从可持续发展的观点看,保护是开发的前提,开发是保护的基础。开发必须遵循"统一规划、依法开发、合理利用、科学保护"的原则,要充分发挥其展示历史、弘扬民族优秀传统文化的独特功能,不能以损害遗产为代价,不能进行超负荷掠夺式的开发。① 因此,在海洋生态文化遗产的可持续发展过程中,牢固树立"保护第一"的思想,一方面通过合理利用遗产资源获取显性和隐性的价值,壮大经济与文化实力;另一方面要在实践中,探索有

---

① 王星光:《国外历史文化遗产保护机制及其对我国的启示》,《广西民族研究》2008年第1期。

效保护和传承海洋生态文化遗产的具体措施,促进海洋生态文化遗产的科学利用,走"保护→开发→利用→发展→保护"的良性循环发展之路,并带动相邻周边区域发展,共同构筑保护屏障。

第 五 章

中国海洋生态文化产业创新发展

　　海洋生态文化产业是在人与海洋和谐共荣、海洋环境与发展良性互动的价值理念基础上,为实现海洋与经济可持续发展而展开的以海洋生态文化为主要内容和载体,以海洋生态文化行业为生产、消费服务主体,以海滨海岸、岛屿或海上海底为存在和呈现空间的新型文化产业形态。海洋生态文化产业顺应海洋生态文明建设要求的文化产业发展理念,对促进海洋文化产业可持续发展和促进海洋生态文明建设有着重要的意义。随着"海洋强国"战略和"一带一路"倡议的提出和经济"新常态"下的产业发展的需求,海洋生态文化产业将逐步成为未来热潮。海洋生态文化产业的发展不仅是我国海洋经济发展的推动力,还是主动应对海洋生态与环境面临的危机和挑战的一种方式,是对习近平总书记关于建设海洋强国"着力推动海洋经济向质量效益型转变,着力推动海洋开发方式向循环利用型转变,着力推动海洋科技向创新引领型转变,着力推动海洋维权向统筹兼顾型转变"的贯彻落实。① 目前,我国海洋生态文化产业主要以海洋生态旅游产业、海洋景观鉴赏产业、海洋养生休闲产业、海洋艺术创意产业等产业类型为主,采用资源型、创意型、综合型、专一型等多种模式来发展海洋生态文化产业,打造和扶持具有市场潜力和品牌效应的中国海洋生态文化产业和创意产品,开展海洋生态文化旅游、海洋景观和生活体验、休闲养生、海洋生态文化博物馆、渔村渔家乐等多项海洋生态文化产业类活动,吸纳原住民就业,转变其生产生活方式,变资源为财富,以生态化、绿色化的海洋生态文化产业来拉动民生改善。

---

① 参见习近平在中共中央政治局第八次集体学习时的讲话内容。

第一节　中国海洋生态文化产业发展态势

一、海洋生态旅游产业发展态势

我国的海洋旅游产业市场,主要分布为珠江三角洲、两广南部滨海旅游带,海峡两岸旅游带,苏沪浙滨海旅游带和黄渤海旅游带。根据《中国海洋经济统计公报》显示,近5年来,我国滨海旅游业始终保持着较快的增长速度,其产业增加值连年上升,且占海洋产业总产值的比率也由2010年的31.2%扩大到2015年的40.6%,滨海旅游业开始逐渐担当起海洋经济的主力军。[①] 在滨海旅游业中,新兴海洋旅游业态呈现出蓬勃的发展趋势,海洋生态旅游业异军突起,如日方生。丰富的海洋自然生态旅游资源和海洋人文生态旅游资源衍生出一系列形式各异的海洋生态文化旅游活动,诸如渔村渔家乐、海上与海下探险、海洋生态风光观赏等。尤其是近些年伴随着高端商务活动的发展,逐渐又新生出一种以海洋生态文化旅游为契机,在海洋自然与人文环境中开展商务合作谈判的海洋生态文化消费市场,培育了海洋生态文化产业新的消费点,使得海洋生态文化产业的消费渠道日益高端化、产品和服务供给日益多元化。尤其是随着"一带一路"倡议的提出和经济"新常态"下的转型需求,海洋生态文化旅游等滨海旅游新业态也将成为新的热潮。

海洋生态文化旅游在以可持续发展原则为导向的同时也更加突出了海洋性特征:第一,它以海洋为吸引物,并通过旅游参与和消费支出来增加当地收益;第二,它有助于保护当地的海洋生态环境,包括海洋生态文化环境和海洋生态自然环境;第三,海洋生态文化旅游活动尽量减少对海洋自然环境和原住民的负面影响;第四,它强调旅游者在旅游过程中了解和学习海洋文化以及当地的海洋生态特征;第五,它激发旅游者重新审视他们的旅游行为对当地的海洋环境有什么影响,以及如何跟当地人们一起保护海洋生态环境,构建海洋生态文明。

(一)海洋生态旅游产业资源

我国海洋生态旅游资源丰富,包括海洋自然生态旅游资源、海洋人文生

---

① 参见国家海洋局:《中国海洋经济统计公报》2016年相关数据。

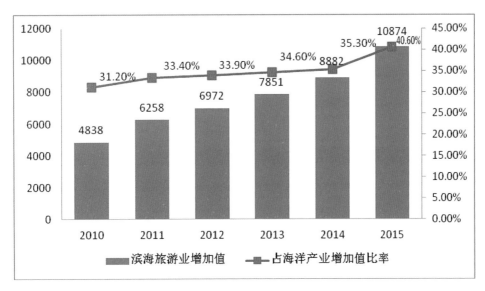

2010—2015 年我国滨海旅游业增加值及其占比情况

态旅游资源。海洋自然生态旅游资源主要包括海洋景观地貌生态旅游资源,海洋气候气象生态旅游资源,海洋水体生态旅游资源和海洋生物生态旅游资源等;海洋人文生态旅游资源主要包括海洋古遗址、古建筑生态旅游资源,海洋历史文化村镇、城市生态旅游资源,海洋宗教信仰生态旅游资源,海洋民风民俗生态旅游资源,海洋文学艺术生态旅游资源和海洋科学知识生态旅游资源等。[1] 海洋生态文化旅游资源的开发利用,往往借助于珊瑚礁、海岛海岸、极地、远洋、海底动物、海洋遗产等资源的多种多样、多渠道多方式的互溶互汇,衍生出包括海岛海岸渔村渔家观赏体验、海底水下探险、潜水冲浪、海洋自然风光和海洋人文景观考察鉴赏等一系列海洋生态文化旅游活动。[2]

(二)海洋生态旅游产品与市场

在海洋生态文化旅游产业的产品开发上,各地依托当地海洋生态文化资源,结合环境影响评价,以海洋生态文化保护为核心,注重海洋生态环境的整体和谐。例如不少地方根据其丰富多彩、各具特色的海洋生态景观环境,制定渔乡风情、海岛游乐、海上运动、滨海疗养等海洋生态旅游规划,设计了相关旅游产品,在产品开发上注重海洋人文资源与自然资源的协调统一,而总体来说,海洋生态自然景观作为基础依托,占比较大。开发模式不再局限于传统模式,逐渐向多元化转变,更加注重社会效益、经济效应和环境效应相统

---

① 王莹:《山东海洋文化产业研究》,山东大学 2007 年博士学位论文,第 44—47 页。
② 张丛:《海洋生态旅游资源开发战略》,中国海洋大学 2009 年硕士学位论文,第 17 页。

一,例如广东省建立的湛江红树林自然保护区,天津东部的古海岸与湿地生态旅游区,上海金沙嘴海洋生态渔村的渔家风情游和渔家乐等,都是如此。

(三)海洋生态旅游产业发展存在的问题

海洋生态文化旅游因给旅游者远离城市喧嚣和回归自然的文化心理感受而逐渐成为一种旅游发展的热潮,各沿海区域利用丰富的海洋生态文化资源进行了系统的规划和开发,海洋生态文化旅游产业化程度逐渐成熟,但从总体上来看,我国对海洋生态旅游资源的利用不够充分,没有形成系统的旅游产品模式,海洋生态文化开发规划与功能区划不到位,造成海域资源错位使用或者产品地域文化不够凸显,高科技特色产品少,缺乏与其他产业群的衔接和融合。另外,海洋生态文化旅游在发展的同时强调对海洋生态环境的保护,但也不可避免地出现了海洋环境污染、粗放开发和盲目利用、生态环境破坏等一系列问题,违背了人与海洋和谐相处的可持续发展理念,需要政府机构进一步的规划和监管,来提升人们的海洋生态保护意识,让游客和居民同时参与到海洋生态的保护中去。

山东蓬莱海面海市蜃楼

二、海洋景观鉴赏产业发展态势

海洋景观是指与海洋有关的自然景观和人文景观。海洋自然景观是指海洋自身、处在海洋之中或者与海洋有关的景观,如海水、沙滩、海岛、礁石、海浪、海潮、海市蜃楼等;海洋人文景观是指人们与海洋长期相互依存、共同"生活"而产生的景观,如沿海、海岛渔村,海滨海岸城市,海滨建筑,海洋风俗,海洋历史人文遗址和遗迹等。①海洋景观鉴赏产业是运用景观生态学的原理,将以人文因素主导的人类文化与海洋生态环境高度融合,通过对海洋生态文化的理解,设计制作成独特的景观综合体,使海洋景观系统的结构和功能达到整体优化的生态旅游开发建设,保护海洋生态系统和景观的多样性和完整性,促进景观环境、资源与生态的和谐共生。截止到2017年年初,我国已有国家级海洋公园42个,在这些海洋公园中,既有钱塘江观潮、舟山渔民号子、船饰文化、莆田妈祖等海洋民俗文化景观,也有南海海洋文化遗迹景观和三亚亚龙湾贝壳馆、广西海洋之窗等现代海洋文化景观,丰富的景观鉴赏市场为人们展示了一个传统与现代并存的多彩海洋生态文明世界。

(一)海洋景观鉴赏产业资源

我国海洋景观鉴赏资源丰富且底蕴深厚,我国疆域辽阔,地跨南海、东海、黄海至渤海,生态系统类型多样,生物多样性丰富,加之我国拥有数千年的海洋文明史,对沿海城市来说,便捷的港埠交通使得多元文化在此碰撞融合,形成独特的海洋文化魅力,赋予了我国海洋生态文化深厚的历史与价值底蕴,不仅有着众多的古港口海洋遗址遗迹,还有海洋风格的聚落,独特的海洋风俗风情,形成了包括海洋聚落文化景观、海洋遗产文化景观、海洋信仰与民俗文化景观以及许多具有现代意义的海洋历史文化景观等在内的丰富多样的海洋文化景观。

(二)海洋景观鉴赏产品与市场

目前我国海洋景观鉴赏产品的开发,主要具备从适应空间和生态自然

---

① 傅纪良、黄永良:《海岛休闲体育文化的民俗透视》,《沿海企业与科技》2011年第1期。

钱塘江观潮

属性和具备提升空间和文化的艺术属性两个层面来建设海洋景观综合体。一方面,海洋景观有较广阔的应用范围,在诸多沿海与海岛城市中,用海洋景观来展示不同海洋生态文化主体的自然状态是一种常见的产品开发方式。比如在海底世界展览中,将整个海底世界的展示空间模拟海洋自然生态环境,打造出置身于海水中的效果,让人身临其境般感受海洋的神秘与魅力,景观促使观赏者对海洋产生敬畏和向往,对海洋生态观的教育意义起到了直接的作用。另一方面,很多海洋景观需要表现的是对原有文化的升华,比如海上丝绸之路文化展览馆中,设计了海底宝藏造型文化景观来展示东西方文化的融合,在同一景观中融入不同的经典艺术形象,不仅增强了装饰效果,更将一个时代的繁荣展现得淋漓尽致。

在海洋景观鉴赏产品市场方面,以大连、天津、烟台、青岛等城市为代表的环渤海区域在充分利用丰富的海洋生态文化遗产基础上,增加了新的海洋生态文化景观,不断地扩大市场规模和影响力,逐步形成各自独具特色的城市"名片";在东海区域,浙江、福建两省海洋景观鉴赏市场上产品品类丰富,形式多样,钱塘江观潮、舟山渔民号子、船饰文化、莆田妈祖等海洋民俗文化景观特色突出;在南海区域,除了丰富的海洋文化景观遗留,广东沿海地区还创造了与时俱进的现代化海洋文化景观,海南三亚亚龙湾贝壳馆、海

广西北海海洋之窗

南珠宫

底世界更是引人入胜,广西海洋之窗、南珠宫等展示了一个时尚与传统并存的多彩海洋文明。

(三)海洋景观鉴赏产业存在的问题

我国虽然有着丰富多彩的海洋文化景观资源,并在对其开发利用的过程中壮大了海洋文化产业,促进了经济的发展,但也存在着不少问题。随着我国沿海区域的改革开放,政府为了发展经济、缓解城市用地,导致海洋文化景观出现了种种不和谐现象:为了城市用地,破坏了海洋历史文化遗产;缺乏相应法律法规的指导,肆意破坏;个别住区往往模仿照搬其他地区的海洋文化景观开发模式,造成景观的同质化,浪费了海洋文化资源等。因此,为了更好地保护和发展我国的海洋文化景观,必须在海洋景观产业的日常发展中找到优势、缺陷和机遇,制定长远的、能够科学发展、可持续利用的海洋景观鉴赏战略,更好地传承我国的海洋文明。①

三、海洋休闲养生产业发展态势

阳光、海滩、碧浪,欢声笑语伴随着串串脚印荡漾于耳边,漫步于海边或栈道,遥望海天一线,想象徜徉于大海或泛舟于浅岸,或是清心冥想或是与海对话。在波光粼粼闪烁的海面,在温和静好的阳光下,在起伏如音律的碧浪中,素面朝天饮渔民酒茶之清香,身临其境体捕捞丰收之愉悦,怡然自得感海洋浩瀚之容纳百川……随着社会的发展,人类在分享现代化、工业化带来的成果的同时,身体和精神上也承担起越来越重的压力,为了修身养性,休闲养生逐渐掀起一股消费浪潮,我国是海洋大国,海洋的无限魅力带来的这种令人心旷神怡的海洋休闲养生活动越发受到人们的青睐。

根据全球养生研究机构 Global Wellness Institute 一份报告显示,2015年全球休闲旅游行程中,有 7% 与养生相关,亚太(以中国为代表)是增长最快的休闲养生市场,行程次数约 1.939 亿次,花费 1112 亿美元,分别同比增长 27.8% 和 32.2%,2015 年中国旅游市场总交易规模为 41300 亿元,养生旅游占旅游交易总规模的 1% 左右,约为 400 亿元,随着十八届五中全会公报将建设"健康中国"上升为国家战略,拥有良好市场化解和发展空间的休闲养生市场规模将呈现出更快的增长态势。

(一)海洋休闲养生产业资源

海洋休闲养生产业是在传统和现代休闲养生理论的指导下,把休闲养生作为主题而展开的各种建立在良好的海洋环境基础上的休闲养生项目活

---

① 曲金良:《中国海洋文化发展报告(2014 年卷)》,社会科学文献出版社 2015 年版,第 191—208 页。

动,以达到促进身心健康、更好适应社会等目的的一种产业形式。我国海洋休闲养生资源主要有基于良好的生态环境的海洋自然休闲养生资源和基于深厚文化底蕴的海洋人文休闲养生资源。我国的海洋自然休闲养生资源极佳,在3.2万公里的海岸线上,山、海、岛、崖、滩、物、景等海洋自然资源丰富,沿海省市资源各具特色,不同的海洋岸线、海蚀地貌、沙滩滩涂、地热资源造就了各省市不同的休闲养生产品和市场;我国海洋人文休闲养生资源同样丰富,港口、商埠、船坞、灯塔、渔村、船舶、渔具、大量的沉船、水下遗物等海洋生态物质文化历史遗迹与物件,以及各种海洋生产生活习俗、海洋生态风俗民俗、海洋口传文化等非物质海洋生态文化遗产都是建立在良好的海洋生态文化保有下的产业资源。①

(二)海洋休闲养生产业产品与市场

在海洋休闲养生产品和市场上,各地依托不同的资源开发设计了不同主题的休闲养生产品,例如山东文登依托"四山五泉一线"打造的以"中国长寿之乡,滨海养生之都"为主题,以温泉养生为特色的休闲养生品牌;惠

崂山太清宫

---

①　张先清:《中国海洋文化遗产保护的生态视角》,《武汉科技大学学报》2015年第3期。

州大亚湾以亲海居住、休闲渔业、体验"做一日渔民"为定位的产品开发;浙江象山依托独特的海洋文化打造的专业性的沙地村老年休闲养生示范基地;青岛崂山基于道教的休闲养生之道等等。

在海洋休闲养生市场上,在当前社会老龄化和亚健康现象日益严重的背景下,海洋休闲养生市场需求日益扩大,老年人仍然是需求主体,随着现代人对休闲养生的关注,中青年逐渐成为一股潜力巨大的新兴市场。其中高收入高学历群体对修身养性、文化感受等精神层次的休闲养生更加重视,是海洋休闲养生市场的主体,中低收入低学历群体以休闲养生最基本的生活体验为主。[1]

专栏:滨海养生之都文登

威海市文登区因秦始皇东巡"召文人登山"而得名。文登文化底蕴深厚,自古享有"文登学"的美誉,自唐代以来,有据可查考中进士的就有102人,尤其是明清两代,文登共有66人荣登进士榜,是著名的"进士之乡",山东省历史文化名城。

这里空气清新,全年空气质量优良率达95%以上。城市绿化覆盖率达到46.8%,空气中富含负氧离子,在这里,可尽情地大口呼吸,让肺"畅饮清新"。文登境内有4座名山,让城市愈加秀美。国家森林公园昆嵛山、全真圣地圣经山、省级森林公园天福山以及回龙山。文登南临黄海,有156公里海岸线,12公里金色沙滩,岸坡舒缓,沙细水清,是天然海水浴场;绵延数十里的万亩松林,形成海边的一道靓丽风景和天然氧吧。文登还是中国知名的"温泉之都",山东省17处天然温泉,文登独拥5处,且品质优越,各具特色,其中汤泊、天沐两处温泉度假区被评为国家4A级景区。

目前,文登拥有11个国家级生态乡镇,568个威海市级生态村,成为全国生态文明建设试点地区,荣获国家生态市。加上全国卫生城市、国家环保模范城市、国家园林城市、全国文明城市和山东省水生态文明城市等,更为"美丽文登"增添了独特魅力。

(《日照日报》,http://epaper.rznews.cn/shtml/rzrb/20150601/303138.shtml)

---

[1] 王明:《文登市滨海养生旅游集群发展研究》,中国海洋大学2013年硕士学位论文,第20页。

(三)海洋休闲养生产业发展存在的问题

海洋休闲养生产业尚处于初级阶段,在目前的发展中还存在着一些问题:海洋休闲养生产品缺乏特色,产业系统运作和整体品牌的打造不够;休闲养生专业人才不足,缺乏高素质的休闲养生服务人才;资源整合不足,缺乏核心竞争力,较容易受到其他休闲养生产业的冲击。因此,面对日益增加的海洋休闲养生市场需求,丰富的海洋养生旅游资源,鲜明的滨海城市品牌形象,需要政府更加重视,打造成熟的海洋休闲养生配套产业和相关支持服务系统,使我国的海洋休闲养生产业格局逐步形成并迅速发展起来,并与海洋生态文化旅游产业、餐饮产业等产业结合起来,形成海洋生态文化产业的集群发展,增强产业核心竞争力。

四、海洋艺术创意产业发展态势

神秘的海洋赋予了艺术家无限的想象力和广阔的创作空间,蕴含着海的绮丽和传统文化智慧的贝雕、珊瑚雕栩栩如生地记载了人与海洋的美丽故事,老船木制成的舟形香插和渔民年画走进了人们的日常生活,源于海洋的话剧、电影、电视节目带领着我们认识了海洋的文化与历史,无论是海洋工艺品还是各种舞台表演类节目及其衍生的动漫、游戏、玩具类产品,都是通过海洋文化与艺术创意相结合打造出文化创意产品,体现了沿海社会群体精彩纷呈又独具特色的物质生活、精神生活与文化风貌,承载着沿海与岛屿地区人们的审美情趣和价值取向,满足了人们对海洋文化需求的同时,又极具社会价值、经济价值、艺术价值和文化传承价值。

(一)海洋艺术创意产业资源

我国自古以来就有丰富的海洋生态文化艺术资源,沿海居民、土族、休闲人士、统治者在利用海洋、与海洋和谐共处的发展过程中积淀了海洋艺术、游乐方式、诗词歌赋、戏曲小说、传统歌谣、绘画工艺,这些逐渐形成海洋艺术创意元素,艺术家、设计师或民间手工艺人通过对海洋文化艺术创意创新元素的提炼以及再研发创造,结合人们方方面面的消费形式和形形色色的生活方式,设计创作出的海洋文化艺术创意产品既能满足人民群众生活实用、观赏学习的功能需求,又满足了人民群众对海洋文化审美与信仰的精神需求,[1]

---

[1]　刘家沂:《海洋艺术衍生品如何叫好又叫座》,《中国海洋报》2015年2月5日。

使得海洋艺术创意在历史发展中逐步走向市场,形成产业化。

(二)海洋艺术创意产品与市场

从目前来看,海洋艺术创意产业虽然说是"小荷才露尖尖角",但"浅处无妨有卧龙",在政府的扶持下,海洋艺术创意产业从业者正试图创造能与国家乃至国际接轨并且可模仿复制、可提升推广的极具地域特色的海洋文化研发样本,不同的海洋城市其海洋文化特色精彩迥异,而海洋艺术的创意火花更多的迸发于不同地域间海洋文化的交汇碰撞,比如把海南的贝雕包装卖到大连、温州等沿海城市,或者把巢湖夜光珍珠雕刻画等区域特色海洋文化产品引进到海南,通过区域间艺术创意的融会贯通,培育一个饱含地域特色海洋文化音符的大演奏厅,以源源不断的创意研发出精彩纷呈的产品和服务,再将其推广出售或传扬传承。舟山市于2008年举办了首个海洋艺术展,并于2013年再次举办了艺术衍生品展会;青岛市于2012年建造了我国首个海洋文化创意产业园——"中艺1688文化创意园区";随后,普陀市、厦门市等几个沿海城市开始筹划打造海洋文化创意产业园区和示范基地,将海洋艺术创意产业与海洋休闲养生产业、海洋生态文化产品会展业等产业集于一体,形成一个产品研发、设计、生产、展销、推广、反馈、再生产等完整全面的海洋生态文化产业链,推动了整个海洋生态文化产业的发展。

专栏：普陀海洋文化创意产业园蓄势待发

普陀海洋文化创意产业园于2011年5月动工建设,是"全景普陀"和沈家门"一港两岸"建设的重要内容,也是该区积极探索海洋文化、创新海洋产业的一个重要里程碑。园区由世界顶级建筑大师设计,是在鲁家峙原有码头、制冰厂、旧厂房等渔业生产遗迹基础上改建而成的。普陀海洋文化创意产业园的概念可以解读成:文化+创意+产业。

文化,体现在帆船、海钓等海洋特色休闲运动。"园区内入驻的帆船、海钓俱乐部可以提供专业的培训和体验类服务,给大众一个亲近海洋,体验海洋休闲娱乐文化的平台。"园区运营方浙江海博投资发展有限公司副总经理戴龙浙介绍说,除了海钓,近3年来,船钓也正逐渐兴起,这是一种比矶钓安全性更高的海洋运动,园区可以提供船、船长、导钓员以及船钓路线等一揽子服务。

普陀山

　　创意体现在"新"上,园区内舟山群岛休闲船艇监控调度中心的运行填补了我区休闲船艇安全监管的空白。"这个监控中心主要是对海上的休闲船艇实行动态监控,以及提供维修、救援等应急服务。"戴龙浙介绍说,该平台将于明年 7 月实现对我区 200 多艘休闲船艇的监控覆盖。此外,园区内 500 多平方米的船艇机件维修中心也是一大创新。"以往船艇维修就像汽车的 4S 店,按品牌区分,维修点不集中。而园区内的这个维修中心集结了雅马哈、水星、铃木等五大品牌,这种模式目前在国内也是绝无仅有的。"戴龙浙告诉记者。

　　园区搭建起了一个平台,海洋特色文化产业在此集聚。据统计,截至目前,29 家企业与园区签订入驻协议并确定入园,其中完成注册企业 17 家,注册资金 7390 万元,9 家企业已入园装修。"入驻企业中一半以上为船艇销售企业,此外还有船艇配件销售企业、俱乐部以及海洋特色餐饮、民宿等。"戴龙浙介绍说,舟山海钓资源丰富,钓友活跃度高,带动能力强,海钓艇跟其他城市比起来相对集中,正是这些因素的叠加催生了园区的产业集聚效应,吸引企业纷纷落户,而这些企业的入驻也将助力园区成为"海洋文化+产业"的综合体。"在慢生活咖

续表

啡馆里喝着咖啡,欣赏一港两岸的美景,登上帆船或海钓艇,从园区出发拥抱海洋。"戴龙浙向记者描绘园区的未来。

（普陀新闻网,http://ptnews.zjol.com.cn/putuo/system/2016/11/08/020861143.shtml）

（三）海洋艺术创意产业发展存在的问题

我国海洋艺术创意产业总体缺乏政府的政策、资金和技术支持,市场的高创意水平和高科技水平欠缺,且产品市场不够规范,受众范围小。随着现代数字技术、多媒体和互联网的迅猛发展,近年来出现了对传统艺术创意产业进行的升级改造。海洋艺术创意产业作为一种特色新兴产业,在当今时代经济社会背景条件下,应该更能顺应"十三五"发展格局中对经济发展新常态的要求。因此,需要我们借助能够加快推进其产业化的海洋文化数字影音,互联网推广平台等内容形式,日益改变人们参与海洋生态文化的生活、娱乐和消费方式。

第二节　中国海洋生态文化产业发展模式

一、资源型产业模式

资源型海洋生态文化产业以丰富的海洋生态文化资源为基础。其模式立足点是海洋生态文化资源强烈的地域性和鲜明的特色性,资源的垄断性强而又不易被复制模仿,因而能占据显著的资源竞争核心优势。资源型海洋生态文化产业发展模式以区域海洋生态文化资源为基础,以政府和海洋生态文化相关企事业单位的海洋生态文化产业开发规划部门为依托,实现政府与企业间的互动,对海洋生态文化资源进行科学规划、挖掘整理、研究开发、市场推广。[1]

为促进海洋生态文化产业可持续健康发展,结合我国海洋生态文化产业资源、产品及市场的现状,创新我国资源型海洋生态文化产业发展模式。

---

[1]　谭延博:《山东省文化产业发展模式研究》,山东理工大学2010年硕士学位论文,第29页。

资源型海洋生态文化产业发展模式的内涵特征主要表现在：

第一，资源型海洋生态文化产业突出资源属性，丰富的海洋自然生态文化资源和海洋人文生态文化资源是发展资源型海洋生态文化产业的基础，生态利益、社会利益和经济利益和谐统一的科学可持续发展是其指导原则，不断保护、丰富、完善海洋生态文化资源的内涵和价值是产业资源开发与利用的目标，从海洋生态文化资源的发掘整理、研究开发到产品和市场推广，逐步形成以资源类别为依据的海洋生态文化产业。

第二，在资源型发展模式中，以政府为产业主导，以企业为市场主体，政府与企业联动，共同促进海洋生态文化产业的发展。政府在政策、立法、金融等方面做好海洋生态文化资源开发利用的前期支持工作，引导、鼓励和保障海洋生态文化产业专门机构进行科学规划以及企事业单位进行合理开发。与此同时，一方面，政府要顺应我国"海洋强国"政策和"一路一带"倡议的要求转变观念，改革体制，不断完善自我，另一方面，以企业为主的各文化市场主体，也要不断培养与引进海洋人才，多元化融资渠道，提升自身产品竞争力和市场凝聚力，为资源型海洋生态文化产业的发展奠定政策和战略基础。

资源型发展模式是我国海洋生态文化产业最基本最普遍的发展模式，但我国海洋生态文化产业尚处于起步阶段，需我们进一步依托海洋生态文化资源来丰富海洋生态文化产品的种类和数量，提高海洋生态文化产品的质量与内涵品质，并进一步扩大海洋生态文化产业的经营范围和经营规模。随着社会经济发展，人们对海洋生态文化的需求在增加，对海洋生态文化资源的认识也在逐渐深化，因此，需要我们进一步把一些海洋生态文化资源逐步开发成符合民众需求的海洋生态文化产品服务，以满足人们日益扩大的精神需求和物质需求，并且着力丰厚海洋生态文化产品内蕴，增强海洋生态文化张力。[①]

二、创意型产业模式

创意型海洋生态文化产业发展模式是指以知识创造、文化创意为基础来发展的产业。海洋生态文化艺术、海洋生态文化演艺业、海洋生态文化电

[①] 叶云飞：《试论海岛海洋文化产业的发展策略——以舟山群岛海洋文化产业发展为例》，《浙江海洋学院报（人文社科版）》2005 年第 4 期。

影视业、海洋生态文化会展业、海洋生态文化旅游休闲业以及其他辅助服务类产业等都适合应用这类发展模式。创意型海洋生态文化产业的典型特点就是把知识创造作为最基础最根本的出发点,突出知识的先导作用。一方面,海洋生态文化企事业单位产品的设计、研发、生产、销售、推广和后续服务都立足于知识的有效运用;另一方面,目前我国消费者对产品的创意要求和知识含量要求也越来越高,这决定了在创意型海洋生态文化产业发展中人力资本起到了决定性作用,人文海洋特色更为凸显。

总结创意层面我国海洋生态文化产业发展现状,创新我国创意型海洋生态文化产业发展模式。

创意型海洋生态文化产业发展模式的内涵特征主要表现在:

第一,创意型海洋生态文化产业发展强调以知识为基础,产生创意,而创意来自于人才,所以该模式要依托各类海洋生态文化产业创意人才,利用区域特色海洋生态文化资源和政府引进的外部资源,通过文艺创作、艺术创造、创意思维、创新意识等渠道和方式,打造出具有自主知识产权的海洋生态文化品牌。一方面要注重通过人才引进和自主培养来强化人力资源,聚集和升华更多创意来源,另一方面要强调海洋生态文化品牌的自主创新,这是产业的灵魂,也是核心竞争力所在,是创意型海洋生态文化产业发展的持久支撑力。[1]

第二,要以企业作为创意型海洋生态文化产业的主体,通过企业的市场化运作,引领海洋生态文化产业的快速健康发展,在创意型产业模式中,海洋生态文化创意型企业和文化营销公司作为发展中心,互相联动,将创意转换成产品后面对国内外市场分别进行高效地推广营销,促进企业间的良性、健康竞争,这样一方面有利于企业与产品直接面对市场,另一方面还可以改善海洋生态文化单位的事业性重心偏向,为创意型海洋生态文化产业的发展提供持久创造力。

随着全球信息技术革命的加速推进,互联网和云计算、大数据等高新技术带来的新业态、新产品为创意型海洋生态文化产品的开发和推广起到了推介作用,我国海洋生态文化产品的传播越来越倾向于与互联网、高新技术实行跨界融合,与新的海洋生态文化需求相辅相成,相互促进,共生发展。所以,创意型海洋生态文化企业也要抓住这一机遇,积极开拓新业态、新技

---

[1] 谭延博:《山东省文化产业发展模式研究》,山东理工大学 2010 年硕士学位论文,第 31 页。

术下的新产品,带动海洋生态文化产业的发展,推动海洋生态文化产业市场
与国际市场的接轨。

专栏：海洋文化产业发展应重创意

近年来,伴随着《关于推动特色文化产业发展的指导意见》的出台和"一带一路"倡议的提出,海洋文化产业成为沿海各地城市发展文化的焦点,各类关于海洋文化产业的项目纷纷上马,规划风生水起。

虽然国家宏观层面战略构想已经成型,但据笔者观察,微观层面的产业发展模式依然还在探索。当前一些城市对海洋文化产业的内涵理解仍有待提升:在内容建设方面,一些地区目前主要以展览馆建设、餐饮服务、仿制景点观光等传统项目为主,内容尚缺乏新意;在投资参与方面,政府投资主导占多数,一些地方虽然实现了民营资本进入,但真正涉及文化建设的部分,依然需要政府变向补贴,更有甚者使文化失去了主角身份,沦为商业附庸。

博物馆、展览馆等文化单位首先要考虑社会效益,而餐饮、园区地产等盈利效应较强的产业有时又缺少文化内涵。这两类项目建设作为各地发展海洋文化产业的重要手段,往往带来事业和产业的矛盾,制约着海洋文化内涵的进一步挖掘。

近日,福建省某企业依托 VR 技术打造了虚拟现实海洋科技馆项目。作为体验和互动性极强的科技板块,能将史实、神话等传统文化元素镶嵌于其中,使观众在参观的同时能够了解更多的民族文化。这一海洋文化和科技创意联姻的成果,给予我们一些启示:海洋文化产业的可持续发展,关键在创意。

创意,应该作为撬动市场关注文化本体的纽带,并将文化元素更多地融合进去,达到寓教于乐的效果。只有拥有好的创意,才能使海洋文化不再边缘化地游离于商业之间,也可有效地避免同质化经营的出现。当前我国海洋文化产业发展需要的是一些小、精、实的创意项目,而不是盲目地跟风拼投资、拼规模。做大并不等于做强,这点同样值得警醒。

(许亚群:《海洋文化产业发展应重创意》,
《中国文化报》2016 年 8 月 16 日)

三、综合型产业模式

综合型海洋生态文化产业发展模式不再单一地按照资源或者创意来发展主导产业,而是以从事海洋生态文化产品和服务的企业及相关单位、支撑机构以产业链或价值链为纽带,集合起来进行创意、研发和生产合作。在综合型海洋生态文化产业发展模式中,许多不同的海洋生态文化产业企业相互联合,其海洋生态文化主导产业常常有两个甚至多个,而且产业间密切相关,集中度高,不同产业间形成较稳定的契合关系。① 一方面,通过企业或产业集合,减少研发和制作成本,降低交易费用和服务成本,通过联合打造规模效应,来提高生产和服务效率。综合型发展模式下容易产生竞争力较强的龙头企业或核心产业,能够有力地带动当地海洋生态文化产业的发展;另一方面,海洋生态文化产业对海洋资源的历史根植性较深,综合型产业发展模式一般集中于具有海洋特色的沿海城市和海岛城市。

创新我国综合型海洋生态文化产业发展模式。综合型海洋生态文化产业发展模式的内涵特征主要表现在:

第一,海洋生态文化资源是海洋生态文化产业综合性开发的创意之源,是具有决定性的核心影响力,综合型产业发展模式适合于沿海和岛屿这些富含海洋生态文化资源的区域,通常路径是将某种海洋生态文化资源为依据来形成某类海洋生态文化主题,通过同类主题的产业联合来达成品牌效应和规模效应,并合力进行推广销售,打造一个较大的市场和规模。比如以海洋生态民俗、海洋生态旅游作为文化主题形成海洋生态文化产业发展集合基地,再比如通过具有特定优势的海洋生态文化资源区域综合产业开发将其打造成规划科学的海洋生态文化产业孵化区和展示基地,提高海洋生态文化产业的规模和竞争力。②

第二,人文的海洋在体现人与海洋和谐统一的同时更要体现以人为本的理念,即发展用于人,也源于人,海洋文化创意人才也就成了海洋文化产业长远、科学、健康、可持续发展的动力和关键,综合型产业发展模式不仅需要文化产业人才,还需要文化资本运营人才,海洋生态文化产业经营管理人才和互联网、数字文化开发人才等,才能满足消费者日益壮大的不同层次的多元

---

① 王莹:《山东海洋文化产业研究》,山东大学 2007 年博士学位论文,第 149 页。
② 何龙芬:《海洋文化产业集群形成机理与发展模式研究》,浙江海洋学院 2011 年硕士学位论文,第 26—27 页。

化的消费需求。除此之外,每一个海洋生态文化企业都作为研发、设计、生产、销售其产品和服务等一系列产业链活动的综合体,而海洋生态文化价值链是所有这些活动的凝结枢纽,比如海洋生态文化影视业的价值链表示为创意、制作、发行和销售与观众的接收。不仅如此,海洋生态文化产业的企业与企业之间也要形成产业链,将孤立的海洋生态文化产业部门在一定的区域空间内联合起来,并延伸到产业链的上下游,联动起众多的海洋生态文化相关产业和企业,实现横向纵向的综合发展,将产品和服务推向国内外市场。

任何一个产业的发展都离不开政府的支持,海洋生态文化产业作为一种尚在起步阶段的新型特色产业,更需要政府在政策和金融上给予扶持,在海洋生态文化产业综合发展过程中当好推动者和协助者。同时,与传统的企业相比,海洋生态文化企业作为新兴特色产业,以固定资产少、无形资产多的轻型化资产结构为主,融资渠道狭窄,因此要实现融资渠道多元化,充分利用产业环境和机遇,借助于民间资本,民企同力,既能体现保障和改善民生的美好诉求,又有利于实现海洋生态文化产业的跨越式发展。

四、专一型产业模式

专一型,亦即专业型,或曰单一型,就是企业集中于某一项具有竞争优势的产品、服务或者针对某一特殊顾客群、某一个特定市场的一种经营模式,通过满足顾客群的需求而实现差别化或低成本。"故为兵之事,在于顺详敌之意,并兵一向,千里杀将",兵法用之于产业就是要集中优势于特定市场,准确定位,迅速出击,占据市场,打造规模。专一型海洋生态文化企业发展模式适用于拥有特殊受欢迎海洋生态文化产品的企业,隔离性较强不渗透的市场结构,以及不易模仿的生产、服务和消费活动链。

专一型海洋生态文化产业(企业)发展模式的内涵特征主要表现在:

第一,专一型海洋生态文化产业发展模式的核心是对细分的市场和特定的顾客群提供顾客满意度高的专一性产品或服务,其路径关键点在于从企业本身出发来构建产业核心竞争优势。这一类型发展模式一般适用于从事海洋生态文化产业的中小型企业。通过对顾客需求分析和市场细分,专一化定位产品与服务,突出特定化和专业化程度,专心服务于特定细分的顾客群,深入研究特点顾客群的需求趋势、购买方式、消费特点,从而有针对性地进行专业化生产和营销,为顾客提供更精准的产品和服务。专一型发展模式下企业生产和提供的产品与服务品类简单,企业组织类型和结构相对简单,更加方便管理与监督,而且产业资源集中程度高,在研发和技术上更有利于不断地反馈与完善,更能够提高海洋生态文化产品和服务的质量。

第二,专一型产业发展模式下的企业一般自身规模小、可利用资源有限,一方面,需要政府提供政策和金融上的支持,另一方面,因为专一型发展模式的特点决定了其对特定海洋生态文化资源和技术以及特定顾客群的强大依赖性,所以如果面对市场需求下降或者行业激烈竞争、新进入者大规模跨入市场等原因导致的市场波动时,这一类型企业就会很容易受到严重的生存威胁。所以,谨慎而准确地选择目标市场是企业的重中之重,细致而精确地对顾客需求特点、消费方式、自身购买力、产业资源状况、产品和市场竞争力强弱等作出科学分析,选取容易建立自身竞争优势的目标市场并进行特定集中地经营。

在市场竞争日趋激烈的今天,很多从事海洋生态文化产业的中小企业纷纷采取专一型发展模式。但随着互联网等新兴技术的发展,很多企业试图多面出击,实行"多元化"发展,将本身不太丰富的有限资源进行再分割,定将力不从心,顾此失彼。因此,对于采取专一型发展模式的中小企业,需要政府不仅在政策和金融上提供大力的扶持,还要起到正确的引导和有效的监管作用,合力推动海洋生态文化产业的整体发展。

第三节　打造海洋生态文化特色产业和创意产品

一、传统名牌的传承创新

（一）传承传统名牌的精神,强化传统名牌元素,提升海洋生态文化产品的思想意境和特色魅力

传承创新应该为品牌的精髓服务,品牌文化就是传统名牌精髓的核心,因此,要深刻和丰富海洋生态文化产业传统名牌的文化内涵,即产品凝练的价值观念、生活态度、审美情趣、个性修养、时尚品位、情感诉求等价值与精神内涵,从而提升产品的思想意境和特色魅力,凸显传统名牌鲜明的品牌定位和名牌元素,并充分利用强有效的内外部宣传途径形成品牌精神的高度认同与广泛传扬,传承传统名牌的品牌信仰,最终建立长久的强烈的品牌忠诚。

（二）丰富传统名牌文化内容，发展与创新传统名牌，对技术工艺、产品、销售推广方式和资源配置等进行传统与创新的融合

在不丢弃传统工艺的前提下进行新技术和新方法的创新，革新传统名牌产品和服务的生产方式；通过功能创新、形式创新和产品线创新等形式在品牌核心技术工艺和核心品牌文化的领域范围内探索新的产品模式；以现在的社会发展水平为基础，充分利用互联网、大数据、新兴媒体等高新技术，紧跟消费者需求，创新销售与传播方式；借助其他品牌或者机构的专业优势进行信息高度共享，实现不局限于内部的资源配置的创新。[1]

（三）培养传统名牌传承人，提高传统名牌人才的文化素养

发展海洋生态文化产业，首先要尊重海洋文化人，即树立人才观，对海洋生态文化产业的传统名牌的企事业单位来说，尤其要注重对掌握传统工艺技艺的人才的保护、培养与传承。首先，切实做到对传统名牌原有人才的重视、爱护和珍惜，为其创造良好的工作环境和生活环境；其次，要健全人才管理制度，完善人才选拔、使用、评价、流动制度，为新人才的脱颖而出提供机制保障。最后，还要鼓励传统品牌文化人不断学习，创造一个良好的学习交流研究的氛围，并开展传统工艺技艺的传承和传播，在提高传统名牌文化人自身素质的同时，使传统品牌文化发扬光大。[2]

（四）完善对传统名牌保护与发展的制度建设，营造良好的传承创新发展环境

首先，创新宏观海洋生态文化传统名牌的管理体制，提高传统名牌发展的科学性和规范性，海洋生态文化产业的发展不是孤立和分散的，传统名牌行业之间、与其他产业之间必须要有合作，才能协同发展，因此需要政府在管理制度上的协调。其次，改善海洋生态文化产业传统名牌文化内容管理的政策，在对传统名牌文化内容进行科学的引导和管理的同时，合理规范和开放文化内容创新的形式、方向和思路，鼓励传统名牌健康、科学、可持续发展，为传统名牌的传承创新营造一个安全可靠的发展环境。

---

① 杨博：《基于品牌文化的中华老字号传承与创新研究》，云南财经大学2014年硕士学位论文，第24页。

② 李晓：《我国传统文化传承与文化产业特色化发展研究》，江西理工大学2012年硕士学位论文，第36—37页。

二、新名片的创意打造

（一）明确创意新名片的目标定位

沿海各省市地方政府应根据各地海洋生态文化发展的基本格局，依托本地区海洋生态文化资源特色和现有的海洋生态文化产业优势，对新名片进行品牌定位。政府要将新名片的品牌创意建设归入区域海洋经济发展的总体规划，通过研究制定新名片品牌化发展的总体思路、培育方向以及实施措施，以新品牌的创意打造来规划资源配置、引导新的品牌效应，利用新的品牌效应形成产业新名片，最终发展成为新名片的品牌经济。同时，新名片进行品牌定位以后，还需要加强新名片的推介，实现新名片的营销创新。通过各种形式的宣传让广大消费者了解它，接受它，进一步放大海洋生态文化新名片所形成的品牌效应，提高新名片的知名度。①

（二）新名片的特色与差异化发展

目前在我国很多海洋生态文化产业发展建设中，产业结构相似，发展模式雷同等现象层出不穷，难以形成具鲜明特色的区域品牌和新名片形象。因此，我们必须要做好新名片的品牌形象设计，特别要凸显区域海洋生态文化特色，以特色来吸引更多的目标受众和市场份额，进一步强化新名片的品牌个性与差异化，要围绕新名片的特色与优势，充分利用特色海洋生态文化资源走差异化发展策略，并形成差异化发展趋势，集聚相关企业，延伸产业链，进一步突出特色与差异化优势带来的产业效应，从而提升新名片的核心竞争力和持续发展力。

（三）注重新名片的人才与科技含量

人才是海洋生态文化产业人力资本的核心，而科技的融入带来了海洋生态文化产业的新业态和新产品形态，引发了新的经营模式和消费形式等一连串的"连锁反应"，因此需要加强复合型海洋生态文化科技人才建设，增强科技创新能力，提高新名片的人才与科技含量。一方面，重视对优秀海洋人才的培育，通过引进一批具有高素质、高技术水平的人才和对现有优秀

①　华正伟：《我国创意产业集群与区域经济发展研究》，东北师范大学 2012 年博士学位论文，第 251—252 页。

人才的继续教育和培训来服务于新名片的创意打造;另一方面,通过新名牌内部的自主创新和外部的先进技术引进,以科技的创新来不断为新名牌的可持续发展提供新鲜血液和支撑。

(四)新名片的不断维护与延伸

对于打造的新名片如何进一步地开发和巩固其品质和质量,使品牌经久不衰是非常重要的任务。通过质量提升和完善来维持高质量的新名片形象,不断汲取新内容、新形式来延续新名片的价值,并不断地对新名片的品牌进行重新定位,以迎合消费者喜好,保持市场占有率。同时,海洋生态文化企业应该熟悉各种品牌管理的法律和法规,用法律的武器来保障和维护新名片的品牌利益,全方位地对新名片进行保护。海洋生态文化产业也需要不断地进行品牌的延伸和扩张,将新名片的市场号召力扩展到其他产业中,从而实现对品牌资源的深度开发与利用,带来新名片价值最大化,使企业获得最大的发展空间和利润。①

三、市场占有的国际竞争

(一)制定产业发展规划

沿海地区要根据当地的海洋生态文化资源,制定适合当地海洋生态文化特色产业发展的战略规划和发展路线,有规划、有步骤地对海洋生态文化产业进行创意打造。要把对特色产业资源的开发利用纳入沿海地区政府发展海洋经济的战略目标中,摸清家底、统一规划、科学管理、统筹安排、合理布局,鼓励生态环保的优质特色产业项目,严格控制不符合海洋生态文化可持续发展的产业项目,重点培育以人才与科技含量大、技术水平高、环境友好为特征的新兴海洋生态文化特色产业项目。

(二)提升海洋意识

普及海洋知识,提高国民海洋意识和海洋观念是海洋生态文化产业发展的重要任务。需要由顶层到基层,由内到外,由上到下形成对海洋知识的宣传普及和教育学习体系:对政府来说,应制定适合我国国情的海洋意识教育政策加强海洋教育和科普;对海洋相关部门来说,要充分利用现代媒体与互

---

① 王莹:《山东海洋文化产业研究》,山东大学 2007 年博士学位论文,第 135 页。

联网等高科技手段,向公众传播海洋知识和海洋成果;对社会团体来说,要发挥民间组织等第三种力量,通过开展海洋文化节等活动以丰富多彩的形式和渠道逐步将海洋观念渗透到人民群体中;对于企业来说,要承担起社会责任,通过企业自发的慈善活动等行为引起公众对海洋的关注和重视。①

(三)加大人才培养力度

首先,在高校设计海洋生态文化资源利用相关专业,加强涉海高等和职业技术教育,培育海洋生态文化产业管理和技术人才;其次,定期举办学术讨论和专题研讨会,努力学习国外先进理念和成功经验,及时掌握国际上有关信息与动态,开阔海洋生态文化资源开发的视野;最后,建立人才数据库,发挥海洋智库作用,通过吸收各类海洋生态文化产业高精尖人才资源,使有关部门及时全面掌握各方面的人才信息,为海洋生态文化产业提供最大的智力支持,同时建立海洋生态文化产业企业数据库,并与人才数据库形成关联,以便于人才与职位需求匹配,使企业和人才达到最优组合,实现产业最大效益。②

(四)开展国际合作交流

一方面,积极参加全球海洋生态文化科技研究、海洋生态资源与环境保护、国际海底生态文化资源开发与管理领域的国际合作与交流,引进吸收国外先进的技术方法,借鉴和学习海洋生态文化建设的经验,并在此基础上加以创新,形成符合我国建立海洋强国要求的"中国特色"的海洋生态文化。另一方面,通过国际合作交流,在世界范围内宣传我国"和谐海洋""四海一家"的意识和理念,使我国海洋生态文化和平、自由、平等的观念深入人心,扩大我国海洋生态文化在世界范围内的影响力。

(五)制定完善政策法规

随着"十三五规划"中"完善涉海事务协调机制,加强海洋战略顶层设计,制定海洋基本法"的提出和2016年《深海法》的通过,我国的海洋相关政策法规进一步加深了对海洋产业的规范与保护,但仍需要政府从扶植、金融、资源、技术、产业结构、产业布局等方面制定和完善海洋生态文化产业相关政

---

① 李巧稚:《国外海洋政策发展趋势及对我国的启示》,《海洋开发与管理》2005年第12期。

② 尚方剑:《我国海洋文化产业国际竞争力研究》,哈尔滨工业大学2012年硕士学位论文,第58页。

策,同时,完善海洋法律法规体系并加大执法力度,通过法律强化管理,建立符合"十三五"规划海洋发展要求的行政协调机制,实现海洋生态文化行政管理工作的统一调配使海洋生态文化管理工作更加法律化制度化和高效化。

四、原生地生态文化产业和原住民生活同步发展

(一)政府顶层设计

首先,政府要制定原生地海洋生态文化开发的战略规划:根据原生地实际情况制定规划细则和政策支持,一方面支持和扶持原生地产业的开发和发展项目以及对原住地其他产业的投资参与,带动原生地的经济发展,另一方面鼓励原生地产业为原生地居民创造出更多经济参与的均等机会,并做好原生地居民保障、产业教育培训、公共基础设施建设等支持系统的辅助工作;其次,政府要实施更加积极的就业扶持政策,鼓励原住民与原生地产业间人力资源和收益的合理配置,通过对企业通过实行减免税收和金融扶持等政策来推动吸纳原住民加入,通过对原住民实行补助补贴和就业指导、技术培训等扩大就业供给,创造更多就业机会,让有意愿有能力的原住民参与到原生地企业的财富创造中去,同时理顺收入分配政策,改善居民的收入结构,夯实原住民生活收入的基础;最后,政府也要建立原住民的话语机制,设计一套符合原生地情况并能解决原生地企业与居民利益之争的裁决机制,正确处理好产业开发制造商、政府自身与原住民之间可能出现的矛盾。

(二)尊重原住民的主体地位

首先,要尊重原住民的民俗文化,原生地企业在依托当地产业资源发展海洋生态文化产业的同时,要尊重原住民的民俗文化,尤其是要尊重并保护好、甚至要共同繁荣原生地的传统文化和文化遗产,在谋求经济利益的同时做到兼顾当地的民风民俗和生活环境;其次,原生地产业和原住民是相互联系、相互依存的关系,产业的发展要做到依靠人民、为了人民、成果由人民共享。因此,一方面,原生地企业要充分合理利用当地资源,合理开发,科学规划,健康高效地发展海洋生态文化产业,创造更大的价值产出,带动当地经济的发展,另一方面,原生地产业发展必须符合原住民的利益诉求,把帮助提高原住民收入,保障和改善原住民民生民计作为产业发展的重要环节,努力实现原住地产业与原住地居民收入协调发展、共同增长的局面,实现原生地产业和原住民收入的协调发展。

（三）保护原生地环境，实现可持续发展

原生地产业既要发展壮大产业本身，更要保护好原住民的自然环境和社会环境，实现原生地产业和原住民生活的共同可持续发展。首先，原生地产业的发展在依托原生地环境与资源的同时必须做到与环境资源的保护同步，避免出现环境污染、粗放开发和盲目利用、生态环境破坏等现象；另一方面，原生地产业在追求经济利益的同时要兼顾社会效益，在做到自觉保护原生地环境的同时，积极地进行海洋生态文化意识普及和宣传，呼吁原住民共同维护良好的产业环境和生态环境，同时原住民要充分担当起监督和评价责任，对原生地产业的环境行为进行及时有效的监督，通过原生地产业和原住民的共同努力，实现产业和当地生态环境的共同协调可持续发展。

第四节　中国海洋生态文化产业的应有发展政策

一、海洋生态文化产业的国家和地方发展战略

（一）海洋教育普及战略

通过国家和政府的宣传与教育，提高国民的海洋意识和海洋观念，形成高度的海洋生态文化认同感、凝聚力和自豪感。国家应加强海洋基础知识教育，将蓝色国土写进教科书，强化海洋意识；另外，在全社会加强对海洋知识与文化的宣传，通过举办海洋文化节等活动，在全社会范围内形成了解海洋、关注海洋、开发利用海洋及保护海洋的意识和氛围。

（二）国际化战略

积极开展海洋生态文化对外交流，参与世界海洋生态文化产业的国际合作。在凸显国家意志的基础上，以互利共赢为原则，在技术研发、设备使用以及人才交流等方面建立国际双边和多边合作机制，实现在海洋生态文化产业各个领域的国际合作，尤其是积极参与国际海底和深海国际竞争，维护我国在全球的海洋利益，提升在国际海洋领域的地位。[1]

---

[1] 仲雯雯：《我国战略性海洋新兴产业发展政策研究》，中国海洋大学 2011 年硕士学位论文，第 72 页。

（三）科技创新与人才开发战略

依托高新技术开发海洋生态文化资源，促进海洋生态文化产业升级，并加大技术研发与自主创新，推进海洋科技产业化平台建设，促进科技成果转化，建设一批创新型的海洋生态文化产业，培育海洋高新技术市场；完善海洋教育结构，分层次制定人才培养方案，有针对性地开展系统的人才培训，建立人才激励机制，引导和促进人才的创新，将海洋高科技人才的培养、引进、激励与合理使用作为战略任务来抓。

（四）多元化金融与投资战略

一方面设立海洋生态文化产业发展专项基金，建立起政府财政支持海洋生态文化产业发展的稳定增长机制；创新海洋生态文化产业发展的投融资机制，培育多元化的海洋战略性新兴产业投资主体，鼓励民间资本和境外资本进入，拓宽资金来源渠道，另一方面出台相关政策，促进海洋生态文化企业直接上市融资，通过建设海洋生态文化企业和区域金融服务机构战略合作平台来建立健全金融支持政策体系。①

（五）可持续发展战略

以生态系统为基础，坚持可持续发展战略，发展海洋生态文化产业更要利用自身生态环保的优势妥善处理好海洋生态文化开发活动与海洋生态资源环境保护的关系，并能有效地发掘和保护海洋生态文化遗产。因此需要鼓励发展海洋循环经济发展模式、海洋可再生能源的有效利用，落实和完善海洋生态文化开发项目的生态环境评价制度，加强海洋生态环境的监督管理。

（六）法制化战略

首先建立海洋生态文化区域性法律，从国家经济整体发展角度对海洋生态文化资源进行规划、开发和管理；其次，建立健全围绕海洋生态文化资源开发利用的海洋经济专项法律制度；最后，完善地方性海洋经济法律法规，地方政府要结合各地实际制定相关配套规章，加强地方海洋生态文化开发管理法律建设及其贯彻落实。②

---

① 刘堃：《中国海洋战略性新兴产业培育机制研究》，中国海洋大学 2013 年博士学位论文，第 62 页。
② 李天生：《构建我国海洋经济的法律保障体系》，《人民日报》2012 年 11 月 30 日。

二、海洋生态文化产业国际竞争的国家扶持政策

（一）财政税收扶持政策

首先是政府的财政补贴，对有重大国际竞争潜力的海洋生态文化产业实行国家和地方政府双重补贴，对产业参与国际竞争所需的人力、技术和设备消耗给予财政补贴甚至减免；其次是政府购买，对于重点海洋生态文化产业的国际竞争调查、研发等活动采用政府购买企业担责的形式，支持重点产业的发展。最后是税收减免，对产业发展所需的国外资源引进酌情实现关税减免，对重点扶持产业和发展前景广阔的产业采取税收减免政策，对重点培育的产业实行税利返还这一特殊优惠政策，所返还税利用于设立专项基金以应对参与国际竞争的各种可能的资金短缺状况。①

（二）金融投资扶持政策

首先是增加政府投资的强度，处于"十三五"规划历史发展期的海洋生态文化产业会更多地参与国际竞争，这需要政府更多的财政投入，逐年增加资金支持，尤其是对海洋生态文化产业参与国际竞争的高科技和人才需求采取财政上的倾斜政策。其次是鼓励和引导民间资本和外来资本为产业参与国际竞争提供高效灵活的投资保障机制，政府要创建公平的投资环境，简化投资审批，为民间资本和外来资本进入海洋生态文化产业提供充分可靠的条件。最后，通过社会资本市场的支持设立专项基金，以应对海洋生态文化产业参与国际竞争时的各种可能性风险，这就需要政府以及其引导下的其他风险投资为海洋生态文化产业的国际竞争保驾护航。

（三）科技创新扶持政策

首先是产业参与国际竞争所进行的成果引进和再创新的扶持政策，加大"走出去，引进来"的力度，使技术、资源等"进"与"出"渠道更流畅，鼓励产业自主创新以及与其他国家联合研发创新，同时创建科研院所或相关高等教育培育产业专业人才，为科技创新提供良好条件。其次是创新产业基

---

①　吕芳华：《我国海洋新兴产业发展政策研究》，广东海洋大学 2013 年硕士学位论文，第 39 页。

地与平台扶持政策,政府通过创立服务平台,为企业和市场提供海洋生态文化产业参与国际竞争的咨询、交流、推广等服务,将它们创建成国际性海洋生态文化科技服务和信息交流服务中心。① 同时,加强产业专业化基地和园区基地建设,以基地为载体,带动并加快形成较为完善的产业链条和综合服务配套能力,提高海洋生态文化产业自身竞争力。②

(四)人才培养引进和奖励扶持政策

首先是加大人才的选拔与引进的扶持,除了从国内选拔掌握高新技术的高素养人才外,还要引进一批具有海洋生态文化产业方面的专业技术和管理人才,特别是拥有国际产业经营管理背景的管理人才来服务于海洋生态文化产业的国际竞争。其次是加大人才培养力度,政府提供更多的机会对产业人才进行职业技能和管理技能的培训,通过开展国内国际合作交流共同培养服务海洋生态文化的高技能型、实用型、复合型的高素质国际化人才。最后是人才激励扶持政策的实施,一方面要求企业优化绩效考核机制,公平公正进行工资、福利、职务、奖惩等方面的物质激励以及创造良好工作环境实现自我价值的精神激励;另一方面对于在海洋生态文化产业国际竞争中贡献突出的人才给予一定的物质奖励和更深层次的培养深造。

(五)国际合作交流扶持政策

首先是在政府的引导下充分利用现有的国际合作交流组织平台机构,推动海洋生态文化产业的双边与多边合作,帮助企业合理利用国外要素资源和巨大市场,拓展海洋生态文化资源有序开发和海洋生态文化创新能力,提高海洋生态文化产业的国际竞争力。其次是搭建必要的国际合作交流新平台,扶持企业在国际合作交流中争取更多的发展资源和发展空间。最后是加强政府间对话,为海洋生态文化产业营造健康和良好的国际竞争环境,努力消除国际合作交流中的各种障碍。

---

① 郑贵斌:《海洋新兴产业发展趋势、制约因素与对策选择》,《东岳论丛》2002 年第3 期。
② 姜江、盛朝迅:《中国海洋新兴产业的选取原则与发展重点》,《海洋经济》2012 年第1 期。

三、民营海洋生态文化产业的普惠扶持政策

（一）重新确定海洋生态文化民营企业尤其是民营中小企业的国家功能定位

首先是实现劳动力就业和劳动者收入增加，其次才是税收功能。因此，民营海洋生态文化产业的发展需要国家在重新确定其功能定位的基础上加大普惠扶持力度，在宏观政策体系、发展环境、管理技术、人才机制、财政支持、融资机制等多个层次上给予民营海洋生态文化产业鼓励、支持和引导，改变民营海洋生态文化产业在国家政策支持与资源分配上的明显劣势，为民营产业的健康可持续发展减少和排除障碍。

（二）对民营海洋生态文化产业实行普惠的税收减免和财政扶持

首先以拓宽税收普惠政策、出台制定更多税收优惠政策、缩小公司制与合伙制的税负差等方式为海洋生态文化产业创造良好、公平的税收环境，促进民营企业的经营与投资。其次是实行有利于民营经济内部融资的税收优惠政策，特别是针对海洋生态文化产业的小微企业融资的多种税收减免及其他优惠政策。最后，实施支持海洋生态文化产业民营企业技术创新的税收政策，通过拓宽税收优惠范围、缩短折旧年限和延迟纳税等方式促进民营产业的自主研发和创新。

（三）拓宽民间资本的多元化投资融资渠道

首先要建立和完善为海洋生态文化产业民间投资服务的金融组织体系，设立专门为民营产业服务的信贷机构，制定符合海洋文化产业民间投资特点的贷款政策和管理办法，同时还要充分发挥中小银行主力军作用、加强对小额信贷公司的利用。其次要改善融资环境，完善信用担保体系，在贷款政策、贷款利率上做到海洋生态文化产业民营企业与其他企业同等待遇，在条件审查、办理程序上更加灵活便利。最后是充分利用资本市场拓宽融资渠道，允许具有条件的海洋生态文化产业民营企业通过发行债券和股票上市等手段进行直接融资。①

---

① 韩春明：《经济周期中我国民营企业融资问题研究》，首都经贸大学 2014 年博士学位论文，第 99—101 页。

（四）进一步改革行政审批制度，放宽市场准入，为民营海洋生态文化产业发展拓宽空间

首先，从主体资格、名称、经营范围、注册资金、场地、经营期限等条件上对民营海洋生态文化企业实现准入放宽，同时要建立市场准入的援助机制，在投资待遇同等化基础上加强政策扶持，清除海洋生态文化企业市场准入的"弹簧门"障碍。其次，大力减少行政审批事项、禁止变相审批、打破地区封锁和行业垄断、完善市场退出机制，通过进一步行政审批改革等措施为民营产业的发展进一步松绑，助力海洋生态文化民营经济的蓬勃发展。

（五）引导民众对民营企业的认知、关注与支持

民营企业在社会经济发展中发挥了公有经济不可替代的作用，是我国经济增长的主要源泉，是吸纳劳动力的主力军，也是推动经济变革和中国现代化的主要力量。政府要引导民众看到我国民营海洋生态文化产业在统筹城乡发展、解决"三农"问题、关注和保障、改善民生问题上做出的有力支持，通过举办宣传与联谊活动引导民众对民营海洋生态文化产业的认知、关注和支持，通过民众的力量间接扶持民营海洋生态文化产业的壮大与发展。

四、海洋生态文化产业公共产品的发展政策

（一）明确政府海洋生态文化产业公共产品供给责任

首先要转变政府职能观念，增强服务意识，在海洋生态文化产业公共产品的供给过程中，由全能型政府向服务型政府转变，将工作重心转移到服务上来，将部分海洋公共产品职能转移给海洋生态文化行业协会，将市场可以解决的交给市场。其次是积极推进海洋行政体制改革，理顺管理体制，成立全国性、全省性海洋生态文化统筹机构，建立"自上而下"和"自下而上"的双向公共产品供给通道。最后，要划清各涉海职能部门职权，厘定责任边界，合理界定各级政府提供海洋生态文化产业公共产品的责任和范围。

（二）完善海洋生态文化产业公共产品供给决策机制

首先是构建多元化的海洋生态文化产业公共产品供给机制，纯海洋生

态文化产业公共产品可以由政府提供,准海洋生态文化产业公共产品则可以通过政府补贴的方式,由政府和私人混合提供。其次是完善海洋生态文化产业公共产品供给的长效筹资机制,政府要在财政资金的分配上给予海洋生态文化产业公共产品更多扶持倾斜,建立长效财政投入机制,明确扶持重点,加大资金整合力度。最后,要建立健全海洋生态文化产业公共产品的相关法律法规和评价机制,通过法律有效保护公共产品供给对象的利益,并通过评价机制来反映公共产品的实际需求和供给情况,提高公众对海洋生态文化产业公共产品供给的满意度。[1]

(三)践行政府海洋生态文化产业公共产品组织、管理和规制职能

首先,由于海洋管理所涉及的环境及人群比较复杂,要确保海洋生态文化产业公共产品能够长久有效的提供,就必须保证公共产品的供应范围与消费者的范围相匹配,避免出现"搭便车"现象,置海洋的整体利益于不顾;其次,要确定消费者表达需求的方式,当海洋生态文化产业公共产品的作用范围确定后,要了解公众愿意享受什么样的公共产品,这一表达过程就需要政府管理部门进行必要的组织、协调和调查;第三,确定海洋生态文化产业公共产品的生产者,政府涉海部门要在深入调研并听取专家和公众意见的基础上,采用公开招标等规范程序来确定公共产品的生产者,形成海洋生态文化产业公共产品供给的公众参与机制;第四,对确定生产者所生产的海洋生态文化产业公共产品质量的监管,要完善海洋生态文化产业公共产品规划体系,建立规划实施监督检查机制;最后,涉海管理部门还需要平衡海洋生态文化产业公共产品的消费,政府要通过一定的规制,将海洋生态文化产业公共产品潜在消费者之外的其他人排除在受益范围之外,这样才能保证海洋生态文化产业公共产品的提供与消费。[2]

---

① 叶芳:《浙江海洋公共服务供给体系构建研究》,南昌大学 2015 年硕士学位论文,第 53—55 页。

② 崔旺来、李百齐:《政府在海洋公共产品供给中的角色定位》,《经济社会体制比较(双月刊)》2009 年第 6 期。

第五节　科技创新与海洋生态文化建设双向驱动

一、以海洋生态文化新视角、新理念、新思路、新举措融入科技研发应用

（一）转变海洋生态产业主要以资源开发型和劳动密集型为主的发展方向，增加产品科技含量与附加值，打造海洋生态文化产业国际知名品牌

海洋生态文化产业高投入、高技术的特征决定着科技研发的应用对于提高整个海洋产业的科技附加值乃至效率水平起着至关重要的作用，海洋生态文化产业要走集约型发展道路势必要提高科技研发水平。一方面，对于海洋生态文化产业企业来说，要注重应对海洋生态文化产业发展方式转变和结构调整的重大需求，在海洋生态文化资源开发与高效综合利用技术上实现突破；另一方面必须注重营造资本密集型和技术密集型产业新优势，加大对海洋的科技投入和引进，将科技研发创新转化为科技成果并应用到产业的发展中去，带动海洋生态文化产业的发展更节约、更环保、更高效、更健康可持续。

（二）提高海洋生态文化产业自主研发能力，形成海洋生态文化产业科技创新体系

首先要加强海洋科技基础设施建设，加强海洋科技基础研究，培养海洋科技的自主创新力，推进具有自主知识产权海洋技术标准的研究和制定，不断加大企业海洋科技自主创新能力的培养力度；其次要明确企业自主创新主体地位，将科技创新与产业实际应用相结合，利用新的科技手段高效传达海洋生态文化产业的理念与内涵，提供让大众更便捷地接受的海洋生态文化产品与服务，从而拉动并扩大文化消费，实现需求与产业的良性循环。

（三）建立海洋生态文化产业科技成果转化平台，促进海洋科技成果转化成高质量的产品，提高产品竞争力

海洋生态文化产业科技化的实质是实现海洋科技的产业化和商品化，将海洋科技成果转化为生产力，以体现科技成果的社会效益和经济效益的

过程。因此需要搭建科研成果服务和孵化平台,根据理论上、设备、技术和开发、经济效益的可行性,形成比较完善的涉海科技创新成果转化孵育体系,使海洋科技成果尽快转化为生产力,为海洋生态文化产业企业提供全方位、高质量的产品支持和服务,从而提高产业竞争力。

(四)促进海洋科技和海洋生态文化的深度融合,积极构建海洋生态文化产业创新战略联盟,为海洋经济转型发展提供持续的创新驱动力

首先要以海洋生态文化产业企业为主体,以战略性海洋生态文化新兴产业领域为重点,充分依靠市场机制和政府作用,建设一批海洋生态文化产业技术创新战略联盟,通过优势互补,合作开展海洋生态文化产业关键共性技术研发及工程化开发,发展和完善海洋生态文化产业技术创新链,提升区域海洋产业生态文化核心竞争力。[①] 其次,鼓励开展多种形式的产学研结合,满足不同层次、不同规模、不同发展阶段的海洋生态文化产业企业对技术创新的现实需求。

二、创新海洋生态高新科技,支持绿色发展、循环发展、低碳发展

(一)利用高新技术,加快环境治理和海洋生态建设,努力实现资源利用集约化、海洋环境生态化,增强海洋经济可持续发展能力

海洋生态文化产业要做到发展与保护同步,坚持产业发展规模、速度与资源环境承载力相适应的良性发展模式,但也不可避免地出现一系列的环境污染和资源破坏问题。保护海洋生态环境、治理海洋环境污染必须利用高新技术,要大力发展海洋生态清洁能源和环保高新技术,把污染物的排放和资源的浪费与破坏尽可能压缩到最低限度,扩大海洋环境监测、海洋污染防治与生态保护技术及其他海洋高新技术的应用范围,加强海洋环境保护和治理,开发和利用环境生态生物技术,解决海洋污染的修复问题,使海洋生态环境保护和海洋经济发展协调统一,实现海洋生态文

---

① 马吉山:《区域海洋科技创新与蓝色经济互动发展研究》,中国海洋大学 2012 年博士学位论文,第 121—123 页。

化产业的可持续发展。①

（二）通过科学创新高科技技术，积极培育扶持新兴海洋生态文化产业

发展以海洋生态环境技术、海洋生态资源勘探开发技术、海洋通用工程技术等高新技术创新为主的新兴海洋生态文化产业，健全海洋高新技术生态文化产业体系，促进海洋生态文化资源的高效、可持续利用，同时不断开拓海洋生态文化的新兴空间利用领域和开发视野，依托高新技术培育出具有知识技术密集、资源物质消耗少、成长潜力大、综合效益高、环保可持续等特征的战略性海洋新兴生态文化产业，不断壮大海洋生态文化产业，形成海洋经济发展的新的增长点。

（三）通过创新海洋生态高新科，吸引海洋科技人才，推动海洋生态文化产业的科技创新和蓝色经济的良性互动

人才是保障我国海洋生态文化产业中高新科技创新与发展永葆活力的最终源泉，首先需要完善海洋高新技术人才的教育培训体系，加快推进以涉海科教机构、职业技术院校为主体，以产学研合作、国内外交流与合作、继续教育等为补充的多元化海洋高新技术人才培养体系建设，从而吸引更多的人才加入到海洋生态文化产业的高新技术创新中来；其次是拓宽人才培育渠道，优化海洋人才发展环境，重点引进一批能够突破关键技术、发展高新技术的领军人才，造就一支具备跟踪国际海洋科技与产业发展前沿、参与国际竞争与合作能力的创新型人才队伍。

（四）依托海洋生态高新科技创新有效地传播海洋生态文化，促进海洋生态文化消费，推动海洋生态文化服务，带动海洋生态文化产业的整体发展

首先对传统传播手段进行高新技术创新，通过合理利用互联网和新媒体来创新海洋生态文化传播方法和渠道；其次是利用高新技术拓宽海洋生态文化的消费渠道，优化海洋生态文化产品的消费环境，提高海洋生态文化产品的消费；最后，利用高新技术的发明和创造完成对海洋生态文化产品的

---

① 马雯月:《开放经济视角下的海洋产业发展》,中国海洋大学 2008 年硕士学位论文,第 44 页。

最终价值实现,让海洋生态文化产品能更好地为广大消费者服务,在广阔的服务市场中,为海洋生态文化产业占领先机,充分彰显海洋生态文化产业的辐射力与影响力的良性互动,促进海洋生态文化产业经济增长的同时,也更好地推动海洋生态文化服务。[①]

三、高新科技与海洋生态文化双向驱动,加速推进海洋生态文明进程

(一)要在体制、机制和政策措施上鼓励高新技术与海洋生态文化产业的融合

政府要在高新技术与海洋生态文化产业融合的政策制定和规划上倾注力量,发挥有力的引导作用。一方面鼓励加强海洋生态文化高新技术领域自身的发展,不断提高将相关先进高新技术向海洋生态文化领域集成应用的能力,加强对基于先进高新技术传播平台的海洋生态文化传播形式、产品和服务模式的创新;另一方面注重以海洋生态文化产品创新作为核心抓手,将有利于海洋生态文化与高新技术融合、协同创新的机制与创新环境建设作为政府推动的主要着力点,建立健全高新科技与海洋生态文化融合机制,推动海洋生态文化产业的发展,进而加速海洋生态文明的建设。

(二)以高新技术为动力,以海洋生态文化为支撑,以海洋生态文明建设为目标,利用高新技术来加强海洋生态环境的开发利用和保护修复以及海洋生态文化产业的市场发展

要建设海洋生态文明,在海洋领域落实科学发展观,就必然要求在开发利用海洋生态文化的过程中,在尊重海洋自然规律的基础上,以海洋环境承载能力为基础,充分依靠高新技术在不断提升资源集约节约和综合利用效率,打造环境保护型和资源节约型海洋生态文化产业,促进人与海洋的长期和谐共处,同时依托高新技术进行产品和服务的设计、生产和推广,壮大海洋生态文化产业,最终实现海洋生态文化的全面、协调和可持续发展,为海洋生态文明的建设添砖加瓦。

---

① 侯善文:《我国文化产业发展的科技需求与对策》,渤海大学 2013 年硕士学位论文,第 21—24 页。

（三）借助于高新技术平台开展海洋生态的文化引导和意识普及，用更广、更易被接受的渠道来进行宣传教育，树立有利于生态文明建设的价值理念，提高公民对海洋生态文明的认知和行动

一方面，要利用高新技术使海洋生态文化教育常态化、普及化，大力发展非正式教育组织机构和非传统海洋教育课程体系和培训计划，创新海洋教育的形式和水平，以更易于普及的方式进行海洋生态文化的教育；另一方面，借助互联网、新媒体和数字技术等高新技术渠道，通过开展各种与公众个体和海洋生态文化空间有关的历史生存经验、家庭与工作、娱乐休闲方式等各种活动，在全民范围内普及海洋知识，弘扬海洋文化，提升海洋意识，宣传海洋生态文明建设的价值理念，最终形成海洋生态文明建设的认知认同，并落实为实际行动。

（四）在高新科技支撑下实现海洋生态文化产业与其他产业的跨界融合，带动海洋生态文化产业生产与消费方式的现代化、绿色化、质量化，推动海洋生态文明建设的步伐

要贯彻落实建设"海洋强国"和"21世纪海上丝绸之路"等国家战略，就要大力发展海洋产业，通过高新技术实现海洋生态文化产业的跨界融合，实现从传统的单一海洋生态文化产业到多元、现代、高科技的海洋生态文化产业转型升级，拓宽海洋生文化产业的覆盖面与内涵深度，增加产业的附加值与竞争力。因此，需要以海洋生态文化作为根基，以高新技术创新作为关键，在产品、服务和技术等方面进行产业的交叉和重组，实现产业间的跨界融合，从而提高我国海洋生态文化产业的综合实力和国际竞争力。

第 六 章

中国海洋生态文化走向世界

地球是人类共同的家园。一国海洋生态安全难能"独善其身",中国海洋生态文化发展需要共创全球海洋生态发展环境,国际合作势在必行。21世纪的中国要成为海洋大国、海洋强国,必须走向远海、深海,确立中国海洋生态文化发展国际合作的战略目标与对策选择,加强中国海洋生态文化发展理念的国际话语权和软实力建设,努力实现中国海洋和谐社会与世界海洋和平秩序协调推进。一方面强化中国海湾、近海和海洋的生态服务功能,强化海洋的绿色发展和海洋生态安全;一方面构建世界新型大国关系、合作机制与平台,拓展海上丝路生态文化合作交流,共建共享"和平美好海洋世界"。

第一节　中国海洋生态文化发展的国际合作

一、海洋生态文化发展国际合作的必然要求

(一)海洋文化具有"天然"的跨海跨域性

海洋文化具有"天然"的跨海域性,这是由人类海洋文化的基本性质所决定的,而在历史悠久、幅员辽阔、内涵丰富的中国海洋文化里,这一特性尤为凸显。因为海洋自身的特点,也因为人类对海洋的认识和利用,海洋文化从总体上来说不是囿于一域一处的文化,人类要借助于海洋的四通八达,把一域一处的文化,传承播布于船只能够通达的异域的四面八方,并由异域的四面八方再行传承播布开去。这样的传承播布、再传承播布的过程,都必然会对异域的本土文化产生程度不同的影响,使其或多或少地也具有了异域异质文化的内涵;同时四面八方的那些具有了异域异质文化内涵的本土文

750

化,又从四面八方通过海水和船只的布达而反向、交叉地传承播布回来,对这里的"土著"发生影响,在这里产生"杂交"或新的"杂交"。这样的联动与互动的过程,就是异域异质文化相互辐射与交流的过程;也就是海洋文化得以多元化整合互动、发展变迁的历史过程。人类无论就历史长河的大部分时间来看,还是就其过去和现在的大部分空间来看,整体而言,从来没有间断过与海洋的互动。海洋面积占人类所在的地球的70%还多,人类文化的对外辐射和交流,尤其是异域异质文化之间跨国、跨民族、跨地区的文化辐射和交流,在人类的航海条件和能力达到了一定的水平之后,更多的是依傍于海洋才发生的。人类发展的历史时段距离我们愈近,海洋文化的这种国际间、民族间和大区域间的辐射与交流性、联动与互动性就愈加凸显。历史地来看,从总体上说,人类因海洋而有了先是小船后是大船等航海工具,因而也就必然有了先是近海之间后是远洋之间的相互交流交往和迁徙"入住",并由此带来异域异质文化的包括精神的、物质的、语言行为的和社会制度结构模式的相互辐射和交流。海洋文明越发达,人们的海洋观念越强烈,海外异域异质文化的信息量越多,海外异域异质文化的吸引力就会越大,辐射力、交流量和互动效应也会越大。中国海洋文化所拥有的海洋发展空间,至少在近代历史之前是世界上最大的,中国文化的对外辐射和交流,主要是跨海的文化辐射和交流;中国文化发展形成的"中国文化圈",主要内涵是海洋文化圈。中华民族对大海的发展利用,先是把东亚世界进而是全球的多个大洲大洋及其各自的文化连接在一起的。在长期的历史上,中华民族不仅在中国的本土通过沿海和渤海、黄海、东海、南海海洋构建着中国海洋文化的多元结构内涵,而且通过跨海政治构建、海外经济贸易、海路人员往来和海内外相互移民,与海外世界建构起了以中国文化为主体的环中国海多元文化"共同体"。中国海洋文化与世界其他区域的海洋文化相较,更具有这样的多元互动与互融性。

(二)中国海洋文化具有"先天"的开放性

中国海洋文化的"先天"开放性为中国海洋生态文化建设发展的国际合作提供了天然的内在需求。一个真正的海洋国家和民族,除非迫不得已,是不会闭关锁国的。这样的天然开放性谁也堵截阻断不了,因而人类对海洋的开放性发展利用,必然产生出"天然"的开放性文化历史。如果哪一个国家、哪一个时期是闭关锁国的,那它一定是有迫不得已的内因或外因。内因主要是动乱,外因主要是外侵。中国历史上也出现过我们现在称之为

"闭关锁国"的时期,主要出现在明、清两代的某些时期,元明、明清换代时期新生王朝对前朝残余的海上封锁,和遭遇倭寇以及西方侵扰海疆的时期。这是国家政权保国安民的被迫的战略举措;而一旦海疆平静,即行开海。明、清两代的各个时期均是如此。这表明,"海禁"并不是国家正常时期的基本国策,即使明、清也不例外。

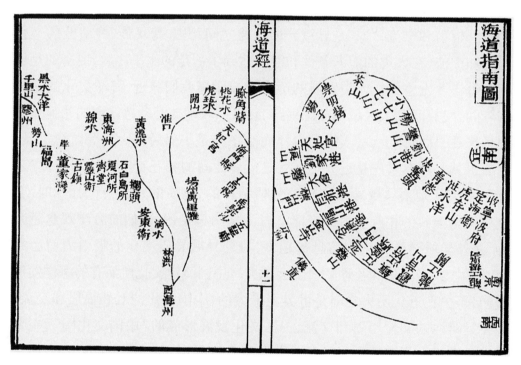

海道指南图

就中国海洋文化的发展形态而言,在物质文化层面上,它一面以世界历史上幅员最为辽阔腹地的丰富资源、物产和世界上最大人口国度的勤劳智慧的工艺品作为"商品"通过密密麻麻的海上航路向全世界输出(尽管历代政府都对这种实行"有限"政策),一面又"敞开胸怀",面对全"天下"的海商"蕃舶"贸易"来者不拒"(自唐代设置市舶使归口管理);在政治文化层面上,它一方面承担着中原王朝对海外属国的诏谕、册封、任命、管理、征伐、赏赐、遣归等政治航海使命,一方面承担着海外属国对中原王朝的表奏、请封、朝觐、贡贺、请命、纳质、献俘等政治航海使命;至于人员交流与文化往来,则更是不胜枚举。中国自先秦时代就向海开放,"四海来朝",公元前的西汉时期就在进一步发展北方海外交通的基础上开通了南海直通印度洋的航路。在数千年的中国航海历史上,一个个港口,一条条航路上来往穿梭的航船及其人流、物流、文化流,就是中国海洋文化开放性的最好说明。在历史上的大多时期,世界上最多的港口在中国,世界上最大的海洋贸易量在中国,世界上最大的海船在中国,世界上最大的航海活动在中国。尤其是现代条件下,中国的海上航路已经连接起了世界四大洋五大洲上大大小小的陆地和岛屿,经过近几十年来的发展,中国早已经代替了西方,重新成为了世界上最大的港口大国,世界上最大的航运大国,几乎每一寸海面(不仅仅海面)都已是"天堑变通途",几乎每一滴海水都是公路、铁路的路基。陆地上的公路、铁路只能靠人工铺设成线,而海洋上的"公路""铁路"却是自然天成,如果需要,即可为用。若没有中国海洋文化的开放性发展,就不会有中国文化广采天下文化、兼容并包的历史条件,也就不会有中国文化圈扩展到整个东亚、并历史地影响到印度洋沿岸、地中海沿岸、非洲沿岸的辉煌历史。

只要是和平时期,中国的海洋发展自然是"对外开放"的,这在新中国建设迎来和平时期、并打破了世界敌对国家的冷战封锁,实行了"进一步对外开放"之后,情形更是如此。如今,中国是世界上对外最开放的国家之一,沿海的现代化发展最为"先进",而沿海地区经济、政治、文化、人口的"国际化"最为突出,因而面临的港口、海洋、海岸带环境资源压力最为凸显,生态文明建设的任务最为艰巨。要实现"生态优先"发展,就要转变现行发展模式,调整现行经济结构,因而会更多地涉及外资外企外来社会人口以及其各自母国的利益的调整,没有国际协调与合作,是不可想象的。

(三)中国海洋文化具有"天然"的对外吸引力

这是由中国海洋文化丰富多样性的内涵与形态、重义轻利的人性化价值取向所决定的。对海外世界具有天然的吸引力和吸附力,是中国海洋生态文化建设发展走向世界的天然的外在需要。

中国海洋文化是受中国文化主体观念支配,基础于本身所具有的腹地广阔,地大物博,到处都有丰富的资源、广大的市场,不需要冒险到海外去侵略、占有、殖民的现实优势,因此,中国人到海外去探险、去发现、去拼、去闯、去创的前提,是"天下"情怀,"义"字当先,以和为贵,做和平使者,是友好交流,这是中国人在历史上航遍世界之海,却从来不用武力侵占别人一寸土地的根本原因;在"利"的诱惑面前,中国的道德告诉人们,重义轻利财,以义为重,这才叫"文化",这才叫"文明"。中国周边多个海外民族地区先后纳入了中华大家庭,在历代王朝的华夷朝贡制度下成为一员,是他们"一心向化"的智慧的选择,是中国文化、中国文明优势影响力、吸引力即吸附力作用的结果。中国海洋文化的创新性,看上去与中国文化讲求以柔克刚、讲求中庸之道、讲求温良恭俭让、讲求好汉不吃眼前亏、讲求三思而后行、讲求老人经验、讲求本分、讲求节度、讲求安逸、讲求知足常乐、讲求柔美心态、讲求大团圆结局等迥然有别,这也是不少论者将中国文化的这些特点认定为"农耕文化"的原因;但是事实上,这些也同样是中国海洋文化的内在有机蕴涵:中国的海洋社会,即使是与海洋直接"亲密接触"的船上社会,谁天生愿意到茫茫大海中闯荡世界,劈风斩浪、生死冒险? 谁不希望中庸之道、温良恭俭、三思后行、生活安逸、知足常乐、团团圆圆? 中国人"讨海",中国人选择冒险、赢利,并不等于不希冀安全、追求安逸、讲求四平八稳、懂得知足常乐、热爱团团圆圆。对后者热爱、追求,也是人之为人的天性,也即文化的天性,这在中国海洋文化中同样表现得淋漓尽致。

在中国数千年的悠久历史上,中国人不但创造了丰富灿烂的海洋文化,而且形成了不同于西方海洋发展模式的独具的、凸显的中国式的海洋文化传统。中国自先秦时期就出现的吴、越、燕、齐等海洋强国,自先秦时期就有的发达与丰富的海洋科学探索,自先秦时期就盛行的对海外世界的探索和以"徐福东渡"为代表的早期海外交通与移民历史的出现,自汉代以来中国南北沿海通向外部世界的海上丝绸之路的开辟和发展、东亚、东南亚汉文化圈的历史形成,唐代国家开放、海外贸易发展、港口城市繁荣与万国来朝、中外文化交融的强盛局面,宋、元海外贸易发展、国内海运昌盛,以妈祖信仰为主的海洋信仰的海内外传承播布,明代郑和下西洋沟通东西方世界、推进中西海上交通交流历史的伟大壮举,历代"渔盐之利、舟楫之便"的传统海洋经济与海洋民俗生活方式,历代海商社会和海洋经济贸易对整个中华文明和世界文明所作出的贡献,历代王朝的外交使节及中外人员海上往来所缔结的中外关系与中外情谊,历代文人学士海洋观光鉴赏、海洋艺术创造的审美体验,大量涉海著述和对海洋、海疆的吟咏及描述等,都构成了中国海洋文化历史传统的"天下一体""四海一家"、互通有无、和谐发展、耕海养海、亲海敬洋、知足常乐的"中国式"发展模式和人文精神。所有这些,都通过与大陆文化的互补联动,极大地影响和推动了整个中国历史、整个中国文化的自身发展,并且通过"中国文化圈"(今多被称为"汉文化圈""儒家文化圈")深刻地影响了东方,并通过东西方海上丝绸之路深刻地影响了世界的历史进程。①

正是由于中国儒家文化具有这样的"天性",才对海外世界形成了长期的广泛影响,才通过中国文化本土与环中国海地区的互动而发展形成了

① 　曲金良、周秋麟:《中国海洋文化》,海洋出版社2006年版,第1页。

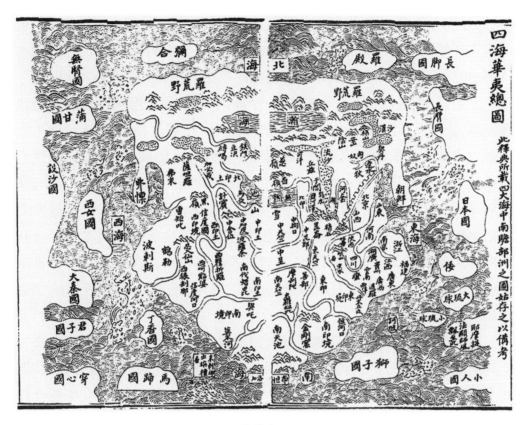

四海华夷总图

"汉文化圈"亦即"儒家文化圈"。这也体现为中国海洋文化的核心价值观与核心精神,表现在"汉文化圈"亦即"儒家文化圈"内部和外部各色人等航海交通所进行的"文化传递"的各个方面。近代以来,传承延续了两千多年的环中国海"汉文化圈"亦即"儒家文化圈"被西方势力、西方制度和西方观念打破了,如今却有越来越多的人,越来越认识到了"汉文化圈"亦即"儒家文化圈"之汉文化亦即儒家文化传统的无穷的魅力。中国海洋生态文化的建设发展,也必然会越来越多、越来越普遍地得到环中国海和更为广泛的世界各国人民发自内心的认同,得到世界各国人民发自内心的支持与合作。

(四)世界各国对海洋生态文化发展有着共同要求

当今世界,人们对海洋的认识和利用能力也有了突飞猛进的发展,科技的发展使得向海洋进军、开发海洋资源、发展海洋经济成为当今世界沿海国家和地区的发展战略重点,相互竞争的"新战场"。然而,随着各国开发海洋与利用海洋活动和对海洋的控制与争夺的增多,海洋竞争日益激烈,引发大规模的圈海运动,致使海洋资源生态环境不堪重负,海洋生物多样性减少、海洋灾害频发,全世界都面临着过度捕捞、资源枯竭、海水污染等多种海洋生态环境问题。人类仿佛已经听到海洋沉重的呻吟声,保护海洋环境与资源也已受到国际社会特别是沿海国家的广泛关注和高度重视。

然而,海洋是一个统一的整体,一个海区、一个国家海域生态与环境出现问题,会危及其他海域或周边国家海域。所以,解决海洋环境污染生态问题仅靠个别国家的单项努力和制度是不够的,还需要各国的合作,建立一整套完善的海洋环境资源开发利用与保护的国际和国内合作机制与法律制度。中国人眼中的世界是一个完整的整体,即天下。海洋联通世界各沿海国家,具有连通性和流动性,各个国家都以自己的方式参与开发利用海洋和保护海洋,然一国不能"独善其身",各沿海国家在分享海洋带来的成果的同时,也都有责任和义务来保护海洋,维持海洋的可持续健康发展。

随着对海洋认知的提高和开发利用的加深,沿海各国开始试图寻找一个共同提高利益、维护权利的方法,因此出现了很多区域性国际合作,试图在全球性的海洋竞争中占据优势。然而在经济全球化下,海洋竞争与合作并存的局面出现了失衡,竞争大于合作,激烈的开放式竞争发展模式和市场规则导致的是日渐严重的海洋生态资源问题、日益复杂的海洋权益问题和日趋尖锐的海洋资源争端问题。而竞争博弈的结果显示,唯有合作才是王道,才是"天下理念"下合一而行的最好选择,因此各沿海国家需要转变竞争格局,从全球性合作的战略眼光角度出发,从更大范围和更宽视野上来谋划海洋经济发展、维护海洋权益、保护海洋生态资源。也正是基于此,国际社会尤其是联合国等国际组织,才出台了《联合国海洋法公约》等一系列相关法规、宣言、公约,尽管对其具体内容至今仍有不同的认识和争议,其动机和效果更是不断受到诟病。但不合作是不行的,在全球"海洋国家"这个大家庭里,是谁也离不开谁的。

全球"海洋国家"有大有小,尽管"国不分大小",地位没有高低,但作用有大有小,文化影响力有大有小,这是不能否认、不可忽视的事实。中国是一个重要的世界海洋大国,且正在建设海洋强国,大国小不得,强国弱不得,自视弱化、矮化只能自取其辱,中国应该在全球"海洋国家"大家庭的海洋事务中发挥恰如其分、名副其实的大国、强国作用,中国应该在全球疯狂激烈的海洋竞争导致海洋环境不断被破坏、海洋资源不断恶化的恶性浪潮中,发挥海洋生态文化建设、海洋生态文明发展的倡导者、引领者、主导者的作用。

二、海洋生态文化发展国际合作现有机制

由于国际社会对海洋生态发展的国际合作需求日益凸显,国际合作已日渐频繁,国际上一些合作组织、合作机构也日渐增多,合作机制也逐渐形成,有些已日趋成熟,需要进一步发挥作用。目前海洋生态文化发展的国际合作机制主要有:

(一)国际法规

国际法规是海洋生态文化发展国际合作中最基础、最根本的机制。《联合国海洋法公约》的相关规定为构建国际合作机制提供了法律依据,另外还有《国际油污损害民事责任公约》、《南极条约》、联合国《保护水下文化遗产公约》、《生物多样性公约》等。我国政府十分重视海洋生态文化发展与保护工作,除了缔结或参加的海洋环境保护类国际条约外,还形成了具有中国特色的海洋生态环境保护的法律法规体系。具有代表性的有《中华人民共和国海洋环境保护法》、《中华人民共和国水下文物保护管理条例》、《中华人民共和国对外合作开采海洋石油资源条例》《海洋自然保护区管理办法》等,另外还与日本、韩国、美国、澳大利亚、也门、委内瑞拉等国家签订了渔业合作协定,与日本、澳大利亚等签订了保护候鸟及其栖息环境协定。

(二)合作组织

多年来,合作组织活跃在海洋生态文化发展国际合作的各个领域,他们根据各自组织的特点,积极促进海洋生态文化发展国际合作的发展。

联合国在维护世界和平,缓和国际紧张局势,解决地区冲突方面,在协调国际经济关系,促进世界各国经济、科学、文化的合作与交流方面,都发挥着积极的作用。联合国是当今最具有普遍性、最有影响和最大的国际组织,特别是近三十多年来,联合国召开的联合国人类环境会议、联合国第三次海洋法会议、联合国环境与发展大会等活动,在为促进和加强海洋生态文化国际合作方面的贡献和作用是巨大的。另外还有联合国环境规划署(UNEP)、国际海事组织(IMO)、联合国粮食与农业组织(FAO)、国际原子能机构(IAEA)、联合国教育、科学及文化组织(UNESCO),世界卫生组织(WHO)、世界气象组织(WMO)、联合国开发计划署(UNDP)、全球环境基

金（GEF）等全球性国际合作组织和欧洲联盟（EU）、东南亚国家联盟（ASEAN）、美洲国家组织（OEA）、阿拉伯国家联盟（LAS）、亚太经济合作组织（APEC）等区域性国际合作组织。

重要的有助于国际合作推进海洋生态文化建设发展的国际组织还有很多。（参见下表）

表6-1　海洋生态文化建设国际合作相关国际组织一览表

组织名称	组织简介
世界海关组织	World Customs Organization,简称WCO,是一个独立的政府间多边国际组织,通过制定国际公约推动各国海关合作,在促进协调和简化海关手续、方便国际贸易方面发挥着积极作用。
世界贸易组织	一个独立于联合国的永久性国际组织。其基本原则是通过实施市场开放、非歧视和公平贸易等原则,来实现世界贸易自由化的目标。世界贸易组织的目标是建立一个完整的,包括货物、服务、与贸易有关的投资及知识产权等内容的,更具活力、更持久的多边贸易体系,使之可以包括关贸总协定贸易自由化的成果和乌拉圭回合多边贸易谈判的所有成果。
世界经济论坛（达沃斯论坛）	以研究和探讨世界经济领域存在的问题、促进国际经济合作与交流为宗旨的非官方国际性机构。总部设在瑞士日内瓦。论坛会员是承诺遵守论坛"致力于改善全球状况"宗旨,并影响全球未来经济发展的1000多家顶级公司。
世界经济论坛新领军者年会（夏季达沃斯论坛）	世界500强企业与最有发展潜力的增长型企业、各国和地区政府间的高峰会议。鉴于"达沃斯"这个名称所包含的意义已经约定俗成,被世界各国和地区的政府、经济界广泛熟知和认可,所以在中国举办的"世界经济论坛全球行业峰会暨全球成长型企业年会",简称为夏季达沃斯论坛或夏季达沃斯年会。
国际奥委会	奥林匹克运动的领导机构,是一个不以营利为目的、具有法律地位和永久继承权的法人团体。根据现代奥林匹克运动创始人顾拜旦的理想,恢复奥林匹克运动的目的,在于增强各国运动员之间的友谊与团结,促进世界和平以及各国人民之间的相互了解,发展世界体育运动。
国际商会	国际商会（The International Chamber of Commerce,简称ICC）成立于1919年,是全球唯一的代表所有企业的权威代言机构。国际商会以贸易为促进和平、繁荣的强大力量,推行一种开放的国际贸易、投资体系和市场经济。
国际红十字会	红十字国际委员会,1863年2月9日创立于日内瓦（Comité International de la Croix-Rouge,简称CICR）,红十字国际委员会是一个独立、中立的组织,其使命是为战争和武装暴力的受害者提供人道保护和援助。
世界动物卫生组织	（法语：Office International des Épizooties,简称OIE）,也称"国际兽疫局",是政府间动物卫生技术组织,创建于1924年,总部设在法国巴黎,目前有169个成员。其主要职能是通报各成员动物疫情,协调各成员动物疫病防控活动,制定动物及动物产品国际贸易中的动物卫生标准和规则,其标准和规则被世界贸易组织所采用。
国际移民组织	国际移民组织是非政治性的人道主义组织,总部设于瑞士日内瓦,其宗旨是通过与各国合作处理移民问题,确保移民有秩序地移居接收国。
国际刑警组织	成立于1923年,专门调查及打击跨境罪案。其宗旨是保证和促进各成员国刑事警察部门在预防和打击刑事犯罪方面的合作。
国际标准化组织	ISO是世界上最大的非政府性标准化专门机构,是国际标准化领域中一个十分重要的组织。ISO的任务是促进全球范围内的标准化及其有关活动,以利于国际间产品与服务的交流,以及在知识、科学、技术和经济活动中发展国际间的相互合作。

续表

组织名称	组织简介
禁止化学武器组织	禁止化学武器组织(Organization for the Prohibition of Chemical Weapons—OPCW),1997年5月成立,总部设在荷兰海牙。该组织宗旨是实现《禁止化学武器公约》的宗旨和目标,确保公约的各项规定,包括对该公约遵守情况进行核查的规定得到执行,并为各缔约国提供一个进行协商和合作的论坛。
湿地国际	湿地国际是一个独立的、非营利性的全球组织,在全球、区域和国家开展工作,致力于湿地保护与合理利用,实现可持续发展。
国际自然与自然资源保护联盟	是目前世界上最大的、最重要的世界性保护联盟,是政府及非政府机构都能参与合作的少数几个国际组织之一,成立于1948年10月。IUCN旨在影响、鼓励及协助全球各地的社会,保护自然的完整性与多样性,并确保在使用自然资源上的公平性,及生态上的可持续发展。
国际捕鲸委员会	国际捕鲸委员会1946年12月2日根据《国际捕鲸公约》在华盛顿成立,其宗旨和任务是调查鲸的数量、制定捕捞和保护太平洋鲸藏量的措施,如确定鲸的保护品种和非保护品种、开放期和禁捕期、开放水域和禁捕水域、捕捞时间和工具等;对捕鲸业进行严格的国际监督。
国际食品法典委员会	国际食品法典委员会(CAC)是由联合国粮农组织(FAO)和世界卫生组织(WHO)共同建立,以保障消费者的健康和确保食品贸易公平为宗旨的一个制定国际食品标准的政府间组织。
世界未来能源峰会	World Future Energy Summit(简称WFES),WFES致力于为世界寻求可持续发展的未来能源解决方案提供平台,在这个平台上寻求实际的和可持续应用的可再生能源解决方案,推动在可再生能源和环保领域的技术创新和投资机会。2006年4月,作为石油大国的阿联酋决定发展可再生能源,并提出了"马斯达尔行动计划",其关键内容包括建设低碳经济体系及技术的"马斯达尔研究院"和"马斯达尔能源公司",打造一个全球性的可再生能源交流平台(即现在的"世界未来能源峰会")以及备受关注的世界首个无碳城市——马斯达尔城。
亚太经合组织APEC	亚太经济合作组织(Asia-Pacific Economic Cooperation,简称APEC)是亚太地区最具影响的经济合作官方论坛,也是亚太地区最高级别的政府间经济合作机制。APEC的"大家庭精神"是:为该地区人民创造稳定和繁荣的未来,建立亚太经济的大家庭,在这个大家庭中要深化开放和伙伴精神,为世界经济作出贡献并支持开放的国际贸易体制。开放、渐进、自愿、协商、发展、互利与共同利益,被称为反映APEC精神的7个关键词。
上海合作组织	上海合作组织的宗旨和原则,集中体现在"上海精神"上,即"互信、互利、平等、协商、尊重多样文明、谋求共同发展"。上海合作组织起源于1989年开始的,是中国、俄罗斯、哈萨克斯坦、吉尔吉斯斯坦、塔吉克斯坦的关于加强边境地区信任和裁军的谈判进程的组织。官方强调上海合作组织不是封闭的军事政治集团,该组织防务安全始终遵循公开、开放和透明的原则,奉行不结盟、不对抗、不针对任何其他国家和组织的原则,一直倡导互信、互利、平等、协作的新安全观。
亚洲发展银行	亚太地区的区域性金融机构,其宗旨是帮助发展中成员减少贫困,提高人民生活水平,以实现"没有贫困的亚太地区"这一终极目标。亚行主要通过开展政策对话、提供贷款、担保、技术援助和赠款等方式支持其成员在基础设施、能源、环保、教育和卫生等领域的发展。
不结盟运动	成立于冷战时期的松散的国际组织,奉行独立、自主和非集团的宗旨和原则,支持发展中国家争取和维护民族独立、捍卫国家主权以及发展民族经济和文化的斗争,坚持反对帝国主义、殖民主义、种族文化和一切形式的外来统治。不结盟运动的成立是发展中国家走向联合自强的新开端,在支持和巩固成员国民族独立和经济发展,维护成员国权益等方面发挥了重要作用,成为国际社会的重要力量。
金砖四国BRIC	巴西、俄罗斯、印度、中国。美国高盛公司首次提出"金砖四国"概念,囊括了全球最大的四个新兴市场国家。"金砖四国"(BRIC)引用了巴西、俄罗斯、印度和中国的英文首字母,由于该词与英文中的砖(Brick)类似,因此被称为"金砖四国"。

组织名称	组织简介
博鳌亚洲论坛	是一个非政府、非营利性的国际组织,由菲律宾前总统拉莫斯、澳大利亚前总理霍克及日本前首相细川护熙于1998年发起,从2002年开始,论坛每年定期在中国海南博鳌召开年会。目前已成为亚洲以及其他大洲有关国家政府、工商界和学术界领袖就亚洲以及全球重要事务进行对话的高层次平台。博鳌亚洲论坛致力于通过区域经济的进一步整合,推进亚洲国家实现发展目标。
"一带一路"国际高峰论坛	"一带一路"国际合作高峰论坛是中国国家主席习近平提出"一带一路"倡议3年多来最高规格的论坛活动,主要包括开幕式、圆桌峰会和高级别会议三个部分。第一届"一带一路"国际合作高峰论坛于2017年5月14日至15日在北京举行,是2017年中国重要的主场外交活动,对推动国际和地区合作具有重要意义。29位外国元首、政府首脑及联合国秘书长、红十字国际委员会主席等3位重要国际组织负责人出席高峰论坛,来自130多个国家的约1500名各界贵宾作为正式代表出席论坛,来自全球的4000余名记者已注册报道此次论坛。2017年5月15日,习近平主持圆桌峰会并宣布中国将于2019年举办第二届"一带一路"国际合作高峰论坛。

中国参与的区域性、专门性国际组织还有:东盟 10＋3、世贸组织(WTO)、20 国集团(G20)、非洲联盟(AU)、伊斯兰合作组织(OIC)、阿拉伯国家联盟(LAS)、国际极地组织等。①

(三)国际关系

海洋多边、双边合作体现、贯彻于我国的外交方针,服务于海洋业务工作和海洋经济建设。通过与世界海洋大国、周边海洋邻国的合作,提高了我国的海洋生态文化科学研究水平和海洋生态文化管理水平,为我国海洋生态文化事业的发展做出了应有的贡献。我国与美国、日本、韩国、法国、德国、加拿大、朝鲜、菲律宾、越南、俄罗斯、印度、西班牙、澳大利亚、希腊、英国、芬兰等先后结成了海洋发展同盟与伙伴国关系,开展了多种形式的有关海洋生态文化发展方面的合作与交流。地球是个小"村子",大家有事多商量,与邻为伴,求同存异,应该成为世界各国的外交意愿。

(四)国际对话平台

实现国际合作方之间的互动交流、合作对话是构建良好国际合作关系的基础。在现有的海洋生态文化国际合作中,对话平台的构建有利于消除合作方之间的分歧,达成有效的共识。

在海洋争端日与喧嚣的同时,争议国之间的沟通对话并未停止。中国

---

① 《百科知识》专题《中国参与的国际组织》,https://www.douban.com/group/topic/32482820/。上网时间:2016/3/18。

也正在更多外交场合展示处理海洋争端的双规思路。最新的例子是，2015年6月9日在马来西亚举行的东盟地区论坛安全政策会议。

这是由中国倡议成立的，东盟地区论坛成员国防务部门高官的交流平台。中国人民解放军总参谋长助理马宜明中将在出席该会议时表明了中国军队的态度。马宜明指出，中国军队愿与各国军队深化战略互信，加强对话交流、推进安全合作、有效管控分歧，共同维护地区和平与稳定。对于各方关注的海上争端，马宜明提出了东盟国家"10+1"防长特别会晤应加强海上风险管控，开展"海上航行自由与安全"对话交流等合作倡议。

舆论认为，中国军队提出与东盟国家防长举行特别会晤，并且提出加强海上安全合作倡议，展示了中国处理海洋争端的双规思路，表明了中国军队在涉海事宜方面的合作性。中国与东盟国家加强海上合作之间有很多是需要共同推进的，包括海上恐怖主义、海上跨国犯罪、人口偷渡等等。东盟国家"10+1"防长特别会晤体现了中国通过谈判，和平解决海洋争端的思想。①

（五）民间外交

民间外交是海洋生态文化发展国际合作中的新生力量。目前，现有国际合作机制下民间外交主要是通过同各国对外友好组织和各界人士建立并发展良好合作关系，组织对外海洋生态文化发展交流以及建立友好城市等多种途径和方式开展的。

（六）**海洋生态经济合作**

海洋生态文化发展是一项巨大的工程，需要大量的人力、物力和技术等资源，需要大量的资金支持，因此国际上已有多个国家合作的合作基金，共同发展和保护海洋生态文化。联合国开发计划署、联合国环境规划署和世界银行是全球环境基金计划为其最初执行机构的"全球环境基金"，在实践中对海洋生态文化发展的国际合作起到了促进作用。

全球环境基金（GEF）成立于1991年10月，最初是世界银行的一项支持全球环境保护和促进环境可持续发展的10亿美元试点项目。全球环境基金的任务是为弥补将一个具有国家效益的项目转变为具有全球环境效益

---

① 郭媛丹：《东盟安全政策会议：中国展示处理海洋争端双规思路》，《环球时报》2015年6月10日，http://news.xinmin.cn/world/2015/06/09/27829910.html，上网时间：2016/3/18。

的项目过程中产生的"增量"或附加成本提供新的和额外赠款和优惠资助。目前该基金已经成为一个由183个国家和地区组成的国际合作机构,其宗旨是与国际机构、社会团体及私营部门合作,协力解决环境问题。自1991年以来,全球环境基金已为165个发展中国家的3690个项目提供了125亿美元的赠款,并撬动了580亿美元的联合融资。发达国家和发展中国家利用这些资金支持相关项目和规划实施过程中与生物多样性、气候变化、国际水域、土地退化、化学品和废弃物有关的环境保护活动。通过小额赠款计划(SGP),全球环境基金已经向民众社会和社区团体提供了2万多笔赠款,共计10亿美元。全球环境基金作为下列公约的资金机制提供相关服务:《联合国生物多样性公约》(CBD)、《联合国气候变化框架公约》(UNFCCC)、《关于持久性有机污染物的斯德哥尔摩公约》(POPs)、《联合国防治荒漠化公约》(UNCCD)、《关于汞的水俣公约》。尽管没有与《关于消耗臭氧层物质的蒙特利尔议定书》正式挂钩,但全球环境基金也为该议定书在经济转型国家的实施提供支持。

三、海洋生态文化发展国际合作现有机制的缺陷

海洋生态文化发展的国际合作有助于协调海洋资源利用方面上的矛盾,实现与相关国家的互利共赢,拓展国家经济发展的空间,推进资源开发的多元平衡,解决全球性的海洋问题,建立安全高效的能源资源体系。但也存在一定的缺陷:

1. 虽然《联合国海洋法公约》对各国海洋区域权利进行了界定,但涉及海洋主权的争端仍不可避免。目前在世界范围内,从海湾地区到北冰洋,从东南亚地区到南太平洋,从波罗的海到加勒比地区,有涉及近百个国家的多达上千个岛屿的权属争端。在属于我国300万平方公里的海洋权益中,近一半存在争议,海域被分割、岛礁被占领、资源被掠夺的情况普遍存在。这种因主权争端引起的资源所有权纠纷,《联合国海洋法公约》大多不能妥善解决,导致海洋生态文化开发利用矛盾冲突时有发生,并有激化的可能,因此需要进一步完善国际争端解决机制。

2. 我们呼吁建设和谐、平等、自由的美丽海洋,但在岛屿主权争夺与海域划界问题上,仍然有国家选择动用武力,甚至诉诸战争,致使国家之间的关系出现剑拔弩张的局面,这种不和平的解决方法是一国对另一国的不平等欺负甚至报复,这无疑使海洋新秩序构建的压力进一步增大,因此,这也

体现出现有海洋生态文化发展合作机制中原则、规则和制度上的一个缺陷。

3.利己主义导致海洋生态文化开发与管理领导协调机制中存在一定的缺陷。在国际合作中往往有多个部门统领,在应对国际上对海洋资源的激烈竞争中常常难以统一各自的利益,阻碍了国际合作的进行,因此需要扫清现有的体制障碍,避免各方在合作利益获取上可能产生的争议和分歧。

4.现有机制确立了一系列有助于海洋生态文化发展国际合作的原则、规则和制度,但缺乏文化引导和教化。而文化引导与教化是国际合作最好的方向盘,是国际合作的精神支柱,只有对根植于深处的文化做正确的引导,国际合作才能往健康、和谐的方向上发展,因此需要普及和平、和谐海洋发展的文化理念,引导国际合作发展走上正确方向。

5.合作相关方互信机制的缺陷。尤其是在海洋生态文化产业商业化合作模式上,为了各自利益,就合作双方如何协调,如何相互谅解的问题没有一个统一的沟通规则,致使合作的平等原则难以在轮流开发管理或者合作开发管理中体现出来,阻碍了合作的进展。

6.国际合作机制缺乏权威性。海洋生态文化发展国际合作的原则、规则和制度对整合和规制国际海洋关系和国际海洋行为发挥了积极作用,但是它没有也无法减少或改变当代国际海洋关系的复杂性质,在解决了已有问题,缓和了已有矛盾的同时,又面临了新的问题和新的矛盾,并且,合作机制的维持取决于各国的遵守程度,缺少强制力保障,也使得合作机制缺乏一定的权威性。

四、海洋生态文化发展国际合作的可能性发展空间

海洋生态文化发展国际合作现有机制的既有基础和既有缺陷,为国际合作的进一步发展提供了可能性空间。合作应持的基本原则,一是充分利用,二是扬长避短,三是加以改造,四是新的创建。而这一切,中国都应该起到倡导、影响、主导的海洋大国、海洋文化大国作用。

(一)海洋生态文化发展国际合作的可能性领域

海洋生态文化发展国际合作的可能性领域,至少包括:

1.实现海洋生态文化发展中风险预防环节的国际合作

频发的海洋灾害对海洋生态文化大发展造成了很大的影响,风险的流动性决定了国际合作的必要性,因此要对可能造成海洋生态破坏的行为活

动进行风险评估,预防海洋生态环境污染的跨界转移,通过国际间的技术合作达到风险防范与治理的相互援助。

2. 海洋生态文化发展保护基金和组织机构的国际合作

一方面,资金是海洋生态文化发展与保护活动的血液,通过国际合作来聚集资金,分散风险,既要保证海洋环境保护的资金来源的充足性和及时性,又要保证基金的有效运转,这样才能更好地保护海洋生态文化环境与资源。另一方面,虽然目前已经有很多国际组织在从事海洋生态文化发展与保护工作,但是并没有形成一个既合理分工又紧密合作的整体。因此,可以利用组织机构的国际合作,形成具有决策中心和执行层组织结构的一个整体。

3. 海洋生态环境污染破坏事件责任规则的国际合作

海洋灾害频发的今天,海洋生态环境污染破坏事件处理的国际合作势在必行,首先是管辖权归属确定的合作,管辖权一直有扩张的趋势,如何在沿海国、船旗国、港口国以及国际仲裁庭或者国际法庭之间进行分配,需要各国进行合作。其次,对于是否应该归入刑事责任,成为各国在海洋生态环境保护上进行合作的另一内容。刑事责任的处罚力度比民事责任强,其违法成本比较高,能更有力地震慑海洋环境违法行为,但是刑事责任的认定需要一整套的制度给予支持,因此需要得到各国的认同与合作。

4. 联合国推动作用下的国际合作

海洋生态文化发展的国际合作属于社会领域国际合作的一部分,可以充分利用联合国在增进国家间的国际合作方面所发挥的巨大、重要的作用,开展在联合国会议讨论研究有关海洋生态文化发展的问题,协调各国的海洋生态环境保护立场,通过决议采取防止、减少和控制海洋生态环境污染资源破坏的行动计划等等活动,来推动进一步的国际合作。

5. 建立海洋生态文化发展共同体的国际合作

"四海一家"理念下,世界各国开发、利用和保护海洋的最终目标应该是构建和平、和谐的海洋世界,使海洋成为全世界共同受益的共同体。通过国际合作来构建海洋生态文化发展共同体,建立一体化的海洋和平、和谐机制和制度,加强各相关国家对海洋"共同关爱、共同保护、共同享有"的责任、义务与权利,引领、规范、促进世界海洋和平、和谐新秩序的诞生,进而促进全人类和谐世界的建设,实现"世界大同"即"天下大同"。

(二)海洋生态文化发展国际合作的海外华人社会力量

海洋生态文化发展的国际合作,除了上述国际合作框架之外,遍布世界的海外华人社会,也是不可忽视的、无以替代的重要支撑力量。

　　海外华人社会广泛分布于世界四面八方的历史与现实的形成,是中国历代海外移民的结果,是中国海洋社会外延于海外世界的一个特殊成分。之所以将之归属于中国海洋社会,是因为,第一,他们的来源以中国本土的沿海渔民、海商和沿海地带民户为多(自古至今,主要侨乡都分布在沿海)。第二,他们移民海外,大多在一些岛屿地区,如东南亚诸岛、日本诸岛等从事海上贸易或者与海上贸易相关的生计(也有不少人从事种植业等,但也多为生产海上贸易商品),实际上是把自己在中国本土的生意地盘扩展到了海外,并且进一步扩大了海上贸易的队伍和贸易规模,同时也作为载体把中国文化包括海洋知识、航海经验、海商经验、海洋信仰等海洋文化传播、传承、扩展到了海外。第三,海外移民都割不断与家乡的联系,建构的是海外世界与中国本土世界的海上网络,包括在海外与本土乡原之间、与本土货源和销售市场之间不断的海上来往。只不过他们越来越多地吸纳接受了当地的文化,而"洋装虽然穿在身,我心依然中国心"。因此,他们仍然是中国海洋文化的创造和传承主体社会。他们是中国文化圈海外圈层的中国人——因其非中国籍,自称、他称多为"华人""华裔"。

　　现代中国海外移民数量很大,其到底有多少海外移民人口,由于统计口径的原因,至今很难有精确的数字。如《中华人民共和国国籍法》第五条规定,海外出生的华人/唐人/中华民族/华夏族/中国人后代为非中国公民的,一般称华裔。台湾"中华民国侨务委员会"《华人经济力与台湾经贸发展关系之研究》定义为"华裔乃泛指在海外出生的华人后裔"。而海外华人称中国祖籍地,则主要有"唐山""原乡""祖国""大陆""祖国大陆""我国"等称呼。至于"华人/唐人/中华民族/华夏族/中国人后代"到几代,"在海外出生的华人后裔"的边界,例如其中父母一方是华人的算不算在内(这里"华人"同样存在定义的边界问题)等,仍然是个难以精确的问题。同时,加上现代条件下海外华人的流动性也很大,所以"研究团体或政府部门都难以对散居世界各国的华侨华人进行全面、详尽的人口调查",这些年的统计数字本身即使按照一个口径统计,也变动性很大。①

　　从华侨华人的海外分布看,超过80%居住在东南亚,其余依次是美洲、欧洲、澳洲、非洲。据我国侨务部门和相关学界近年来研究统计的数字,东

　　① 中国新闻社《世界华商发展报告》课题组:《2008年世界华商发展报告》,中国新闻社2009年2月2日,http://i5.chinaqw.com/2008ind/2008ind.html。

南亚国家中,泰国华侨华人850万(2006)占当地人口14％;印尼华侨华人750万(2005),占当地人口3.1%;马来西亚710万(2008),占当地人口26.5%;新加坡270万(2009),占当地人口75.6%;菲律宾150万(2004),缅甸130万(2003);越南1,263,570(2006)。以上为亚洲华裔人口超过100万的地区。在美洲,以美国、加拿大为最多,其中美国350万(2007),加拿大130万(2004);在欧洲,主要在俄罗斯、法国、英国;其中俄罗斯98万、法国30万、英国50万(2008)。大洋洲,以澳大利亚、新西兰为最多,其中澳大利亚70万(2006),新西兰15万。非洲则以南非、毛里求斯为最多,南非10万(2003),毛里求斯36,830(2007)。目前这个数字都有不同程度的增长。

从华侨华人的祖籍看,广东籍占54%,福建籍占25%,海南籍占6%,其他省、市、自治区共占15%(其中以台湾、广西、山东、新疆、云南为主)。在东南亚,粤籍、闽籍和其他省市之比为5∶3∶2;而在亚洲以外,粤籍占绝大多数。若以方言划分,使用闽南(泉州)、广府(广州)、潮州、客家四种方言的人,占海外华侨华人总数的80%左右。①

海外移民的主要移出地,亦即海外华人的"唐山""原乡""祖国""大陆""祖国大陆"的祖籍地。而在这些海外华侨华人的祖籍地省份,则又呈现为其中一些区片(历史上的州、县,现在的市县区)最为集中,今多称之为"侨乡"。海外华侨华人与这些密密麻麻分布的祖籍地"侨乡"之间,构成了中国"海内"与"海外"之间跨海移动的主体社群和主要网络通道。

海外华人社会为中国沿海、岛屿海洋生态文化、生态文明的建设发展,可以起到沟通和促进其祖国中国与客居国之间密切合作交流、推进中国海洋生态文化走向世界的双重作用。

第二节　中国海洋生态文化国际

合作的战略目标与对策

一、中国海洋生态文化发展国际合作的战略目标

(一)战略目标设定的原则

1.目标要有前瞻性。目标要对中国海洋生态文化的未来发展有科学准

---

① 中国新闻社《世界华商发展报告》课题组:《2008年世界华商发展报告》,中国新闻社2009年2月2日,http://i5.chinaqw.com/2008ind/2008ind.html。

确的判断,我国海洋生态文化的发展仍处于大有作为的重要战略机遇期,也面临诸多矛盾相互叠加的严峻挑战,要充分估计风险性和复杂性,深入把握各种困难与阻碍,目标要体现并服务于海洋强国及国家整体海洋发展战略的发展道路和方向。

2.目标要体现美好的愿景。目标的设定要做到战略导向与美好愿景的辩证统一,目标体现的未来使命及核心价值要紧紧抓住和平、和谐、可持续的海洋生态文化发展理念,体现对"四海一家"美好世界图景的最终实现。

3.目标要放眼全球。紧紧抓住海洋生态文化发展全局和长远的重要问题,使之既成为我国的目标,又能够推进成为区域的、全球的目标。同时动员全民的海洋生态文化意识,形成区域和世界的认同和共识,争取全世界的力量来齐心协力共同科学地、友好地、健康地发展海洋生态文化。

4.目标可实现性强。目标要着眼于协调国家之间海洋生态文化资源的多元平衡开发利用,谋求共同的利益,解决全球性的海洋问题,以易于联合各沿海国形成国际上的合作合力。

5.目标可操作性强。目标的制度要切实结合我国和当今世界海洋生态文化发展国际合作的现状和机遇,制定的目标从原则、方法、标准上要具体可观察、可测量,最终可实现,目标才会可操作、有价值。

6.目标要具阶段性。发展是一个连续的过程,国际合作的开展要以问题为导向,按照先易后难、先小后大分步走的原则,分段制定短期目标、中期目标和长期目标,科学协调区域目标和整体目标,一步一步踏实而合理地规划目标的实现路径。

(二)总目标

我国海洋生态文化发展国际合作的战略总目标是:建立全球海洋和平生态新秩序,推进海洋和平、和谐、可持续发展。即通过国际合作,在全球形成海洋生态文化关注、开发、利用以及保护的良好氛围,建立和平发展的新秩序,与时俱进,赋予海洋生态文化鲜活的时代特征和人文气息,共同促进海洋和谐、可持续发展。①

其基本内涵应包含以下几个方面:

1.和平、和谐的海洋。既要用我国和平共处的海洋文化精神影响世界,同时也要尊重不同地域、不同国家的海洋生态文化传统,选择符合国际合作

① 姜延迪:《国际海洋秩序与中国海洋战略研究》,吉林大学2008年博士学位论文。

各方共同利益的发展道路与发展模式。

2. 可持续的海洋。在海洋生态文化开发利用的国际合作中，重视保护和改善海洋生态文化环境，减少海洋生态污染，做到资源与环境同步协调、可持续发展。

3. 充满人文风情的海洋。重视"人"的价值体现，将海洋生态文化国际合作带来的发展成果与民同享，丰富民众的海洋物质生活和精神文化生活。

战略总目标的制定源自于中国一直是国际海洋新秩序的倡导者和践行者，在海洋开发和利用上，开创了"自由往来，平等互利"区域海洋秩序的先河。迈向海洋新时代的中国，"以前不称霸，现在不称霸，将来也永远不称霸"，中国海洋生态文化发展国际合作立足于谋求共同的利益，但更着眼于和平、和谐、可持续地发展海洋经济，长久地实现和平生态新秩序。

战略总目标的设定，既可以为我国海洋生态文化国际合作指明方向，又昭示着国际海洋秩序和价值理念的不断进步，有助于各国从中获取发展海洋生态文化的动力，同时又科学地指引着国家的海洋行为，促进了在全球范围内建立一套能够有效保障各国合理正当的海洋权益和人类的共同利益的海洋新秩序。

（三）区域目标

我国海洋生态文化发展国际合作的区域目标是：建立环中国海文化共同体。即重构和建设一个由拥有数千年中华汉文化的中国主导的、追求"协和万邦""天下大同""四海一家"的伦理秩序的海洋文明和谐世界。① 其中，"汉文化圈"——中国与环中国海周边国家、民族在悠久的历史上形成的以中国为中心、主体和主导的汉文化共同体——是环中国海文化共同体的文化内涵。

建设环中国海文化共同体是国家"海洋强国"战略和建设"21 世纪海上丝绸之路"战略的应有内涵和目标指向，它将我国通过海路和平、友好沟通、连接世界的悠久历史文化传统与智慧在 21 世纪重新发扬光大起来。西方主导的竞争模式带来的是日益恶化的环境资源、日益扩大的贫富差距和此起彼伏的争端斗争，这种西方式的物质、权力等野蛮文化理念与"和""义""礼""文明""和谐万邦"的可持续发展理念背道而驰，而蕴含东方文明的汉文化是"共有""共享""不争"的和谐、和平、美好、生态、仁善理念，

---

① 曲金良：《环中国海文化共同体重建》，《人民论坛·学术前沿》2014 年 12 月下。

是人类实现和平、和谐的最根本、最关键途径,因此,以"汉文化圈"为主导建立环中国海共同体才是区域国际合作的长治久安之道。

环中国海文化共同体的建立,不仅有助于我国实现跨海生态文化交流合作,建设海洋强国,还将极大地促进东亚沿海国家的海洋经济以及东南亚海洋和谐世界的实现,进而推进全球海洋和谐世界的实现,即真正的"四海一家""天下大同",使全世界人民共同受益。

(四)全球人类最终目标

我国海洋生态文化发展国际合作的全人类最终目标是:建立和平、和谐美丽海洋世界。即以坚定中国特色的海洋生态文化的发展道路为基础,以和平、和谐的发展观念为核心,通过开展国际合作,对内致力于海洋生态文化的发展和海洋生态文明的建设,对外致力于社会海洋和谐与世界海洋和平,从实现东亚海洋和谐世界的区域目标到最终实现全人类"和谐万邦""天下大同"的共同理想。[1]

中国作为领先世界的海洋大国、强国长达数千年历史,以其构建的和谐、和平的"天下"理念和秩序,维持、维护了长达数千年的中原王朝统辖天下、海外世界屏藩朝贡的海洋和谐、和平历史,这足以证明和平、和谐发展模式的合理性和顽强生命力[2],因为它的价值内涵和目标指向是全世界内可持续的和平、和谐、繁荣、发展,是最合乎人类文明和正义道义的。

对于我国来说,"海洋强国"建设和"21世纪海上丝绸之路"建设这些国家战略目标有助于繁荣、发展我国的海洋生态文化,但不应该仅仅作为国家经济发展的物化目标或参与海洋生态文化国际合作的短期目标,其最终目标指向应该是全人类的福祉,应该是先从区域到全球的社会海洋和谐、世界海洋和平,进而实现"四海一家"、"天下大同"的和谐美丽世界。这才是无论中国人民还是全世界所有爱好和平的人民都强烈期待并完全可以实现的共同之梦。

二、中国海洋生态文化发展国际合作对策选择

(一)充分利用好现有国际合作平台

国际合作平台活跃在海洋生态文化发展国际合作的各个领域,为国家

---

[1]　曲金良:《中国海洋文化发展报告(2014卷)》,社会科学文献出版社2015年版。
[2]　曲金良:《环中国海文化共同体重建》,《人民论坛·学术前沿》2014年12月下。

间的合作搭建了一座桥梁,促进了海洋生态文化环境与资源开发保护的迅速进展和规模的日益扩大,合作形式逐渐多样化、合作效果日趋显著,极大促进了海洋生态文化发展国际合作的推进,因此需要我国充分利用好现有的国际合作平台。目前,全球可利用的国际合作平台存在于海洋生态文化的多领域中,主要有联合国及其下设的联合国大会、联合国安全理事会、国际海事组织、世界海关组织等。除以上平台组织外,我国还加入了世界贸易组织、世界经济组织、湿地国际、世界未来能源峰会、亚太经济合作组织、博鳌亚洲论坛等多个国际组织和亚太地区和第三世界组织。这些平台协调了国家间海洋资源利用方面上的矛盾,推动了全球性海洋生态问题的解决,帮助多个国家建立起安全高效的海洋生态能源资源体系,实现了与相关国家的互利共赢,在促进和加强海洋生态文化发展国际合作方面的贡献和作用是巨大的。我国要积极利用各种合作平台,开展海洋生态文化发展的国际交流合作,合理利用国外要素资源和巨大市场,引进资金技术,拓展海洋生态资源有序开发和海洋生态文化创新能力,提高海洋生态文化的国际竞争力。①

(二)创新国际合作机制

第一,搭建并利用好国际合作新平台。国际合作平台是国家间进行海洋生态文化发展合作的载体和渠道,也是实现海洋强国的一种软实力手段,我国要积极搭建区域性乃至全球性国际合作平台,平台的搭建要以我国的利益和海洋权益为出发点,以在国际合作中争取发展资源和发展空间,在加大海洋生态文化发展与开发力度与步伐的同时,使海洋权益观、和谐海洋观全民化、普及化;

第二,加强政府间的对话。共同营造稳定和良好的合作环境,努力消除合作发展中的体制和机制障碍;

第三,加强教育与学术合作。人才资源是海洋生态文化发展的重要战略资源,通过教育与学术合作,建设技术实训项目和特色专业,实行产、学、研一体化,共同培养服务海洋生态文化的高技能型、实用型、复合型的高素质国际化人才;

第四,加强民间交流合作。搭建多渠道多形式合作交流方式,让人民参

---

① 范晓莉:《海洋环境保护的法律制度与国际合作》,中国政法大学 2003 年博士学位论文。

与合作交流来巩固合作基础,让合作的成果不断惠及合作各方,从而得到更广泛更坚定的支持和拥护。

(三)发挥相关民间国际组织的力量

民间国际组织是民间交往的重要力量,也是维护世界和平与发展、推动文化多样性的重要力量,它从侧面在法律、制度和资金等方面给予了海洋生态文化国际合作极大的支持。我国参与的世界绿色和平组织、世界海洋和平大会等组织在推动我国海洋生态文化发展的国际合作上起到了重要的桥梁作用。因此,需要我们在重视政府间合作的同时,充分发挥民间国际组织的力量,形成全方位、多方式、多层次、多渠道的交流与合作的格局。一方面,要突出民间组织的主体地位,发挥民间国际组织在海洋生态文化国际合作中的积极作用,整合社会更广范围和领域的资源,在加强政府与民间组织互动的基础上为民间国际组织提供更为健全的保障机制,放权于民,调动民众参与的积极性。另一方面,合理配置民间国际组织资源,最大限度地凝聚全世界的社会力量,通过民间国际组织平台,平等、自由地讨论研究有关的海洋生态文化问题、协调各国的海洋生态文化保护立场,为政府组织通过减少和控制海洋生态文化资源破坏与环境污染的行动计划而做出有力推动。[①]

(四)发挥国际相关学者及其学术机构团体的"智库"作用

一方面,智库是决策者政策理念的主要来源,学者和学术机构团体的专门知识和政策理念在国家的政策制定中扮演着重要的角色。诸如当代生态马克思主义、生态社会主义、生态经济学派、环境伦理学等学术研究成果,最终落实到了海洋生态文化发展的政策和战略的制定中去,为海洋生态文化的发展战略和发展理念起到了极大的促进和指导作用,因此需要国际相关学者及其学术机构团体对海洋生态文化的内涵与价值、海洋生态问题的根源实质等伦理问题进行更为深入的研究与阐释。另一方面,发挥文艺作品和传播媒体的作用,增强海洋生态文化的话语表达和文本表达,例如影片《寂静的春天》《海洋》等,让人们在影片中直接感受与认知当前的海洋生态文化问题与建设路径,增强人们的海洋生态保护意识,并转化成保护身边海洋生态文化的实际行动。

---

① 范晓莉:《海洋环境保护的法律制度与国际合作》,中国政法大学 2003 年博士学位论文。

专栏：影片《海洋》简介

《海洋》耗时五年,耗资 5000 万欧元,动用 12 个摄制组、70 艘船,在全球 50 个拍摄地,有超过 100 个物种被拍摄,超过 500 小时的海底世界及海洋相关素材,是史上投资最大的纪录片。

海洋是什么?这部电影告诉你答案。这是一部以环保为主题,令人心旷神怡、叹为观止的生态学纪录片。本片聚焦于覆盖着地球表面的四分之三的"蓝色领土"。导演深入探索这个幽深而富饶的神秘世界、完整地呈现海洋的壮美辽阔。真实的动物世界的冒险远比动画片中的故事来的精彩,接下来银幕展开——巨大的水母群、露脊鲸、大白鲨、企鹅等。毫不吝啬在镜头前展示他们旺盛的生命力,让人叹为观止。①

（五）主导建立国际海洋生态评估评价制度

我国要积极主动构建一套符合各国利益与和谐海洋观的、科学的、可操作性强的海洋生态文化发展评估评价指标体系,并使之成为国际标准,统一各合作国的社会利益、经济利益、环境利益于一体来确定评价内容,通过国际合作平台组织对各国或各合作区域的海洋生态进行权威检测、评价以及评估公报发布,并根据评价结果进行及时反馈与监督改进,保证海洋生态文化的科学发展和可持续发展。同时,建立与评价结果相挂钩的公平准确、奖罚分明的激励制度,通过实行国际表彰、奖励与警告、惩罚等方法健全、完善考核标准。另外,评估评价制度的执行除依据国际上相关法律法规外,我国还要积极主动建立相关的国际海洋生态评估评价制度保障法律法规与执行制度,确保评估评价制度的有效性和权威性。

三、中国海洋生态文化发展理念的国际话语权和软实力建设

（一）中国要有自己的话语,没有话语就谈不上话语权

国际话语的内容是主权国家社会生活的方方面面的反映,更是其综合

---

① 资料来源:中国网 http://www.china.com.cn/haiyang/2014－11/09/content＿34007117.htm

国力和国际地位所决定的观点和立场。① 中国要有海洋生态文化发展理念的国际话语权,首先要有自己的话语,才能谈得上话语权的建设。一个国家在国际海洋问题上话语权的支撑来自于经济实力、军事实力等硬实力和一国文化理念、理论、制度等软实力。因此,中国要有自己的话语,一方面要制定科学的发展战略,建设"海洋强国",发展海洋生态文化产业,健壮海上力量,增强海洋硬实力;另一方面,要用中国的海洋生态文化发展观念以及和谐、和平、文明的文化理念来影响世界并逐步主导世界,提高我国的话语地位,从而增强我国在国际海洋生态文化问题上"中国话语"的影响力。

(二)中国要自信,若无自信,有了话语也不会有话语权

提升中国国际话语权的自信,关键在于提升自身话语内容质量,丰富话语传播主体,并积极拓展话语传播的手段。以不断进行话语内容的创新、海洋生态自然科学与人文科学相融合的方式提升话语的吸引力,以对海洋生态文化资源的发掘整理、提炼和对海洋生态文化遗产的保护等方式来增强话语的感召力;明确国际话语传播主体身份,即自信有实力成为"国际海洋主要治理者",培育多元的国际海洋话语传播主体,加强政府对海洋生态文化社会组织的支持与协调。同时,全力参与国际海洋话语平台的构建,提升已有平台的参与质量,立足中国实际积极倡导建设和维护新平台,通过多种话语平台将自身持有的观念进行传播,在最大程度上获取国际社会成员的正确认同,从而获取并拥有建构国际性海洋规则的能力。②

(三)重视顶层设计,制定正确的海洋战略

海洋生态文化软实力的提高关键点是重视顶层设计和制定正确的海洋战略。一方面,中国要加快繁荣海洋生态文化发展,增强海洋生态文化软实力,就需要站在全国的高度进行科学、合理规划,因此需要成立海洋生态文化发展领导小组,进行必要的顶层设计和高度领导,明确海洋生态文化的发展目标、发展方针、发展方法、发展理念,并领导与协同政府和社会力量共同建设海洋强国。另一方面,要制定和实施正确的海洋战略,建立明确的战略方针和战略原则,围绕着确定和实现战略目标来谋划海洋战略,将战略总目

---

① 曲金良:《中国海洋文化发展报告(2014卷)》,社会科学文献出版社2015年版,第107页。

② 曲金良:《中国海洋文化发展报告(2014卷)》,社会科学文献出版社2015年版,第113—122页。

标和区域目标具体化,层层设计、科学规划,最终在目标的指引下完成战略任务,实现海洋生态文化的可持续发展,推动我国海洋生态文明建设,并最终建立和平、和谐、美好的海洋世界。

(四)秉承海洋生态文化发展的道义性原则与和谐理念

政治合法性与道义性是软实力的基础内含原则。"如果一个国家能够使它的权力在别人眼中是合法的,它的愿望就较少会遇到抵抗。"海洋生态文化软实力存在的重要前提之一是其所倡导的价值理念符合人类社会发展的内在要求和规律,并有利于增进社会福利和国家行为主体之间在海洋领域的共同利益,促成良好的国内、国际海洋治理秩序的形成。中华民族是爱好和平的民族,中华文化是追求和谐的文化,中国海洋生态文化软实力的力量与核心价值是它高度契合中华文化价值理念所强调的道义性与和谐理念。① 因此,中国政府要坚持中国特色海洋生态文化发展道路,秉承道义性原则与和谐理念,就会得到越来越多的国家和人民的认可与效仿,中国的海洋生态文化软实力就会大幅提高。

第三节　延展 21 世纪海上丝路生态文化

一、发展中国海洋生态文化,实施"一带一路"倡议规划布局

(一)"一带一路"倡议规划布局

2013 年 9 月和 10 月,国家主席习近平在出访中亚和东南亚国家期间,先后提出共建"丝绸之路经济带"和"21 世纪海上丝绸之路"(以下简称"一带一路")的重大倡议,得到国际社会高度关注。国务院总理李克强参加2013 年中国—东盟博览会时强调,铺就面向东盟的海上丝绸之路,打造带动腹地发展的战略支点。2015 年 3 月 28 日国家发展改革委、外交部、商务部联合发布了《推动共建丝绸之路经济带和 21 世纪海上丝绸之路的愿景与行动》。

《愿景与行动》明确提出,要"突出生态文明理念,加强生态环境、生物

---

① 吴宾、王琪:《中国海洋软实力的历史变迁与当代反思》,2015 年"中国海洋文化理论前沿:历史认知与当代发展"学术研讨会论文。

多样性和应对气候变化合作,共建绿色丝绸之路"。鼓励企业"主动承担社会责任,严格保护生物多样性和生态环境"。同时,"在基础设施互联互通、产业投资、资源开发、经贸合作、金融合作、人文交流、生态保护、海上合作等领域,推进一批条件成熟的重点合作项目。"

此外,《愿景与行动》还提到,要"加强沿线国家民间组织的交流合作,重点面向基层民众,广泛开展教育医疗、减贫开发、生物多样性和生态环保等各类公益慈善活动,促进沿线贫困地区生产生活条件改善。加强文化传媒的国际交流合作,积极利用网络平台,运用新媒体工具,塑造和谐友好的文化生态和舆论环境。""支持沿线国家地方、民间挖掘'一带一路'历史文化遗产,联合举办专项投资、贸易、文化交流活动,办好丝绸之路(敦煌)国际文化博览会、丝绸之路国际电影节和图书展。"①

总之,"一带一路"是促进共同发展、实现共同繁荣的合作共赢之路,是增进理解信任、加强全方位交流的和平友谊之路,也是互尊互鉴、倡导绿色可持续的生态文明之路。

(二)实施"一带一路"倡议规划布局,必须强化"海陆统筹"的生态文明建设理念

实施"一带一路"倡议规划布局,推进生态文明建设,需要海陆一体统筹。随着全球化、区域化的深入,海陆关系越来越密切,海陆生态环境的相互依存性、资源的互补性、产业的互动性、经济布局的关联性逐步增强。海陆产业在资源上、技术上、空间上相互依赖、相互促进。开发海洋资源,实现区域协调依赖于海陆一体。一方面,海洋资源的深度和广度开发,需要有强大的陆地经济作支撑,只有在与陆地经济的互补、互助中才能消除发展中的制约因素。另一方面,陆地经济发展优势的提升和空间的拓展,必须依托海洋优势的发挥和蓝色国土的开发与利用。特别是开放性经济发展更是高度依赖于海洋。只有建立和谐的海陆关系,努力发挥沿海的战略优势地位,才能更好地发展沿海经济和海外经济,也才能更好地加强与"一带一路"相关国家的沟通与合作。

当前,海洋生态系统与经济社会系统的协调平衡已成为生态文明建设的重要目标。在"一带一路"相关区域共同的海洋开发当中,要处理好海洋

---

① 国家发展改革委:《推动共建丝绸之路经济带和21世纪海上丝绸之路的愿景与行动》,2015年3月28日。

经济与社会系统需求无限性、海洋生态系统供给有限性的矛盾，以把握海洋自然规律、尊重海洋生态为前提，以海陆联系中的人与自然、环境与经济、人与社会和谐共生为宗旨，以建立可持续的产业结构、发展方式、消费模式以及增强可持续发展能力为着眼点，以建设资源节约型、环境友好型社会为本质要求，以构建系统完备、科学有效的海洋文明制度法律体系为着力点，实施海陆环境同治，切实维护海洋生态健康，努力促进海陆和谐。①

（三）21世纪海上丝绸之路建设，必须成为中国海洋生态文化传统的现代升级版

海上丝绸之路形成于2000多年前的秦汉时期，在明代郑和下西洋时期形成高潮，在东南亚和西亚、非洲国家留下许多遗迹。这些线索表明历史上的丝绸之路是一个和平的贸易通道，中国没有通过开辟贸易航线去征服这些沿线国家，突出了海上丝路生态文化的团结互信、平等互利、包容互鉴、和平发展等内涵，这与近代西方世界的地理大发现和新航路开辟后充满征服与掠夺的贸易通道相比形成鲜明对照。站在历史的高度着眼未来，21世纪海上丝绸之路建设同样体现这种精神，致力于跟老丝绸之路的沿线国家继续保持和平友好关系，实现互惠互利、共同发展。此外，历史上亚洲国家创造过辉煌的中华文明、印度文明、波斯文明和阿拉伯文明。而丝绸之路是这些文明相互交流和融合的重要纽带。今天中国的经济影响力正在辐射亚洲、非洲和拉美。但中华文明的复兴只有与这些区域文明一起复兴，才能相得益彰，共同发展。中国要传递的信息，就是要公开、明确宣示，中国走向海洋，不会重复西方列强海上争夺霸权的老路，而是以和平的方式进行，中国的发展不会威胁东南亚国家及丝绸之路沿线国家的经济、政治与安全。②坚持主张、主导、维护和保障世界海洋和平，是世界海洋生态文化建设与发展的最大、最重要、最基础、最根本的保障和前提。而世界海洋和平的最基础最根本的保障与前提则是改变近代以来西方所主导的世界海洋"圈地运动"、侵略殖民等霸权贪占，建设共同享有、友好合作的开发利用海洋的新型国际秩序和机制。中国提出和主导的21世纪"海上丝绸之路"建设，应该成为中国海洋生态文化传统的现代升级版，更好地体现出传统海洋生态文化的精髓与要义。

① 郑贵斌：《生态文明语境下的海洋强国》，《中国社会科学报》2013年9月18日。
② 全毅、汪洁、刘婉婷：《世纪海上丝绸之路的战略构想与建设方略》，《国际贸易》2014年第8期。

专栏：21世纪海上丝绸之路沿线国家（节选）

　　21世纪海上丝绸之路沿线国家主要包括分布于东北亚、东南亚、南亚、西亚、非洲、南太平洋、北美以及中南美—加勒比等地区的国家。这些国家对中国"一带一路"倡议的反应差别很大。

　　东北亚：韩方真诚希望韩中两国成为同心同德、相互支持、相互帮助的战略合作伙伴；日本对中国提出的"一带一路"倡议态度慎重，未见官方表态。

　　东南亚：东南亚大多数国家表示欢迎"一带一路"倡议，其中印尼、马来西亚、柬埔寨、老挝、泰国反应最为积极。

　　南亚：南亚的巴基斯坦、斯里兰卡不但欢迎中国的"一带一路"倡议，而且已启动有关互联互通项目。印度则态度谨慎。

　　西亚：西亚大部分国家近年政局动荡，有些甚至处于战争状态，因此，虽然有些国家也表示支持中国的"一带一路"倡议，并在能源方面和中国有深度合作，但鉴于复杂的地缘政治状况，"一带一路"建设合作风险较大。

　　非洲：大部分非洲国家希望同中国加强合作，欢迎中国前去投资。近年来，中国在非洲投资的"一带一路"相关项目快速增加。

　　南太平洋：南太平洋是海上丝绸之路的重要发展方向。澳大利亚、新西兰及有关岛国对中国"一带一路"倡议兴趣浓厚。

　　北美：加拿大希望与中国加强合作，美国对中国包括"一带一路"倡议在内的发展战略充满疑虑，墨西哥对中国充满期待。

　　中南美—加勒比：欧洲人在去中国和印度寻宝的路上发现了加勒比和中南美，中南美—加勒比与海上丝绸之路有深厚的历史渊源。拉美国家对"丝绸之路"的概念也许并不熟悉，但与中国实质性的合作，却开展得如火如荼。(作者：李凤)[1]

---

　　[1]　杨善民：《"一带一路"环球行动报告(2015)》，社会科学文献出版社2015年版。

二、承接古今、连接中外，拓展海上丝路生态文化交流载体和平台

(一)充分发掘可资借鉴利用的中外海上丝路生态文化交流的历史资源

中国的海洋生态文化，重视文化理解与相互包容，倡导双边与多边对话，而海上丝绸之路正是中国海洋生态文化的重要精神载体。自汉代建立起海上丝绸之路以来，以中国古都长安为起点，连接亚洲、非洲和欧洲的古代陆上商业贸易路线，千百年来成为连通东西方的重要"交通走廊"。通过和平的航海贸易，带来的经济的共赢，不同文明之间的碰撞，以及相关国家的相互交流。中国的纺织、造纸、印刷、火药、指南针、制瓷等工艺技术，绘画等艺术手法，通过海上丝绸之路传播到海外，在中国周边国家和地区产生了重要影响，对近代西方各国发展也产生一定程度的影响。同时，西方的音乐、舞蹈、绘画、雕塑、建筑等艺术，天文、历算、医学等科技知识，佛教、伊斯兰教、摩尼教、景教等宗教，通过海路传入中国，经过中国化改造，与传统文化互相融合，成为中华文化的重要组成部分。

郑和下西洋的伟大壮举，体现的就是中国传统文化中天下一体、四海一家、重情义、轻利益、"乐群贵和"的儒家文化精神。这成为中国海洋文化的核心内涵。郑和统帅着当时世界上最强大的船队，在 15 世纪最初的 30 年间，航程遍及亚非 30 多个国家。青花瓷、拔火罐、织造术、中国历法……郑和船队所及，不仅带去了和平、友谊，更带去了先进的中国文化、技术以及中华民族的文明。郑和下西洋加强了中国与亚非国家的友好交流，对稳定地区秩序起了重要作用，也为明清两朝为核心的周边国家"汉文化圈"的形成起了积极作用，而这些对于当前建设文明、和平、共赢的 21 世纪海上丝绸之路，向外界展示中国价值观念，打破争端僵局，增进彼此了解和互信，扩大中华民族文化软实力，提升我国在国际上影响力，维护世界的和平与稳定等方面具有重要的意义和价值。因此，应充分发掘可资借鉴利用的中外海上丝路生态文化交流的历史资源，包括有形资源和无形资源等方面，使其在新的时期发挥更加广泛的作用。

要做好海上丝路生态文化资源的发掘和规划，除了加强考古发掘外，要加强对散落于地方史料记载和民间文化记忆，进行系统的考证，揭示生态文化的深层内涵。认真梳理、归类，科学准确地把握生态文化的特征，用现代

的眼光审视文化资源,为产业转化和创新海上丝路生态文化奠定基础。此外,要对零星、分散的海上丝路生态文化资源进行有效的整合。让不同的文化要素、不同的文化优势有机地联系起来,让原本湮没的、呆滞遗漏的文化资源,变成系统的、有活力的文化和经济优势。①

(二)搭建多元化海上丝路生态文化对外交流平台

重视海上丝路生态文化领域的多层次互访,加强友好城市间的文化交流,搭建好针对海上丝路沿线国家和地区的对外生态文化合作平台。做好在海上丝路沿线国家和地区举办生态文化节、文化周、艺术周、文物展和会展等工作。发挥相关省市驻外机构宣传推介中国优秀生态文化的重要作用。要注重举办国家层面、国际合作层面的妈祖文化、郑和文化等海上丝路生态文化高端学术文化交流活动,发挥多元载体的文化传播作用。适应海上丝路沿线国家和地区受众需求和接受习惯,扩大广播电视节目在境外的有效落地。拓展民间交流合作领域,鼓励民间资本积极参与对外生态文化交流和文化贸易。把生态文化交流工作与外交、外贸、援外、科技、旅游、体育等工作结合起来,充分调动各方面力量,形成对海上丝路沿线国家和地区生态文化交流的合力。

(三)积极筹划建设海上丝路生态文化对外交流项目

积极策划筹划和推进海外中国文化中心、孔子学院、妈祖文化、郑和文化推广建设,充分利用多元化海上丝路生态文化对外交流平台,实施生态文化合作工程,形成对外文化交流的长效机制,并使其成为弘扬中华文化、推动中华文化"走出去"的重要窗口,增进各国人民之间在文化上的相互理解、相互尊重、和睦相处和共同发展,为建设和谐社会、和谐世界做出应有的贡献。充分利用好非物质文化遗产展演等活动形式扩大海上丝路生态文化的影响范围,非物质文化遗产是人类文化宝库的重要组成部分,记录了人类不同族群、不同文明的艺术成就和发展进程,保护和传承非物质文化遗产,是人类社会的重要任务。通过"中国非物质文化遗产展演"等形式让来自世界各国人民进一步了解中国非物质文化遗产的瑰丽多姿,认识中国传统文化的博大精深。

---

① 曹伟明:《激活"海上丝绸之路"的文化基因》,《解放日报》2015 年 7 月 19 日。

（四）多方位打造海上丝路生态文化对外交流的国际强势传媒平台

在信息化时代,传媒作为"第四权力",在文化交往中的地位越来越突出,其对意识形态领域的影响越来越大,因此,需高度重视、加强与海上丝路沿线国家和地区的传媒合作,着力打造好国际文化以及生态文化的传媒平台,并做好以下几点:

第一,新闻媒体应创新对外宣传方式方法,增强国际话语权,妥善回应外部关切,增进沿线国家和地区对中国的了解和认识,展现文明、民主、开放、进步的形象,进一步拓展海上丝路生态文化的宣传和影响范围。

第二,提高境外传媒的开放程度,与海上丝路沿线国家和地区境外传媒建立合作与互信的伙伴关系。要做到上下一心、共同维护,以获得沿线国家和地区传媒的合作与支持,并把伙伴关系作为建立国际强势传媒的战略步骤对待。支持重点主流媒体在海外设立分支机构,与沿线国家和地区主流媒体加强沟通交流,让沿线国家和地区公众了解更多中国发展的成就、中国传媒的声音,确立中国传媒的国际声望。

三、开放多元、形式多样,推进政府、国际组织间海洋文化交流互鉴

（一）筹建合作协调机构,完善海洋文化合作机制

与海上丝路沿线国家和地区进行文化交流合作,需要有一个统一的协调管理机构来从政府层面上进行推动,应联合财政、外办、商务、文化、广电、经委等政府部门和各方面专家,统筹文化交流合作亟待解决的问题。并可由文化部等相关部门牵头,设立国家和地区与海上丝路沿线国家和地区进行文化合作协调事务的办公室。

加快生态文化交流与合作,建立对话机制十分关键。为使生态文化交流与合作常态化,有必要建立与沿线国家和地区生态文化交流机制,制定生态文化交流合作战略规划,对生态文化交流合作项目进行整合与引导。协调和组织各国政府克服区域内由于政治或历史因素形成的各种障碍,搁置争议,通过高层互访、定期会晤和三边对话等方式推进区域生态文化的交流与合作。

（二）拓展民间海洋文化交流与合作、教育与学术交流

通过设立针对海上丝路沿线国家和地区的民间对外生态文化交流基

金,扶持民间团体,调动相关文化企业和个人进行生态文化交流的积极性。同时,在与海上丝路沿线国家和地区进行民间海洋生态文化交流与合作方面,相关的文化科研机构应该发挥更大的作用。可以通过构建多种形式的知识网络机制来促进民间海洋生态文化交流机制和制度的形成。推动各类知识社群通过各种平台,定期举办学术和社会交流活动,如举办研讨会、合作开展项目研究、发表研究报告,推动海上丝路沿线国家和地区之间的海洋生态文化交流与合作,同时将研究成果不断普及,努力构建一定范围与规模的海洋生态文化传播网络。此外,民间海洋生态文化交流还可以通过文化艺术、会展、影视、体育赛事等媒介,将合作的深度和广度拓展至各个领域和不同层面,并关注和加强相关国家和地区青少年之间的文化交流。

(三)重视教育合作和培训,扩大海洋生态文化的影响力

人文观念和思想文化的差异是影响和制约经济国际合作与发展的一个重要因素。积极开展教育领域的国际合作,是促进中国与海上丝路沿线国家和地区进行海洋生态文化交流、扩大海洋生态文化影响力的有效途径之一。主要内容包括访问学者和教师互派、学位等值、合作办学、共同承担科研项目、共享教学资源、国际学术会议远程教育、短期培训等。应高度重视并致力于推进与海上丝路沿线国家和地区在高层次人才培养、科研合作、学生交流、语言教学等方面的教育合作。在进一步推动各国城市间生态文化、教育和经贸往来的基础上,积极探索城市国际合作的新领域、新途径,并加强沿线国家和地区在顶尖科研院校、知名大学之间的交流合作。

(四)推动海洋文化产品和服务出口,拓展海洋文化产业交流合作的范围、内容和形式

为进一步促进与海上丝路沿线国家和地区海洋文化产业上的交流合作,应当重点发展双方在海洋旅游产业、海洋休闲产业、海洋节会产业、海洋传媒产业等方面的配合,努力拓展海洋文化产业交流合作的范围、内容和形式。重点突破以下几个方面:实施“文化走出去”工程,完善支持海洋文化产品和服务向海上丝路沿线国家与地区“走出去”的政策措施,进一步扶持海洋生态文化出口重点企业和重点项目,制定海洋文化产业交流与合作项目指导目录;逐渐培育一批具有国际竞争力的外向型海洋文化企业和中介机构,建设一批有实力的跨国海洋文化企业和著名品牌;充分运用高新技术手段和创意提升海洋文化产品的表现形式和技术含量,积极扩大海洋文化产品和服务出

口规模,推动开拓国际市场,逐步扩大海洋文化企业对外投资和跨国经营。

四、海上丝路团结互信、平等互利、包容互鉴、和平发展的时代价值

通过海上丝路团结互信、平等互利、包容互鉴、和平发展的理念的引领与海上丝路战略的实施,将21世纪海上丝绸之路建设成为文明播撒之路,包容与和平之路。

(一)有利于扭转当今时代海洋竞争与争端日益激烈、海洋世界国际关系日趋紧张的局面

海上丝绸之路建设,其中一项重要的任务,也是关键的目的之一,即进一步深化与沿线国家和地区在经济文化领域的沟通,加快区域范围国际关系的缓和与良性发展,营造良好的外部关系和周边环境。建设21世纪海上丝绸之路战略构想,是对周边国家释放出和平发展的善意信号,是睦邻、安邻、富邻周边外交战略的具体体现,将打造更加紧密的中国—东盟命运共同体,突出体现"亲、诚、惠、容"理念。同时,它将成为我国与沿线各国之间开拓新的合作领域、深化互利合作的战略契合点,通过大力发展经贸联系,积极倡导综合安全、共同安全、合作安全的新理念,在扩大我国经济影响力的同时,也使周边国家更全面、更客观地认识中国,了解中国,从而有利于形成双方互信局面,为推动构建和平稳定、繁荣共进的周边环境提供基本前提。这将有利于扭转当今时代海洋竞争与争端日益激烈、海洋世界国际关系日趋紧张的局面。

(二)有利于改变当今时代海洋环境与资源日益恶化的趋势与走向

当今时代海洋环境恶化、资源日益衰退已经成为不争的事实,而人海和谐的理念不可或缺,这是世界各国追求海洋合作互利共赢应遵守的基本原则,也是可持续发展的题中之意。当前,海上丝绸之路区域内不少国家、地区之间拥有相似的区位条件、趋同的资源,造成地方很多发展项目类似,不仅会带来同质竞争,而且会导致资源浪费。"21世纪海上丝绸之路"正是我国在世界格局发生复杂变化、外界环境急剧恶化的当前,主动创造合作、和平、和谐的对外环境的有力手段,将有利于推进海洋治理大发展,探寻人海和谐共处的良性发展模式与经验。

通过开辟"21世纪海上丝绸之路"这一通道,将给相关国家和地区带来较大的驱动力,使其在人才、技术、资金等市场要素的交流渠道不断拓展,大大弥补单一国家和地区在创新意识和能力上的不足,从而为经济发展提供源源不断的新增长点,并带来海洋生态理念上的切磋、冲击和突破,有利于高效利用海洋资源,缓解环境压力。

(三)有利于最终实现世界海洋和平发展、和谐发展、可持续发展的人类美好愿景

21世纪海上丝绸之路是文明播撒之路,是开放与多元之路,是包容与和平之路。因为开放就不可避免出现多元化,在这一过程中,难免又会产生矛盾和摩擦,不管是在经济抑或是文化领域。但是当前海上丝路的建设所提倡的,更多的是在多样化背景之上的包容和合作。在经济发展过程中,可以存在不同的制度与模式,但是合作与共赢是主旋律。在海洋文化的交流与合作方面,不同的文化相互渗透,彼此了解沟通,取长补短,虽然这也需要一个逐渐适应与融合的过程,但是从其发展阶段来看,原本相异的文化最终将进入相对稳定的时空,实现海洋文化的内外兼容。因为彼此包容,为和平与和谐提供基本前提,这也是现代国际经济文化新秩序的内在要求。"海上丝绸之路倡导和希冀的不是暴力与征服,不是剥削与掠夺,而是平等与和平。和平之路才符合丝绸之路作为文明之路的目标,也只有和平之路才符合沿路人民福祉的需要。"[1]而在人与人、人与自然的关系方面,和谐共存与可持续发展无不都是共同与终极的诉求与追求。海上丝路团结互信、平等互利、包容互鉴、和平发展的理念将有利于推动实现世界海洋和平发展、和谐发展、可持续发展的人类美好愿景。

第四节　建成"美丽海洋中国"和"美丽海洋世界"

一、和平海洋,人类海洋发展的共同愿景

热爱和平,是人类的"天性"。

人类谁不热爱和平？和平是美好的、令人向往追求的,谁也不愿意在战

---

[1] 张勇:《略论21世纪海上丝绸之路的国家发展战略意义》,《中国海洋大学学报(社会科学版)》2014年第5期。

乱中生活、受伤、流血、死去,抑或看着亲人、同胞死去。人类社会所在的地球表面70%多是海洋,人类的大多数临海而居,依海而生,海洋的和平是这个地球上最大面积的和平。但问题是,和平往往来之不易,而且往往必须有人为了和平而战,而壮烈牺牲,原因就在于往往有人破坏和平,而且往往是政治集团——国家政权挑起战争。纵观世界历史,尤其是中西方比较而言,人们可以看到,西方世界的历史,是充满了战争、充满了相互残杀的历史,虽然其间也有不少和平时期即非战的间隙,但总体而言,战争是稠密的,而且动辄就挑起环地中海大战、欧洲大战、世界大战;中国自古幅员辽阔,人口总量庞大,约占世界人口的三分之一、四分之一(最近二三十年始占五分之一),尽管战争也不胜枚举,但与西方比较而言,则少之又少,尤其是如此泱泱大国,一直很少有自相残杀,很少有对外攻伐。看看中国历史,长达数百年"天下"太平、国泰民安、刀枪入库、马放南山、了无战事的历史时期常见,历史上几次较大规模的战乱残杀,往往是周边少数民族攻入中原遇到抵抗而引发的,而中原地区之所以抵挡不住,不是"落后就要挨打",而是富足招致挨打,太平日久,自废武功,一遇朝廷腐败,民心大失,王朝更迭,大限即到。而总览历史大略,中国人不走宗教极端,向无排除"异教徒"之"圣战"发生,因而也就少有大面积极端战争。长此以往,养成了中国人不但发自内心爱好和平,而且从伦理、从制度上努力保障"天下太平"的民族性格、道德伦理和生活方式。这在中国的海洋历史上表现更为凸显。中国的海洋上自古少有战事,一直到明代倭寇骚乱之前,中国的海面上几乎一直风平浪静,是所谓"四海晏然"。因此,中国的海洋文化,总体而言是和平的海洋文化。这是中国海洋文化相对于西方海洋文化的独有特征。中国海洋文化的这一重要的独有特征,是由其独具的"陆—海"区域为自然环境基础、以中华民族自古认识海洋、海陆互动的发展观念和发展方式决定的。中国人不会在海洋上四处侵略、四处占有、四处殖民——因为侵略、占有、殖民第一不符合中国人的道德观念,第二需要冒更大的风险,甚至是把老本乃至把生命拼光。中国人不需要这样。这样既不道德又投机冒险的营生,不会是智慧的中国人的选择。

中国海洋文化之所以有和平性,是因为数千年历史上占世界总人口三分之一、四分之一的中华民族爱好和平,并"声教四海",使得"天下归心","四海一家",因而成为世界海洋和平的强大主导力量和中流砥柱。这至少体现在以下五个方面:

一是从观念上,中国人自古对海洋存有敬畏之心。这是中国自上古即有的天人合一、天道自然观使然。当代世界经历了西方主导的二百年折腾之后,才似乎懂得"人与自然要和谐相处",并视之为最"先进"的"现代理念"。中国人自古讲究自然界的万事万物是有生命的,是有灵性的,要善待,要保护,要对自然有敬畏之心、感恩之情;人只是自然界的一分子,破坏自然就会得到惩罚,得到报应。在中国文化传统里,没有人类主宰自然世界的观念,有的是对自然界的适应、顺应、在和合中不破坏地加以利用。因此,中国人面对海洋,在传统文化里,有着无数的五花八门的神灵受到敬畏、受到崇拜、受到祭祀,自古以来对海洋自然没有侵略性。对自然界姑且如此,对人没有侵略之心,是中国文化的天性。

二是从制度上,中国人自古对内讲求社会和谐,对外讲求世界和平,这包括对沿海社会的制度治理,包括对海外世界的制度建设。这种"制度",是自上古既有的礼制主导而不是法制主导的社会治理制度。中国自汉代确立儒家伦理思想为治国主导思想,自此使中国成为世界公认的礼仪之邦。中国儒家思想和在此指导下的伦理制度,在两千多年的帝制时代一直受到尊奉,并通过海洋传播"声教四方",使之无论在"国内"还是"国外",即无论是在直辖地区还是自治地区,以至于整个中国文化圈中,普遍深入人心。检视中国历史上历代政府对周边海外诸国政权的诏书,强调的都是"共享天下太平之福";历代周边海外诸国政权对中央政府的上表,表达的都是崇慕中华礼仪文化,尽职尽责做好自己管辖下的藩邦民人的文明向化,使其自治地区成为中华大家庭的"守礼之邦"。中国文化中不乏法制文化,但法制文化在传统文化中一直处于维护礼制文化、保障礼制社会运行的亚位。"法"的制定和施行,都是对违"礼"犯罪的惩治。西方之所以唯"法"至上,是西方向无"礼"的存在的缘故——西方人所讲究的"礼",只是"礼节"、"礼貌",不属于道德规范。中国人处处讲求遵礼,讲求"己所不欲勿施于人",讲求社会和谐。其"礼"为"义"。礼制的主要功能是保障社会和谐,这是中国传统文化的精髓。现代社会所普遍缺失、因而正在谋求建构的,正是这样的和谐社会。

三是从宗教文化上,无论是在中国内地还是在沿海与海外地区,中国文化圈即中国海洋文明圈中所传承的主流宗教文化,包括民间信仰,都是和平性的。无论是中国本土的多种宗教和民间信仰,还是通过海路和陆路来到中国的多种宗教和民间信仰,都在中国得到了多元共融的发展。在中国文化这里,不存在由宗教信仰不同而导致战争的可能性。在西方世界,支持其动辄发动战争的观念系统,一个是对别人财富的欲求,一个是对别人宗教信仰的排斥和不容忍,必欲将"异教徒"置之死地而后快。但在中国,既有本土从上古天人自然观衍生而来的老庄思想和道教,又有本土从上古社会伦理观衍生而来的儒家思想和儒教,还有从海、陆两线最早外来的大宗思想和宗教——释家思想和佛教,后者很快就中国化了,以至于即使在其母国消亡之后,在中国依然作为中国本土化的宗教而不断得到发展。在中国悠久的文化史上,不但儒释道三教在同异论衡中互通互融,而且在中国沿海像宋元时代泉州那样的世界级大港,由于国际化海洋—港口贸易的发展和外来移民人口的国际化发展,各种宗教长期在这里和平相处,后世有"世界宗教博物馆"之称。

四是从中国历代海洋政治实践上,中国历来不搞对外侵略,不搞海洋霸权,一直奉行的是"使天下共享太平之福"的海洋和平政策,更不以侵略殖民为目标。明朝政府的郑和下西洋,作为古今中外最大规模的航海壮举,是宣诏天下"共享天下太平之福"的和平航海,不侵占别人的一寸土地、不搞海外殖民,这正是中国海洋和平文化的最为经典的体现。历史上中国周边的海外属国地区大都是一些贫弱地区,中原王朝在这些属国地区既不存在开辟商品市场问题,也不存在开辟物产资源问题,更不存在补充人口劳动力问题。不但周边海外藩属地区不能给中央王朝带来财富,反而中央王朝还要支持、接济这些"小弟弟",就连他们的依例朝贡,中央政府也往往或加以减免,或加倍厚赏——这就是今天不少人因只懂"经济"而横加诟病的中国历史上历代政府的"厚往薄来"政策。事实上为了周边地区的和平稳定、"使天下共享太平之福",是不能用今天的"经济""竞争"眼光和观念来评价古人的。当代中国依然实行的是海洋和平外交,旨在建构海洋和平世界,就是中国传统海洋和平思想和政策的当代延续。

中国海洋文化的和平性,与西方海洋文化有着最大、最根本的区别。这是美国L.S.斯塔夫里阿诺斯《全球通史》①第一编"1500年以前诸孤立地区的世界"第二章"西欧扩张的根源"中的一段话,可见西方人自己也是这样自我定性的:"1500年以前,西欧几乎一直是今日所谓的不发达地区。西欧诸民族地处边缘地带,从那里窥视内地,它们充分意识到自己是孤立的、脆弱的。"因此"世界的划分是不公平的"。该书在同一章的"好战的基督教世界"一节中,分析了西方世界之所以会如此的原因,其中将宗教因素放在了

① [美]斯塔夫里阿诺斯:《全球通史:1500年以后的世界》,吴象婴、梁赤民译,上海社会科学院出版社1999年版。

第一条："欧洲的扩张在某种程度上可用欧洲基督教的扩张主义来解释。与欧洲其他大宗教完全不同,基督教浸透了普济主义、改变异端信仰的热情和好战精神。……为了使异端和不信教的人皈依基督教,基督教会总是毫不犹豫地使用武力。基督教的好战性源自犹太游牧民所崇拜的复仇和惩罚之神。基督教作家常用战争作比喻,将人间世界看作上帝与撒旦交战的战场。"

中国的郑和下西洋较之西方的大航海早了将近一个世纪,中国的航海条件和能力远胜于当时的西方,何以中国的郑和们没有像西方的航海家们那样创造出奇迹,产生改变人类社会历史的效果和影响? 实际上这是中西方海洋文化传统的差异所致。中国的郑和下西洋和西方的航海家们的大航海、大发现,以及他们各自的举世创举及其各自对社会和历史所产生的影响,都反映的是各自的亦即中西方的海洋文化传统的差异,甚至是巨大的差异。仅就大航海而言,这些差异的主要表现至少有三:

1. 在海外交通上,中国的海洋文化传统重在致力于海外关系以中华帝国为核心、海外各国作为中华帝国的藩属自治地区"共享太平之福",各国是否归属完全自愿,"听其自便",而决不会以掠夺开发、殖民占领为目的,视海外世界的国家、民族存在为无物,原本无知,却每每以对海外未知世界的"探索""发现"者自居,公然宣布为己有,实施殖民占领;

2. 在对待海外异国、异族上,重在怀柔、安抚,以泱泱大国姿态,一贯实行"厚往薄来",而视那种只考虑经济利益、斤斤计较蝇头小利的观念和行为为庸俗小人之举;

3. 在对待海上丝绸之路——商路上,重在互通有无,利义兼之,视鲸吞掠夺、暴利性贸易为不仁不义。

中国海洋文化是人类海洋文化的重要组成部分,是世界各区域(各国别)海洋文化的一个重要国别类型,在世界海洋文化发展史上占据着历史最为悠久、幅员最为辽阔、内涵最为丰富、对人类影响最为长久和深远的十分重要的分量和地位。尽管近代之后中国海洋文化的历史作用与历史地位遭遇到了西方海洋势力东侵的挑战,让位给了西方海洋文化,中华海洋文明共同体、中国海洋文明圈也随之解体,但这并不能否定中国海洋文化在长达数千年悠久历史上的光辉和功能。近代以来西方海洋文明之所以崛起、之所以霸权世界和主导世界,原因很复杂,其霸权世界、主导世界给世界海洋和平、海洋生态带来的破坏已日益严重恶化,日益显露出其不可持续性,其自身也已日益呈现出难以支撑、不得不偃旗息鼓、只不过仍然在垂死挣扎、不甘退出历史舞台的艰难态势。对此,已经越来越形成一定程度上的国际共识,尽管仍然有不同的认识、不同的声音和对形势发展的不同判断和预期。

无论如何,世界上大多数国家是海洋国家,大多数人口是沿海人口,当今的世界竞争很大程度上是海洋竞争;让资本控制世界、让海洋竞争和海洋霸权主导人类文明和海洋文明的发展,是不可持续的;而能够带来世界海洋和平、和谐、可持续地发展的理论、模式与历史经验,就在拥有着五千年发展历史和和平地构建和实践了大区域的海洋文明"天下秩序"的中国海洋文化、中国海洋文明这里。

二、"美丽海洋中国"建设的最终目标是"美丽海洋世界"

中国海洋生态文化发展目标的基本内涵,至少应有以下几个方面:

1."和谐海洋"。致力于和谐海洋的建设,就是要注重海洋社会(广义的)和谐、人际和谐、族际和谐、国际和谐与和平,尊重不同区域海洋社会文化传统及其自我选择,"己所不欲,勿施于人",四海祥和,共享太平之福;

2."审美海洋":致力于审美海洋的建设,就是要注重人类对于海洋的精神感受、审美感受、幸福感受,而不是一味追求对海洋资源、海洋利益的贪占享受;

3."永续海洋":致力于永续海洋的建设,就是要注重海洋资源、海洋环境的可持续利用,资源、环境优先,而不是侵夺效率优先,避免相互竞争掠取;

4."休闲海洋":致力于休闲海洋的建设,就是要注重予民以休养生息,予海以休养生息,以替代快节奏快速率、紧张疲劳型海洋生产和社会人生的运转;

5."安全海洋":致力于安全海洋的建设,就是要注重海洋环境安全,海洋资源安全,海产消费安全,海业人身安全,人们卫生长寿,海洋生机永在;

6."文脉海洋":致力于文脉海洋的建设,就是要注重文化传承型海洋社会的建设,重视海洋历史文化资源保护与海洋精神文化与民俗文化传承,而不是动辄横扫、破坏、新建、以维新是求,而要使之文脉不断。

一句话,就是要将我们所赖之以生存发展的海洋,建设成为人之所以为"人"所需要的"合目的"的"人文海洋"。而毫无疑问,"人文海洋"的海洋文化战略的实现,是靠"人",亦即"合目的"的"人文社会"来建设发展的——"人"在建设发展"人文化"海洋的过程中建设发展了"人文社会"自身——这是海洋文化建设发展的战略手段,也是战略目的。

依如前述,建设如此的海洋文化发展范式,需要有一种合乎这种文化范式的文化传统作为基础支撑与参照,并且最好在人类历史上可以找到合乎这种文化范式的已有社会运行经验可资借鉴,而通观人类海洋文化发展的历史,无他,同样就在中国,在中国文明的历史这里,亦即在中国的海洋文化历史这里。

准此,中国的海洋文化发展战略,就不但找到了如上这一不仅适宜于中国、同时也适宜于世界的海洋文化发展范式,而且找到了中国文化传统可以作为文化坐标,同时也找到了合乎这种文化范式的中国海洋发展历史已有的社会运行经验可资借鉴。

世界进入近代尤其是现代的近100多年以来,全球性科技、工业、经济畸形发展之所以导致唯(泛)科学主义泛滥、唯(泛)经济主义成灾,"工具理性"发达,"价值理性"贬值,实用主义乃至拜物主义盛行,人之作为"人"的危机与资源危机、环境危机相伴而来,成为20世纪全球性的"世纪病态",使人类陷入一种"无心"状态,正是由于主导和牵引这个世界的是以西方海洋发展模式为主要内涵的西方文化的缘故。西方文化的这种"魔力"并非由于其对整个世界具有吸引力、向心力,而是一方面人们"理智"地、朴素地认为"落后就要挨打",因为昔日的强盗依然在时时伺机"打人",世界各国因而不得不、不敢不年年花费巨额军费开支、科研开支、经济政策扶持开支等向西方海洋大国进行经济、科技与军事"实力"的"追赶"——这是迫不得已;另一方面,西方文明把世界各地的本土文明打碎之后,原有的道德伦理与信仰体系分崩离析,最容易被引入物欲横流、"人(仁)莫存焉"的歧途,愈来愈多的清醒的人们已经愈来愈普遍地认识到了这种西方主导的海洋发展模式的弊端。因此,如前所论,人们之所以越来越对人类世界的文化发展问题即文化战略问题给予重新关注,目的就是要找到解决这些问题的钥匙,给人类的发展找回这颗"心"。所谓文化发展战略,就是要以"人文价值理性"作为基本原则,建构人类社会发展的终极目的意义,用以统领发展方向,改变现代化过程所导致的"世纪病态",以求得世界不同国家之间、族群之间、阶层之间、人种之间——亦即世界上的人与人之间的长期和平和谐合作发展关系,推进人类文明的持续发展。亦如前述,这样的文化发展战略所要创造的文化发展范式,将从根本上改变近代以来总体上以西方文化为主导的发展范式,是人类发展战略的一次革命性转变。这不能靠西方文化及其海洋发展模式自身,替代它而引领和主导世界文化发展架构及其走向的,应该是必然地历史地成为中国文化传统及其海洋发展范式理应担当的世界责任。

因此,将建构中国海洋发展的中国文化模式,确立为中国海洋文化战略的目标定位,就是要用中国文化传统实现"人"化海洋,"文"化海洋,亦即用中国文化传统实现中国海洋发展的人文化。

建设美丽海洋,使之成为中国海洋环境生态文明建设的基本标志,促进人们的海洋审美思维、海洋审美情感的养成,保护和建设海洋生态之美,建成人海相依、人海和谐的生态文明社会和生态文明世界,是摆在中国"海洋强国建设"国家战略中的艰巨而又基本的任务。

这样的中国海洋生态文化战略目标定位,既能实现中国作为海洋大国的自身发展,又能辐射影响乃至主导世界海洋发展方向。这是因为,中国海洋生态文化战略目标的实施与实现,体现的是当今世界海洋文化发展的应有方向,因此必然对世界海洋生态文化的发展形成强大的文化吸引力和向心力,大面积地、大幅度地影响、带动和主导世界海洋文化战略目标的制定、实施与实现。这不但是中国的需要,也是世界的需要,因此,建设"美丽海洋世界",应该成为中国"美丽海洋"目标的最终所在。中国作为世界上重要的海洋大国和具有悠久而灿烂的海洋文化历史的泱泱大国,应该为世界海洋文化的发展、为美丽海洋世界的构建和实现,率先垂范,担负起大国的责任,做出大国的贡献。

三、合作共赢、共建共享,构建新型国际海洋文化"共同体"

"环中国海文化共同体",既体现了环中国海地区各国文化的历史基因、基调和积淀,又体现了以中国文化为中心、为主轴的共同的主体文化特质,其基本的内涵,即"环中国海汉文化圈"。重构和建设"环中国海文化共同体",就是重构和建设一个由拥有数千年中华汉文化的中国主导的、追求"协和万邦""天下大同""四海一家"的伦理秩序的海洋文明的和谐世界。这是建设"海洋强国"、建设"21世纪海上丝绸之路"国家战略的应有内涵和目标指向。

(一)只有海洋世界的"文化共同体"才是真正的"共同体"
随着全球经济一体化,各国经济不再独善其身,因此不再只是局限、局域于国家之间的竞争,"区域经济共同体"应运而生。事实上这是国际竞争新的形式,以"经济共同体"区别于"军事同盟"的"抱团取暖",针对的是其他竞争对手。

要走出这样的发展道路,就要架构一种发展模式。而只有在中国源自先秦就有的"四海一家""协和万邦"的海洋经略与海洋和平观念、思想这里才拥有这样的智慧资源,并且有长达数千年的历史经验可资借鉴。

建设"21世纪海上丝绸之路",是我国"一带一路"国家战略的重要组成部分,得到了世界上众多国家的赞赏、认同和"加盟",具有政治、经济、文化建设的全球战略内涵。建设"21世纪海上丝绸之路",就是要根据21世纪的中国"海洋国情"、世界"海洋世情"和世界上绝大多数沿海国家普遍的和平与发展需求,将我国通过海路和平、友好沟通、连接世界的悠久历史文化传统与智慧在21世纪重新发扬光大起来,带动、影响乃至引领世界,走出一条跨海交流与合作,共同构建海洋和平、海洋和谐世界,既实现中华民族的伟大复兴,建设海洋强国,又使全世界共同受益的发展道路。

无疑,"经济共同体"与"文化共同体"是不同的。"经济共同体"是经济导向,而"文化共同体"是文化导向。他们的区别在于,经济导向是利益诉求,以"共赢"相号召,但实质上是以自身利益最大化为动机的,共同体的"共同"和合作伴随着竞争,即利益之争;而"文化导向"则重在区域认同、社会认同、价值观认同,重在文化传统尤其是善恶观念、道德伦理、审美趣味上的价值评判和心理感受。"经济共同体"的实质内涵在于"争","文化共同体"的实质内涵在于"和"。"经济共同体"的价值取向在于"利",这在东西方都一样;而"文化共同体"在东西方大不同,以中国文化为主导的东方文化的价值取向在于"义"、在于"和",与西方文化除了上帝信仰就是世俗物欲,即除了"天国"就是"地狱"的两极追求,因而难以在现实生活中找到"文化"的"准星"大不一样。在以中国文化为主导的东方文化的价值观看来,"文化"只有"文以教化",体现的才是"文明"。

(二)"环中国海文化共同体"重建:从周边做起

环中国海汉文化圈这一文化共同体重建有利的基础条件:第一,政府推动。尽管周边国家政府的真实主张不一定都是推动"文化共同体"的重建,但至少在"说辞"上,推动东亚和平、友好,总是周边各国的"共同主张",至少是"主流声音"。中国完全应该而且完全可以因势利导,引领、主导这样的"共同主张"和"主流声音",使之进入政府之间的高层对话与决策层面,由顶层设计朝着制度构建,一步步向前推进。第二,民间自觉。中国人出于善良的天性,对世界人民都是友好的,主张以和为贵。事实上,周边国家人民由于自古深受儒家文化的影响,"天下一家""四海之内皆兄弟"的理念也同样根深蒂固。第三,人文交流。中国与周边国家双边建交以来,相互人员往来和移民迁徙形成的社会互动越来越广泛。尤其是基于历史、基于移民,认祖寻宗现象所引发的共同文化、共同族源认同现象越来越多,在中日、中韩、中越等国之间司空见惯。第四,经济一体。中国与周边国家经济上已经相互依存,贸易往来、经济一体化关系越来越发展,建立经济共同体的愿望日益强烈。关税问题、贸易壁垒与摩擦问题、签证可否互免等问题,都可通过共同体解决或逐渐解决。第五,和平追求。谁也不想打仗,追求和谐和平,是中国人民、周边国家人民和全世界人民的共同之梦。东亚人民应该有信念、信心通过智慧解决争端,和谐共建。第六,文化认同。汉文化圈周边国家的汉文化传承丰富,近代以来中国本土传统文化破坏严重,反而出现了"中国文化在海外"之说,尤其在今日韩国、日本、新加坡等地,汉文化元素特色明显。

环中国海汉文化共同体重新建构的应有举措,至少应包括以下三个方向:

首先,从中国自身做起,大力传承中国优秀传统文化,以此为基础创新发展,以对中国文化主体、本位的认同感、自尊心、自豪感、自信力促进中国社会主义文化的大发展大繁荣,提高中国文化在东亚汉文化圈乃至全世界的影响能力。

其次,国家支持文化界、学术界、社会各界组建东亚国家合作组织机构,大力开展汉文化学术研讨、教育交流、民间互动交流,进一步加大向世界推广汉语汉文化的四海一家、天下大同、协和万邦的思想理念及其历史作用的力度,尤其重视在汉文化圈国家的重点推广普及,采取更多更切实际更有效的措施,全面彰显汉文化的仁善、和美、亲情、温馨的文明魅力。

最后,建立环中国海国家地区一体化的和平、和谐机制和制度,建成环中国海文化共同体,最终目标是实现环中国海和谐世界,进而建设全球全人类的和谐世界,实现"世界大同"即"天下大同"。

为此,中国需要明确建设和实现这一最终目标的理念和信念。像中国这样一个有着至少五千年文明历史的泱泱大国,如果将国家发展的目光、目标只限于己国之私,甚至只限于 GDP 的增长,没有长远目标乃至最终目的的设定与追求,是不可想象的。

为此,中国需要进行这一最终目标的"顶层设计"。国家的一切经济发展指标、国际合作、外交斡旋、海洋权益维护问题上的具体举措,可以多种多样、多维多向,但都须指向这个最终目标。

为此,中国需要为此而建构实现这一最终目标及其"顶层设计"的基本思想、基本理论。要一方面向全体人民讲明白,反映全体人民追求国泰民安、天下太平、和谐幸福的意志意愿,得到全体人民的拥护支持;一方面要利用一切可以利用的国际和区域场合,宣传、引领、主导实现这个最终目标的理想理念、制度设计和共同实施的"路线图"。

为此,这个最终目标的先行措施应该是建构环中国海各国各地区之间在海洋上的"不争"机制和制度。因为只有"不争"才会指向和实现"和平",只有"和平"才能进而实现"和谐"。

为此,必须建立海洋上的"共有""共享"制度。只有"共有"才能"不争";只有"共有"才能实现"共享";只有"共有""共享",才能实现环中国海各国各地区"海洋利益"和国家、民族"整体利益"的最大化。因为只有这样,环中国海各国各地区的海洋与社会才会是和平、和谐、生态美好的。

"环中国海文化共同体"的建成之日,也就是东亚海洋和谐世界的实现之时;东亚海洋和谐世界实现了,全球海洋和谐亦即真正成为"四海一家""天下大同"的世界。[1]

---

① 曲金良:《环中国海文化共同体重建大战略——"21世纪海上丝绸之路"的文化精义》,《人民论坛·学术前沿》2014年12月下。

小病小痛

别忘了小小的厨房里

可能就放着现成的"药"

只需要掌握一点基本的中医药知识

完全可以配出各种花样的食疗方来

不仅能够很有效地解决

生活中许多"似病非病"的亚健康小问题

也可以结合自身或家人的需要

进行长期的健康调理